NUMERIK 1

Numerik gewöhnlicher Differentialgleichungen

Lecture Notes Mathematik

NUMERIK 1

Numerik gewöhnlicher Differentialgleichungen

Rolf Rannacher

Institut für Angewandte Mathematik
Universität Heidelberg

HEIDELBERG
UNIVERSITY PUBLISHING

Über den Autor

Rolf Rannacher, Prof. i. R. für Numerische Mathematik an der Universität Heidelberg; Studium der Mathematik an der Universität Frankfurt am Main – Promotion 1974; Habilitation 1978 in Bonn; 1979/1980 Vis. Assoc. Prof. an der University of Michigan (Ann Arbor, USA), dann Professor in Erlangen und Saarbrücken – in Heidelberg seit 1988; Spezialgebiet „Numerik partieller Differentialgleichungen", insbesondere „Methode der finiten Elemente" mit Anwendungen in Natur- und Ingenieurwissenschaften; hierzu über 160 publizierte wissenschaftliche Arbeiten.

Bibliografische Information der Deutschen Nationalbibliothek
Die Deutsche Nationalbibliothek verzeichnet diese Publikation in der Deutschen Nationalbibliografie. Detaillierte bibliografische Daten sind im Internet unter http://dnb.ddb.de abrufbar.

Die Online-Version dieser Publikation ist auf den Verlagswebseiten von HEIDELBERG UNIVERSITY PUBLISHING http://heiup.uni-heidelberg.de dauerhaft frei verfügbar (open access).
urn: urn:nbn:de:bsz:16-heiup-book-258-0
doi: https://doi.org/10.17885/heiup.258.342

ISSN 2512-4455 (Print)

ISBN 978-3-946054-31-3 (PDF)
ISBN 978-3-946054-32-0 (Softcover)

Inhaltsverzeichnis

Literaturverzeichnis

[1] Rannacher, Rolf: Numerik 0. Einführung in die Numerische Mathematik, Heidelberg: Heidelberg University Publishing, 2017. DOI: https://doi.org/10.17885/heiup.206.281

(I) Zur Theorie gew. Differentialgleichungen

[2] F. Erwe: Gewöhnliche Differentialgleichungen; Bibliographisches Institut 1964.

[3] H. W. Knobloch: Gewöhnliche Differentialgleichungen; B.G.Teubner 1974.

[4] W. Walter: Gewöhnliche Differentialgleichungen; Springer 1976.

[5] Coddington, E.A., Levinson, N.: Theory of Ordinary Differential Equations; McGraw-Hill 1955.

(II) Zur Numerik von Anfangswertaufgaben gew. Differentialgleichungen

[6] J. H. Stetter: Analysis of Discretization Methods in Ordinary Differential Equations; Springer 1973.

[7] J. D. Lambert: Computational Methods in Ordinary Differential Equations; John Wiley & Sons 1976.

[8] E. Hairer, S. P. Norsett, G. Wanner: Solving Ordinary Differential Equations I: Nonstiff Problems, II: Stiff Problems; Springer 1987 und 1992.

[9] P. Deuflhard, F. Bornemann: Numerische Mathematik II, Integration gew. Differentialgleichungen; de Gruyter 1994.

[10] W. Bangerth, R. Rannacher: Adaptive Finite Element Methods for Differential Equations, Lectures in Mathematics, ETH Zürich, Birkhäuser, Basel 2003.

[11] K. Eriksson, D. Estep, P. Hansbo, C. Johnson: Computational Differential Equations; Cambridge University Press, 1996.

[12] J. Stoer, R. Bulirsch: Einführung in die Numerische Mathematik I/II; Springer 1973 und neuere Auflagen.

(III) Zur Numerik von Randwertaufgaben gew. Differentialgleichungen

[13] H. B. Keller: Numerical Solution of Two Point Boundary Value Problems; SIAM Conference Series in Applied Mathematics 1976.

[14] U. M. Ascher, R. M. M. Mattheij, R. D. Russel: Numerical Solution of Boundary Value Problems for Ordinary Differential Equations; SIAM Edition, 1995.

0 Einleitung

Gegenstand dieses Textes sind numerische Algorithmen zur näherungsweisen Lösung von gewöhnlichen Differentialgleichungen. In der Regel lassen sich für die in der Praxis auftretenden gewöhnlichen Differentialgleichungen keine geschlossenen Lösungen angeben. Man ist zu ihrer wenigstens näherungsweisen Lösung also auf numerische Verfahren angewiesen. Diese Verfahren ersetzen das kontinuierliche Ausgangsproblem durch ein „diskretes", welches in endlich vielen algebraischen Schritten auf einem Computer gelöst werden kann.

0.1 Einführung in die Problemstellung

Eine „gewöhnliche Differentialgleichung" ist eine funktionale Beziehung der Form

$$F(t, u(t), u'(t)) = 0$$

für eine Funktion $u = u(t)$ einer (reellen) Variablen t und ihrer Ableitung $u'(t)$. Der Zusatz „gewöhnlich" bedeutet, dass die gesuchte Funktion $u(t)$ nur von einer Variablen abhängt. Im Falle $u = u(t, s)$ heißt eine Beziehung der Form

$$F(t, s, \partial_t u, \partial_s u) = 0$$

mit den partiellen Ableitungen von u „partielle Differentialgleichung". Deren numerische Behandlung wird im dritten Band dieser Lehrbuchreihe behandelt. Eine gewöhnliche Differentialgleichung der Form

$$u'(t) = f(t, u(t)) \tag{0.1.1}$$

wird „explizit" genannt. Wir werden im Folgenden ausschließlich solche expliziten Gleichungen betrachten, da sie den in Anwendungen auftretenden Standardfall darstellen.

Das einfachste Beispiel einer gewöhnlichen Differentialgleichung ist

$$u'(t) = 0$$

mit der allgemeinen Lösung $u(t) = c$ (c eine beliebige Konstante). Um die Lösung eindeutig zu machen, muss eine Zusatzbedingung gestellt werden, welche die Konstante c festlegt; z. B. durch Vorgabe eines Funktionswertes („Anfangswert") $u(t_0) = u_0$. Etwas interessanter ist die Gleichung

$$u'(t) = u(t)$$

deren Lösung gerade die Exponentalfunktion $u(t) = e^t$ ist. Diese Differentialgleichung wird manchmal auch zur Definition der Exponentialfunktion verwendet (anstelle der üblichen Definition über die Exponentialreihe). Es muss garantiert sein, dass diese Gleichung genau eine Lösung hat. Dazu muss wieder eine Zusatzbedingung gestellt werden, um aus den unendlich vielen Lösungen $u_c(t) := ce^t$ gerade die mit $c = 1$ herauszufiltern. Dies bewirkt die Anfangsbedingung $u(0) = 1$. Die resultierende Aufgabe

$$u'(t) = u(t), \quad t \geq t_0 = 0, \quad u(0) = 1, \tag{0.1.2}$$

wird „Anfangswertaufgabe“ (kurz „AWA“) genannt. Da in der Differentialgleichung in (0.1.2) nur die erste Ableitung vorkommt, heißt sie von „erster Ordnung“. Eine Differentialgleichung „zweiter Ordnung“ ist

$$u''(t) = u(t)$$

mit den speziellen Lösungen $u_1(t) = e^t$ und $u_2(t) = e^{-t}$. Offenbar ist aber auch jede Funktion der Form $u(t) = \alpha u_1(t)+\beta u_2(t)$ für reelle α, β Lösung. Um die Konstanten α, β festzulegen, sind zwei Zusatzbedingungen erforderlich; z. B. die „Anfangsbedingungen“ $u(t_0) = u_0$, $u'(t_0) = u_1$ oder sog. „Randbedingungen“ $u(t_0) = u_0$, $u(t_1) = u_1$ für zwei Zeitpunkte $t_0 < t_1$. Im zweiten Fall heißt die vollständige Aufgabe

$$u''(t) = u(t), \quad t \geq t_0 = 0, \quad u(0) = u_0, \ u(1) = u_1, \tag{0.1.3}$$

eine „Randwertaufgabe“ (kurz „RWA“). Die Anfangswertaufgabe

$$u''(t) = -u(t), \quad t \geq t_0 = 0, \quad u(0) = 0, u'(0) = 1,$$

hat die Lösung $u(t) = \sin(t)$. Deren Eindeutigkeit wird sich später aus einem allgemeinen Satz ergeben. Durch Einführung der Hilfsfunktion $v(t) := u'(t)$ kann diese Gleichung *zweiter* Ordnung in ein äquivalentes System von zwei Gleichungen *erster* Ordnung überführt werden:

$$\begin{aligned} u'(t) &= v(t), \\ v'(t) &= u(t). \end{aligned}$$

„Äquivalent“ bedeutet hier, dass mit jeder Lösung u der Ausgangsgleichung das Paar $\{u, v = u'\}$ auch Lösung des Systems ist und umgekehrt. Dies ist für jede Differentialgleichung (oder System von Differentialgleichungen) höherer Ordnung

$$u^m(t) = f(t, u(t), u'(t), \dots, u^{(m-1)}(t))$$

möglich. In diesem Fall verwendet man die Hilfsfunktionen $u_1(t) := u(t), \dots, u_m(t) := u^{(m-1)}(t)$, welche dann den Gleichungen

$$\begin{aligned} u_1'(t) &= u_2(t) \\ &\vdots \\ u_{m-1}'(t) &= u_m(t) \\ u_m'(t) &= f(t, u_1(t), \dots, u_m(t)) \end{aligned}$$

genügen. Zur kompakteren Schreibweise solcher Systeme verwenden wir im Folgenden dieselbe Notation (0.1.1) wie für skalare Gleichungen, wobei

$$u(t) = \begin{pmatrix} u_1(t) \\ \vdots \\ v_m(t) \end{pmatrix}, \qquad f(t, x) = \begin{pmatrix} f_1(t, x) \\ \vdots \\ f_m(t, x) \end{pmatrix}$$

Vektoren sind. Die jeweilige Bedeutung dieser Notation, Skalar oder Vektor, ergibt sich dann aus dem Zusammenhang. Die allgemeine, hier betrachtete AWA (erster Ordnung) in d Dimensionen hat also die Form

$$u'(t) = f(t, u(t)), \quad t \geq 0, \quad u(t_0) = u_0. \tag{0.1.4}$$

AWA dieser Art weisen ein sehr unterschiedliches Lösungsverhalten auf; dies soll anhand von einigen einfachen Beispielen erläutert werden. Die lineare Differentialgleichung

$$u'(t) = t^{-1}u(t)$$

enthält den bei $t = 0$ singulären Koeffizienten t^{-1}. Dennoch hat sie die „glatte" Lösung $u(t) = t$. Die rechte Seite der nichtlineare Differentialgleichung

$$u'(t) = tu(t)^{-1}$$

wird für $u(t) \to 0$ singulär; sie besitzt dennoch eine „globale", d. h. für alle $t \in \mathbb{R}$ definierte, Lösung $u(t) = (1 + t^2)^{1/2}$. Die nichtlineare Differentialgleichung

$$u'(t) = u(t)^2$$

hat die bei $t = 1$ singuläre, d. h. nur „lokale", Lösung $u(t) = (1 - t)^{-1}$. Wenn bereits so einfache Gleichungen solch verschiedenes Lösungsverhalten aufweisen, wird das bei komplexeren Systemen aus realen Anwendungen erst recht der Fall sein.

0.2 Beispiele von gewöhnlichen Differentialgleichungen

Die folgenden Beispiele aus verschiedenen Wissenschaftsdisziplinen vermitteln einen Eindruck von der Vielfalt der auftretenden Probleme.

1. Astrophysik (Zweikörperproblem)

Gefragt ist nach der Bewegung zweier astronomischer Körper im gegenseitigen Schwerefeld. Sie werden dabei als Punktmassen beschrieben. Das Koordinatensystem der Ebene $\mathbb{R}^2$ sei so gelegt, dass der Ursprung $(0, 0)$ in dem einen Körper liegt. Die Position des zweiten Körpers ist dann eine Funktion der Zeit mit Koordinatenfunktionen, $(x(t), y(t))$, welche nach dem Newtonschen Gesetz dem folgenden System von Gleichungen genügen:

$$x''(t) = -\frac{\gamma}{r(t)^3}x(t), \quad y''(t) = -\frac{\gamma}{r(t)^3}y(t), \quad r(t) = \sqrt{x(t)^2 + y(t)^2)}. \tag{0.2.5}$$

Die „Anfangsbedingungen" sind z. B. $(0 \leq \varepsilon < 1)$:

$$x(0) = 1 - \varepsilon, \quad x'(0) = 0, \qquad y(0) = 0, \quad y'(0) = \sqrt{\gamma(1 + \varepsilon)/(1 - \varepsilon)}.$$

Für diese AWA existieren periodische Lösungen mit der Periode $\omega = 2\pi/\gamma$. Ihr Orbit ist eine Ellipse mit Exzentrizität ε und einem Brennpunkt in $(0, 0)$.

2. Biologie (Populationsmodell)

Die zeitliche Entwicklung einer Population von Füchsen, $f(t)$, und Kaninchen, $r(t)$, wird unter den vereinfachenden Annahmen eines unbeschränkten Futtervorrats für Kaninchen und der Kaninchen als einziger Nahrung für die Füchse, durch das folgende sog. „Volterra-Modell" beschrieben:

$$\begin{aligned} r'(t) &= 2r(t) - \alpha r(t)f(t), \quad r(0) = r_0, \\ f'(t) &= -f(t) + \alpha r(t)f(t), \quad f(0) = f_0. \end{aligned}$$

Im Falle $\alpha > 0$ dezimieren die Füchse die Kaninchen mit einer Rate proportional zum Produkt der Individuenzahlen und vermehren sich selbst mit derselben Rate. Für $\alpha = 0$ besteht keine Wechselwirkung zwischen Kaninchenpopulation und Füchsepopulation, und die Lösung ist

$$\begin{aligned} f(t) &= f_0 e^{-t} \quad \text{(Aussterben)} \\ r(t) &= r_0 e^{2t} \quad \text{(Explosion)}. \end{aligned}$$

3. Raumfahrt (Landemanöver der Apollo-Raumkapsel)

Die Flugbahn der Apollo-Raumkapsel beim Wiedereintritt in die Erdatmosphäre liegt in einer Großkreisebene. Ihre Bewegung ist beschrieben durch die folgenden Größen:

$v(t)$ Tangentialgeschwindigkeit
$\gamma(t)$ Bahnneigungswinkel
$h(t)$ Höhe über Erdoberfläche
$\xi(t) = h(t)/R$, R Erdradius
ρ, C_w, C_A, g, S, m Konstanten

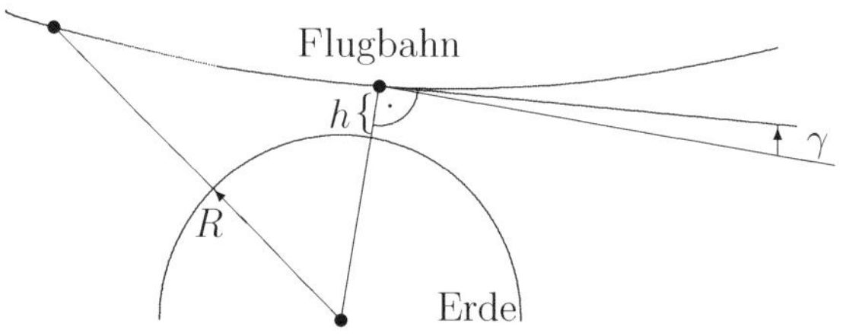

Die Variablen v, γ, ξ genügen den Differentialgleichungen

$$\begin{aligned} v'(t) &= -\frac{S\rho C_W}{2m} v(t)^2 - g\frac{\sin\gamma(t)}{(1+\xi(t))^2}, \\ \gamma'(t) &= \frac{S\rho C_A}{2m} v(t)^2 + \frac{v(t)\cos\gamma(t)}{R(1+\xi(t))^2} - g\frac{\cos\gamma(t)}{v(t)(1+\xi(t))^2}, \\ \xi'(t) &= \frac{1}{R} v(t)\sin\gamma(t), \end{aligned}$$

mit vorgegebenen Anfangswerte $v(0)$, $\gamma(0)$, $\xi(0)$. Die freien Parameter C_W und C_A sind so anzupassen, dass nach einer Zeitspanne T für die Lösung $\gamma(T) = 0$ ist.

4. Chemie (Reaktionsdynamik)

In einem Gefäß befinden sich drei Chemikalien A_i, $i = 1, 2, 3$, mit Konzentrationen $c_i(t)$, welche wechselseitig miteinander reagieren mit Reaktionsraten k_i:

$$A_1 \xrightarrow{k_1} A_2\,, \quad A_2 + A_3 \xrightarrow{k_2} A_1 + A_3\,, \quad 2A_2 \xrightarrow{k_3} A_3\,.$$

Bei Vorgabe der Anfangskonzentrationen $c_i(0)$ ist die zeitliche Entwicklung von c_i bestimmt durch die Differentialgleichungen:

$$\begin{aligned} c_1'(t) &= -k_1 c_1(t) + k_2 c_2(t) c_3(t), \\ c_2'(t) &= k_1 c_1(t) - k_2 c_2(t) c_3(t) - k_3 c_2(t)^2, \\ c_3'(t) &= k_3 c_2(t)^2. \end{aligned}$$

5. Elastostatik (Balkenbiegung)

Ein an einer Seite eingespannter Balken sei einer gleichförmigen Belastung b vertikal zu seiner Achse und einer axialen Belastung p am freien Ende ausgesetzt.

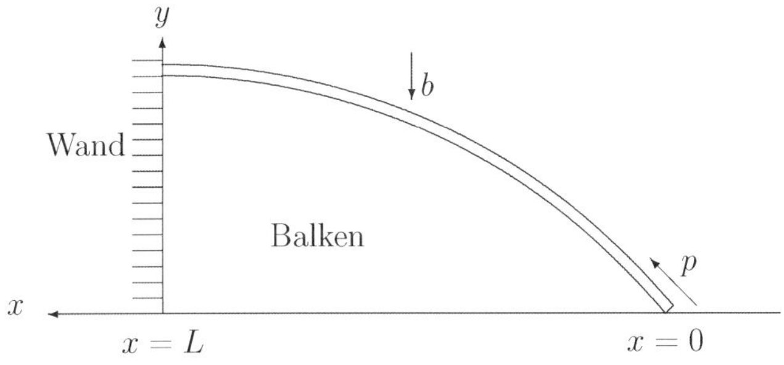

Bei Annahme eines (linearen) elastischen Materialverhaltens und „kleiner" Auslenkungen ist die Durchbiegung $y = y(x)$ des Balkens beschrieben als Lösung der „Randwertaufgabe"

$$Ey''(x) = p\,y(x) - \frac{b}{2}x^2, \quad 0 \le x \le L \qquad y'(L) = 0\,, \quad y(0) = 0,$$

wobei E (sog. „Youngscher Modul") ein Materialparameter ist.

6. Lorenz-System (Chaotisches Verhalten)

Der Meteorologe Lorenz[1] hat 1963 das folgende System von gewöhnlichen Differentialgleichungen angegeben, um die Unmöglichkeit einer Langzeitwettervorhersage zu illustrieren:

$$\begin{aligned} x'(t) &= -\sigma x(t) + \sigma y(t), \\ y'(t) &= r x(t) - y(t) - x(t) z(t), \\ z'(t) &= x(t) y(t) - b z(t), \end{aligned} \tag{0.2.6}$$

mit den Anfangswerten $x_0 = 1$, $y_0 = 0$, $z_0 = 0$. Tatsächlich hat er dieses System durch mehrere stark vereinfachende Annahmen aus den Grundgleichungen der Strömungsmechanik, den sog. Navier-Stokes-Gleichungen, welche u. a. auch die Luftströmungen in der Erdatmosphäre beschreiben, abgeleitet. Für die Parameterwerte

$$\sigma = 10, \quad b = 8/3, \quad r = 28,$$

besitzt dieses sog. „Lorenz-System” eine eindeutige Lösung, die aber extrem sensitiv gegenüber Störungen der Anfangsdaten ist. Kleine Störungen in diesen werden z. B. über das verhältnismäßig kurze Zeitintervall $I = [0, 25]$ bereits mit einem Faktor $\approx 10^8$ verstärkt. Die zuverlässige numerische Lösung dieses Problems für Zeiten $t > 25$ erschien daher seinerzeit praktisch unmöglich und stellt auch heute noch ein hartes Problem dar. Im Bild sind zwei Approximationen der Lösungstrajektorie über das Zeitintervall $I = [0, 25]$ dargestellt, wie sie mit verschiedenen Verfahren berechnet worden sind. Das linke Ergebnis ist das korrekte und das rechte das durch numerische Fehler verfälschte. Man erkennt zwei Zentren im $\mathbb{R}^3$, um welche der Lösungspunkt $(x(t), y(t), z(t))$ mit fortlaufender Zeit kreist, wobei gelegentlich ein Wechsel von dem einen Orbit in den anderen erfolgt. Die genaue numerische Erfassung dieser Umschläge ist äußerst schwierig.

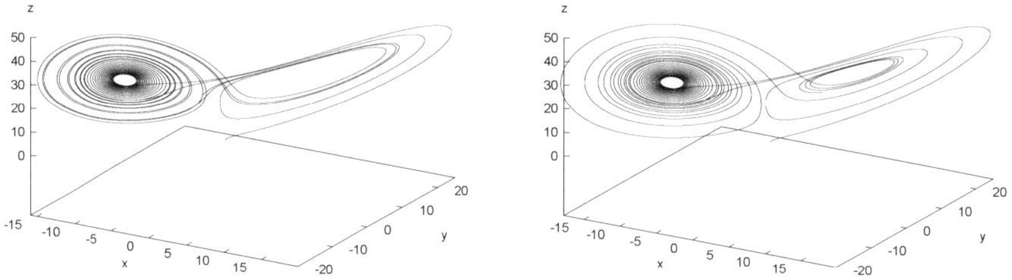

Abbildung 1: Berechnete Lösungstrajektorie für das Lorenz-System; links korrekt, rechts inkorrekt.

[1] Edward Norton Lorenz (1917–2008): US-amerikanischer Mathematiker und Meteorologe; Pionier der sog. „Chaos-Theorie“; auf ihn gehen die Begriffe „strange attractor“ und „butterfly effect“ zurück; Prof. am MIT in Boston (USA).

0.3 Lösungsmethoden

Bei den Anfangswertaufgaben ist die Lösung ausgehend vom Anfangswert durch Vorwärtsintegration der Differentialgleichung explizit bestimmbar, während sie bei Randwertaufgaben nur implizit bestimmt ist. Dieser signifikante Unterschied bewirkt, dass es für die beiden Problemtypen keine einheitliche Lösungstheorie gibt, wobei die für Randwertaufgaben die schwierigere ist. Entsprechend unterscheiden sich auch die zugehörigen numerischen Methoden ganz wesentlich. Der Schwerpunkt dieses Textes liegt zunächst auf den Näherungsverfahren für „Anfangswertaufgaben"; Verfahren für „Randwertaufgaben" werden danach hauptsächlich als Vorbereitung auf die numerische Lösung von partiellen Differentialgleichungen diskutiert. Wir skizzieren im Folgenden einige einfache Lösungsansätze für Anfangswertaufgaben (erster Ordnung).

Methode der sukzessiven Approximation:

Jede Lösung $u : I = [t_0, t_0 + T] \to \mathbb{R}$ der (skalaren) AWA

$$u'(t) = f(t, u(t)), \quad t \geq 0, \quad u(t_0) = u_0, \tag{0.3.7}$$

genügt automatisch der Integralgleichung („Fixpunktgleichung")

$$u(t) = u_0 + \int_{t_0}^{t} f(s, u(s))\, ds, \quad t \in I. \tag{0.3.8}$$

Dies legt eine *Fixpunktiteration* zur Approximation von $u(t)$ nahe. Ausgehend von dem Startwert $u^{(0)} \equiv u_0$ werden Funktionen $u^k(t)$, $k \geq 1$ erzeugt durch die Iteration

$$u^k(t) = u_0 + \int_{t_0}^{t} f(s, u^{k-1}(s))\, ds. \tag{0.3.9}$$

Die Konvergenz dieser Iteration (und damit auch die Lösbarkeit der Integralgleichung (0.3.8)) ist durch den Banachschen Fixpunktsatz sichergestellt, wenn die Abbildung

$$g(v)(t) = u_0 + \int_{t_0}^{t} f(s, v(s))\, ds$$

eine Kontraktion auf dem Banach-Raum $C(I)$ ist. Wenn die Funktion $f(t, \cdot)$ Lipschitzstetig ist, entnehmen wir der Abschätzung

$$\max_I |g(v) - g(w)| \leq \int_{t_0}^{t_0+T} \max_I |f(s, v) - f(s, w)|\, ds \leq LT \max_I |v - w|,$$

dass dies der Fall ist für $T < 1/L$. Einfache Anfangswertaufgaben lassen sich mit dieser Methode quasi *per Hand* lösen; für kompliziertere, insbesondere große Systeme, ist sie jedoch in der Regel zu ineffizient.

Methode der Taylor-Entwicklung:

Unter der Annahme, dass die Lösung u der Anfangswertaufgabe analytisch ist, lässt sich $u(t_0 + T)$ in eine Taylor-Reihe entwickeln gemäß

$$u(t_0 + T) = \sum_{k=0}^{\infty} \frac{T^k}{k!} u^{(k)}(t_0) = u_0 + T \sum_{k=1}^{\infty} \frac{T^{k-1}}{k!} f^{(k-1)}(t_0, u_0), \qquad (0.3.10)$$

mit den k-ten totalen Zeitableitungen $f^{(k)}(t,x)$ von $f(t,u(t))$, welche mit Hilfe der Kettenregel zu bestimmen sind; z. B.: $f^{(1)}(t,x) = (f'_t + f'_x f)(t,x)$, was sich wie folgt ergibt:

$$f^{(1)}(t,u(t)) = f'_t(t,u(t)) + f'_x(t,u(t))u'(t) = f'_t(t,u(t)) + f'_x(t,u(t))f(t,u(t)).$$

Durch Abschneiden dieser Reihe bei $k = m$ erhält man ein numerisches Verfahren (sog. „Taylor-Methode") zur Berechnung des Funktionswerts $u(t_0 + T)$. I. Allg. ist die Berechnung der Ableitungen $f^{(k)}(t_0, u_0)$ zu teuer, so dass dieser Lösungsansatz kaum praktikabel ist.

Methode der finiten Differenzen:

Beim einfachsten *Differenzenverfahren* werden Näherungen $y_n \approx u(t_n)$ auf einem endlichen Punktgitter des Intervalls I, $t_0 < t_1 < ... < t_n < ... < t_N = t_0 + T$, mit Gitterweiten $h_n = t_n - t_{n-1}$ berechnet z. B. durch die rekursive Beziehung

$$y_n = y_{n-1} + h_n f(t_{n-1}, y_{n-1}), \quad n \geq 1, \quad y_0 = u_0. \qquad (0.3.11)$$

Dieses Verfahren wird „Eulersche Polygonzugmethode" (oder „explizites Euler-Schema") genannt, da hierdurch ein approximierender Polygonzug erzeugt wird:

$$y(t) := y_{n-1} + (t - t_{n-1}) f(t_{n-1}, y_{n-1}), \quad t \in [t_{n-1}, t_n]. \qquad (0.3.12)$$

Beim Eulerschen Polygonzugverfahren wird der neue Wert y_n aus dem „alten" y_{n-1} einfach durch Auswerten der rechten Seite $f(t_{n-1}, y_{n-1})$ gewonnen; daher die Bezeichnung „explizites" Verfahren. Ein analog gebautes „implizites" Verfahren (das sog. „implizite Euler-Schema") erhält man durch

$$y_n - h_n f(t_n, y_n) = y_{n-1}, \quad n \geq 1 \quad y_0 = u_0. \qquad (0.3.13)$$

Hierbei muss zur Berechnung von y_n aus y_{n-1} ein i. Allg. nichtlineares Gleichungssystem gelöst werden. Für beide Verfahren, „explizites" und „implizites" Euler-Schema, werden wir später Konvergenzabschätzungen der Form

$$\max_{t_n \in I} |y_n - u(t_n)| \leq c(T,u)\, h, \qquad (0.3.14)$$

mit $h := \max_n h_n$ zeigen. Der Aufwand zur Durchführung des expliziten Euler-Verfahrens ist (bei gleicher Genauigkeit) meist deutlich geringer als bei seinem impliziten Gegenstück.

Es stellt sich also die Frage nach dessen praktischer Relevanz. Tatsächlich spielen implizite Verfahren nur in speziellen Situationen eine Rolle (Stichwort „steife" Probleme), wenn explizite Schemata aus Gründen der numerischen Stabilität gar nicht verwendet werden können. Für die üblichen praktischen Bedürfnisse ist die Güte der einfachen Euler-Schemata viel zu gering, doch erlaubt das diesem Differenzenansatz zugrunde liegende Prinzip die Konstruktion von ähnlich einfachen, aber wesentlich genaueren Verfahren.

Galerkin-Methoden:

Ausgangspunkt ist eine sog. „variationelle“ Formulierung der Anfangswertaufgabe. Dazu wird die Differentialgleichung mit einer sog. „Testfunktion“ φ multipliziert und dann über das Lösungsintervall $I = [t_0, t_0 + T]$ integriert:

$$\int_I u'(t)\varphi(t)\,dt = \int_I f(t, u(t))\varphi(t)\,dt. \tag{0.3.15}$$

Eine Beziehung dieser Art lässt sich sinnvoll für jede stetige und *stückweise* stetig differenzierbare Funktion u formulieren. Der Vektorraum all dieser Funktionen sei mit V bezeichnet. Dabei bedeutet hier *stückweise*, dass die Differenzierbarkeit nur bis auf endlich viele mögliche Ausnahmestellen in I gefordert wird. Das linke Integral ist dann entsprechend auch *stückweise*, d. h. als Summe von Teilintegralen, zu verstehen. Wir werden später sehen, dass jede Funktion u, welche der Anfangsbedingung $u(t_0) = u_0$ und der integralen Beziehung für jede Testfunktion φ genügt, auch Lösung der Anfangswertaufgabe ist.

Die sog. „(stetige) Galerkin-Methode“ bestimmt nun eine Näherungslösung u_h in einem endlich dimensionalen Teilraum („Ansatzraum“) $V_h \subset V$ durch die Vorschriften $u_h(t_0) = u_0$ und

$$\int_I u_h'(t)\varphi_h(t)\,dt = \int_I f(t, u_h(t))\varphi_h(t)\,dt, \tag{0.3.16}$$

für beliebiges $\varphi_h \in W_h$. Dabei ist der diskrete „Testraum“ W_h in der Regel anders als V_h zu wählen. Ein einfaches Beispiel erhält man etwa durch Wahl einer endlichen Zerlegung des Intervalls I gemäß $t_0 < t_1 < ... < t_n < ... < t_N = t_0 + T$ und der Setzung

$$\begin{aligned} V_h &:= \{v_h : I \to \mathbb{R} :\ v_h \in C[I],\ v_{h|(t_{n-1},t_n]} \in P_1,\ n = 1, ..., N\}, \\ W_h &:= \{\varphi_h : I \to \mathbb{R} :\ \varphi_{h|(t_{n-1},t_n]} \in P_0,\ n = 1, ..., N\}. \end{aligned}$$

Da die Testfunktionen nur stückweise stetig zu sein brauchen, kann man die integrale Bestimmungsgleichung offensichtlich auf jedes einzelne Teilintervall $[t_{n-1}, t_n]$ einschränken,

$$u_h(t_n) - u_h(t_{n-1}) = \int_{t_n-1}^{t_n} u_h'(t)\,dt = \int_{t_n-1}^{t_n} f(t, u_h(t))\,dt, \tag{0.3.17}$$

d. h.: Auch das Galerkin-Verfahren ist wie das Differenzenverfahren ein sog. „Zeitschrittverfahren“ bestehend aus einzelnen Zeitschritten $u_h(t_{n-1}) \to u_h(t_n)$. Bei Auswertung des Integrals auf der rechten Seite mit der Trapezregel ergibt sich das Differenzenschema

$$y_n - y_{n-1} = \tfrac{1}{2}h_n\big(f(t_n, y_n) + f(t_{n-1}, y_{n-1})\big) \tag{0.3.18}$$

für die Werte $y_n := u_h(t_n)$. Dieses implizite Differenzenverfahren wird „Trapez-Verfahren" genannt. Es hat offensichtlich denselben Aufwand wie das implizite Euler-Verfahren. Allerdings ist es von höherer Genauigkeit, denn wir werden eine Konvergenzabschätzung der Form

$$\max_{t\in I} |u_h(t) - u(t)| \le c(T,u)\, h^2, \tag{0.3.19}$$

zeigen mit $h := \max_n h_n$. Alternativ zu den stückweise polynomialen Ansätzen könnte man beim Galerkin-Verfahren auch globale, orthogonale Legendre-Polynome oder trigonometrische Funktionen verwenden. Dies wird bei Anfangswertaufgaben aber wegen der globalen Kopplung aller Zeitlevel zu aufwendig.

0.4 Prinzipien der Verfahrensanalyse

Ziel dieses Textes ist u. a. die Entwicklung von Kriterien zur Leistungsbeurteilung der verschiedenen Lösungsverfahren. Dazu gehören die Fragen nach der „Konvergenz“ der Diskretisierungen z. B. für kleiner werdende Schrittweite beim Differenzenverfahren, ihrer „Konvergenzordnung“ gemessen etwa in Potenzen dieser Schrittweite, ihrer „numerischen Stabilität“ bei Rechnungen über längere Zeitintervalle und schließlich die zuverlässige „Kontrolle des Fehlers“ während der laufenden Rechnung und die effektive „Schrittweitenwahl“.

Man unterscheidet zwischen *a priori* und *a posteriori* Fehleranalyse. Bei ersterer wird der Verfahrensfehler vor der Rechnung, d. h. *a priori*, in Termen des Diskretisierungsparameters h abgeschätzt. Dabei treten Konstanten $c(u)$ auf, in denen höhere Ableitungen der (unbekannten) Lösung eingehen:

$$\max_{[0,T]} |u(t_n) - y^n| \le c(u) h^m.$$

Derartige „a priori“ Fehlerabschätzungen geben in der Regel nur Informationen über das asymptotische Verhalten des Fehlers für $h \to 0$, erlauben aber keine brauchbaren quantitativen Aussagen über die tatsächliche Größe des Fehlers. Insbesondere lassen sich auf dieser Basis nur schwer verlässliche Kriterien für die geeignete Wahl der Schrittweite h ableiten. Die „a posteriori“ Fehlerabschätzung basiert auf der bereits berechneten Näherungslösung y^n, d. h. deren „Residuum" $r(y^n)$ bzgl. der Differentialgleichung (oder dem „Abschneidefehler" τ^n), und benötigt keinerlei Informationen über die exakte Lösung:

$$\max_{[0,T]} |u(t_n) - y^n| \le c \max_{t_n\in[0,T]} \|r(y^n)\|.$$

Eine solche Abschätzung ist zwar leicht auswertbar, liefert aber keine a priori Aussagen über die zu erwartende Konvergenz des Verfahrens. Dafür lassen sich damit neben einer quantitativen Kontrolle des aktuellen Fehlers auch effektive Strategien zur Wahl der Diskretisierungsschrittweiten h_n entwickeln.

0.5 Ausblick auf partielle Differentialgleichungen

Die einfachsten Repräsentanten der verschiedenen Grundtypen (linearer) *partieller* Differentialgleichungen in zwei Dimensionen sind die sog. „Transportgleichung"

$$\partial_t u + c\partial_x u = 0, \tag{0.5.20}$$

die sog. „Wellengleichung"

$$\partial_t^2 u - c^2\partial_x^2 u = 0 \tag{0.5.21}$$

die sog. „Wärmeleitungsgleichung"

$$\partial_t u - a\partial_x^2 u = 0, \tag{0.5.22}$$

und die sog. „Laplace-Gleichung" (oder auch „Poisson-Gleichung")

$$-\partial_x^2 u - \partial_y^2 u = f. \tag{0.5.23}$$

Dabei sind $\partial_t = \partial/\partial t$ sowie $\partial x = \partial/\partial x, \partial y = \partial/\partial y$ die partiellen Ableitungen bzgl. der Zeit bzw. der einzelnen Ortsrichtungen. Die Transportgleichung und die Wellengleichung sind Prototypen „hyperbolischer" Gleichungen, die Wärmeleitungsgleichung der Prototyp „parabolischer" Gleichungen und die Laplace-Gleichung der Prototyp „elliptischer" Gleichungen. Sie werden je nach Anwendungssituation noch durch Anfangsbedingungen bei $t = 0$ bzw. sog. „Randbedingungen" im Ort ergänzt. Für diese partiellen Differentialgleichungen können analog zu der Vorgehensweise bei Anfangs- und Randwertaufgaben gewöhnlicher Differentiagleichungen verschiedene Diskretisierungsverfahren angegeben werden. Deren Analyse erweist sich hier aber selbst für lineare Probleme als wesentlich schwieriger und verlangt ein tieferes Verständnis der zugrunde liegenden kontinuierlichen Probleme. Dazu kommt noch die in der Regel deutlich höhere Dimension der durch Diskretisierung entstehenden algebraischen Gleichungssysteme. Diese erfordern leistungsfähige, meist iterative Lösungsalgorithmen.

1 Aus der Theorie der Anfangswertaufgaben

1.1 Existenzsätze

1.1.1 Existenz von Lösungen

Wir betrachten im Folgenden allgemeine Systeme gewöhnlicher Differentialgleichungen erster Ordnung in der (expliziten) Form

$$u'(t) = f(t, u(t)). \tag{1.1.1}$$

mit Vektorfunktionen $u(t) = (u_1(t), \dots, u_d(t))^\top$ und $f(t,x) = (f_1(t,x), \dots, f_d(t,x))^\top$. Ausgehend von einem Anfangspunkt $(t_0, u_0) \in \mathbb{R}^1 \times \mathbb{R}^d$ werden Lösungen $u(t)$ auf einem „Zeit"-Intervall $I = [t_0, t_0 + T]$ oder auch $I = [t_0 - T, t_0 + T]$ gesucht mit $u(t_0) = u_0$. Die Funktion $f(t,x)$ sei auf einem Zylinder

$$D = I \times \Omega \subset \mathbb{R}^1 \times \mathbb{R}^d$$

des (t,x)-Raumes, welcher den Punkt (t_0, u_0) enthält, definiert und dort stetig. Weiterhin werden die Standardnotationen für das euklidische Skalarprodukt und Norm

$$(x,y) = \sum_{i=1}^d x_i y_i, \qquad \|x\| = (x,x)^{1/2}, \quad x, y \in \mathbb{R}^d,$$

sowie für die zugehörige natürliche Matrizennorm $\|A\| = \sup\{\|Ax\| : x \in \mathbb{R}^d, \|x\| = 1\}$, für $A \in \mathbb{R}^{d \times d}$, verwendet. Ableitungen werden wie folgt bezeichnet:

$$u'(t) = \frac{du(t)}{dt}, \quad f'_t(t,x) = \frac{\partial f(t,x)}{\partial t}, \quad \partial_i f(t,x) = \frac{\partial f(t,x)}{\partial x_i}.$$

Unter einer „Anfangswertaufgabe" (kurz „AWA") wollen wir folgende Problemstellung verstehen:

Definition 1.1: *Zu einem gegebenen Punkt $(t_0, u_0) \in D$ ist eine (stetig) differenzierbare Funktion $u : I \to \mathbb{R}^d$ gesucht mit den Eigenschaften:*

1. $\mathrm{Graph}(u) := \{(t, u(t)), t \in I\} \subset D$,
2. $u'(t) = f(t, u(t)), \quad t \in I$,
3. $u(t_0) = u_0$.

Nach dem Fundamentalsatz der Differential- und Integralrechnung ist eine stetige Funktion $u : I \to \mathbb{R}^d$ genau dann Lösung der AWA, wenn $\mathrm{Graph}(u) \subset D$ ist, und wenn sie die folgende „Integralgleichung" erfüllt

$$u(t) = u_0 + \int_{t_0}^t f(s, u(s))\, ds, \quad t \in I. \tag{1.1.2}$$

Bemerkung 1.1: Die Integralgleichung (1.1.2) ist ein Spezialfall einer sog. „Volterraschen[1] Integralgleichung“

$$u(t) = g(t) + \int_{t_0}^{t} k(t,s,u(s))\,ds, \qquad t \in [t_0, t_1], \tag{1.1.3}$$

mit gegebener „Inhomogenität“ $g(t)$ und „Integralkern“ $k(t,s,x)$. Ist die obere Integrationsgrenze fest gegeben,

$$u(t) = g(t) + \int_{t_0}^{t_1} k(t,s,u(s))\,ds, \qquad t \in [t_0, t_1],$$

spricht man von einer „Fredholmschen[2] Integralgleichung“.

Wir rekapitulieren die folgenden Bezeichnungen: Eine Differentialgleichung (oder ein System von solchen) (1.1.1) wird „autonom“ genannt, wenn die Funktion $f(t,x)$ nicht explizit von der Zeit abhängt, d. h.: $f(t,x) = f(x)$. Sie heißt „separiert“, wenn $f(t,x) = a(t)g(x)$, und „linear“, wenn

$$f(t,x) = A(t)x + b(t)$$

mit Matrizen- und Vektorfunktionen $A(\cdot)$, $A(t) \in \mathbb{R}^{d\times d}$, bzw. $b(\cdot)$, $b(t) \in \mathbb{R}^d$. Beispiel einer autonomen Gleichung ist $u'(t) = u(t)^2$, und die Gleichung $u'(t) = qu(t) + 1$ ist linear. Die lineare Gleichung heißt „homogen“, wenn $b \equiv 0$ ist.

Eine allgemeine Aussage über die *lokale* Existenz von Lösungen der AWA macht der folgende fundamentale Satz von Peano[3]:

Satz 1.1 (Existenzsatz von Peano): *Die Funktion $f(t,x)$ sei stetig auf dem $(d+1)$-dimensionalen Zylinder*

$$D = \{(t,x) \in \mathbb{R}^1 \times \mathbb{R}^d : |t - t_0| \le \alpha\,,\ \|x - u_0\| \le \beta\}\,.$$

Dann existiert eine Lösung $u(t)$ der AWA *auf dem Intervall $I := [t_0 - T, t_0 + T]$, wobei*

$$T := \min\Big(\alpha, \frac{\beta}{M}\Big), \qquad M := \max_{(t,x)\in D} \|f(t,x)\|.$$

Beweis: Zum Beweis konstruieren wir mit Hilfe einer „Differenzenmethode“ eine Folge von stetigen, stückweise linearen Funktionen, welche eine Teilfolge besitzt, die (gleichmäßig) gegen eine Lösung der AWA konvergiert. O.B.d.A. genügt es, das Halbintervall $I =$

[1] Vito Volterra (1860–1940): Italienischer Mathematiker; Prof. in Pisa, Turin und Rom; Beiträge zur Analysis, Differential- und Integralgleichungen, zu Problemen der mathematischen Physik und Biologie.

[2] Erik Ivar Fredholm (1866–1927): Schwedischer Mathematiker; Prof. in Stockholm; Beiträge zur Analysis, Integralgleichungen, Potentialtheorie und Spektraltheorie.

[3] Guiseppe Peano (1858–1932): Italienischer Mathematiker; Prof. in Turin; Beiträge zur Analysis, gewöhnlichen Differentialgleichungen, einer der Väter der Mathematischen Logik

$[t_0, t_0 + T]$ zu betrachten. Mit einem Schrittweitenparameter $h > 0$ ($h \to 0$) wird eine äquidistante Unterteilung des Intervalls I gewählt:

$$t_0 < \ldots < t_n < \ldots < t_N = t_0 + T\,, \qquad h = |t_n - t_{n-1}|\,.$$

Ausgehend von $u_0^h := u_0$ erzeugt dann die sog. „Eulersche Polygonzugmethode“ Werte u_n^h durch die sukzessive Vorschrift

$$u_n^h = u_{n-1}^h + hf(t_{n-1}, u_{n-1}^h)\,, \qquad n \geq 1\,. \tag{1.1.4}$$

Diese *diskreten* Funktionswerte werden linear interpoliert zu einem stetigen Polygonzug:

$$u^h(t) := u_{n-1}^h + (t - t_{n-1})f(t_{n-1}, u_{n-1}^h)\,, \qquad t_{n-1} \leq t \leq t_n\,.$$

(i) Wir zeigen zunächst, dass diese Konstruktion durchführbar ist, d. h.: Graph$(u^h) \subset D$. Sei $(t, u^h(t)) \in D$ für $t_0 \leq t \leq t_{k-1}$. Nach Konstruktion gilt dann für $t \in [t_{k-1}, t_k]$

$$\begin{aligned} u^h(t) - u_0 &= u^h(t) - u_{k-1}^h + \sum_{i=1}^{k-1}\{u_i^h - u_{i-1}^h\} \\ &= (t - t_{k-1})f(t_{k-1}, u_{k-1}^h) + h\sum_{i=1}^{k-1} f(t_{i-1}, u_{i-1}^h) \end{aligned}$$

und folglich

$$\|u^h(t) - u_0\| \leq (t - t_{k-1})M + (t_{k-1} - t_0)M = (t - t_0)M \leq \beta\,.$$

Also ist $(t, u^h(t)) \in D$ für $t_0 \leq t \leq t_k$. Durch Induktion folgt Graph$(u^h) \subset D$.

(ii) Wir zeigen als nächstes, dass die Funktionenfamilie $\{u^h\}_{h>0}$ *gleichgradig* stetig ist. Seien dazu $t, t' \in I$, $t' \leq t$, beliebig mit $t \in [t_{k-1}, t_k]$, $t' \in [t_{j-1}, t_j,]$ für gewisse $t_j \leq t_k$. Im Fall $t, t' \in [t_{k-1}, t_k]$ (d. h.: $j = k$) ist

$$\begin{aligned} u^h(t) - u^h(t') &= u_{k-1}^h + (t - t_{k-1})f(t_{k-1}, u^h(t_{k-1})) - u_{k-1}^h - (t' - t_{k-1})f(t_{k-1}, u^h(t_{k-1})) \\ &= (t - t')f(t_{k-1}, u^h(t_{k-1})) \end{aligned}$$

und somit $\|u^h(t) - u^h(t')\| \leq M|t - t'|$. Im Fall $t_j < t_k$ ist

$$\begin{aligned} u^h(t) - u^h(t') &= u^h(t) - u_{k-1}^h + \sum_{i=j}^{k-1}\{u_i^h - u_{i-1}^h\} + u_{j-1}^h - u^h(t') \\ &= (t - t_{k-1})f(t_{k-1}, u_{k-1}^h) + h\sum_{i=j}^{k-1} f(t_{i-1}, u_{i-1}^h) + (t_{j-1} - t')f(t_{j-1}, u_{j-1}^h) \\ &= (t - t_{k-1})f(t_{k-1}, u_{k-1}^h) + h\sum_{i=j+1}^{k-1} f(t_{i-1}, u_{i-1}^h) + (h + t_{j-1} - t')f(t_{j-1}, u_{j-1}^h) \end{aligned}$$

und folglich

$$\|u^h(t) - u^h(t')\| \leq M\big\{(t - t_{k-1}) + (t_{k-1} - t_j) + (t_j - t')\big\} \leq M|t - t'|\,.$$

Also ist die Familie $\{u^h\}_{h>0}$ gleichgradig stetig (sogar gleichgradig Lipschitz-stetig). Ferner sind die Funktionen u^h wegen der gemeinsamen Anfangswerte $u^h(t_0) = u_0$ auch gleichmäßig beschränkt:

$$\|u^h(t)\| \le \|u^h(t) - u_0\| + \|u_0\| \le MT + \|u_0\|, \quad t \in [t_0, t_0 + T].$$

Nach dem Satz von Arzelà-Ascoli existiert dann eine Nullfolge $(h_i)_{i\in\mathbb{N}}$ und eine stetige Funktion u auf I, so dass

$$\max_{t\in I} \|u^{h_i}(t) - u(t)\| \to 0 \quad (i \to \infty). \tag{1.1.5}$$

Da der Zylinder D abgeschlossen ist, ist dann auch $\mathrm{Graph}(u) \subset D$.

(iii) Es bleibt zu zeigen, dass die Limesfunktion u der Integralgleichung (1.1.2) genügt. Für $t \in [t_{k-1}, t_k] \subset I$ setzen wir $u^i(t) := u^{h_i}(t)$. Für jedes i gilt zunächst

$$\begin{aligned}
u^i(t) &= u^i_{k-1} + (t - t_{k-1}) f(t_{k-1}, u^i_{k-1}) \\
&= u^i_{k-2} + (t_{k-1} - t_{k-2}) f(t_{k-2}, u^i_{k-2}) + (t - t_{k-1}) f(t_{k-1}, u^i_{k-1}) \\
&\;\;\vdots \\
&= u_0 + \sum_{j=1}^{k-1} (t_j - t_{j-1}) f(t_{j-1}, u^i_{j-1}) + (t - t_{k-1}) f(t_{k-1}, u^i_{k-1}) \\
&= u_0 + \sum_{j=1}^{k-1} \int_{t_{j-1}}^{t_j} f(t_{j-1}, u^i_{j-1})\, ds + \int_{t_{k-1}}^{t} f(t_{k-1}, u^i_{k-1})\, ds \\
&= u_0 + \sum_{j=1}^{k-1} \int_{t_{j-1}}^{t_j} \big\{ f(t_{j-1}, u^i_{j-1}) - f(s, u^i(s)) \big\}\, ds \\
&\quad + \int_{t_{k-1}}^{t} \big\{ f(t_{k-1}, u^i_{k-1}) - f(s, u^i(s)) \big\}\, ds + \int_{t_0}^{t} f(s, u^i(s))\, ds .
\end{aligned}$$

Auf der kompakten Menge D ist die stetige Funktion $f(t,x)$ auch gleichmäßig stetig. Ferner sind die Funktionen der Folge $(u^i)_{i\in\mathbb{N}}$ gleichgradig stetig. Zu beliebig gegebenen $\varepsilon > 0$ gibt es also $\delta, \varepsilon' > 0$, so dass für $|t - t'| < \delta$ und $\|x - x'\| < \varepsilon'$ gilt:

$$\|u^i(t) - u^i(t')\| \le \varepsilon', \qquad \|f(t,x) - f(t',x')\| < \varepsilon.$$

Für hinreichend großes $i \ge i_\varepsilon$, d. h. hinreichend kleines h_i, folgt damit

$$\max_{s\in[t_{k-1},t_k]} \|f(t_{k-1}, u^i(t_{k-1})) - f(s, u^i(s))\| \le \varepsilon, \quad k = 1, \dots, N.$$

Dies ergibt

$$\Big| u^i(t) - u_0 - \int_{t_0}^{t} f(s, u^i(s))\, ds \Big| \le \varepsilon |t - t_0|.$$

Die gleichmäßige Konvergenz $u^i \to u$ auf I impliziert auch die gleichmäßige Konvergenz

$$f(\cdot, u^i(\cdot)) \to f(\cdot, u(\cdot)) \quad (i \to \infty).$$

Im Limes $i \to \infty$ ergibt sich damit

$$\left| u(t) - u_0 - \int_{t_0}^{t} f(s, u(s))\, ds \right| \le \varepsilon |t - t_0|.$$

Wegen der beliebigen Wahl von ε folgt, dass die Limesfunktion u die Integralgleichung (1.1.2) löst, was zu zeigen war. Q.E.D.

Wenn die AWA höchstens eine Lösung u auf I hat, erschließt man durch ein Widerspruchsargument, dass für jede Nullfolge des Schrittweitenparameters h die vom Eulerschen Polygonzugverfahren gelieferte Folge $(u^h)_h$ für $h \to 0$ gegen u konvergiert (Übungsaufgabe).

Der Beweis von Satz 1.1 zeigt, dass das Existenzintervall $I = [t_0 - T, t_0 + T]$ der durch den Existenzsatz von Peano gelieferten lokalen Lösung im wesentlichen nur von den Stetigkeitseigenschaften der Funktion $f(t, x)$ abhängt. Durch wiederholte Anwendung dieses Argumentes ergibt sich die folgende Aussage.

Satz 1.2 (Fortsetzungssatz): *Die Funktion $f(t, x)$ sei stetig auf einem abgeschlossenen Bereich D des $\mathbb{R}^1 \times \mathbb{R}^d$, welcher den Punkt (t_0, u_0) enthält, und sei u eine Lösung der* AWA *auf einem Intervall $I = [t_0 - T, t_0 + T]$. Dann ist die lokale Lösung u nach rechts und links über jeden Zeitpunkt hinaus auf ein „maximales“ Existenzintervall $I_{\max} = (t_0 - T_*, t_0 + T^*)$ (stetig differenzierbar) fortsetzbar, solange der Graph von u nicht an den Rand von D stößt. Dabei kann* Graph$(u) := \{(t, u(t)), t \in I_{\max}\}$ *unbeschränkt sein sowohl für $t \to t_0 + T^* = \infty$ als auch für $t \to t_0 + T^* < \infty$.*

Beweis: O.B.d.A. wird nur die Fortsetzbarkeit der lokalen Lösung auf das rechtsseitige Intervall $[t_0, t_0 + T^*)$ betrachtet. Anwendung des Existenzsatzes von Peano liefert zunächst die Existenz einer Lösung u^0 der AWA auf einem Anfangsintervall $[t_0, t_1]$, $t_1 := t_0 + T_0$ der Länge

$$T_0 := \min(\alpha_0, \beta_0 / M_0).$$

Dabei hängt T_0 über die Konstanten α_0, β_0 nur von der Schranke M_0 für die Funktion $f(t, x)$ auf dem Zylinderbereich

$$Z_0 := \big\{(t, x) \in D,\ |t - t_0| \le \alpha_0,\ \|x - u_0\| \le \beta_0\big\}$$

ab. Wenn $(t_1, u(t_1))$ nicht auf dem Rand ∂D liegt, kann ausgehend von t_1 und dem Anfangswert $u_1 = u(t_1)$ der Satz von Peano erneut angewendet werden und liefert die Existenz einer Lösung u^1 dieser AWA auf einem Intervall $[t_1, t_2]$, $t_2 := t_1 + T_1$ der Länge $T_1 := \min(\alpha_1, \beta_1 / M_1)$. Dabei ist M_1 eine Schranke für $f(t, x)$ auf dem Zylinderbereich

$$Z_1 := \big\{(t, x) \in D,\ |t - t_0| \le \alpha_1,\ \|x - u_1\| \le \beta_1\big\}$$

Die so gewonnenen Lösungsstücke u^0, u^1 ergeben zusammengesetzt eine stetige und wegen der Stetigkeit von $f(t, x)$ sogar eine stetig differenzierbare Funktion $u(t)$ auf dem

Intervall $[t_0, t_0 + T_0 + T_1]$; im Übergangspunkt t_1 gilt für die rechts- bzw. linksseitigen Ableitungen:

$$u^{0\prime}(t_1) = f(t, u^0(t_1)) = f(t, u^1(t_1)) = u^{1\prime}(t_1).$$

Nach Konstruktion ist u daher (lokale) Lösung der AWA. Dieser Prozess lässt sich offensichtlich fortsetzen, solange der Graph der Lösung nicht an den Rand von D stößt. Dabei kann es nicht passieren, dass die gewonnene Folge $(t_k, u(t_k)) \in D$ eine Teilfolge hat, welche gegen einen inneren Punkt (t_*, x_*) von D konvergiert, denn dann könnte man für diesen Punkt als Startpunkt wieder den Satz von Peano anwenden und so das Existenzintervall der Lösung über den Zeitpunkt t_* hinaus erweitern. Q.E.D.

Korollar 1.1 (Globale Existenz): *Sei die Funktion $f(t,x)$ in der* AWA *auf ganz $\mathbb{R}^1 \times \mathbb{R}^d$ definiert und stetig. Besteht dann für jede durch den Satz von Peano gelieferte „lokale“ Lösung $u(t)$ eine Abschätzung der Form*

$$\|u(t)\| \le \beta(t), \quad t \in [t_0 - T, t_0 + T], \tag{1.1.6}$$

mit einer festen stetigen Funktion $\beta : \mathbb{R} \to \mathbb{R}$, so lässt sich u zu einer „globalen“ Lösung auf ganz $\mathbb{R}$ fortsetzen.

Beweis: Wegen der Schranke (1.1.6) für alle möglichen lokalen Lösungen kann keine von diesen auf einem beschränkten Zeitintervall einen unbeschränkten Graphen haben. Also impliziert der Fortsetzungssatz die Existenz einer globalen Lösung. Q.E.D.

Beispiel 1.1: Die skalare AWA

$$u'(t) = \sin(u(t)), t \ge 0, \quad u(0) = 0, \tag{1.1.7}$$

besitzt nach dem Satz von Peano lokale Lösungen. Für jede solche Lösung gilt dann

$$|u(t)| \le |u(0)| + \int_0^t |\sin(u(s))|\, ds \le |u_0| + t.$$

Nach Korollar 1.1 sind diese Lösungen also alle global auf $\mathbb{R}$ fortsetzbar.

Beispiel 1.2: Die skalare AWA

$$u'(t) = u(t)^{1/3}, t \ge 0, \quad u(0) = 0, \tag{1.1.8}$$

besitzt für beliebiges $c \ge 0$ eine Lösung der Form

$$u_c(t) = \begin{cases} 0 & , \quad 0 \le t \le c \\ \left[\frac{2}{3}(t-c)\right]^{3/2} & , \quad c < t. \end{cases}$$

Das Eulersche Polygonzugverfahren liefert für alle $c > 0$ die Lösung $u_c(t) \equiv 0$. Die anderen (überabzählbar vielen!) Lösungen können also so nicht approximiert werden. Wird die Anfangsbedingung aber in $u(0) = 1$ abgeändert, ergibt sich die Lösung

$$u(t) = \left(\tfrac{2}{3}t + 1\right)^{3/2}.$$

Dass dies wirklich die einzige Lösung ist, werden wir weiter unten sehen.

Beispiel 1.3: Die AWA

$$u'(t) = u(t)^2\,, \quad 0 \le t < 1\,, \quad u(0) = 1, \tag{1.1.9}$$

besitzt eine (lokale) Lösung der Form $u(t) = (1-t)^{-1}$. Obwohl $f(t,x) = x^2$ eine glatte Funktion ist, wird die Lösung $u(t)$ für $t \to 1$ singulär. Dagegen hat die skalare AWA

$$u'(t) = -200\,t\,u(t)^2, \quad t \ge -3, \quad u(-3) = \frac{1}{901},$$

die auf ganz $\mathbb{R}$ existierende Lösung

$$u(t) = \frac{1}{1+100t^2},$$

welche auch eindeutig bestimmt ist. Dies zeigt wieder, wie unterschiedlich das Lösungsverhalten von sehr ähnlich aussehenden AWAn sein kann.

Beispiel 1.4: Das skalare „Modellproblem“

$$u'(t) = \lambda u(t)\,, \quad t \ge 0\,, \quad u(0) = u_0 \quad (\lambda \in \mathbb{C}),$$

hat die globale (eindeutige) Lösung $u(t) = u_0 e^{\lambda t}$ mit dem asymptotischen Verhalten

$$Re\,\lambda < 0: \ \lim_{t\to\infty} |u(t)| = 0, \quad Re\,\lambda = 0: \ |u(t)| = |u_0|, \quad Re\,\lambda > 0: \ \lim_{t\to\infty} |u(t)| = \infty.$$

Beispiel 1.5: Die Leistungsfähigkeit des Satzes von Peano in Verbindung mit dem Fortsetzungssatz sieht man z. B. anhand der stark nichtlinearen d-dimensionalen AWA

$$u'(t) = e^{-\|u(t)\|} \prod_{i=1}^{d} \sin(u_i(t)), \quad t \ge 0, \quad u(0) = u_0. \tag{1.1.10}$$

Der Definitionsbereich der zugehörigen Funktion $f(t,x) = e^{-\|x\|} \prod_{i=1}^{d} \sin(x_i)$ ist der ganze $\mathbb{R}^1 \times \mathbb{R}^d$, und die Funktion f ist auf diesem gleichmäßig beschränkt. Folglich existiert (mindestens) eine Lösung u auf ganz $\mathbb{R}$, was anhand der Form der Differentialgleichung nicht so einfach direkt zu sehen ist.

Aus der Integralgleichungsdarstellung (1.1.2) ergibt sich unmittelbar die folgende Aussage über die Regularität von Lösungen der AWA.

Satz 1.3 (Regularitätssatz): *Sei u eine Lösung der* AWA *in Definition 1.1 auf dem Intervall I. Im Falle $f \in C^m(D)^d$, für ein $m \ge 1$, ist dann $u \in C^{m+1}(I)^d$.*

Beweis: Aus der Beziehung

$$u(t) = u_0 + \int_{t_0}^{t} f(s,u(s))\,ds, \quad t \in I,$$

für dic lokale Lösung u der AWA entnehmen wir, dass u im Falle $f \in C^1(D)^d$ zweimal stetig differenzierbar ist mit der Ableitung

$$u''(t) = d_t f(t,u(t)) = \partial_t f(t,u(t)) + \nabla_x f(t,u(t))u'(t),$$

mit der Jacobi-Matrix $\nabla_x f$ der Vektorfunktion f. Durch wiederholte Anwendung dieses Arguments folgt dann die Richtigkeit der Behauptung für $m \ge 1$. Q.E.D.

1.1.2 Konstruktion von Lösungen

In einfachen Fällen kann man Lösungen einer Differentialgleichung systematisch konstruieren. Wir diskutieren hier zwei der Standardmethoden.

(A) Methode der „Trennung der Variablen"

Wir betrachten die „separable" Differentialgleichung

$$u'(t) = f(t, u(t)) = a(t)g(u(t)),$$

bei der in der rechten Seite die Variablen t und u separiert auftreten. Sei u eine Lösung. Im Fall $g(u(t)) \neq 0$ gilt dann

$$\int_{t_0}^{t} \frac{u'(s)}{g(u(s))}\, ds = \int_{t_0}^{t} a(s)\, ds.$$

Mit Hilfe der Variablensubstitution $z := u(s)$ im linken Integral ergibt sich

$$\int_{u_0}^{u(t)} \frac{1}{g(z)}\, dz = \int_{t_0}^{t} a(s)\, ds.$$

Hieraus lässt sich in konkreten Fällen häufig eine Lösung $u(t)$ konstruieren. Z. B. ergibt sich für die Differentialgleichung

$$u'(t) = u(t)^2, \qquad f(t, x) = \alpha(t)g(x) = x^2,$$

durch den Ansatz

$$t - t_0 = \int_{u_0}^{u(t)} \frac{1}{z^2}\, dz = -\frac{1}{z}\Big|_{u_0}^{u(t)} = \frac{1}{u_0} - \frac{1}{u(t)}$$

eine Lösung der Form

$$u(t) = \frac{u_0}{1 - u_0(t - t_0)}.$$

Diese existiert nicht für alle $t \geq t_0$ (Singulariät bei $t = t_0 + u_0^{-1}$), obwohl die Funktion $f(x) = x^2$ ein Polynom ist.

(B) Methode der „Variation der Konstanten"

Wir betrachten die lineare Differentialgleichung

$$u'(t) = a(t)u(t) + b(t), \qquad t \in I := [t_0, t_0 + T] \subset \mathbb{R}, \tag{1.1.11}$$

mit stetigen Funktionen $a, b : I \to \mathbb{R}$. Die zugehörige „homogene" Differentialgleichung

$$v'(t) = a(t)v(t), \qquad t \in I \subset \mathbb{R}.$$

hat eine Lösung der Form

$$v(t) := c \exp\Big(\int_{t_0}^{t} a(s)\, ds\Big),$$

mit einer freien Konstante $c \in \mathbb{R}$, was man direkt nachrechnet. Sei $v(t)$ eine Lösung mit $c = 1$. Zur Bestimmung einer Lösung der „inhomogenen" Differentialgleichung (1.1.11) wird c als Funktion von t angesetzt und so bestimmt, dass $u(t) := c(t)v(t)$ die Differentialgleichung erfüllt, d. h.:

$$u'(t) = c(t)v'(t) + c'(t)v(t) = a(t)u(t) + b(t).$$

Daher wird diese Methode auch „Variation der Konstante" genannt. Wegen $c(t)v'(t) = c(t)a(t)v(t) = a(t)u(t)$ ergibt sich die Bedingung

$$c'(t)v(t) = b(t)$$

bzw.

$$c(t) = \int_{t_0}^{t} \exp\Big(-\int_{t_0}^{\tau} a(s)\, ds\Big) b(\tau)\, d\tau + \gamma$$

mit einer freien Konstante $\gamma \in \mathbb{R}$. Damit wird

$$u(t) = \exp\Big(\int_{t_0}^{t} a(s)\, ds\Big) \int_{t_0}^{t} \exp\Big(-\int_{t_0}^{\tau} a(s)\, ds\Big) b(\tau)\, d\tau + \gamma \exp\Big(\int_{t_0}^{t} a(s)\, ds\Big).$$

Durch Wahl der Konstante $\gamma = u_0$ kann erreicht werden, dass die Funktion $u(t)$ einen gegebenen Anfangswert $u(t_0) = u_0$ annimmt. Entsprechend schreiben wir

$$u(t) = \exp\Big(\int_{t_0}^{t} a(s)\, ds\Big)\Big[u_0 + \int_{t_0}^{t} \exp\Big(-\int_{t_0}^{\tau} a(s)\, ds\Big) b(\tau)\, d\tau\Big]. \tag{1.1.12}$$

Diese Funktion erfüllt dann die lineare Differentialgleichung (1.1.11). Wir werden im Folgenden sehen, dass diese Lösung durch die Vorgabe eines Anfangswertes $u(t_0) = u_0$ eindeutig festgelegt ist. Im einfachsten Fall konstanter Koeffizienten hat die homogene Differentialgleichung

$$u'(t) = au(t)$$

eine Lösung der Form $u(t) = ce^{at}$. Die inhomogene Differentialgleichung

$$u'(t) = au(t) + b(t)$$

hat nach dem oben Gezeigten eine Lösung der Form

$$u(t) = e^{a(t-t_0)}u_0 + \int_{t_0}^{t} e^{a(t-\tau)} b(\tau)\, d\tau. \tag{1.1.13}$$

Jede dieser Lösungen ist, wie wir später sehen werden, durch ihren Anfangswert $u(t_0) = u_0$ eindeutig bestimmt.

1.2 Eindeutigkeit und Stabilität von Lösungen

Wir wenden uns nun den Fragen nach der eindeutigen Bestimmtheit von Lösungen sowie ihrer Stabilität zu. Die Wichtigkeit der Kenntnis von Stabilität oder Instabilität von Lösungen wird durch das Beispiel des Lorenz-Systems illustriert.

1.2.1 Lokale Stabilität und Eindeutigkeit

Definition 1.2 (Lipschitz-Bedingung): *(i) Die Funktion $f(t,x)$ genügt auf ihrem Definitionsbereich $D \subset \mathbb{R}\times\mathbb{R}^d$ einer (gleichmäßigen) „Lipschitz-Bedingung“, wenn mit einer stetigen Funktion $L(t) > 0$ („L-Konstante“) gilt:*

$$\|f(t,x) - f(t,x')\| \le L(t)\|x - x'\|, \quad (t,x), (t,x') \in D. \tag{1.2.14}$$

(ii) Die Funktion $f(t,x)$ genügt in D einer „lokalen“ Lipschitzbedingung, wenn $f(t,x)$ auf jeder beschränkten Teilmenge von D einer Lipschitz-Bedingung genügt (mit einer möglicherweise von dieser Teilmenge abhängigen Lipschitz-Konstante).

Beispiel 1.6: Die Funktion $f(t,x)$ habe auf D stetige partielle Ableitungen nach x, welche beschränkt sind:

$$\max_{1\le i,j\le d} |\partial_j f_i(t,x)| \le K, \quad (t,x) \in D.$$

Dann ist f Lipschitz-stetig bzgl. x mit der Lipschitz-Konstante $L = dK$. Zum Beweis schreiben wir

$$f_i(t,x) - f_i(t,x') = \int_0^1 \frac{d}{ds} f_i(t, x' + s(x-x'))\, ds = \int_0^1 \sum_{j=1}^d \partial_j f_i(t, x' + s(x-x'))(x_j - x'_j)\, ds$$

und finden

$$\|f(t,x) - f(t,x')\| \le \|x - x'\| \Big[\sum_{i,j=1}^d \int_0^1 |\partial_j f_i(t, x' + s(x-x'))|^2\, ds \Big]^{1/2} \le \|x - x'\|\, Kd.$$

Satz 1.4 (Lokaler Stabilitätssatz): *Mit zwei stetigen Funktionen $f(t,x)$ und $g(t,x)$ auf D seien die beiden AWAn*

$$u'(t) = f(t, u(t)), \quad t \in I, \quad u(t_0) = u_0, \tag{1.2.15}$$
$$v'(t) = g(t, v(t)), \quad t \in I, \quad v(t_0) = v_0. \tag{1.2.16}$$

betrachtet. Die Funktion $f(t,x)$ genüge der Lipschitzbedingung (1.2.14) auf D mit $L := \sup_{t\in \mathring{I}} L(t) < \infty$. Dann gilt für zwei beliebige Lösungen u von (1.2.15) und v von (1.2.16)

$$\|u(t) - v(t)\| \le e^{L(t-t_0)} \Big\{ \|u_0 - v_0\| + \int_{t_0}^t \varepsilon(s)\, ds \Big\}, \quad t \in I, \tag{1.2.17}$$

wobei $\varepsilon(t) := \sup_{x\in\Omega} \|f(t,x) - g(t,x)\|$.

Beweis: Für die Differenz $e(t) = u(t) - v(t)$ gilt

$$e(t) = \int_{t_0}^{t} \{f(s,u(s)) - f(s,v(s))\}\,ds + \int_{t_0}^{t} \{f(s,v(s)) - g(s,v(s))\}\,ds + u_0 - v_0.$$

Hieraus folgt

$$\|e(t)\| \leq L \int_{t_0}^{t} \|e(s)\|\,ds + \int_{t_0}^{t} \varepsilon(s)\,ds + \|u_0 - v_0\|,$$

d. h.: Die (stetige) Funktion $w(t) = \|e(t)\|$ genügt einer linearen Integralungleichung. Mit Hilfe des Lemmas von Gronwall[4] (Hilfssatz 1.1) ergibt sich daraus die gewünschte Abschätzung. Q.E.D.

Hilfssatz 1.1 (Gronwallsches Lemma): *Die stückweise stetige Funktion $w(t) \geq 0$ genüge mit zwei Konstanten $a, b \geq 0$ der Integralungleichung*

$$w(t) \leq a \int_{t_0}^{t} w(s)\,ds + b, \quad t \geq t_0. \tag{1.2.18}$$

Dann gilt die Abschätzung

$$w(t) \leq e^{a(t-t_0)} b, \quad t \geq t_0. \tag{1.2.19}$$

Beweis: Für die Funktion

$$\psi(t) := a \int_{t_0}^{t} w(s)\,ds + b$$

gilt $\psi'(t) = aw(t)$ und somit gemäß Voraussetzung $\psi'(t) \leq a\psi(t)$. Dies impliziert

$$\big(e^{-at}\psi(t)\big)' = e^{-at}\big(\psi'(t) - a\psi(t)\big) \leq 0,$$

d. h.: Die Funktion $e^{-at}\psi(t)$ ist monoton fallend. Dies bedeutet, dass

$$e^{-at}w(t) \leq e^{-at}\psi(t) \leq \psi(t_0)e^{-at_0} = be^{-at_0}, \quad t \geq t_0,$$

woraus die behauptete Ungleichung folgt. Q.E.D.

Bemerkung 1.2: Die Abschätzung (1.2.19) im Gronwallschen Lemma lässt verschiedene Verallgemeinerungen zu. Besteht z. B. eine Beziehung der Form

$$w(t) \leq \int_{t_0}^{t} a(s)w(s)\,ds + b(t), \quad t \geq t_0, \tag{1.2.20}$$

[4] T. H. Gronwall (Hakon Grönwall) (1877–1932): Schwedisch-amerikanischer Mathematiker und Ingenieur, zeitweise in Princeton (1913-1914); Beiträge zur komplexen Funktionentheorie, Zahlentheorie und Differentialgleichungen, aber auch zur physikalischen Chemie.

mit einer stetigen Funktion $a(t) \geq 0$ und einer nichtfallenden Funktion $b(t) \geq 0$, so folgt

$$w(t) \leq \exp\Big(\int_{t_0}^t a(s)\,ds\Big) b(t)\,, \quad t \geq t_0. \tag{1.2.21}$$

Dazu definieren wir die Hilfsfunktionen

$$\varphi(t) := \int_{t_0}^t a(s)w(s)\,ds\,, \quad \psi(t) := w(t) - \int_{t_0}^t a(s)w(s)ds \leq b(t)\,.$$

Für diese gilt dann

$$\varphi'(t) = a(t)w(t)\,, \quad \varphi(t_0) = 0$$

und folglich

$$a(t)\psi(t) = a(t)w(t) - a(t)\int_{t_0}^t a(s)w(s)\,ds = \varphi'(t) - a(t)\varphi(t)\,.$$

Also ist $\varphi(t)$ Lösung der linearen AWA

$$\varphi'(t) = a(t)\varphi(t) + a(t)\psi(t)\,, \quad t \geq t_0\,, \quad \varphi(t_0) = 0\,.$$

Durch Nachrechnen verifiziert man, dass

$$\varphi(t) = \exp\Big[\int_{t_0}^t a(s)\,ds\Big] \int_{t_0}^t \exp\Big[-\int_{t_0}^s a(r)dr\Big] a(s)\psi(s)\,ds\,.$$

Wegen $a(s) \geq 0$ und $\psi(s) \leq b(t)$ folgt

$$\begin{aligned}\varphi(t) &\leq b(t)\exp\Big[\int_{t_0}^t a(s)ds\Big] \int_{t_0}^t \Big\{-\frac{d}{ds}\exp\Big[-\int_{t_0}^s a(r)dr\Big]\Big\}\,ds \\ &\leq b(t)\exp\Big[\int_{t_0}^t a(s)ds\Big] - b(t)\,.\end{aligned}$$

Das ergibt schließlich mit der Voraussetzung (1.2.20)

$$w(t) \leq \varphi(t) + b(t) \leq b(t)\exp\Big[\int_{t_0}^t a(s)ds\Big]\,.$$

Korollar 1.2 (Eindeutigkeitssatz): *Der Stabilitätssatz zeigt als Nebenprodukt, dass eine AWA mit Lipschitz-stetiger Funktion $f(t,\cdot)$ höchstens eine Lösung haben kann. Die durch den Existenzsatz von Peano gelieferte lokale Lösung ist in diesem Falle also eindeutig.*

Beweis: Gäbe es zwei Lösungen u und v, so würden diese dieselbe Differentialgleichung zu denselben Anfangsbedingungen erfüllen. Dies wäre dann die Situation des lokalen Stabilitätssatzes mit $g(t,x) = f(t,x)$ und $v_0 = u_0$. Die Stabilitätsabschätzung ergibt dann notwendig $u(t) = v(t)$ für alle $t \in I$. Q.E.D.

Korollar 1.3: *Wir betrachten eine skalare Differentialgleichung d-ter Ordnung der Form*

$$u^{(d)}(t) = f(t, u(t), \dots, u^{(d-1)}(t)), \tag{1.2.22}$$

mit einer stetigen Funktion $f : I \times \mathbb{R}^d \to \mathbb{R}$, *welche bezüglich der letzten* d *Argumente einer lokalen Lipschitz-Bedingung genügt. Dann existiert für jeden Satz von* d *Werten* $u_0, \dots, u_{d-1} \in \mathbb{R}$, *genau eine lokale Lösung* $u \in C^d[t_0 - \varepsilon, t_0 + \varepsilon]$ *der Gleichung (1.2.22), welche den Anfangsbedingungen genügt:*

$$u(t_0) = u_0,\ u'(t_0) = u_1,\ \dots,\ u^{(d-1)}(t_0) = u_{d-1}.$$

Beweis: Die Behauptung ergibt sich unmittelbar aus den vorangegangenen Resultaten angewendet auf das zu der Gleichung (1.2.22) d-ter Ordnung äquivalente System 1-ter Ordnung:

$$\begin{aligned} u_1'(t) &= u_2(t)\,, \\ &\vdots \\ u_{d-1}'(t) &= u_d(t)\,, \\ u_d'(t) &= f(t, u_1(t), \dots, u_d(t)), \end{aligned}$$

wobei $u_1 := u, u_2 := u^{(1)}, \dots, u_d := u^{(d-1)}$. Die zugehörige Vektorfunktion $F(t, u_1, \dots, u_d)$ ist offensichtlich stetig und genügt der Lipschitz-Bedingung. Q.E.D.

Beispiel 1.7: Die Funktion $f(t, x) = x^{1/3}\,(d = 1)$ aus Beispiel 1.2 ist auf dem Intervall $I = [0, 1]$ in $x = 0$ nicht Lipschitz-stetig, woraus sich die Mehrdeutigkeit der Lösung der zugehörigen AWA erklärt. Für die Anfangsbedingung $u(0) = 1$ ergibt sich dagegen die Lösung $u(t) = [\frac{2}{3}t + 1]^{3/2}$, welche eindeutig ist, da die Funktion $f(t, x) = x^{1/3}$ bei $x = 1$ Lipschitz-stetig ist.

Beispiel 1.8: Die Funktion $f(t, x) = x^2\,(d = 1)$ aus Beispiel 1.3 ist nur „lokal" Lipschitz-stetig, d. h. nur für beschränkte Argumente:

$$|x^2 - y^2| = |x + y||x - y| \le L|x - y|$$

mit $L = \max\{|x + y|\,,\ x, y \in \mathbb{R}\}$. Solange die Lösung der zugehörigen AWA existiert, ist sie jedoch eindeutig.

Beispiel 1.9: Die lineare Differentialgleichung 2-ter Ordnung (harmonischer Oszillator)

$$u''(t) + ku(t) = 0$$

mit einem festen $k \in \mathbb{R}_+$ besitzt die beiden auf ganz $\mathbb{R}$ definierten Lösungen $u_1(t) = \cos(\sqrt{k}t)$ und $u_2(t) = \sin(\sqrt{k}t)$. Für beliebig gegebene $c_0, c_1 \in \mathbb{R}$ ist auch die Linearkombination $u(t) = c_0 u_1(t) + c_1 u_2(t)$ Lösung. Wegen $u(0) = c_0$ und $u'(0) = c_1\sqrt{k}$ ist

$u(t)$ nach Korollar 1.3 die eindeutig bestimmte Lösung der Differentialgleichung zu diesen Anfangswerten. Die Lösung zu den Anfangsdaten $c_0 = 0$ und $u'(0) = c_1$ ist

$$u(t) = \frac{c_1}{\sqrt{k}} \sin(\sqrt{k}t) = A \sin\Big(\frac{2\pi}{T}t\Big),$$

d. h. eine Sinusschwingung mit der Schwingungsdauer $T = 2\pi/\sqrt{k}$ und der Amplitude $A = c_1/\sqrt{k}$

Als Folgerung aus den Sätzen 1.2 und 1.4 erhält man eine globale Existenzaussage für AWAn mit „linear beschränkter“ Nichtlinearität.

Korollar 1.4 (Globaler Existenzsatz): *Die Funktion $f(t,x)$ sei stetig auf $D = \mathbb{R}^1 \times \mathbb{R}^d$ und genüge mit nicht-negativen, stetigen Funktionen $\alpha(t)$ und $\beta(t)$ der Wachstumsbedingung*

$$\|f(t,x)\| \le \alpha(t)\,\|x\| + \beta(t)\,, \quad (t,x) \in D\,. \tag{1.2.23}$$

Dann besitzt die zugehörige AWA eine „globale“ Lösung. Genügt $f(t,x)$ darüberhinaus einer Lipschitz-Bedingung, so ist die Lösung eindeutig.

Beweis: Für die durch den Peanoschen Satz gelieferte *lokale* Lösung u auf einem Intervall $I = [t_0, t_0 + T]$ gilt aufgrund der Wachstumsbeschränkung an $f(t,x)$

$$\|u(t)\| \le \|u_0\| + \int_{t_0}^{t} \{\alpha(s)\|u(s)\| + \beta(s)\}\, ds\,, \quad t \in I\,.$$

Mit Hilfe der verallgemeinerten Gronwallschen Ungleichung (1.2.21) folgt die Abschätzung

$$\|u(t)\| \le \exp\Big[\int_{t_0}^{t} \alpha(s)\, ds\Big]\Big\{\|u_0\| + \int_{t_0}^{t} \beta(s)\, ds\Big\}, \quad t \in I\,,$$

d. h.: $\|u(t)\|$ bleibt auf jedem Existenzintervall unterhalb einer nur von T und den Funktionen $\alpha(t), \beta(t)$ abhängigen Schranke. Nach Satz 1.2 läßt sich der Graph von u aber bis zum Rand von D fortsetzen. Folglich existiert u für alle $t \ge t_0$. Die Eindeutigkeitsaussage ergibt sich direkt aus Korollar 1.2. Q.E.D.

Aus Satz 1.4 folgt insbesondere, dass eine (global) L-stetige AWA

$$\|f(t,x)\| \le \|f(t,x) - f(t,0)\| + \|f(t,0)\| \le L\|x\| + \|f(t,0)\|,$$

eine eindeutige, globale Lösung besitzt. Durch Spezialisierung dieser Aussage erhält man die Existenz einer globalen und eindeutigen Lösung der allgemeinen *linearen* AWAn.

Korollar 1.5 (Lineare AWA): *Die Matrixfunktion $A : [t_0, \infty) \to \mathbb{R}^{d\times d}$ und die Vektorfunktion $b : [t_0, \infty) \to \mathbb{R}^d$ seien stetig. Dann besitzt die lineare AWA*

$$u'(t) = A(t)u(t) + b(t), \quad t \ge t_0, \quad u(t_0) = u_0, \tag{1.2.24}$$

eine eindeutige „globale“ Lösung $u : [t_0, \infty) \to \mathbb{R}^d$.

Beweis: (i) Für die *lokale* Lösung u auf einem Intervall $I = [t_0, t_0 + T]$ gilt:

$$\|u(t)\| \leq \|u_0\| + \int_{t_0}^{t} \{\|A(t)\|\|u(s)\| + \|b(s)\|\}\, ds\,, \quad t \in I\,.$$

Mit Hilfe des Gronwallschen Lemmas folgt die Abschätzung

$$\|u(t)\| \leq \exp\Big(\int_{t_0}^{t} \|A(s)\|\, ds\Big)\Big\{\|u_0\| + \int_{t_0}^{t} \|b(s)\|\, ds\Big\}, \quad t \in I\,,$$

d. h.: $\|u(t)\|$ bleibt auf jedem Existenzintervall unterhalb einer nur von T und den Funktionen $A(t)$, $b(t)$ abhängigen Schranke. Nach Satz 1.2 läßt sich der Graph von u aber bis zum Rand von D fortsetzen. Folglich existiert u für alle $t \geq t_0$. Die Eindeutigkeitsaussage ergibt sich wegen der L-Stetigkeit der Funktion $f(t, x) := A(t)x + b(t)$,

$$\|f(t,x) - f(t,y)\| = \|A(t)x + b(t) - A(t)y - b(t)\| \leq \|A(t)\|\, \|x - y\|,$$

direkt aus Satz 1.2. Q.E.D.

Der Existenzsatz von Peano zusammen mit dem Eindeutigkeitsaussage von Satz 1.2 enthält einen Teil der Aussagen des klassischen Existenzsatzes von Picard[5]-Lindelöf[6], den wir im Folgenden formulieren.

Satz 1.5 (Existenzsatz von Picard-Lindelöf): *Die stetige Funktion $f : D \to \mathbb{R}^d$ genüge einer lokalen Lipschitz-Bedingung. Dann gibt es zu jedem Paar $(t_0, u_0) \in D$ ein $T > 0$ und eine Lösung $u : I = [t_0 - T, t_0 + T] \to \mathbb{R}^d$ der AWA*

$$u'(t) = f(t, u(t)), \quad t \in I = [t_0, t_0 + T], \quad u(t_0) = u_0. \tag{1.2.25}$$

Diese lokale Lösung ist eindeutig bestimmt.

Beweis: Wir führen einen Beweis, der unabhängig vom Satz von Peano ist und auf dem Banachschen Fixpunktsatz basiert. Ausgangspunkt ist wieder die zur AWA äquivalente Integralgleichung

$$u(t) = u_0 + \int_{t_0}^{t} f(s, u(s))\, ds. \tag{1.2.26}$$

(i) Es gibt ein $\delta > 0$, so dass

$$K := \big\{(t,x) \in \mathbb{R} \times \mathbb{R}^n : |t - t_0| \leq \delta, \|x - u_0\| \leq \delta\big\} \subset D.$$

Auf K erfüllt $f(t,x)$ eine Lipschitz-Bedingung mit Konstante L_K:

$$\|f(t,x) - f(t,y)\| \leq L_K \|x - y\|, \quad (t,x), (t,y) \in K.$$

[5]Charles Emile Picard (1856–1941): Französischer Mathematiker; Prof. in Toulouse und Paris; Beiträge zu Analysis, Funktionentheorie, Differentialgleichungen und Analytische Geometrie.

[6]Ernst Leonhard Lindelöf (1870–1946): Finnischer Mathematiker; Prof. in Helsinki; Beiträge zu Analysis, Differentialgleichungen und Funktionentheorie.

Da K kompakt und f stetig ist, gibt es eine Konstante $M > 0$, so dass

$$\|f(t,x)\| \leq M, \quad (t,x) \in K.$$

Wir setzen

$$T := \min\Big(\delta, \frac{\delta}{M}, \frac{1}{2L_K}\Big), \qquad I_T := [t_0 - T, t_0 + T],$$

und definieren den Vektorraum $V := C[t_0 - T, t_0 + T]^d$; dieser ist versehen mit der Norm $\|u\|_\infty = \max_{t\in[t_0-T,t_0+T]} \|u(t)\|$ ein Banach-Raum (vollständiger, normierter Vektorraum).

(ii) Auf dem Banach-Raum V definieren wir die Abbildung $g : V \to V$ durch

$$g(u)(t) := u_0 + \int_{t_0}^t f(s, u(s))\, ds, \quad t \in I_T.$$

Für Funktionen u aus der abgeschlossenen Teilmenge

$$V_0 := \{v \in V : \max_{t\in I_T} \|v(t) - u_0\| \leq \delta\} \subset V$$

gilt für $t \in I_T$:

$$\|g(u)(t) - u_0\| \leq \int_{t_0}^t \|f(s, u(s))\|\, ds \leq M|t - t_0| \leq MT \leq \delta,$$

d. h.: Die Abbildung g bildet die Teilmenge $V_0 \subset V$ in sich ab. Weiter gilt für je zwei Funktionen $u, v \in V_0$ aufgrund der L-Stetigkeit von $f(t,\cdot)$:

$$\begin{aligned}\|g(u)(t) - g(v)(t)\| &\leq \int_{t_0}^t \|f(s, u(s)) - f(s, v(s))\|\, ds \\ &\leq L_K|t - t_0|\|u - v\|_\infty \leq L_K T\|u - v\|_\infty.\end{aligned}$$

Dies impliziert

$$\|g(u) - g(v)\|_\infty \leq \tfrac{1}{2}\|u - v\|_\infty,$$

d. h. g ist auf V_0 eine Kontraktion. Nach dem Banachschen Fixpunktsatz hat g in V_0 genau einen Fixpunkt u^*, d. h.:

$$u^*(t) = g(u^*)(t) = u_0 + \int_{t_0}^t f(s, u^*(s))\, ds, \quad t \in I_T.$$

Wegen der Äquivalenz dieser Integralbeziehung zur AWA folgt die Behauptung. Q.E.D.

Die im Beweis des Satzes von Picard-Lindelöf konstruierte Lösung u^* der Integralgleichung (1.2.26) erhält man durch die im Banach-Raum $V = C[I_T]$ konvergente Fixpunktiteration (sog. „sukzessive Approximation“)

$$u^k(t) := u_0 + \int_{t_0}^t f(s, u^{k-1}(s))\, ds, \quad t \in I_T, \tag{1.2.27}$$

für irgendeine Startfunktion $u^0 \in V_0$. Dieses Iterationsverfahren kann in einfachen Situationen zur tatsächlichen Berechnung der Lösung der AWA verwendet werden.

Beispiel 1.10: Zur Lösung der AWA

$$u'(t) = 1 + u(t)^2, \quad t \geq 0, \qquad u(0) = 0,$$

wird die Fixpunktiteration mit der Startfunktion $u^0 \equiv 0$ verwendet:

$$u^k(t) = \int_0^t \left(1 + u^{k-1}(s)^2\right) ds, \quad t \geq 0.$$

Wir finden:

$$u^1(t) = \int_0^t ds = t, \quad u^2(t) = \int_0^t (1 + s^2)\, ds = t + \tfrac{1}{3}t^3$$

$$\begin{aligned}
u^3(t) &= \int_0^t (1 + s^2 + \tfrac{2}{3}t^4 + \tfrac{1}{9}s^6)\, ds = t + \tfrac{1}{3}t^3 + \tfrac{2}{15}t^5 + \tfrac{1}{63}t^7 \\
u^4(t) &= \int_0^t (1 + s^2 + \tfrac{2}{3}s^4 + (\tfrac{1}{9} + \tfrac{4}{15})s^6 + \tfrac{1}{63}s^8 + \dots)\, ds \\
&= t + \tfrac{1}{3}t^3 + \tfrac{2}{15}t^5 + (\tfrac{1}{63} + \tfrac{1}{105})t^7 + \tfrac{1}{567}t^9 + \dots \\
u^5(t) &= \int_0^t (1 + s^2 + \tfrac{2}{3}s^4 + (\tfrac{1}{9} + \tfrac{4}{15})s^6 + \tfrac{4}{45}s^8 + \dots)\, ds \\
&= t + \tfrac{1}{3}t^3 + \tfrac{2}{15}t^5 + (\tfrac{1}{63} + \tfrac{4}{105})t^7 + \dots.
\end{aligned}$$

Dies scheint die Taylor-Reihe der Funktion $u(t) = \tan(t)$ zu ergeben:

$$\tan(t) = t + \tfrac{1}{3}t^3 + \tfrac{2}{15}t^5 + \tfrac{17}{315}t^7 + \dots.$$

Dies ist tatsächlich die (eindeutig bestimmte) Lösung der AWA, da

$$\tan'(t) = \left(\frac{\sin}{\cos}\right)'(t) = \frac{\cos^2(t) + \sin^2(t)}{\cos^2(t)} = 1 + \tan^2(t), \quad \tan(0) = 0.$$

Für spätere Zwecke benötigen wir noch stärkere Aussagen über die Abhängigkeit der Lösungen von AWAn von den Anfangswerten als die durch den Stabilitätssatz garantierte (Lipschitz)-Stetigkeit.

Satz 1.6 (Differenzielle Stabilität): *Zusätzlich zu den Voraussetzungen des Existenzsatzes von Peano existiere die Funktionalmatrix $f'_x(t,x) = (\partial_j f_i(t,x))_{1\le i,j\le d}$ auf dem Zylinder D und sei dort stetig. Dann hängt die (eindeutige) Lösung der AWA stetig differenzierbar vom Anfangswert u_0 ab. Die zugehörige Ableitungsmatrix („Jacobi-Matrix") $D_{u_0}u(t) = (\partial u_i(t)/\partial u_{0,j})_{i,j=1}^d$ ist gegeben als Lösung der linearen Matrix-AWA*

$$D_{u_0}u'(t) = f'_x(t, u(t))\, D_{u_0}u(t), \quad t \in I, \quad D_{u_0}u(t_0) = I. \tag{1.2.28}$$

Beweis: Für kleines $\delta > 0$ betrachten wir die Anfangswerte $u(t_0) = u_0$ und $u_\delta(t_0) = u_0 + \delta e_j$ mit dem j-ten kartesischen Einheitsvektor e_j. Für die zugehörigen (lokalen) Lösungen u und u_δ der AWA gilt:

$$\begin{aligned}
\delta^{-1}(u_\delta - u)(t) &= e_j + \delta^{-1} \int_{t_0}^t \{f(s, u_\delta) - f(s, u)\}\, ds \\
&= e_j + \delta^{-1} \int_{t_0}^t \Big(\int_0^1 \frac{d}{d\varepsilon} f(s, u + \varepsilon(u_\delta - u))\, d\varepsilon \Big)\, ds \\
&= e_j + \int_{t_0}^t \Big(\int_0^1 f'_x(s, u + \varepsilon(u_\delta - u))\, d\varepsilon \Big)\, \delta^{-1}(u_\delta - u)(s)\, ds \\
&= e_j + \int_{t_0}^t B_\delta(s)\, \delta^{-1}(u_\delta - u)(s)\, ds\,,
\end{aligned}$$

wobei

$$B_\delta(s) := \int_0^1 f'_x(s, u_\delta + \varepsilon(u_\delta - u))\, d\varepsilon \;\to\; f'_x(s, u(s)) \quad (\delta \to 0).$$

Zur Abkürzung setzen wir $\Delta_\delta u(t) := \delta^{-1}(u_\delta - u)$. Damit folgt aus der obigen Identität

$$\|\Delta_\delta u(t)\| \le \|e_j\| + \int_{t_0}^t \|B_\delta(s)\| \|\Delta_\delta u(s)\|\, ds.$$

Aufgrund der Voraussetzungen an f gilt $\|B_\delta(s)\| \le L$ mit einem festen $L > 0$ (Lipschitz-Konstante). Mit Hilfe des Gronwallschen Lemmas ergibt sich dann wegen $\|e_j\| = 1$:

$$\|\Delta_\delta u(t)\| \le \exp\Big(\int_{t_0}^t \|B_\delta(s)\|\, ds \Big) \|e_j\| \le e^{L(t-t_0)}.$$

Die Folge der Differenzenquotienten $\Delta_\delta u(t)$ ist also gleichmäßig beschränkt in der Maximumnorm auf jedem Zeitintervall $I = [t_0, t_0 + T]$, auf dem die lokalen Lösungen u_δ existieren. Wir wollen zeigen, dass sie sogar eine Cauchy-Folge ist. Für zwei beliebige Werte $\delta, \delta' > 0$ und die zugehörigen Lösungen $u_\delta, u_{\delta'}$ gilt dann

$$\begin{aligned}
\Delta_\delta u(t) - \Delta_{\delta'} u(t) &= \int_{t_0}^t B_\delta(s) \Delta_\delta u(s)\, ds - \int_{t_0}^t B_{\delta'}(s) \Delta_{\delta'} u(s)\, ds \\
&= \int_{t_0}^t B_\delta(s) \big(\Delta_\delta u(s) - \Delta_{\delta'} u(s) \big)\, ds + \int_{t_0}^t \big(B_\delta(s) - B_{\delta'}(s) \big) \Delta_{\delta'} u(s)\, ds,
\end{aligned}$$

und mit Hilfe des Gronwallschen Lemmas folgt weiter analog zu oben:

$$\sup_{t \in I} \|\Delta_\delta u(t) - \Delta_{\delta'} u(t)\| \le e^{2LT} \int_{t_0}^{t_0+T} \|B_\delta(s) - B_{\delta'}(s)\|\, ds\,.$$

Nach Voraussetzung ist die Ableitung $f'_x(t, x)$ auf kompakten Mengen gleichmäßig stetig. Dies gilt dann auch für $B_\delta(s)$ als Funktion sowohl von s als auch von δ. Durch Wahl von δ, δ' hinreichend klein kann daher $\sup_{t \in I} \|\Delta_\delta u(t) - \Delta_{\delta'} u(t)\|$ kleiner als jedes beliebig klein vorgegebene $\varepsilon > 0$ gemacht werden. Dies impliziert, dass für jede Nullfolge $(\delta_i)_{i \in \mathbb{N}}$

die zugehörige Folge von Differenzenquotienten $(\Delta_{\delta_i} u)_{i\in\mathbb{N}}$ eine Cauchy-Folge bzgl. der Maximumnorm auf $[t_0, t_0+T]$ ist. Deren stetiger Limes ist die gesuchte partielle Ableitung $D_{u_0,j}u$ von u nach der j-ten Komponente $u_{0,j}$ des Anfangswerts u_0:

$$\max_{t\in I} \|\Delta_{\delta_i} u(t) - D_{u_0,j}u(t)\| \to 0 \quad (\delta_i \to 0).$$

Durch Grenzübergang $\delta_i \to 0$ in obiger Identität ergibt sich weiter

$$D_{u_0,j}u(t) = e_j + \int_{t_0}^{t} f'_x(s,u) D_{u_0,j}u(s)\, ds,$$

d. h.: Die Vektorfunktion $D_{u_0,j}u(t)$ ist Lösung der AWA

$$(D_{u_0,j}u)'(t) = f'_x(t,u(t)) D_{u_0,j}u(t), \quad t \geq t_0, \quad D_{u_0,j}u(t_0) = e_j.$$

Führt man diese Konstruktion für alle Komponenten $u_{0,1}, \dots, u_{0,d}$ des Anfangswerts durch, so erhält man eine Matrixfunktion $D_{u_0}u(t) := [D_{u_0,1}u(t), \dots, D_{u_0,d}u(t)]$, welche dann nach Konstruktion Lösung der linearen Matrix-AWA (1.2.28) ist. Q.E.D.

1.2.2 Globale Stabilität

Wir wenden uns nun der Frage nach der „globalen" Stabilität von Lösungen von AWAn zu. Neben der Lipschitz-Bedingung (L) wird dazu noch eine weitere Struktureigenschaft der Nichtlinearität $f(t,x)$ benötigt.

Definition 1.3 (Monotone AWA): *Die Funktion $f(t,x)$ genügt einer „Monotoniebedingung", wenn mit einer Konstante $\lambda := \inf_{t\in I} \lambda(t) > 0$ gilt:*

$$-(f(t,x) - f(t,y), x-y) \geq \lambda(t)\|x-y\|^2, \quad (t,x), (t,y) \in D. \tag{1.2.29}$$

Bemerkung 1.3: Die Bedingung (1.2.29) ist eine direkte Verallgemeinerung der *skalaren* Eigenschaft *monoton fallend* für vektorwertige Funktionen. Für eine skalare Funktion $g(x)$ ist die Beziehung

$$-(g(x) - g(y))(x-y) \geq \lambda|x-y|^2, \quad x, y \in \mathbb{R},$$

gleichbedeutend mit

$$\frac{g(x) - g(y)}{x-y} \leq -\lambda,$$

bzw. $g' \leq -\lambda$, wenn g differenzierbar ist. Im Falle einer linearen Vektorfunktion $f(t,x) = A(t)x + b(t)$ ist (1.2.29) gleichbedeutend mit der gleichmäßigen negativen Definitheit der Matrix $A(t)$ auf dem Zeitintervall I. Der einfachste Spezialfall ist die skalare Funktion $f(t,x) = qx$, für die (1.2.29) gerade $q \leq -\lambda < 0$ bedeutet.

Eine AWA, die einer (lokalen) Lipschitzbedingung bzw. einer Monotoniebedingung genügt nennen wir kurz „(lokal) L-stetig" und „(stark) monoton". Ihre Lösungen haben besonders starke Stabilitätseigenschaften.

Definition 1.4 (Exponentielle Stabilität): *Eine globale Lösung u einer* AWA *wird „exponentiell stabil" genannt, wenn es positive Konstanten δ, α, A gibt, so dass zu jedem Zeitpunkt $t_* \geq t_0$ und zu jedem $w_* \in \mathbb{R}^d$ mit $\|w_*\| < \delta$ jede (lokale) Lösung v der gestörten* AWA

$$v'(t) = f(t, v(t)), \quad t \geq t_*, \quad v(t_*) = u(t_*) + w_*, \tag{1.2.30}$$

global ist und folgendes gilt:

$$\|(v-u)(t)\| \leq A\, e^{-\alpha(t-t_*)}\|w_*\|, \quad t \geq t_*. \tag{1.2.31}$$

Neben dem Begriff der „exponentiellen" Stabilität findet man in der Literatur noch eine Reihe anderer (schwächerer) Stabilitätsdefinitionen, z. B.: „asymptotische" Stabilität.

Satz 1.7 (Globaler Stabilitätssatz): *Alle Lösungen einer (lokal) L-stetigen und (stark) monotonen* AWA *sind global und exponentiell stabil mit δ beliebig und $\alpha = \lambda$, $A = 1$. Im Falle $\sup_{t\geq t_0}\|f(t,0)\| < \infty$ sind alle Lösungen gleichmäßig beschränkt.*

Beweis: (i) Wir zeigen zunächst die globale Existenz von Lösungen. Wegen der angenommenen (lokalen) L-Stetigkeit hat die AWA eine eindeutige lokale Lösung u:

$$u'(t) = f(t, u(t)), \quad t_0 \leq t \leq t_0 + T, \quad u(t_0) = u_0.$$

Auf derem Existenzintervall erhalten wir durch skalare Multiplikation mit $u(t)\|u(t)\|^{-1}$;

$$(u'(t), u(t)\|u(t)\|^{-1}) - (f(t, u(t)), u(t)\|u(t)\|^{-1}) = 0$$

bzw.

$$\frac{d}{dt}\|u(t)\| - (f(t, u(t)) - f(t, 0), u(t) - 0)\|u(t)\|^{-1} = (f(t, 0), u(t))\|u(t)\|^{-1}.$$

Ausnutzung der Monotonieeigenschaft ergibt also

$$\frac{d}{dt}\|u(t)\| + \lambda\|u(t)\| \leq \|f(t, 0)\|. \tag{1.2.32}$$

und nach Integration über $[t_0, t]$:

$$\|u(t)\| \leq \|u_0\| + \int_{t_0}^{t} \|f(s, 0)\|\, ds =: g(t).$$

Die lokale Lösung u bleibt also auf jedem Existenzintervall durch die stetige Funktion $g(t)$ beschränkt und lässt sich daher auf ganz $[t_0, \infty)$ fortsetzen. Mit derselben Argumentation folgt auch die globale Lösbarkeit der gestörten AWA.

(ii) Als nächstes zeigen wir die gleichmäßige Beschränktheit der Lösung. Dazu multiplizieren wir die Ungleichung (1.2.32) mit $e^{\lambda(t-t_0)}$ und erhalten

$$\frac{d}{dt}\Big[e^{\lambda(t-t_0)}\|u(t)\|\Big] \leq e^{\lambda(t-t_0)}\|f(t, 0)\|.$$

Integration über $[t_0, t]$ ergibt dann

$$e^{\lambda(t-t_0)}\|u(t)\| \le \|u_0\| + \int_{t_0}^{t} \{e^{\lambda(s-t_0)}\|f(s,0)\|\}\, ds,$$

und folglich

$$\|u(t)\| \le e^{-\lambda(t-t_0)}\|u_0\| + \max_{s\in[t_0,t]} \|f(s,0)\| e^{-\lambda(t-t_0)} \int_{t_0}^{t} e^{\lambda(s-t_0)}\, ds.$$

Wegen

$$e^{-\lambda(t-t_0)} \int_{t_0}^{t} e^{\lambda(s-t_0)}\, ds = \frac{1}{\lambda}\{1 - e^{-\lambda(t-t_0)}\}$$

erhalten wir schließlich die gewünschte Abschätzung

$$\|u(t)\| \le e^{-\lambda(t-t_0)}\|u_0\| + \frac{1}{\lambda} \sup_{s\ge t_0} \|f(s,0)\|, \quad t \ge t_0. \tag{1.2.33}$$

(iii) Wir haben gezeigt, dass sowohl die ungestörte AWA

$$u'(t) = f(t, u(t)), \ \ t \ge t_0, \ \ u(t_0) = u_0,$$

als auch die gestörte AWA

$$v'(t) = f(t, v(t)), \ \ t \ge t_*, \ \ v(t_*) = u(t_*) + w_*,$$

eindeutige, globale Lösungen haben. Wir setzen $w(t) := v(t) - u(t)$. Subtraktion der beiden Gleichungen und skalare Multiplikation mit $w(t)\|w(t)\|^{-1}$ ergibt analog wie in (i):

$$\frac{d}{dt}\|w(t)\| - (f(t, v(t)) - f(t, u(t)), w(t))\|w(t)\|^{-1} = 0$$

und, unter Ausnutzung der Monotonieeigenschaft,

$$\frac{d}{dt}\|w(t)\| + \lambda\|w(t)\| \le 0.$$

Wir multiplizieren dies mit $e^{\lambda(t-t_*)}$ und erhalten

$$\frac{d}{dt}\Big[e^{\lambda(t-t_*)}\|w(t)\|\Big] \le 0,$$

bzw. nach Integration über $[t_*, t]$,

$$\|w(t)\| \le e^{-\lambda(t-t_*)}\|w_*\|, \quad t \le t_*.$$

Dies vervollständigt den Beweis. Q.E.D.

Bemerkung 1.4: Die Abschätzung (1.2.33) zeigt, dass bei einer (stark) monotonen AWA der Einfluss des Anfangswerts u_0 exponentiell mit der Zeit abfällt. Auch der ständige „Energiezufluss" durch eine beschränkte rechte Seite $f(t,0)$ wird durch diese exponentielle „Dämpfung" kompensiert, so dass die Lösung nicht beliebig anwachsen kann.

Bemerkung 1.5: Bei Durchsicht des Beweises von Satz 1.7 sieht man, dass die L-Stetigkeit der Funktion $f(t,x)$ lediglich zur Sicherstellung der Eindeutigkeit der betrachteten Lösungen benötigt wird. Alle anderen Aussagen bleiben auch gültig, wenn lediglich die Stetigkeit von $f(t,x)$ gefordert wird.

Die meisten praktisch relevanten AWAn sind leider nicht von monotonem Typ. Trotzdem können ihre Lösungen durchaus exponentiell stabil in dem etwas schwächeren Sinne unserer Definition oder auch nur „asymptotisch stabil" sein.

Korollar 1.6 (Lineare AWA): *Die stetige Matrixfunktion $A : [t_0,\infty) \to \mathbb{R}^{d\times d}$ und die Vektorfunktion $b : [t_0,\infty) \to \mathbb{R}^d$ seien gleichmäßig negativ definit bzw. beschränkt. Dann besitzt die lineare AWA*

$$u'(t) = A(t)u(t) + b(t), \quad t \geq t_0, \quad u(t_0) = u_0, \tag{1.2.34}$$

eine eindeutige „globale" Lösung $u : [t_0,\infty) \to \mathbb{R}^d$, welche beschränkt und exponentiell stabil ist.

Beweis: Für eine negativ definite Koeffizientenmatrix $A(t)$ genügt die zugehörige Funktion $f(t,x)$ der Monotoniebedingung:

$$-(f(t,x) - f(t,y), x-y) = -(A(t)(x-y), x-y) \geq \lambda \|x-y\|^2,$$

mit einer Konstante $\lambda > 0$. Ferner ist

$$\sup_{t\in[t_0,\infty)} \|f(t,0)\| = \sup_{t\in[t_0,\infty)} \|b(t)\| < \infty.$$

Satz 1.7 liefert also die Beschränktheit sowie die exponentielle Stabilität der globalen Lösung u der linearen AWA. Q.E.D.

Zum Abschluß stellen wir noch den folgenden Satz über die Grenzwerte exponentiell stabiler Lösungen für $t \to \infty$ bereit.

Satz 1.8 (Stationäre Limiten): *Die AWA sei L-stetig und „autonom", d. h. $f(t,x) \equiv f(x)$, und besitze eine Lösung $u(t)$. Ist diese dann exponentiell stabil mit Stabilitätsparametern δ, α, A, so existiert eine Lösung u_∞ der Gleichung $f(u_\infty) = 0$, und es gilt*

$$\|u(t) - u_\infty\| = O(e^{-\alpha t}) \quad (t \to \infty). \tag{1.2.35}$$

Beweis: Unter den gegebenen Voraussetzungen ist die Lösung $u(t)$ gleichmäßig stetig auf $I = [t_0, \infty)$. Es gibt also ein $h_0 > 0$, so dass für $h \le h_0$ stets $\|u(t+h) - u(t)\| < \delta$ ist. Die „verschobene" Funktion $u^h(t) = u(t+h)$ genügt ebenfalls der Differentialgleichung $\dot{u}^h(t) = f(u^h(t))$. Betrachtet man für ein beliebiges $h \le h_0$ die Differenz $u(t_0+h) - u(t_0)$ als Störung von $u(t_0)$, so folgt aufgrund der exponentiellen Stabilität von $u(t)$

$$\|u(t+h) - u(t)\| \le A\, e^{-\alpha(t-t_0)}\delta =: \tilde{A}\delta e^{-\alpha t}, \quad (t \ge t_0). \tag{1.2.36}$$

Für beliebige $n, m \in \mathbb{N}$, $n > m$, gilt also

$$\begin{aligned} \|u(t+nh) - u(t+mh)\| &\le \sum_{\nu=m}^{n-1} \|u(t+[\nu+1]h) - u(t+\nu h)\| \\ &\le \tilde{A}\delta e^{-\alpha t} \sum_{\nu=m}^{n-1} e^{-\alpha\nu h}, \end{aligned} \tag{1.2.37}$$

d. h.: $(u(t+nh))_{n\in\mathbb{N}}$ ist Cauchy-Folge für jedes $t \ge t_0$, und es existiert

$$u^h_\infty(t) := \lim_{n\to\infty} u(t+nh).$$

Setzt man $m = 0$ in (1.2.37) und lässt $n \to \infty$, so folgt für kleines h:

$$\|u^h_\infty(t) - u(t)\| \le \tilde{A}\delta e^{-\alpha t} \sum_{\nu=0}^{\infty} e^{-\alpha\nu h} \le \tilde{A}\delta e^{-\alpha t} \frac{1}{1 - e^{-\alpha h}} \le \tilde{A}\delta e^{-\alpha t} \frac{2}{\alpha h}. \tag{1.2.38}$$

Mit $n = m+1$ folgt analog $u^h_\infty(t+h) = u^h_\infty(t)$, d. h.: $u^h_\infty(t)$ ist periodisch. Führt man diesen Konstruktionsprozess für zwei verschiedene $h_i \le h \,(i = 1, 2)$ durch, so sind die sich ergebenden Limesfunktionen $u^i_\infty(t)$ jeweils h_i-periodisch und stimmen daher wegen

$$\|u^1_\infty(t) - u^2_\infty(t)\| \le \|u^1_\infty(t) - u(t)\| + \|u(t) - u^2_\infty(t)\| \le \left\{ \frac{2\tilde{A}\delta}{\alpha h_1} + \frac{2\tilde{A}\delta}{\alpha h_2} \right\} e^{-\alpha t}$$

notwendig überein. Wir können also schreiben $u_\infty(t) = u^h_\infty(t)$ für alle $h \le h_0$. Da h beliebig klein gewählt werden kann, muss $u_\infty(t) \equiv u_\infty$ konstant sein. Schließlich folgt durch Grenzübergang $n \to \infty$ in

$$u(t+[n+1]h) = u(t+nh) + \int_{t+nh}^{t+(n+1)h} \{f(u(s)) - f(u_\infty)\}\, ds + hf(u_\infty)$$

die Beziehung $f(u_\infty) = 0$. Q.E.D.

Wir haben den vorausgegangenen Satz vor allem bereit gestellt, um für spätere Zwecke folgendes Korollar zur Verfügung zu haben.

Korollar 1.7 (Monotone Gleichungen): *Die nichtlineare Abbildung $g(\cdot) : \mathbb{R}^d \to \mathbb{R}^d$ sei L-stetig*

$$\|g(x) - g(y)\| \le L\|x - y\|, \quad x, y \in \mathbb{R}^d, \tag{1.2.39}$$

und strikt monoton im Sinne

$$(g(x) - g(y), x - y) \geq \gamma \|x - y\|^2, \quad x, y \in \mathbb{R}^d. \tag{1.2.40}$$

Dann besitzt die Gleichung

$$g(x) = c \tag{1.2.41}$$

für jede rechte Seite $c \in \mathbb{R}^d$ *eine eindeutig bestimmte Lösung* $x \in \mathbb{R}^d$ *, d. h.:* g *ist bijektiv.*

Beweis: Wir geben zwei Beweisvarianten. Die erste verwendet das Resultat von Satz 1.8, während die zweite davon unabhängig ist und auf dem Banachschen Fixpunktsatz fußt.
(i) Wir betrachten die autonome AWA

$$v'(t) = c - g(v(t)), \quad t \geq 0, \quad v(0) = 0. \tag{1.2.42}$$

Nach Konstruktion ist die Abbildung $c - g(\cdot)$ L-stetig und strikt monoton, so dass gemäß Satz 1.7 die Lösung $v(t)$ von (1.2.42) für alle $t \geq 0$ existiert und exponentiell stabil ist. Nach Satz 1.8 existiert dann $\bar{x} = v_\infty$ mit $c - g(\bar{x}) = 0$. Die Eindeutigkeit dieser Lösung folgt dann direkt aus der strikten Monotonieeigenschaft von $g(\cdot)$.

(ii) Wir betrachten die zur gestellten Gleichung äquivalente Fixpunktgleichung

$$G(x) := x - \theta(g(x) - c) = x$$

mit einem noch geeignet zu wählendem Parameter $\theta > 0$. Wir wollen zeigen, dass die Abbildung $G : \mathbb{R}^d \to \mathbb{R}^d$ für hinreichend kleines θ eine Kontraktion ist. Dann folgt über den Banachschen Fixpunktsatz die Existenz eines eindeutig bestimmten Fixpunktes $\bar{x}$, der nach Konstruktion auch Lösung der Aufgabe $g(\bar{x}) = c$ ist. Für beliebige $x, y \in \mathbb{R}^d$ betrachten wir

$$\begin{aligned} \|G(x) - G(y)\|^2 &= \|x - \theta g(x) - y + \theta g(y)\|^2 \\ &= \|x - y\|^2 - 2\theta(x - y, g(x) - g(y)) + \theta^2 \|g(x) - g(y)\|^2 \\ &\leq (1 - 2\gamma\theta + L^2\theta^2)\|x - y\|^2. \end{aligned}$$

Für jedes $\theta \in (0, 2\gamma/L^2)$ ist also G eine Kontraktion. Q.E.D.

1.3 Homogene lineare Systeme

Im Folgenden betrachten wir „homogene“ lineare Systeme von Differentialgleichungen

$$u'(t) = A(t)u(t) \tag{1.3.43}$$

mit stetigen Matrizenfunktionen $A : [t_0, \infty) \to \mathbb{R}^{d \times d}$.

Satz 1.9: *(i) Die Menge der Lösungen des „homogenen" d-dimensionalen lineare Differentialgleichungssystems*

$$u'(t) = A(t)u(t) \tag{1.3.44}$$

bildet einen Vektorraum H.

(ii) Zu jeder Basis $\{u_0^i, i = 1, \dots, d\}$ *des* $\mathbb{R}^d$ *erhält man mit den zugehörigen Lösungen der* d *AWAn*

$$u^{i\prime}(t) = A(t)u^i, \quad t \geq t_0, \qquad u^i(t_0) = u_0^i, \quad i = 1, \dots, d, \tag{1.3.45}$$

eine Basis $\{u^i, i = 1, \dots, d\}$ *dieses Lösungsraums, d. h.: Es ist* $\dim H = d$.

(iii) Ist $\{u^i, i = 1, \dots, d\}$ *eine Basis des Lösungsraums, so bilden für jedes* $t \geq t_0$ *die Vektoren* $\{u^i(t), i = 1, \dots, d\}$ *eine Basis des* $\mathbb{R}^d$.

Beweis: (i) Sei H die Menge der Lösungen der homogenen Gleichung (1.3.44). Offenbar ist die Nullfunktion in H, und jede Linearkombination $\alpha u + \beta v$ von Funktionen $u, v \in H$ ist wegen

$$(\alpha u + \beta v)' = \alpha u' + \beta v' = \alpha A(t)u + \beta A(t)v' = A(t)(\alpha u + \beta v)$$

ebenfalls in H. Also ist H ein Vektorraum.

(ii) Sei $\{u_0^i, i = 1, \dots, d\}$ eine Basis des $\mathbb{R}^d$ und $\{u^i\}$ die nach Satz 1.5 eindeutigen globalen Lösungen der AWAn (1.3.45). Gibt es dann Koeffizienten $\alpha_i \in \mathbb{R}$ mit

$$\sum_{i=1}^{d} \alpha_i u^i(t) = 0, \quad t \geq t_0,$$

so folgt, da dies auch für $t = t_0$ gilt, notwendig $\alpha_1 = \dots = \alpha_d = 0$. Die Funktionen $\{u^i, i = 1, \dots, d\}$ sind also linear unabhängig. Umgekehrt kann es nicht mehr als d linear unabhängige Funktionen in H geben, denn dann müssten auch deren Anfangswerte linear unabhängig sein, was nicht möglich ist. Also ist $\dim H = d$.

(iii) Die Argumentation verläuft analog wie unter (ii). Q.E.D.

Definition 1.5: *Eine Basis* $\{\varphi^i, \dots, \varphi^d\}$ *des Lösungsraumes des linearen Differentialgleichungssystems (1.3.44) etwa zu den Anfangswerten* $\varphi^i(t_0) = e^i$ *wird „„Fundamentalsystem" der Gleichung genannt. Die Matrix* $\Phi = [\varphi^1, \dots, \varphi^d]$ *der Spaltenvektoren* φ^i *heißt „„Fundamentalmatrix" des Systems. Diese ist regulär und genügt der Matrix-AWA (komponentenweise zu verstehen)*

$$\Phi'(t) = A(t)\Phi(t), \ t \geq t_0, \quad \Phi(t_0) = I. \tag{1.3.46}$$

Satz 1.10 (Inhomogene lineare Systeme): *Die Matrixfunktion* $A : [t_0, \infty) \to \mathbb{R}^{d \times d}$ *und die Vektorfunktion* $b : [t_0, \infty) \to \mathbb{R}^d$ *seien stetig. Der Vektorraum der Lösungen des* *zugehörigen homogenen Systems sei mit* H *bezeichnet. Dann erhält man eine partikuläre Lösung der inhomogenen Gleichung*

$$u'(t) = A(t)u(t) + b(t) \tag{1.3.47}$$

in der Form

$$u_b(t) = \Phi(t)\Big(\int_{t_0}^{t} \Phi(s)^{-1}b(s)\,ds + c\Big), \tag{1.3.48}$$

mit einer beliebigen Konstante $c \in \mathbb{R}$. *Jede andere Lösung der inhomogenen Gleichung hat die Gestalt* $u(t) = u_b(t) + v(t)$ *mit einer Funktion* $v \in H$. *Bei Wahl von* $c = u_0$ *erfüllt* u *die Anfangsbedingung* $u_b(t_0) = u_0$.

Beweis: (i) Wir setzen

$$\psi := \int_{t_0}^{t} \Phi^{-1}b\,ds + c, \qquad \psi' = \Phi^{-1}b.$$

Dann gilt für $u_b := \Phi\psi$ die Beziehung $u_b' = \Phi'\psi + \Phi\psi'$, woraus wegen $\Phi' = A\Phi$ folgt:

$$u_b' = A\Phi\psi + \Phi\psi' = Au_b + \Phi\psi' = Au_b + \Phi\Phi^{-1}b = Au_b + b.$$

Also ist u_b Lösung der inhomogenen Differentialgleichung und für $c = u_0$ auch Lösung der entsprechenden AWA.

(ii) Sei u eine zweite Lösung der inhomogenen Gleichung. Dann erfüllt $w := u - u_b$ die Beziehung

$$w' = u' - u_b' = Au + b - Au_b - b = Aw,$$

d. h.: Es ist $w \in H$. Q.E.D.

Bemerkung 1.6: Die Aussagen dieses Abschnitts zeigen, dass zwischen der Theorie der Systeme linearer gewöhnlicher Differentialgleichungen und der linearer Gleichungssysteme in $\mathbb{R}^d$ eine weitgehende Analogie besteht.

Bemerkung 1.7: Die Darstellung

$$u(t) = \Phi(t)\Big(\int_{t_0}^{t} \Phi(s)^{-1}b(s)\,ds + u_0\Big),$$

der (eindeutigen) Lösung der linearen AWA

$$u'(t) = A(t)u(t) + b(t), \quad t \ge t_0, \quad u(t_0) = u_0,$$

entspricht der am Anfang dieses Kapitels für *skalare* lineare AWAn

$$u'(t) = a(t)u(t) + b(t), \quad t \ge t_0, \quad u(t_0) = u_0,$$

mit Hilfe der Methode der Variation der Konstante gefundenen Darstellung

$$u(t) = \exp\Big(\int_{t_0}^{t} a(s)\,ds\Big)\Big[\int_{t_0}^{t} \exp\Big(-\int_{t_0}^{\tau} a(s)\,ds\Big)b(\tau)\,d\tau + u_0\Big].$$

Bemerkung 1.8: Für lineare Differentialgleichungssysteme mit *konstanten* Koeffizienten

$$u'(u) = Au(t) \tag{1.3.49}$$

bzw. skalare Gleichungen höherer Ordnung

$$u^{(d)}(t) = \sum_{i=0}^{d-1} a_i u^{(i)}(t) \tag{1.3.50}$$

gibt es eine vollständige Lösungstheorie, die sich weitgehend algebraischer Argumente bedient. Diese hat enge Beziehungen zu den sog. „orthogonalen“ Polynomem, welche in der Numerik eine große Rolle spielen (z. B. Gauß-Integration). Aus Platzgründen wird diese aber hier nicht dargestellt und stattdessen auf die einschlägige Literatur verwiesen.

1.4 Übungsaufgaben

Aufgabe 1.1: Man forme die folgenden Systeme von Differentialgleichungen höherer Ordnung

$$a)\quad \begin{aligned} v^{(iv)}(x) - a(x)\,u'(x) &= f(x),\\ u''(x) + b(x)\,v(x) &= g(x), \end{aligned} \qquad\qquad b)\quad \begin{aligned} v^{(iv)}(x) - a(x)\,u''(x) &= f(x),\\ u''(x) + b(x)\,v(x) &= g(x), \end{aligned}$$

in äquivalente Systeme erster Ordnung um.

Aufgabe 1.2: Gegeben sei die d-dimensionale Anfangswertaufgabe (AWA)

$$u'(t) = f(t, u(t)), \quad 0 \le t \le T, \quad u(0) = u_0,$$

mit einer stetigen Funktion $f(t,x)$, welche bzgl. des zweiten Arguments x global Lipschitz-stetig mit Lipschitz-Konstante L ist, d. h.:

$$\|f(t,x) - f(t,y)\| \le L\,\|x - y\|, \quad x, y \in \mathbb{R}^d,\ t \in [0,T],$$

mit irgendeiner Vektornorm $\|\cdot\|$. Man zeige:

a) Die Anfangswertaufgabe ist äquivalent zu der Integralgleichung

$$u(t) = Ku(t) := u_0 + \int_0^t f(s, u(s))\,ds, \quad 0 \le t \le T,$$

d. h.: Jede Lösung $u \in C[0,T]$ der Integralgleichung ist automatisch auch in $C^1[a,b]$ und Lösung der Anfangswertaufgabe und umgekehrt.

b) Durch die rechte Seite der Integralgleichung ist ein sog. „Integraloperator“ $K : C[0,T] \to C[0,T]$ auf dem Banach-Raum $C[0,T]$ (Vektorraum der auf dem Intervall $[0,T]$ stetigen Funktionen versehen mit der „Maximumnorm“ $\|v\|_\infty := \max_{t\in[0,T]} |v(t)|$.) in sich definiert. Dieser ist im Falle $T < 1/L$ eine Kontraktion. Der Banachsche Fixpunktsatz garantiert folglich die Existenz eines (eindeutig bestimmten) „Fixpunktes“ $u \in C[0,T]$ des Integraloperators, welcher dann auch Lösung der AWA ist.

c) Als Nebenprodukt des Banachschen Fixpunktsatzes erhält man auch die gleichmäßige Konvergenz (d. h. Konvergenz in $C[0,T]$) der sukzessiven Approximation

$$u^k(t) = u_0 + \int_0^t f(s, u^{k-1}(s))\, ds, \quad 0 \le t \le T, \quad k = 1, 2, \dots,$$

etwa für die Startfunktion $u^0 \equiv u_0$. Man gebe hierfür sog. „a priori“ und „a posteriori“ Fehlerabschätzungen an (s. etwa Vorlesungsskriptum „Numerik 0 (Einführung in die Numerische Mathematik)“:

$$\|u^k - u\|_\infty \le F(L, T, u^0),$$
$$\|u^k - u\|_\infty \le G(L, T, u^k, u^{k-1}).$$

Aufgabe 1.3: Man untersuche mit Hilfe der Resultate aus dem Text die Lösbarkeitseigenschaften (*eindeutig, global, beschränkt*) der folgenden AWAn:

a) $u'(t) = u(t)^2, \quad t \ge 0, \quad u(0) = 1;$

b) $u'(t) = -u(t)^2, \quad t \ge 0, \quad u(0) = 1;$

c) $u'(t) = u(t)^{1/2}, \quad t \ge 0, \quad u(0) = 1;$

d) $u'(t) = \cos(u(t)) - 2u(t), \quad t \ge 0, \quad u(0) = 1.$

Aufgabe 1.4: Der im Text skizzierte konstruktive Beweis des Existenzsatzes von Peano sichert die gleichmäßige Konvergenz der „diskreten“ Funktionen u_{h_i} (Polygonzugmethode) für *(mindestens) eine* Teilfolge $(h_i)_{i\in N}$ gegen eine Lösung u der AWA.

a) Man zeige mit Hilfe eines Widerspruchsarguments, dass im Falle der Eindeutigkeit der Lösung der AWA die gesamte „Folge“ der u_h, d. h. *jede* Teilfolge $(u_{h_i})_{i\in\mathbb{N}}$ mit $h_i \to 0$, gegen diese Lösung u konvergiert.

Bemerkung: Dies entspricht der bekannten Tatsache, dass beschränkte Zahlenfolgen mit nur einem einzigen Häufungspunkt insgesamt gegen diesen konvergieren (Folge des Satzes von Bolzano-Weierstraß).

b) In der Kontrolltheorie hat man es häufig mit AWAn zu tun, bei denen die Funktion $f(t,x)$ bzgl. des Arguments t (endlich viele) Unstetigkeitsstellen hat. Man begründe, dass der Peanosche Existenzssatz sowie der darauf basierende Fortsetzungssatz in diesem Fall sinngemäß ihre Gültigkeit behalten.

Aufgabe 1.5: Die Funktion $f(t,x) : D \subset \mathbb{R}^1 \times \mathbb{R}^d \to \mathbb{R}^d$ habe stetige partielle Ableitungen nach dem Argument x, welche beschränkt sind:

$$\max_{1\le i,j\le d} |\partial_j f_i(t,x)| \le K, \quad (t,x) \in D,$$

mit einer Konstante $K > 0$. Die Definitionsmenge D sei bzgl. der Komponenete x konvex. Man zeige, dass f dann in der euklidischen Norm Lipschitz-stetig bzgl. x mit der Lipschitz-Konstante $L = dK$ ist. (Hinweis: Man rekapituliere den im Text angegebenen Beweis.)

Aufgabe 1.6: Gegeben sei die lineare AWA (d-dimensionales System)

$$u'(t) = A(t)u(t) + b(t), \quad t \ge t_0, \quad u(t_0) = u^0,$$

mit einer stetigen Matrix-Funktion $A(\cdot)$, $A(t) \in \mathbb{R}^{d\times d}$, und Vektorfunktion $b(\cdot)$, $b(t) \in \mathbb{R}^d$. Nach einem Resultat im Text hat diese AWA eine eindeutig bestimmte, globale Lösung.

a) Man zeige, dass diese AWA „monoton" ist (Was heißt das?), wenn die Matrix $-A(t)$ symmetrisch und gleichmäßig für t positiv definit ist, d. h.: $A(t) = A(t)^T$ und

$$(-A(t)x, x)_2 \ge \gamma \|x\|_2^2, \quad x \in \mathbb{R}^d,$$

mit einer Konstante $\gamma > 0$. Hier bezeichnen $(\cdot,\cdot)_2$ das euklidische Skalarprodukt und $\|\cdot\|_2$ die euklidische Norm. Dies ist gleichbedeutend damit, dass alle Eigenwerte der Matrizen $A(t)$ negativ und gleichmäßig von Null wegbeschränkt sind.

b) Man begründe mit den Resultaten aus dem Text, dass die eindeutige Lösung der AWA dann für $t \to \infty$ gleichmäßig beschränkt ist, wenn

$$\sup_{t_0 \le t < \infty} \|b(t)\|_2 < \infty.$$

Aufgabe 1.7 (Praktische Aufgabe): Man berechne näherungsweise den Wert $u(1)$ der Lösung $u(t) = \tan(t)$ der AWA

$$u'(t) = f(u(t)) = 1 + u(t)^2, \quad t \ge 0, \quad u(0) = 0,$$

mit Hilfe der

(1) „Methode der sukzessiven Approximation" (mit k hinreichend groß)

$$u^k(t) = u_0 + \int_0^t f(u^{k-1}(s))\, ds, \quad 0 \le t \le 1, \quad k = 1, 2, \dots, \quad u^0 \equiv 0.$$

(2) „Taylor-Methode" (mit Schrittweite $H = 1$ und R hinreichend groß)

$$U_1^{(R)} = U_0 + H \sum_{r=1}^{R} \frac{H^{r-1}}{r!} f^{(r-1)}(U_0), \quad U_0 = 0, \quad f^{(r)} := \Big(\frac{d}{dt}\Big)^r f.$$

(3) Eulerschen „Polygonzugmethode" (mit hinreichend kleiner Schrittweite $h := 1/N$)

$$y_{n+1} = y_n + h f(y_n), \quad n = 0, 1, \dots, N, \quad y_0 = 0.$$

Man vergleiche den jeweils erforderlichen Aufwand zur Erreichung eines relativen Fehlers von weniger als 10^{-r} für $r = 1, 2, 3, 4$.

Hinweis: Die Verfahren (1) und (2) können für kleines k bzw. r noch „per Hand" durchgeführt werden. Zur Durchführung der Polygonzugmethode (3) schreibe man aber ein MATLAB-Programm. Mit etwas Mehraufwand können auch die Verfahren (1) und (2) mit MATLAB realisiert werden. Wer dafür Ergeiz und Zeit hat, versuche sich daran.

2 Einschrittmethoden

2.1 Die Eulersche Polygonzugmethode

Wir betrachten eine AWA der Form

$$u'(t) = f(t, u(t)), \quad t \in I = [t_0, t_0 + T], \quad u(t_0) = u_0. \tag{2.1.1}$$

Die Funktion $f(t,x)$ sei stetig auf $I \times \mathbb{R}^d$ und genüge einer globalen Lipschitz-Bedingung

$$\|f(t,x) - f(t,y)\| \le L_f \|x - y\|, \quad (t,x),(t,y) \in I \times \mathbb{R}^d. \tag{2.1.2}$$

Dann existiert eine eindeutig bestimmte Lösung $u(t)$ von (2.1.1) für alle $t \in I$. Letzteres folgt nach dem Fortsetzungssatz aus der linearen Beschränktheit der Funktion $f(t,x)$:

$$\|f(t,x)\| \le \|f(t,x) - f(t,0)\| + \|f(t,0)\| \le L_f\|x\| + \|f(t,0)\|.$$

Diese Lösung sei ferner hinreichend glatt. Gelegentlich werden wir auch den Fall $T \to \infty$, d. h. $I = [t_0, \infty)$, betrachten.

Zur Approximation der AWA wählt man zunächst eine Folge von diskreten Zeitpunkten $t_0 < t_1 < \ldots < t_n < \ldots < t_N = t_0 + T$ und setzt

$$I_n := [t_{n-1}, t_n], \quad h_n := t_n - t_{n-1}, \quad h := \max_{1 \le n \le N} h_n.$$

Die Eulersche Polygonzugmethode erzeugt nun ausgehend von einem Startwert $y_0^h \in \mathbb{R}^d$ eine Folge $(y_n^h)_{n \in \mathbb{N}}$ durch die rekursive Vorschrift

$$y_n^h = y_{n-1}^h + h_n f(t_{n-1}, y_{n-1}^h), \quad n = 1, \ldots, N. \tag{2.1.3}$$

Wir schreiben dies auch in Form einer Differenzengleichung

$$(L_h y^h)_n = 0, \quad n = 1, \ldots, N, \tag{2.1.4}$$

mit dem „Differenzenoperator"

$$(L_h y^h)_n := h_n^{-1}(y_n^h - y_{n-1}^h) - f(t_{n-1}, y_{n-1}^h), \tag{2.1.5}$$

für „Gitterfunktionen" $y^h = \{y_n^h\}_{n=1,\ldots,N}$.

Als Nebenprodukt unseres Beweises des Existenzsatzes von Peano (Satz 1.1) haben wir gesehen, dass wegen der Eindeutigkeit der Lösung u die Werte y_n^h für $h \to 0$ gegen die Funktionswerte $u(t_n)$ konvergieren (vorausgesetzt y_0^h konvergiert gegen u_0):

$$\max_{0 \le n \le N} \|y_n^h - u(t_n)\| \to 0 \quad (h \to 0). \tag{2.1.6}$$

Zur Abschätzung der Geschwindigkeit der Konvergenz des Diskretisierungsverfahrens (2.1.3) führen wir den sog. „Abschneidefehler" (auch „lokaler Diskretisierungsfehler" genannt) ein:

$$\tau_n^h := (L_h u^h)_n = h_n^{-1}\{u_n^h - u_{n-1}^h\} - f(t_{n-1}, u_{n-1}^h),$$

mit der Gitterfunktion $u^h = (u_n^h := u(t_n))_{0\le n\le N}$. Für den Abschneidefehler gilt offenbar wegen $u'(t) = f(t,u)$ die Beziehung

$$\tau_n^h = h_n^{-1}\int_{t_{n-1}}^{t_n} u'(t)\,dt - u'(t_{n-1}) = h_n^{-1}\int_{t_{n-1}}^{t_n} (t_n - t)u''(t)\,dt$$

und folglich

$$\|\tau_n^h\| \le \tfrac{1}{2}h_n \max_{t\in I_n}\|u''(t)\|\,. \tag{2.1.7}$$

Man spricht hier von einer Diskretisierung „erster Ordnung".

Wenn Missverständnisse ausgeschlossen sind, schreiben wir im Folgenden einfach y_n für y_n^h und entsprechend τ_n für τ_n^h. Unter Verwendung dieser Notation genügt die exakte Lösung u der gestörten Differenzengleichung

$$u_n = u_{n-1} + h_n f(t_{n-1}, u_{n-1}) + h_n\tau_n\,. \tag{2.1.8}$$

Die Abschätzung des *globalen* Diskretisierungsfehlers $e_n = y_n - u_n$ erfolgt über einen Stabilitätssatz für das Differenzenverfahren in Analogie zum Stabilitätssatz für die AWA (Satz 1.3). Vergleich von (2.1.8) mit (2.1.3) ergibt

$$e_n = e_{n-1} + h_n\big\{f(t_{n-1}, y_{n-1}) - f(t_{n-1}, u_{n-1})\big\} - h_n\tau_n$$

und unter Ausnutzung der L-Stetigkeit von $f(t,x)$,

$$\|e_n\| \le \|e_{n-1}\| + h_n L\|e_{n-1}\| + h_n\|\tau_n\|. \tag{2.1.9}$$

Durch sukzessive Anwendung dieser Beziehung erhält man die diskrete Integralungleichung („Summenungleichung")

$$\|e_n\| \le \|e_0\| + L\sum_{\nu=0}^{n-1} h_{\nu+1}\|e_\nu\| + \sum_{\nu=1}^{n} h_\nu\|\tau_\nu\|\,. \tag{2.1.10}$$

Zur weiteren Abschätzung benötigen wir die folgende diskrete Version des Gronwallschen Lemmas (Hilfssatz 1.1).

Hilfssatz 2.1 (Diskretes Gronwallsches Lemma): *Es seien $(w_n)_{n\ge0}$, $(a_n)_{n\ge0}$ und $(b_n)_{n\ge0}$ Folgen nichtnegativer Zahlen, für die gilt $w_0 \le b_0$ und*

$$w_n \le \sum_{\nu=0}^{n-1} a_\nu w_\nu + b_n\,,\quad n\ge 1\,. \tag{2.1.11}$$

Ist die Folge $(b_n)_{n\ge0}$ monoton steigend so gilt die Abschätzung

$$w_n \le \exp\Big(\sum_{\nu=0}^{n-1} a_\nu\Big) b_n\,,\quad n\ge 1\,. \tag{2.1.12}$$

Beweis: Der Beweis könnte durch Rückführung auf das *kontinuierliche* Gronwallsche Lemma (für stückweise konstante Funktionen) bewiesen werden. Wir wollen hier aber lieber einen einfachen, direkten Beweis geben. Dazu definieren wir Zahlen $d_n \geq 0$ und S_n durch

$$S_0 := w_0 + d_0 = b_0, \qquad S_n := w_n + d_n = \sum_{\nu=0}^{n-1} a_\nu w_\nu + b_n \, .$$

Es gilt dann

$$S_n - S_{n-1} = a_{n-1}w_{n-1} + b_n - b_{n-1}\,, \quad n \geq 1.$$

Hieraus wollen wir durch Induktion nach n erschließen, dass

$$S_n \leq \exp\Big(\sum_{\nu=0}^{n-1} a_\nu\Big) b_n\,, \quad n \geq 0\,, \tag{2.1.13}$$

wobei wie üblich im Fall $n = 0$ die Summation „leer" ist, d. h. $S_0 \leq b_0$. Zunächst ist nach Definition

$$S_0 \leq b_0\,.$$

Sei (2.1.13) nun als richtig angenommen für $n-1$. Dann gilt wegen $b_n \geq b_{n-1}$

$$\begin{aligned} S_n &\leq S_{n-1} + a_{n-1}w_{n-1} + b_n - b_{n-1} \leq (1 + a_{n-1})S_{n-1} + b_n - b_{n-1} \\ &\leq (1 + a_{n-1}) \exp\Big(\sum_{\nu=0}^{n-2} a_\nu\Big) b_{n-1} + b_n - b_{n-1} \\ &\leq e^{a_{n-1}} \exp\Big(\sum_{\nu=0}^{n-2} a_\nu\Big) \{b_{n-1} + b_n - b_{n-1}\} \leq \exp\Big(\sum_{\nu=0}^{n-1} a_\nu\Big) b_n\,. \end{aligned}$$

Dies impliziert wegen $w_n \leq S_n$ die Behauptung. Q.E.D.

Im Zusammenhang mit *impliziten* Verfahren, wie z. B.. dem „impliziten Euler-Schema"

$$y_n = y_{n-1} + h_n f(t_n, y_n), \tag{2.1.14}$$

wird eine verschärfte Variante des diskreten Gronwallschen Lemmas benötigt, bei der eine *implizite* Differenzenungleichung der Form

$$w_n \leq \sum_{\nu=0}^{n} a_\nu w_\nu + b_n\,, \quad n \geq 1\,. \tag{2.1.15}$$

angenommen wird. Unter der Annahme, dass $a_n < 1$ wird diese durch Elimination des führenden Summanden auf der rechten Seite in die folgende *explizite* Form überführt:

$$\sigma_n^{-1} w_n \leq \sum_{\nu=0}^{n-1} \sigma_\nu a_\nu \sigma_\nu^{-1} w_\nu + b_n\,, \quad n \geq 1\,,$$

mit den Parametern $\sigma_\nu := (1-a_\nu)^{-1}$. Anwendung von (2.1.12) auf diese Situation liefert die Ungleichung

$$\sigma_n^{-1} w_n \le \exp\Big(\sum_{\nu=0}^{n-1} \sigma_\nu a_\nu\Big) b_n\,, \quad n \ge 1\,,$$

und bei Beachtung von $\sigma_n = 1 + \sigma_n a_n \le \exp(\sigma_n a_n)$ schließlich das Endresultat

$$w_n \le \exp\Big(\sum_{\nu=0}^{n} \sigma_\nu a_\nu\Big) b_n\,, \quad n \ge 1\,. \tag{2.1.16}$$

Wir fahren nun mit unserer Fehleranalyse für das Euler-Verfahren fort. Aus (2.1.10) erschließen wir mit dem diskreten Gronwallschen Lemma die *a priori* Fehlerabschätzung

$$\|e_n\| \le e^{L(t_n-t_0)}\Big\{\|e_0\| + \sum_{\nu=1}^{n} h_\nu \|\tau_\nu\|\Big\}, \quad n \ge 1\,, \tag{2.1.17}$$

bzw.

$$\max_{1\le n\le N} \|e_n\| \;\le\; e^{LT}\Big\{\|e_0\| + T \max_{1\le n\le N} \|\tau_n\|\Big\}. \tag{2.1.18}$$

Bei Berücksichtigung der Abschätzung (2.1.7) für τ_ν folgt also für den globalen Diskretisierungsfehler der Eulerschen Polygonzugmethode

$$\max_{1\le n\le N} \|e_n\| \;\le\; e^{LT}\left\{\|e_0\| + \tfrac{1}{2}T \max_{1\le n\le N}\{h_n \max_{t\in I_n} \|u''(t)\|\}\right\}, \tag{2.1.19}$$

d. h.: Die „(globale) Konvergenzordnung„ ist (mindestens) gleich der „(lokalen) Konsistenzordnung". Man beachte den exponentiellen Faktor in der Abschätzung (2.1.19). Wegen ihrer geringen Genauigkeit hat die Eulersche Polygonzugmethode in der Praxis keine Bedeutung. Die Herleitung der Abschätzung (2.1.19) ist aber exemplarisch für eine große Klasse von Methoden.

2.2 Allgemeine Einschrittmethoden

Der naheliegendste Weg zur Konstruktion von Differenzenformeln höherer Ordnung ist der über die Taylor-Entwicklung (skalarer Fall $d = 1$):

$$u(t) = \sum_{r=0}^{R} \frac{h^r}{r!} u^{(r)}(t-h) + \frac{h^{R+1}}{(R+1)!} u^{(R+1)}(\xi)\,, \quad \xi \in [t-h, t]\,.$$

Da u der Differentialgleichung $u' = f(t,u)$ genügt, gilt

$$u^{(r)}(t) = \Big(\frac{d}{dt}\Big)^{r-1} f(t,u(t)) \;=:\; f^{r-1}(t,u(t))\,.$$

Die „(R-stufige) Taylor-Verfahren" lauten dann

$$y_n = y_{n-1} + h_n \sum_{r=1}^{R} \frac{h_n^{r-1}}{r!} f^{(r-1)}(t_{n-1}, y_{n-1}), \quad n \geq 1. \tag{2.2.20}$$

Wir schreiben dies in der allgemeinen Form eines sog. „Einschrittverfahrens"

$$y_n = y_{n-1} + h_n F(h_n; t_{n-1}, y_n, y_{n-1}), \tag{2.2.21}$$

bzw.

$$(L_h y^h)_n := h_n^{-1}(y_n - y_{n-1}) - F(h_n; t_{n-1}, y_n, y_{n-1}) = 0, \tag{2.2.22}$$

mit der sog. „Verfahrensfunktion"

$$F(h; t, y, x) := \sum_{r=1}^{R} \frac{h^{r-1}}{r!} f^{(r-1)}(t, x).$$

Die Bezeichnung *Einschrittverfahren* erklärt sich dabei selbst. Da hier die Verfahrensfunktion nur von der unmittelbar vorausgehenden Näherung y_{n-1} abhängt, wird diese Methode *explizit* genannt. Zur Durchführung expliziter Differenzenverfahren ist in jedem Zeitschritt lediglich eine Funktionsauswertung $F(h_n; t_{n-1}, y_{n-1})$ durchzuführen, während implizite Formeln die Lösung i. Allg. nichtlinearer Gleichungssysteme erfordern. Wir werden uns daher zunächst hauptsächlich mit expliziten Verfahren beschäftigen.

Den *Abschneidefehler* der Formel (2.2.22) definiert man analog zu (2.1.7) durch

$$\tau_n := (L_h u^h)_n = h_n^{-1}\{u_n - u_{n-1}\} - F(h_n; t_{n-1}, u_n, u_{n-1}).$$

Definition 2.1 (Konsistenz): *Die Einschrittmethode (2.2.22) heißt „konsistent (mit der AWA)" bzw. „konsistent mit Konsistenzordnung m", wenn*

$$\max_{t_n \in I} \|\tau_n\| \to 0 \quad \textit{bzw.} \quad \max_{t_n \in I} \|\tau_n\| = O(h^m) \quad (h \to 0). \tag{2.2.23}$$

Offenbar hat die R-stufige Taylor-Formel für skalare AWA gerade die Konsistenzordnung $m = R$. Zur Auswertung dieser Formel müssen Ableitungen von $f(t, x)$ berechnet werden, z. B. mit den Abkürzungen $f_t := \partial f / \partial t$, $f_x := \partial f / \partial x$:

$$f^{(1)}(t, x) = [f_t + f_x f](t, x), \quad f^{(2)}(t, x) = [f_{tt} + 2f_{tx} f + f_t f_x + f_{xx} f^2 + f_x^2 f](t, x).$$

In der Praxis kann dies sehr aufwendig sein; man berechne z. B. $f^{(3)}(t, x)$ für $f(t, x) = (t + x^2)^{1/2} \arctan(t + x)$. Zur Vermeidung dieses Nachteils können die Ableitungen $f^{(r-1)}(t, u)$ durch Differenzenquotienten ersetzt werden, bei denen nur Auswertungen von $f(t, u)$ auftreten. Z. B. ist für die Taylor-Formel der Stufe $R = 2$

$$\begin{aligned} f^{(1)}(t, u(t)) &\approx h^{-1}\left\{f(t + h, u(t + h)) - f(t, u(t))\right\}, \\ &\approx h^{-1}\left\{f(t + h, u(t) + hf(t, u(t)) - f(t, u(t))\right\}, \end{aligned}$$

was auf die folgende Formel führt:

$$\begin{aligned} y_n &= y_{n-1} + h_n f(t_{n-1}, y_{n-1}) + \tfrac{1}{2} h_n \left\{ f(t_n, y_{n-1} + h_n f(t_{n-1}, y_{n-1})) - f(t_{n-1}, y_{n-1}) \right\} \\ &= y_{n-1} + h_n \left\{ \tfrac{1}{2} f(t_{n-1}, y_{n-1}) + \tfrac{1}{2} f(t_n, y_{n-1} + h_n f(t_{n-1}, y_{n-1})) \right\}. \end{aligned}$$

Wenn man bei den obigen Entwicklungsschritten die Restglieder verfolgt, findet man, dass diese Differenzenformel die Konsistenzordnung $m = 2$ besitzt, genau wie die zugehörige Taylor-Formel. Allgemein haben die so entstehenden sog. „(expliziten) Runge[1]-Kutta[2]-Verfahren" die Form

$$F(h; t, x) = \sum_{r=1}^{R} c_r k_r(h; t, x)$$

$$k_1 = f(t, x), \quad k_r = f(t + ha_r, x + h \sum_{s=1}^{r-1} b_{rs} k_s), \quad r = 2, \ldots, R,$$

mit geeignet gewählten Konstanten a_r, c_r, b_{rs}. Diese werden so bestimmt, dass mit einem möglichst großen m (im Idealfall $m = R$) gilt:

$$\sum_{r=1}^{R} c_r k_r(h; t, u(t)) = \sum_{r=1}^{m} \frac{h^{r-1}}{r!} f^{(r-1)}(t, u(t)) + O(h^m).$$

Die Konsistenzordnung der entsprechenden Runge-Kutta-Formel" ist dann konstruktionsgemäß gerade m.

Beispiel 2.1: Runge-Kutta-Methoden der Stufen $R = 1, 2, 3, 4$:

- **R = 1** : *Eulersche Polygonzugmethode*
- **R = 2** : Durch Taylor-Entwicklung und Koeffizientenvergleich erhält man aus der Bedingung (setze $f = f(t, u)$, $f_t = f_t(t, u)$, u.s.w.)

$$\begin{aligned} c_1 f + c_2 f(t + ha_2, u + hb_{21} f) &= (c_1 + c_2) f + c_2 a_2 h f_t + c_2 b_{21} h f f_x + O(h^2) \\ &= f + \tfrac{1}{2} h \{ f_t + f_x f \} + O(h^2) \end{aligned}$$

  die Bestimmungsgleichungen $c_1 + c_2 = 1$ und $c_2 a_2 = c_2 b_{21} = \frac{1}{2}$. Als mögliche Lösungen ergeben sich z. B..:

  - $c_1 = c_2 = \frac{1}{2}$, $a_2 = b_{21} = 1$ (*„Heunsches[3] Verfahren 2-ter Ordnung"*):

$$y_n = y_{n-1} + \tfrac{1}{2} h_n \{ f(t_{n-1}, y_{n-1}) + f(t_n, y_{n-1} + h_n f(t_{n-1}, y_{n-1})) \},$$

[1] Carl David Tolme Runge (1856–1927): Deutscher Mathematiker und Physiker: Promotion in Berlin bei K. Weierstrass; 1868 Prof. in Hannover; arbeitete u. ü. Spektroskopie; ab 1904 Prof. in Göttingen (Promoter F. Klein).

[2] Kutta (1867–1944): Deutscher Mathematiker; 1910–1912 Prof. an der RWTH Aachen; ab 1912 Prof. in Stuttgart; vor allem bekannt für seine Beiträge zur Aerodynamik (sog. „Kutta-Bedingung").

[3] Karl Heun (1859–1929): Deutscher Mathematiker; Promotion 1881 in Göttingen; Habilitation 1886 in München; ab 1902 Prof. für Theoretische Mechanik in Karlsruhe; Beiträge zu gew. Differentialgleichungen und speziellen Funktionen.

- $c_1 = 0\,,\quad c_2 = 1,\ a_2 = b_{21} = \frac{1}{2}$ („*modifiziertes Euler-Verfahren*"):

$$y_n = y_{n-1} + h_n f(t_{n-1/2}, y_{n-1} + \tfrac{1}{2}h_n f(t_{n-1}, y_{n-1})).$$

– **R = 3** : Für die 8 freien Parameter ergeben sich die 6 Gleichungen

$$c_1 + c_2 + c_3 = 1\,,\quad c_2a_2 + c_3a_3 = \tfrac{1}{2}\,,\quad c_2a_2^2 + c_3a_3^2 = \tfrac{1}{3}\,,$$
$$c_3a_2b_{32} = \tfrac{1}{6}\,,\quad b_{21} - a_2 = 0\,,\quad b_{31} - a_3 + b_{32} = 0\,.$$

Als mögliche Lösungen ergeben sich z. B..:

- $c_1 = \frac{1}{4},\ c_2 = 0,\ c_3 = \frac{3}{4},\ a_2 = \frac{1}{3},\ a_3 = \frac{2}{3},\ b_{21} = \frac{1}{3},\ b_{31} = 0,\ b_{32} = \frac{2}{3}$: („*Heunsches Verfahren 3. Ordnung*")

$$\begin{aligned} y_n &= y_{n-1} + \tfrac{1}{4}h_n\{k_1 + 3k_3\},\\ k_1 &= f(t_{n-1}, y_{n-1}),\quad k_2 = f(t_{n-2/3}, y_{n-1} + \tfrac{1}{3}h_nk_1),\\ k_3 &= f(t_{n-1/3}, y_{n-1} + \tfrac{2}{3}h_nk_2). \end{aligned}$$

- $c_1 = \frac{1}{6},\ c_2 = \frac{2}{3},\ c_3 = \frac{1}{6},\ a_2 = \frac{1}{2},\ a_3 = 1,\ b_{21} = \frac{1}{2},\ b_{31} = -1,\ b_{32} = 2$: („*Kuttasches Verfahren 3. Ordnung*")

$$\begin{aligned} y_n &= y_{n-1} + \tfrac{1}{6}h_n\{k_1 + 4k_2 + k_3\},\\ k_1 &= f(t_{n-1}, y_{n-1}),\quad k_2 = f(t_{n-1/2}, y_{n-1} + \tfrac{1}{2}h_nk_1),\\ k_3 &= f(t_n, y_{n-1} - h_nk_1 + 2h_nk_2)\,. \end{aligned}$$

– **R = 4** : In diesem Fall stehen 13 freie Parameter zur Verfügung, mit denen zur Konstruktion einer Formel 4-ter Ordnung 11 Bestimmungsgleichungen zu erfüllen sind. Eine der Lösungen führt auf das „klassische Runge-Kutta-Verfahren 4-ter Ordnung“:

$$\begin{aligned} y_n &= y_{n-1} + \tfrac{1}{6}h_n\{k_1 + 2k_2 + 2k_3 + k_4\},\\ k_1 &= f(t_{n-1}, y_{n-1}),\quad k_2 = f(t_{n-1/2}, y_{n-1} + \tfrac{1}{2}h_nk_1),\\ k_3 &= f(t_{n-1/2}, y_{n-1} + 12h_nk_2),\quad k_4 = f(t_n, y_{n-1} + h_nk_3). \end{aligned}$$

Die betrachteten Differenzenformeln sind prinzipiell auch auf Systeme anwendbar. Bei der Methode der Taylor-Entwicklung ist dabei zu berücksichtigen, dass die zeitlichen Ableitungen $f^{(i)}(t,x)$ für Systeme wesentlich komplizierter aussehen; z. B..: $f^{(1)} = f_t + f_x \cdot f$ mit der Jacobi-Matrix $f_x'(t,x) = \nabla_x f(t,x)$ der Vektorfunktion $f(t,x)$ bzgl. der variablen x. Die Runge-Kutta-Formeln sind nicht ohne weiteres auf Systeme übertragbar, da zum Abgleich der in $f^{(i)}$ auftretenden Ableitungen unter Umständen mehr Parameter notwendig sind, als zur Verfügung stehen. I. Allg. gilt, dass eine Runge-Kutta-Methode der Ordnung $m \le 4$ für eine skalare Gleichung dieselbe Ordnung auch für Systeme hat; im Falle $m \ge 5$ ist ihre Ordnung für Systeme in der Regel reduziert.

Einfache *implizite* Verfahren sind neben dem impliziten Euler-Verfahren die sog. „Trapezregel"

$$y_n = y_{n-1} + \tfrac{1}{2}h_n\big\{f(t_n, y_n) + f(t_{n-1}, y_{n-1})\big\}, \qquad (2.2.24)$$

und die dazu sehr ähnliche „(Einschritt)-Mittelpunktsregel”

$$y_n = y_{n-1} + h_n f(t_n + \tfrac{1}{2}h_n, \tfrac{1}{2}(y_n + y_{n-1})). \tag{2.2.25}$$

Eine andere Variante der „Mittelpunktsformel“ hat die Form (auf äquidistantem Gitter)

$$y_n = y_{n-2} + 2hf(t_{n-1}, y_{n-1})$$

Dies ist eine sog. „(explizite) Zweischrittformel“. Alle drei Verfahren sind konsistent von *zweiter* Ordnung. Implizite Verfahren höherer Ordnung vom Typ der Runge-Kutta-Verfahren werden später betrachtet.

2.2.1 Lokale Konvergenz und Fehlerabschätzungen

Analog zum Polygonzugverfahren wollen wir nun die Konvergenz des allgemeinen Einschrittverfahrens (2.2.22) beweisen. Dazu dient die folgende fundamentale Bedingung:

Definition 2.2 (L-Stetigkeit): *Eine Einschrittformel heißt „Lipschitz-stetig“ (kurz „L-stetig“), wenn ihre Verfahrensfunktion einer (gleichmäßigen) Lipschitz-Bedingung genügt:*

$$\|F(h;t,x,y) - F(h;t,\tilde{x},\tilde{y})\| \le L\{\|x-\tilde{x}\| + \|y-\tilde{y}\|\}, \tag{2.2.26}$$

für beliebige Argumente $(t,x), (t,\tilde{x}), (t,y), (t,\tilde{y}) \in I \times \mathbb{R}^d$.

Satz 2.1 (Diskreter Stabilitätssatz): *Eine Lipschitz-stetige Differenzenformel* (2.2.22) *ist „(diskret) stabil”, d. h.: Für beliebige Gitterfunktionen* $y^h = \{y_n\}_{n\ge 0}$, $z^h = \{z_n\}_{n\ge 0}$ *gilt für hinreichend kleine Schrittweite* $h < \frac{1}{2}L^{-1}$ *die Abschätzung*

$$\|y_n - z_n\| \le e^{\kappa L(t_n - t_0)}\Big\{\|y_0 - z_0\| + \sum_{\nu=1}^{n} h_\nu \|(L_h y^h - L_h z^h)_\nu\|\Big\}, \tag{2.2.27}$$

mit der Lipschitz-Konstante L *der Verfahrensfunktion* $F(h;t,x,y)$ *und der Kontante* $\kappa = 4$ *für allgemeine implizite Methoden. Für explizite Methoden ist* $\kappa = 1$ *und die Schrittweitenbedingung kann entfallen.*

Beweis: Für zwei Gitterfunktionen $\{y_n\}_{n\ge 0}$, $\{z_n\}_{n\ge 0}$ erhalten wir durch Vergleich von

$$(L_h y^h)_n = h_n^{-1}(y_n - y_{n-1}) - F(h_n; t_n, y_n, y_{n-1}),$$
$$(L_h z^h)_n = h_n^{-1}(z_n - z_{n-1}) - F(h_n; t_n, z_n, z_{n-1})$$

die Gleichung

$$y_n - z_n = y_{n-1} - z_{n-1} + h_n\big\{F(h;t_n,y_n,y_{n-1}) - F(h;t_n,z_n,z_{n-1}) + (L_h y^h - L_h z^h)_n\big\}.$$

Für das Folgende setzen wir $e_n := y_n - z_n$ und $\varepsilon_n := (L_h y^h - L_h z^h)_n$.

(i) Expliziter Fall: Unter Ausnutzung der L-Stetigkeit der Verfahrensfunktion ergibt sich

$$\|e_n\| \le \|e_{n-1}\| + h_n L\|e_{n-1}\| + h_n\|\varepsilon_n\|$$

und folglich durch rekursive Anwendung dieser Abschätzung:

$$\|e_n\| \le \|e_0\| + \sum_{\nu=0}^{n-1} L h_{\nu+1}\|e_\nu\| + \sum_{\nu=1}^{n} h_\nu\|\varepsilon_\nu\|.$$

Mit Hilfe des diskreten Gronwallschen Lemmas 2.1 erhalten wir hieraus

$$\|e_n\| \le \exp\Big(L\sum_{\nu=0}^{n-1} h_{\nu+1}\Big)\Big\{\|e_0\| + \sum_{\nu=1}^{n} h_\nu\|\varepsilon_\nu\|\Big\} = e^{L(t_n-t_0)}\Big\{\|e_0\| + \sum_{\nu=1}^{n} h_\nu\|\varepsilon_\nu\|\Big\}.$$

Diese Abschätzung gilt, wie behauptet, ohne jede Bedingung an die Schrittweiten h_n.

(ii) Impliziter Fall: Für *implizite* Verfahren ergibt sich wieder unter Ausnutzung der L-Stetigkeit der Verfahrensfunktion

$$\|e_n\| \le \|e_{n-1}\| + h_n L\big\{\|e_n\| + \|e_{n-1}\|\big\} + h_n\|\varepsilon_n\|.$$

Dies impliziert mit der Setzung $h_0 := 0$ bei Beachtung der Bedingung $h < \frac{1}{2}L^{-1}$:

$$\begin{aligned}(1-h_nL)\|e_n\| &\le (1+h_nL)\|e_{n-1}\| + h_n\|\varepsilon_n\| \\ &= (1-h_{n-1}L)\|e_{n-1}\| + \frac{h_n+h_{n-1}}{1-h_{n-1}L}L(1-h_{n-1}L)\|e_{n-1}\| + h_h\|\varepsilon_n\|,\end{aligned}$$

und weiter mit der Notation $w_n := (1-h_nL)e_n$:

$$\|w_n\| \le \|w_{n-1}\| + \frac{h_n+h_{n-1}}{1-h_{n-1}L}L\|w_{n-1}\| + h_h\|\varepsilon_n\|$$

Rekursive Anwendung dieser Abschätzung ergibt dann

$$\|w_n\| \le \|w_0\| + \sum_{\nu=0}^{n-1}\frac{h_{\nu+1}+h_\nu}{1-h_\nu L}L\|w_\nu\| + \sum_{\nu=1}^{n} h_\nu\|\varepsilon_\nu\|.$$

Mit Hilfe des diskreten Gronwallschen Lemmas erhalten wir hieraus

$$\begin{aligned}\|e_n\| &\le \frac{1}{1-h_nL}\exp\Big(L\sum_{\nu=0}^{n-1}\frac{h_{\nu+1}+h_\nu}{1-h_\nu L}\Big)\Big\{\|e_0\| + \sum_{\nu=1}^{n} h_\nu\|\varepsilon_\nu\|\Big\} \\ &\le \exp\Big(\frac{h_nL}{1-h_nL}\Big)\exp\Big(L\sum_{\nu=0}^{n-1}\frac{h_{\nu+1}+h_\nu}{1-h_\nu L}\Big)\Big\{\|e_0\| + \sum_{\nu=1}^{n} h_\nu\|\varepsilon_\nu\|\Big\} \\ &\le e^{4L(t_n-t_0)}\Big\{\|e_0\| + \sum_{\nu=1}^{n} h_\nu\|\varepsilon_\nu\|\Big\}.\end{aligned}$$

Dies vervollständigt den Beweis. Q.E.D.

Satz 2.2 (Konvergenzsatz): *Die Differenzenformel* (2.2.22) *sei L-stetig und konsistent mit der AWA. Im Falle* $\|y_0 - u_0\| \to 0$ *konvergiert dann*

$$\max_{t_n \in I} \|y_n - u(t_n)\| \to 0 \quad (h \to 0), \tag{2.2.28}$$

und für hinreichend kleine Schrittweite $h < \frac{1}{2}L^{-1}$ *gilt die a priori Fehlerabschätzung*

$$\|y_n - u(t_n)\| \le e^{4L(t_n - t_0)}\Big\{\|y_0 - u_0\| + \sum_{\nu=1}^{n} h_\nu \|\tau_\nu\|\Big\}, \quad 0 \le n \le N. \tag{2.2.29}$$

Für eine explizite Methode kann die Schrittweitenbedingung entfallen.

Beweis: Es gelten die Beziehungen

$$L_h y^h = 0\,, \quad L_h u^h = \tau^h\,,$$

so dass der diskrete Stabilitätssatz 2.1 unmittelbar die Behauptung impliziert. Q.E.D.

Satz 2.2 besagt, dass für eine L-stetige Einschrittformel die *globale* Konvergenzordnung (mindestens) gleich der *lokalen* Konsistenzordnung ist. Dies gilt also z. B.. für die Taylor-Verfahren und ebenso für die Runge-Kutta-Verfahren, die ja für L-stetiges $f(t,x)$ automatisch der Bedingung (2.2.26) genügen und auch konsistent sind unter der Bedingung $\sum_{r=1}^{R} c_r = 1$ (Übungsaufgabe). Dasselbe gilt natürlich für das impliziten Euler-Verfahren, die Trapezregel sowie die Einschritt-Mittelpunktsregel.

Bemerkung 2.1: Wir haben bisher der Einfachheit halber angenommen, dass die Funktion $f(t,x)$ und entsprechend die Verfahrensfunktion $F(t,x,y)$ einer *globalen* Lipschitz-Bedingung genügen, d. h.: Die L-Konstante kann gleichmäßig für alle $x, x' \in \mathbb{R}^d$ gewählt werden. Dies schließt z. B.. Fälle wie $f(t,x) = x^2$ und $f(t,x) = x^{1/2}$ aus. Von dieser Restriktion kann man sich durch folgende Überlegung befreien: Die AWA habe eine eindeutige Lösung auf einem Intervall $I = [t_0, t_0 + T]$, und die Funktion $f(t,x)$ (und entsprechend die Verfahrensfunktion $F(t,x,y)$) genüge einer L-Bedingung auf dem „Streifen"

$$U_\rho := \Big\{(t,x) \in I \times \mathbb{R}^d \mid \|x - u(t)\| \le \rho\Big\}$$

um die Lösung $u(t)$. Die Funktion $f(t,x)$ wird nun so von U_ρ auf $U_\infty = I \times \mathbb{R}^d$ fortgesetzt, dass die Fortsetzung $\bar f(t,x)$ global L-stetig ist. Dazu sei für $(t,x) \in I \times \mathbb{R}^d$

$$x_\rho := \rho \frac{x - u(t)}{\|x - u(t)\|} + u(t)\,,$$

und

$$\bar f(t,x) := \begin{cases} f(t,x) & , \quad (t,x) \in U_\rho \\ f(t,x_\rho) & , \quad (t,x) \in U_\infty \setminus U_\rho \end{cases}.$$

Wegen der Beziehung (Übungsaufgabe)

$$\left|\frac{x}{\|x\|}-\frac{y}{\|y\|}\right| \le \|x-y\|$$

für $x, y \in \mathbb{R}^d$, mit $\|x\| \ge 1$, $\|y\| \ge 1$ ist offenbar $\bar{f}(t,x)$ auf $I \times \mathbb{R}^d$ gleichmäßig L-stetig (bzgl. x) mit derselben L-Konstante $\hat{L}$. Sei nun $(\bar{y}_n)_n$ die durch ein Einschrittverfahren

$$\bar{y}_n = \bar{y}_{n-1} + h_n \bar{F}(h_n; t_{n-1}, \bar{y}_n, \bar{y}_{n-1})$$

gelieferte diskrete Lösung. Nach Satz 2.2 gilt dann

$$\max_{t_n \in I} \|\bar{y}_n - u(t_n)\| \to 0 \quad (h \to 0).$$

Für hinreichend kleines h ist dann aber $\{(t_n, \bar{y}_n),\ t_0 \le t_n \le t_0 + T\} \subset U_\rho$, d. h.: $\bar{y}_n \equiv y_n$.

2.2.2 Globale Konvergenz

Die a priori Abschätzung (2.2.29) liefert eine realistische Fehlerschranke nur auf relativ kleinen Intervallen $I = [t_0, t_0 + T]$; die Größe $\exp(LT)$ wächst extrem schnell mit $T \to \infty$, und die Lipschitz-Kontstante L ist i. Allg. nur sehr grob schätzbar. Es erhebt sich also die Frage, unter welchen Bedingungen eine Abschätzung vom Typ (2.3.46) mit einer von T unabhängigen Konstante gilt.

Wir betrachten zunächst wieder als Modellfall die Eulersche Polygonzugmethode

$$y_n = y_{n-1} + h_n f(t_{n-1}, y_{n-1}) \tag{2.2.30}$$

und wenden diese an auf eine AWA, die im Folgenden Sinne L-stetig und monoton ist:

$$\|f(t,x) - f(t,x')\| \le L(t)\, \|x - x'\|, \tag{2.2.31}$$

$$-(f(t,x) - f(t,x'),\, x - x') \ge \lambda(t)\, \|x - x'\|^2, \tag{2.2.32}$$

für alle $(t,x), (t,x') \in I \times \mathbb{R}^d$, mit stetigen Funktionen $L(t) \ge 0$, $\lambda(t) \ge 0$. Wir setzen $L := \max_I L(t)$ und $\lambda := \min_I \lambda(t)$. Ist die AWA „homogen", d. h.: $f(t,0) = 0$, so erhält man durch Multiplikation in der Gleichung (2.2.30) mit y_n und Beachtung von

$$2\|y_n\|^2 - 2(y_{n-1}, y_n) = \|y_n\|^2 + \|y_n - y_{n-1}\|^2 - \|y_{n-1}\|^2$$

die Identität

$$\|y_n\|^2 + \|y_n - y_{n-1}\|^2 = \|y_{n-1}\|^2 + 2h_n\big\{(f(t_{n-1}, y_{n-1}), y_{n-1}) + (f(t_{n-1}, y_{n-1}), y_n - y_{n-1})\big\}.$$

Unter Ausnutzung der Eigenschaften (2.2.31) und (2.2.32) folgt dann mit den Abkürzungen $L_n := L(t_n)$ und $\lambda_n := \lambda(t_n)$:

$$\begin{aligned}\|y_n\|^2 + \|y_n - y_{n-1}\|^2 &\le \|y_{n-1}\|^2 - 2\lambda_{n-1} h_n \|y_{n-1}\|^2 + 2h_n L_{n-1} \|y_{n-1}\| \|y_n - y_{n-1}\| \\ &\le \|y_{n-1}\|^2 - 2\lambda_{n-1} h_n \|y_{n-1}\|^2 + h_n^2 L_{n-1}^2 \|y_{n-1}\|^2 + \|y_n - y_{n-1}\|^2,\end{aligned}$$

bzw.

$$\|y_n\|^2 \le (1 + h_n^2 L_{n-1}^2 - 2\lambda_{n-1} h_n)\|y_{n-1}\|^2 . \tag{2.2.33}$$

Die Approximationen y_n bleibt also beschränkt bzgl. n, wenn $1+h_n^2L_{n-1}^2-2\lambda_{n-1}h_n \le 1$, d. h. wenn die Schrittweiten h_n der folgenden Bedingung genügen:

$$h_n \le \frac{2\lambda_{n-1}}{L_{n-1}^2}, \quad n \ge 1 . \tag{2.2.34}$$

Mit Hilfe einer Verfeinerung des obigen Argumentes lässt sich die Stabilitätsaussage (2.2.33) unter der Bedingung, dass die Schrittweitenbedingung (2.2.34) gleichmäßig bzgl. n im *strikten* Sinne erfüllt ist, erweitern zu einer globalen Fehlerabschätzung der Form ($y_0 = u_0$)

$$\|y_n - u(t_n)\| \le c \max_{1\le\nu\le n} \{h_\nu \max_{I_\nu} \|u''\|\} . \tag{2.2.35}$$

Da der Beweis dieser Aussage für die Polygonzugmethode verhältnismäßig kompliziert ist, verzichten wir hier auf die Details und untersuchen lieber die analoge Situation für das implizite Gegenstück. Wir nehmen im Folgenden zur Vereinfachung an, dass stets $y_0 = u_0$.

Satz 2.3 (Globale Konvergenz des impliziten Euler-Verfahrens): *Die AWA sei L-stetig und monoton im Sinne von (2.2.31) und (2.2.32). Dann sind die Lösungen des implizite Euler-Verfahrens*

$$y_n = y_{n-1} + h_n f(t_n, y_n), \quad n \ge 1, \quad y_0 = u_0, \tag{2.2.36}$$

für beliebige Schrittweiten h_n wohl definiert und es gilt die globale Fehlerabschätzung

$$\|y_n - u(t_n)\| \le \tfrac{1}{2} \min\{t_n - t_0, \lambda^{-1}\} \max_{1\le\nu\le n} \{h_\nu \max_{I_\nu} \|u''\|\}, \quad t_n \ge t_0, \tag{2.2.37}$$

mit der offensichtlichen Interpretation für $\lambda = 0$.

Beweis: (i) In jedem Schritt des impliziten Euler-Verfahrens ist ein Gleichungssystem

$$y_n - h_n f(t_n, y_n) = y_{n-1} \tag{2.2.38}$$

zu lösen. Wegen der angenommenen Eigenschaften (2.2.31) und (2.2.32) ist die Abbildung $g(x) := x - h_n f(t_n, x)$ L-stetig und strikt monoton im Sinne

$$(g(x) - g(y), x - y) \ge \gamma \|x - y\|^2, \quad x, y \in \mathbb{R}^d,$$

mit einer festen Konstante $\gamma > 0$. Mit Korollar 1.7 folgt dann, dass (2.2.38) eine eindeutige Lösung besitzt.
(ii) Für den Fehler $e_n = y_n - u_n$ gilt wieder die Differenzengleichung

$$e_n = e_{n-1} + h_n\{f(t_n, y_n) - f(t_n, u_n)\} - h_n \tau_n,$$

mit dem Abschneidefehler τ_n des impliziten Euler-Verfahrens

$$\|\tau_n\| \le \tfrac{1}{2} h_n \max_{I_n} \|u''\|.$$

Wir multiplizieren mit $\|e_n\|^{-1} e_n$ und erhalten wieder unter Ausnutzung der Monotonie

$$\|e_n\| \le \|e_n\|^{-1}(e_{n-1}, e_n) - \lambda_n h_n \|e_n\| + h_n \|e_n\|^{-1}(\tau_n, e_n).$$

Dies ergibt

$$(1 + \lambda_n h_n)\|e_n\| \le \|e_{n-1}\| + h_n \|\tau_n\|.$$

bzw.

$$\|e_n\| \le \frac{1}{1 + \lambda_n h_n} \|e_{n-1}\| + \frac{h_n}{1 + \lambda_n h_n} \|\tau_n\|. \tag{2.2.39}$$

(iii) Im Falle $\lambda \ge 0$ (schwache Monotonie) summieren wir (2.2.39) über $\nu = 1, ..., n$ und erhalten unter Beachtung von $e_0 = 0$ die T-abhängige Abschätzung

$$\|e_n\| \le \sum_{\nu=1}^{n} h_\nu \|\tau_\nu\| \le \Big(\sum_{\nu=1}^{n} h_\nu \Big) \max_{1 \le \nu \le n} \|\tau_\nu\| \le \tfrac{1}{2}(t_n - t_0) \max_{1 \le \nu \le n} \{ h_\nu \max_{I_\nu} \|u''\| \}.$$

(iv) Im Falle $\lambda > 0$ (strikte Monotonie) erschließen wir mit Induktion aus (2.2.39) die Abschätzung

$$\|e_n\| \le \lambda^{-1} \max_{1 \le \nu \le n} \|\tau_\nu\|$$

bzw.

$$\|e_n\| \le \tfrac{1}{2} \lambda^{-1} \max_{1 \le \nu \le n} \{ h_\nu \max_{I_\nu} \|u''\| \}.$$

Für $n = 1$ gilt trivialerweise

$$\|e_1\| \le \frac{h_1}{1 + \lambda h_1} \|\tau_1\| \le \frac{1}{\lambda} \|\tau_1\|.$$

Sei die Behauptung nun richtig für $n - 1$. Dann folgt mit (2.2.39):

$$\begin{aligned} \|e_n\| &\le \frac{1}{1 + \lambda h_n} \|e_{n-1}\| + \frac{h_n}{1 + \lambda h_n} \|\tau_n\| \\ &\le \frac{1}{1 + \lambda h_n} \lambda^{-1} \max_{1 \le \nu \le n-1} \|\tau_\nu\| + \frac{h_n}{1 + \lambda h_n} \|\tau_n\| \le \frac{1}{\lambda} \max_{1 \le \nu \le n} \|\tau_\nu\|. \end{aligned}$$

Dies vervollständigt den Beweis. Q.E.D.

Die Argumentation im Beweis von Satz 2.3 lässt sich direkt auf solche Einschrittverfahren übertragen, deren Verfahrensfunktion Bedingungen vom Typ (2.2.31) und (2.2.32) genügen. Leider ist dies bei der Approximation monotoner AWAn mit Verfahren höherer Ordnung in der Regel nicht der Fall. Wir werden also einen anderen Zugang zur globalen Fehlerschätzung bei allgemeinen Einschrittverfahren finden müssen.

Der Ausgangspunkt dazu ist die Beobachtung, dass montone, L-stetige AWAn *exponentiell stabile* Lösungen haben. Ein „vernünftiges" Verfahren sollte nun in der Lage sein, jede exponentiell stabile Lösung global zu approximieren, unabhängig davon, ob das Problem selbst monoton ist oder nicht. Die Frage ist also: Lassen sich globale Fehlerabschätzungen der Art (2.2.35) herleiten allein aus der (angenommenen) exponentiellen Stabilität der Lösung $u(t)$ und ohne weitere Voraussetzungen an die Struktur der AWA? Dies ist tatsächlich der Fall, wie der folgende Satz zeigt.

Satz 2.4 (Globale Konvergenz): *Die L-stetige AWA habe eine (globale) exponentiell stabile Lösung $u(t)$ mit Stabilitätsparametern δ, A, α. Für jedes Einschrittverfahren, welches mit der (AWA) konsistent ist und einer Lipschitz-Bedingung genügt, gibt es dann positive Konstanten h_0 und K unabhängig von T, so dass für $h := \sup_I h_n \le h_0$ gilt:*

$$\max_{t_n \in I} \|y_n - u(t_n)\| \le K \max_{t_n \in I} \|\bar{\tau}_n\| . \tag{2.2.40}$$

Dabei bezeichnet $\bar{\tau}_n$ das Maximum des Abschneidefehlers für alle möglichen Lösungen der Differentialgleichung, die in der Umgebung $U_{\delta A} = \{(t,x) \in I \times \mathbb{R}^d, \|x - u(t)\| \le \delta A\}$ des Graphen von u verlaufen.

Beweis: Wir führen den Beweis durch Induktion nach t. Sei o.B.d.A. $h \le 1$ angenommen. Zunächst wird ein $\Delta \ge 1$ so gewählt, dass

$$A\, e^{-\alpha(\Delta - h)} \le \tfrac{1}{2}, \qquad h \in (0,1]. \tag{2.2.41}$$

Die *lokale* Konvergenzaussage (2.2.29) liefert für alle $t_n \in [t_0, t_0 + \Delta]$ die Abschätzung

$$\|y_n - u_n\| \le \Delta e^{\kappa L \Delta} \max_{t_1 \le t_\nu \le t_n} \|\bar{\tau}_\nu\| . \tag{2.2.42}$$

Wir setzen nun

$$K := 2\Delta e^{\kappa L \Delta} \tag{2.2.43}$$

und wählen dann h_0 hinreichend klein, so dass für $t_n \ge t_1$ aus

$$\|y_n - u_n\| \le K \max_{t_1 \le t_\nu \le t_n} \|\bar{\tau}_\nu\| ,$$

für $h \le h_0$, notwendig $\|y_n - u_n\| < \delta$ folgt.

Nach diesen Vorbereitungen sei nun angenommen, dass die Behauptung (2.2.40) richtig ist für alle $t_\nu \in (t_0, t_n]$ mit irgendeinem $t_n \ge t_0 + \Delta$. Dann betrachten wir $w_\star = y_n - u_n$ als Störung von $u(t)$ zum Zeitpunkt $t_\star = t_n$. Für $h \le h_0$ ist automatisch $\|w_\star\| < \delta$, und die Stabilitätseigenschaft von $u(t)$ liefert für die gestörte Lösung $v(t)$ die Abschätzung

$$\|v(t) - u(t)\| \le A\, e^{-\alpha(t - t_n)} \|y_n - u_n\| , \qquad t \ge t_n . \tag{2.2.44}$$

Wir fassen nun y_ν für $t_\nu \le t_n$ als Näherung von $v(t_\nu)$ auf und können wegen

$$\|v(t) - u(t)\| \le A\delta , \qquad t \ge t_n$$

den lokalen Konvergenzsatz wie folgt anwenden:

$$\max_{t_n \le t_\nu \le t_{n+m}} \|y_\nu - v_\nu\| \le \Delta e^{L\Delta} \max_{t_n \le t_\nu \le t_{n+m}} \|\bar{\tau}_\nu\|, \tag{2.2.45}$$

wobei $m \in \mathbb{N}$, so dass $t_{n+m} \le t_n + \Delta \le t_{n+m+1}$. Dann folgt für $h \le h_0$:

$$\begin{aligned} \|y_{n+m} - u_{n+m}\| &\le \|y_{n+m} - v_{n+m}\| + \|v_{n+m} - u_{n+m}\| \\ &\le \Delta e^{L\Delta} \max_{t_n \le t_\nu \le t_{n+m}} \|\bar{\tau}_\nu\| + Ae^{-\alpha(\Delta - h)} \|y_n - u_n\|, \end{aligned}$$

bzw. wegen (2.2.41) und der Induktionsannahme,

$$\|y_{n+m} - u_{n+m}\| \le \left(\Delta e^{L\Delta} + \tfrac{1}{2}K\right) \max_{t_1 \le t_\nu \le t_{n+m}} \|\bar{\tau}_\nu\|.$$

Mit unserer Definition von K ergibt dies

$$\|y_{n+m} - u_{n+m}\| \le K \max_{t_1 \le t_\nu \le t_{n+m}} \|\bar{\tau}_\nu\|,$$

was den Schluß von t_n nach $t_n + \Delta$ vervollständigt. Q.E.D.

Bemerkung 2.2: In Satz 1.8 wurde gezeigt, dass exponentiell stabile Lösungen L-stetiger, autonomer AWAn stationäre Limiten haben, d. h.: $\lim_{t\to\infty} u(t) = u_\infty$ mit $f(u_\infty) = 0$ und $\|u(t) - u_\infty\| = O(e^{-\alpha t})$ $(t \to \infty)$. Durch Kombination der Argumente im Beweis von Satz 1.8 und Satz 2.4 sollte sich zeigen lassen, dass in diesem Fall auch die durch L-Stetige, konsistente Einschrittverfahren erzeugten Näherungslösungen $(y_n)_{n\in\mathbb{N}}$ (in einem diskreten Sinne) exponentiell stabil sind und gegen stationäre Limiten konvergieren, $\lim_{n\to\infty} y_n = y_\infty$, welche wiederum Approximationen des kontinuierlichen stationären Limes u_∞ sind. Der Beweis für diese naheliegende Aussage ist aber noch nicht geführt worden; s. hierzu auch die Diskussion im nächten Kapitel über „numerische Stabilität".

2.3 Schrittweitenkontrolle

Das Hauptproblem bei der Durchführung von Differenzenverfahren zur Lösung einer AWA ist die Bestimmung geeigneter Schrittweiten h_n zur Gewährleistung einer vorgeschriebenen Approximationsgüte. Die im Konvergenzsatz 2.2 angegebene Fehlerabschätzung erlaubt es, aus Schranken für den „lokalen" Abschneidefehler τ_n auf das Verhalten des „globalen" Diskretisierungsfehlers $e_n = y_n - u(t_n)$ zu schließen. Unter Annahme exakter (d. h. rundungsfehlerfreier) Rechnung gilt bei Verwendung fehlerfreier Startwerte auf dem Intervall $I = [t_0, t_0 + T]$ die *a priori* Fehlerabschätzung

$$\max_{t_n \in I} \|e_n\| \le K \sum_{t_n \in I} h_n \|\tau_n\| \le KT \max_{t_n \in I} \|\tau_n\|, \tag{2.3.46}$$

mit einer Konstante $K = K(T) \approx \exp(LT)$. Obwohl im Extremfall K exponentiell mit der Intervallänge T wächst, nehmen wir im Folgenden an, dass K von moderater Größe ist. Wir haben gesehen, dass diese Annahme z. B.. für monotone AWAn berechtigt ist.

Zur praktischen Auswertung der a priori Fehlerabschätzung (2.3.46) benötigt man möglichst scharfe Schranken für $\|\tau_n\|$. Bei den Taylor-Verfahren m-ter Ordnung gilt z. B.,

$$\|\tau_n\| \leq \frac{1}{(m+1)!}\, h^m \max_{t\in I_n} \|u^{m+1}(t)\| ,$$

und es wären somit höhere Ableitungen der unbekannten exakten Lösung $u(t)$ abzuschätzen. Dies ist aber selbst bei Ausnutzung der Beziehung $u^{(m+1)}(t) = f^{(m)}(t,u(t))$ und Kenntnis von Schranken für $u(t)$ kaum mit vertretbarem Aufwand möglich. Daher werden in der Praxis meist *a posteriori Schätzungen* für die Abschneidefehler verwendet, die man aus den berechneten Näherungswerten für $u(t)$ erhält. Die zugehörige Theorie ist naturgemäß stark heuristisch geprägt. Allgemein für Differenzenverfahren anwendbar ist die sog. „Methode der Schrittweitenhalbierung", die im Folgenden beschrieben wird. Sie entspricht dem üblichen Vorgehen zur Fehlerschätzung bei der numerischen Quadratur. Wir beschränken die Diskussion der Einfachheit halber auf *explizite* Methoden.

Ausgangspunkt ist eine Darstellung des Abschneidefehlers $\tau_n = \tau(t_n)$ auf dem Intervall $[t_{n-1}, t_n]$ zur Schrittweite h_n in der Form

$$\tau_n = \tau^{(m)}(t_n)\, h_n^m + O(h_n^{m+1}) \tag{2.3.47}$$

mit einer von h_n unabhängigen Funktion $\tau^{(m)}(t)$, der sog. „Hauptabschneidefehlerfunktion", und einem Restglied höherer Ordnung. Bei den Taylor-Verfahren ist z. B.,

$$\tau^{(m)}(t_n) = \frac{1}{(m+1)!}\, u^{(m+1)}(t_{n-1}) .$$

Ähnliche Darstellungen gelten auch für die Runge-Kutta-Verfahren (Übungsaufgabe).

Wir wollen nun Strategien angeben, mit deren Hilfe während der Rechnung die Schrittweiten h_n so gewählt werden, dass zu einer vorgegebenen Fehlertoleranz $TOL > 0$ auf dem Intervall I die Schranke

$$\max_{t_n\in I} \|e_n\| \leq TOL , \tag{2.3.48}$$

realisiert wird. Die Toleranz TOL sollte dabei deutlich größer als die Maschinengenauigkeit eps gewählt sein, genauer (siehe Übungsaufgabe):

$$TOL > \max_{t_n\in I} \{h_n^{-1}\, \|y_{n-1}\|\, eps\} .$$

Ausgangspunkt ist die *a priori* Fehlerabschätzung (2.3.46). Wir setzen $K = 1$ und nehmen an, dass Schätzungen für die lokalen Abschneidefehler τ_n bzw. für die Hauptabschneidefehlerfunktion $\tau_n^{(m)} = \tau^{(m)}(t_n)$ bekannt sind. Wie solche zu berechnen sind, wird anschließend diskutiert. Es bieten sich nun zwei Strategien zur Schrittweitensteuerung an:

Strategie I: Die Schrittweiten h_n werden gemäß

$$K h_n^m \|\tau_n^{(m)}\| \approx \frac{TOL}{T} \quad bzw. \quad h_n \approx \Big(\frac{TOL}{KT\|\tau_n^{(m)}\|}\Big)^{1/m}$$

gewählt, so dass wie gewünscht folgt:

$$\max_{t_n\in I}\|e_n\| \approx K\sum_{t_n\in I} h_n\,\{h_n^m\|\tau_n^{(m)}\|\} \approx \frac{TOL}{T}\sum_{t_n\in I} h_n = TOL.$$

Die Anzahl der durchzuführenden Zeitschritte ergibt sich dann zu

$$N = \sum_{t_n\in I} h_n h_n^{-1} \approx \sum_{t_n\in I} h_n\Big(\frac{KT\|\tau_n^{(m)}\|}{TOL}\Big)^{1/m} = \Big(\frac{KT}{TOL}\Big)^{1/m}\sum_{t_n\in I} h_n\|\tau_n^{(m)}\|^{1/m}.$$

Unter Berücksichtigung der Beziehung $\tau_n^{(m)} \approx u^{(m+1)}(t_{n-1})$ folgt also in etwa, dass

$$N \approx \Big(\frac{KT}{TOL}\Big)^{1/m}\int_I \|u^{(m+1)}\|^{1/m}\,dt\,.$$

Strategie II: Die Schrittweiten h_n werden gemäß

$$Kh_n^{m+1}\|\tau_n^{(m)}\| \approx \frac{TOL}{N} \quad \textit{bzw.} \quad h_n \approx \Big(\frac{TOL}{KN\|\tau_n^{(m)}\|}\Big)^{1/(m+1)}$$

gewählt mit der (noch unbekannten) Gesamtzahl N der durchzuführenden Zeitschritte, so dass ebenfalls folgt:

$$\max_{t_n\in I}\|e_n\| \approx K\sum_{t_n\in I}\{h_n^{m+1}\|\tau_n^{(m)}\|\} \approx \frac{TOL}{N}\sum_{t_n\in I} 1 = TOL.$$

Die Anzahl N ergibt sich dann analog wie oben zu

$$N \approx \sum_{t_n\in I} h_n\Big(\frac{KN\|\tau_n^{(m)}\|}{TOL}\Big)^{1/(m+1)} = \Big(\frac{KN}{TOL}\Big)^{1/(m+1)}\sum_{t_n\in I} h_n\|\tau_n^{(m)}\|^{1/(m+1)}.$$

Unter Berücksichtigung der Beziehung $\tau_n^{(m)} \approx u^{(m+1)}(t_{n-1})$ ergibt sich diesmal

$$N^{m/(m+1)} = N^{1-1/(m+1)} \approx \Big(\frac{K}{TOL}\Big)^{1/(m+1)}\int_I \|u^{m+1}\|^{1/(m+1)}\,dt\,,$$

und folglich

$$N \approx \Big(\frac{K}{TOL}\Big)^{1/m}\Big(\int_I \|u^{(m+1)}\|^{1/(m+1)}dt\Big)^{(m+1)/m}.$$

Da N a priori nicht bekannt ist, muss es zunächst geschätzt und dann im Verlaufe von mehreren Durchläufen angepasst werden. Diese Schrittweitenstrategie erscheint also aufwendiger als die erste.

Beide beschriebenen Strategien zur Schrittweitenwahl sind asymptotisch gleich effizient, d. h.: Die globale Fehlertoleranz TOL wird mit $N \approx TOL^{-1/m}$ Zeitschritten erreicht. Allerdings ergeben sich leichte Unterschiede bei den Konstanten. Wir wollen deren Bedeutung für $m = 1$ (Eulersche Polygonzugmethode) diskutieren. Für Strategie I gilt dann

$$N \approx \frac{KT}{TOL} \int_I \|u''\| \, dt \,,$$

und für Strategie II entsprechend

$$N \approx \frac{K}{TOL} \Big(\int_I \|u''\|^{1/2} dt \Big)^2 \le \frac{KT}{TOL} \int_I \|u''\| \, dt \,.$$

Der Unterschied besteht also im wesentlichen darin, wie die Regularität der exakten Lösung in die Schrittzahl eingeht. Strategie II ist hinsichtlich der Anzahl der erzeugten Zeitschritte offenbar dann ökonomischer als Strategie I, wenn

$$\Big(\int_I \|u''\|^{1/2} \, dt \Big)^2 << T \int_I \|u''\| \, dt \,.$$

Dies ist etwa der Fall für *singuläre* Lösungen, deren zweite Ableitungen nicht integrabel sind; z. B..: $u(t) = (1-t)^{1/2}$.

2.3.1 Schätzung des Abschneidefehlers

Wichtigster Bestandteil der obigen Schrittweitenstrategien sind gute Schätzungen für die Hauptabschneidefehlerfunktion $\tau_n^{(m)}$. Diese kann man etwa mit Hilfe des im Folgenden beschriebenen Prozesses gewinnen. Sei zum Zeitpunkt t_n die Näherung y_n berechnet, so dass

$$\max_{t_\nu \in [t_0, t_n]} \|y_\nu - u(t_\nu)\| \le TOL \,.$$

Zur Bestimmung von $\tau_{n+1}^{(m)}$ und damit der neuen Schrittweite h_{n+1} wählen wir zunächst eine Schätzschrittweite H (etwa $H = 2h_n$). Anwendung des Einschrittverfahrens zum Startwert y_n mit den Schrittweiten H (ein Schritt) und $H/2$ (zwei Schritte) ergibt zum vorläufigen Zeitpunkt $t_{n+1} := t_n + H$ Näherungen y_{n+1}^H bzw. $y_{n+1}^{H/2}$. Für die Fehler gilt

$$\begin{aligned} y_{n+1}^H - u(t_{n+1}) &= e_n + H\,\{F(H; t_n, y_n) - F(H; t_n, u_n)\} - H\tau_{n+1}^H \\ &= (1 + O(H))\, e_n - H^{m+1} \tau_{n+1}^{(m)} + O(H^{m+2}) \end{aligned}$$

sowie analog für $y_{n+1/2}^{H/2} - u(t_{n+1/2})$. Wir erhalten weiter

$$\begin{aligned} y_{n+1}^{H/2} - u(t_{n+1}) &= y_{n+1/2}^{H/2} - u(t_{n+1/2}) + \tfrac{1}{2}H \Big\{ F(\tfrac{1}{2}H; t_{n+1/2}, y_{n+1/2}^{H/2}) \\ &\qquad - F(\tfrac{1}{2}H; t_{n+1/2}, u(t_{n+1/2})) \Big\} - \tfrac{1}{2}H\, \tau_{n+1}^{H/2} \\ &= (1 + O(H)) \Big\{ y_{n+1/2}^{H/2} - u(t_{n+1/2}) \Big\} - (\tfrac{1}{2}H)^{m+1} \tau_{n+1}^{(m)} + O(H^{m+2}) \\ &= (1 + O(H)) \Big\{ (1 + O(H)) e_n - (\tfrac{1}{2}H)^{m+1} \tau_{n+1/2}^{(m)} + O(H^{m+2}) \Big\} \\ &\qquad - (\tfrac{1}{2}H)^{m+1} \tau_{n+1}^{(m)} + O(H^{m+2}) \end{aligned}$$

und folglich

$$y_{n+1}^{H/2} - u(t_{n+1}) = (1 + O(H))e_n - 2(\tfrac{1}{2}H)^{m+1}\tau_{n+1}^{(m)} + O(H^{m+2}).$$

Dabei wurde ausgenutzt, dass sich die Hauptabschneidefehlerfunktion gemäß

$$\tau_{n+1/2}^{(m)} = \tau_{n+1}^{(m)} + O(H)$$

entwickeln lässt. Subtraktion dieser beiden Gleichungen ergibt

$$y_{n+1}^{H/2} - y_{n+1}^{H} = O(H)e_n - \tau_{n+1}^{(m)} \left\{2(\tfrac{1}{2}H)^{m+1} - H^{m+1}\right\} + O(H^{m+2})$$

bzw.

$$\tau_{n+1}^{(m)} = \frac{y_{n+1}^{H/2} - y_{n+1}^{H}}{H^{m+1}(1-2^{-m})} + O(H) + O(H^{-m})e_n . \tag{2.3.49}$$

Bis hierin war die Analyse noch mathematisch korrekt. Nun wird postuliert, dass die beiden „O"-Terme rechts in (1.2.1) klein genug sind, um mit

$$\tilde{\tau}_{n+1}^{(m)} := \frac{y_{n+1}^{H/2} - y_{n+1}^{H}}{H^{m+1}(1-2^{-m})} \tag{2.3.50}$$

eine brauchbare Näherung für $\tau_{n+1}^{(m)}$ zu erhalten. Dazu wird oft $e_n = 0$ angenommen, d. h.: Man betrachtet den Abschneidefehler entlang der diskreten Approximation $(y_n)_n$ anstatt entlang der „richtigen" Lösung $u(t)$. Alternativ kann man sich auch auf die Annahme einer höheren Approximationsordnung $e_n = O(H^{m+1})$ abstützen, was durch die folgende Diskussion nahegelegt wird.

2.3.2 Adaptive Schrittweitensteuerung

Mit der obigen Schätzung für $\tau_{n+1}^{(m)}$ wird nun gemäß einer der oben angegebenen Strategien eine neue Schrittweite h_{n+1} bestimmt, also etwa als (Strategie I):

$$h_{n+1} = \left(\frac{TOL}{KT\|\tilde{\tau}_{n+1}^{(m)}\|}\right)^{1/m} . \tag{2.3.51}$$

Zur Kontrolle wird noch überprüft, dass nicht $h_{n+1} \ll H$, was die Brauchbarkeit der Schätzung $\tilde{\tau}_{n+1}^{(m)}$ in Frage stellen würde. Insgesamt ergibt sich also der folgende Algorithmus zur adaptiven Schrittweitenwahl und Fehlerkontrolle:

(i) Sei die Näherung $y_n \sim u(t_n)$ berechnet, mit der letzten Schrittweite h_n. Wähle $H = 2h_n$ und setze probeweise $t_{n+1} := t_n + H$.

(ii) Berechne y_{n+1}^{H} und $y_{n+1}^{H/2}$, und bestimme die Schätzung des Abschneidefehlers und die daraus resultierende Schrittweite h_{n+1} etwa aus (2.3.51).

(iii) Überprüfe, ob $h_{n+1} \ll \frac{1}{2}H = h_n$ (z. B..: $h_{n+1} \le \frac{1}{4}H$).

a) Wenn ja: Die Schätzung für $\tau_{n+1}^{(m)}$ ist zu grob. Wiederhole Schritt (i) mit $H = 2h_{n+1}$. (Beende die Rechnung, falls $H < h_{min}$!).

b) Wenn nein: Setze $h_{n+1} = H, t_{n+1} = t_n + H$ und akzeptiere die beste verfügbare Näherung $y_{n+1} := y_{n+1}^{H/2}$ zu $u(t_{n+1})$.

Eine noch bessere Näherung zu $u(t_{n+1})$ erhält man durch eine Linearkombination der beiden Werte $y_{n+1}^{H/2}$ und y_{n+1}^{H} („Prinzip der Extrapolation zum Limes $H = 0$“):

$$u(t_{n+1}) = \frac{2^m y_{n+1}^{H/2} - y_{n+1}^{H}}{2^m - 1} + O(H^{m+1}).$$

Heuristische Grundlage dieses Schritts ist die postulierte „asymptotische” Entwicklung

$$y_{n+1}^{H} = u(t_{n+1}) + a^m(t_{n+1})H^m + O(H^{m+1}) \tag{2.3.52}$$

mit einer H-unabhängigen Funktion $a^m(t)$. Wir werden uns später noch eingehender mit der Extrapolation bei der Lösung von AWAn befassen.

Bemerkung: Die Schrittweitenkontrolle durch *Schrittweitenhalbierung* ist prinzipiell für jede Einschrittmethode anwendbar. Sie ist orientiert am *lokalen Abschneidefehler*,

$$\tau_n := h_n^{-1}\Big\{u(t_n) - u(t_{n-1})\Big\} - F(h_n; t_{n-1}, u(t_{n-1})),$$

den man durch Einsetzen der exakten Lösung u in die Differenzengleichung erhält, und basiert auf der *diskreten* Stabilität des L-stetigen Differenzenoperators. Dieser Ansatz führt zunächst auf *a priori* Fehlerabschätzungen, die erst danach durch Schätzung des Abschneidefehlers τ_n in verwendbare *a posteriori* Fehlerabschätzungen umgewandelt werden. Die Methode zur Schrittweitenwahl durch lokale *Extrapolation* ist im Prinzip auch für *implizite* Einschrittformeln anwendbar (Übungsaufgabe).

Ein alternativer Zugang bedient sich des *Residuums* der diskreten Lösung $(y_n)_n$, welches man durch Einsetzen einer geeigneten Interpolierenden y^h (etwa stückweise linear) von $(y_n)_n$ in die Differentialgleichung erhält:

$$R(y^h) := y^{h\prime} - f(t, y^h), \quad t \in I.$$

Damit genügt y^h der gestörten Gleichung

$$y^{h\prime} = f(t, y^h) + R(y^h), \quad t \in I,$$

und man erhält über die Stabilität des Differentialoperators (Satz 1.4) direkt eine *a posteriori* Abschätzung für den Fehler $e := y^h - u$ durch das bekannte Residuum $R(y^h)$:

$$\max_{t\in I} \|y^h(t) - u(t)\| \le e^{L_f T} \Big\{ \|y_0^h - u_0\| + T \max_{t\in I} \|R(y^h)\| \Big\}. \tag{2.3.53}$$

Hierbei besteht aber das Problem, dass unter Umständen, insbesondere bei Verfahren höherer Ordnung, das heuristisch gebildete Residuum nicht mit der richtigen Ordnung gegen Null geht und der Fehler somit grob überschätzt wird. Diesen Zugang zur Fehlerschätzung werden wir später im Zusammenhang mit den sog. *Galerkin-Verfahren* zur Lösung von AWAn weiter verfolgen.

Bemerkung: Die kritische Schwäche der allgemeinen heuristischen Schrittweitenkontrolle für das implizite Euler-Verfahren basierend auf der a priori Fehlerabschätzung (2.3.46) ist die möglicherweise starke Unterschätzung der Fehlerkonstante K, wenn sie einfach willkürlich gesetzt wird. Auf der anderen Seite orientieren sich analytische a priori Abschätzungen von K zwangsläufig am schlimmsten Fall und führen zu grober Überschätzung des tatsächlichen Fehlers und damit zu ineffizienter Schrittweitenkontrolle. Ein Ansatz zur möglichen Überwindung dieses Problems basiert auf der Beziehung

$$e_n = e_{n-1} + h_n f'(t_n, y_n) e_n + h_n \tau_n(u) + h_n O(e_n^2), \qquad (2.3.54)$$

für den Fehler $e_n = u_n - y_n$, mit Anfangswert $e_0 = 0$. Mit einer Schätzung des Abschneidefehlers $\tau_n(y_n) \approx \tau_n(u)$ (erhalten etwa mit Hilfe lokaler Extrapolation) kann die Lösung E_n der linearisierten Fehlergleichung

$$E_n = E_{n-1} + h_n f'(t_n, y_n) E_n + h_n \tau_n(y_n), \quad 0 \le n \le N, \qquad (2.3.55)$$

verwendet werden, um eine Schätzung für den Fehler $E_n \approx e_n$ zu gewinnen.

2.3.3 Numerischer Test

Für die AWA

$$u'(t) = -200\, t\, u(t)^2, \quad t \ge -3, \quad u(-3) = 1/901,$$

mit der Lösung $u(t) = (1 + 100\, t^2)^{-1}$ wurde der Wert $u(0) = 1$ approximiert mit

- dem Runge-Kutta-Verfahren 2. Ordnung

$$y_n = y_{n-1} + \tfrac{1}{2} h_n \{k_1 + k_2\}, \quad k_1 = f(t_{n-1}, y_{n-1}), \quad k_2 = f(t_n, y_{n-1} + h_n k_1).$$

- mit dem „klassischen" Runge-Kutta-Verfahren 4. Ordnung

$$\begin{aligned} y_n &= y_{n-1} + \tfrac{1}{6} h_n \{k_1 + 2k_2 + 2k_3 + k_4\}, \\ k_1 &= f(t_{n-1}, y_{n-1}), \quad k_2 = f(t_{n-1/2}, y_{n-1} + \tfrac{1}{2} h_n k_1), \\ k_3 &= f(t_{n-1/2}, y_{n-1} + \tfrac{1}{2} h_n k_2), \quad k_4 = f(t_n, y_{n-1} + h_n k_3). \end{aligned}$$

Die Schrittweitensteuerung erfolgte dabei gemäß der obigen Strategie

$$h_{n+1}^m \frac{y_{n+1}^{H/2} - y_{n+1}^H}{H^{m+1}(1 - 2^{-m})} \sim TOL = \text{eps}\, \frac{|y_n|}{h_{n+1}}.$$

Bei 17-stelliger Rechnung ergaben sich folgende Resultate:

Rechnung mit variabler Schrittweite

Ordnung	eps	$h_{\min}$	$h_{\max}$	Fehler	# Auswertungen
$m = 2$	10^{-9}	$2,5 \cdot 10^{-4}$	$3,8 \cdot 10^{-3}$	$1,3 \cdot 10^{-6}$	$\sim$ 16.000
	10^{-13}	$7,3 \cdot 10^{-6}$	$1,2 \cdot 10^{-4}$	$2,7 \cdot 10^{-6}$	$\sim$ 384.000
$m = 4$	10^{-9}	$6,6 \cdot 10^{-4}$	$1,0 \cdot 10^{-1}$	$2,9 \cdot 10^{-6}$	$\sim$ 1.200
	10^{-17}	$1,9 \cdot 10^{-4}$	$2,9 \cdot 10^{-3}$	$1,7 \cdot 10^{-10}$	$\sim$ 2.000

Rechnung mit fester Schrittweite

Ordnung	h	Fehler	# Auswertungen
$m = 2$	$5 \cdot 10^{-5}$	$3 \cdot 10^{-6}$	$\sim$ 120.000
$m = 4$	$5 \cdot 10^{-3}$	$3 \cdot 10^{-6}$	$\sim$ 2.000

2.4 Übungsaufgaben

Aufgabe 2.1: a) Man rekapituliere den Begriff der „Konsistenz“ und den der „Konsistenzordnung“ einer (expliziten) Einschrittformel $y_n = y_{n-1} + hF(h; t_{n-1}, y_{n-1})$ zur Approximation der Differentialgleichung $u'(t) = f(t, u(t))$.

b) Man gebe die Konsistenzordnungen der folgenden Differenzenformeln an:

(i) Modifizierte Euler-Formel:

$$y_n = y_{n-1} + hf\big(t_{n-1} + \tfrac{1}{2}h, y_{n-1} + \tfrac{1}{2}hf(t_{n-1}, y_{n-1})\big);$$

(ii) 3-stufige Runge-Kutta-Formel:

$$\begin{aligned} y_n &= y_{n-1} + \tfrac{1}{10}h\{k_1 + 5k_2 + 4k_3\}, \quad k_1 = f(t_{n-1}, y_{n-1}), \\ k_2 &= f\big(t_{n-1} + \tfrac{1}{3}h, y_{n-1} + \tfrac{1}{3}hk_1\big), \quad k_3 = f\big(t_{n-1} + \tfrac{5}{6}h, y_{n-1} - \tfrac{5}{12}hk_1 + \tfrac{5}{4}hk_2\big). \end{aligned}$$

Aufgabe 2.2: Das allgemeine (explizite oder implizite) Runge-Kutta-Verfahren hat die Form

$$y_n = y_{n-1} + h_n F(h_n; t_{n-1}, y_{n-1})$$

mit der Verfahrensfunktion

$$F(h; t, x) = \sum_{r=1}^{R} c_r k_r(h; t, x), \quad k_r(h; t, x) = f\Big(t + ha_r, x + h\sum_{s=1}^{R} b_{rs}k_s\Big),$$

mit Konstanten c_r, a_r, b_{rs}. Im Fall $b_{rs} = 0$ für $s \geq r$ ist das Schema explizit. Man zeige:

a) Dieses Verfahren genügt der Lipschitz-Bedingung (L_h)

$$\|F(h;t,x) - F(h;t,\tilde{x})\| \le L\|x - \tilde{x}\|,$$

wenn die Funktion $f(t,x)$ (bzgl. x) Lipschitz-stetig ist.

b) Das Verfahren ist genau dann konsistent, wenn $\sum_{r=1}^{R} c_r = 1$ ist.

Aufgabe 2.3: Bei der Durchführung einer expliziten (L-stetigen) Einschrittmethode wird wegen des unvermeidbaren Rundungsfehlers eine gestörte Rekursion

$$\tilde{y}_n = \tilde{y}_{n-1} + h_n F(h_n; t_{n-1}, \tilde{y}_{n-1}) + \varepsilon_n, \quad n \ge 1,$$

gelöst. Die „lokalen" Fehler verhalten sich dabei wie $\|\varepsilon_n\| \sim \text{eps}\,\|y_n\|$, wobei eps die sog. „Maschinengenauigkeit" (maximaler relativer Rundungsfehler) bezeichnet. Man beweise die Abschätzung (Stabilitätssatz)

$$\|\tilde{y}_n - u(t_n)\| \le K(t_n)\Big\{\|\tilde{y}_0 - u_0\| + (t_n - t_0) \max_{1\le m\le n} \|\tau_m\| + \text{eps} \max_{1\le m\le n} h_m^{-1}\|y_m\|\Big\},$$

wobei τ_m den Abschneidefehler der Differenzenformel bezeichnet.

Bemerkung: Dies zeigt, dass bei einer Verkleinerung der Schrittweiten h_n über eine gewisse Grenze hinaus der Gesamtfehler wieder anwachsen wird. Ferner wird die Wahl der Fehlertoleranz $\varepsilon \sim \text{eps}\,\|y_n\|/h_n$ bei der automatischen a posteriori Schrittweitenkontrolle nahegelegt.

Aufgabe 2.4: In vielen Fällen kann die Konvergenzordnung eines Grenzprozesses

$$a(h) \to a \quad (h \to 0), \quad a(h) - a = O(h^\alpha),$$

nur experimentell bestimmt werden. Dazu werden bei bekanntem Limes a für zwei Werte h und $h/2$ die Fehler $a(h) - a$ und $a(h/2) - a$ berechnet und dann die Ordnung α über den formalen Ansatz $a(h) - a = ch^\alpha$ aus der folgenden Formel ermittelt:

$$\alpha = \frac{1}{\log(2)} \log\left(\left|\frac{a(h) - a}{a(h/2) - a}\right|\right).$$

a) Man rekapituliere die Rechtfertigung dieser Formel und überlege, wie man vorgehen könnte, wenn kein exakter Limes a bekannt ist.

b) Man bestimme die inhärenten Konvergenzordnungen für die folgenden Werte:

h	$a(h)$	$b(h)$
2^{-1}	7.188270827204928	8.89271737217539
2^{-2}	7.095485351135761	8.971800326329658
2^{-3}	7.047858597600531	8.992881146463981
2^{-4}	7.023726226390662	8.998220339291473
2^{-5}	7.011579000356371	8.999559782988968
2^{-5}	7.005485409034109	8.999895247704067
Limes	$a(0) = 7.0$	$b(0) = ?$

Aufgabe 2.5 (Praktische Aufgabe):
Man berechne Näherungslösungen für die AWA

$$u'(t) = \sin(u(t)), \quad t \geq 0, \quad u(0) = 1,$$

mit Hilfe

- der Polygonzugmethode,
- der modifizierten Euler-Formel,
- des „klassischen" Runge-Kutta-Verfahrens 4-ter Ordnung,

jeweils für die (konstanten) Schrittweiten $h_i = 2^{-i}, i = 1, ..., 8$.

Man bestimme „experimentell" die Konvergenzordnungen p der Verfahren für die Approximation des Lösungswertes $u(10)$ aus den berechneten Näherungen $y_N^{(i)} \sim u(10)$ zu Schrittweiten h_i nach der Formel

$$p = -\frac{1}{\log(2)} \log\Big(\frac{y_N^i - y_N^{i-1}}{y_N^{i-1} - y_N^{i-2}}\Big).$$

Aufgabe 2.6: Man betrachte das implizite Euler-Schema

$$y_n = y_{n-1} + h_n f(t_n, y_n), \quad t_n \geq t_0, \quad y_0 \approx u_0,$$

zur Diskretisierung der üblichen L-stetigen AWA $u'(t) = f(t, u(t)), t \geq t_0, u(t_0) = u_0$. Man beweise mit den Mitteln aus dem Text unter der Annahme einer geeigneten Schrittweitenbedingung die a priori Fehlerabschätzung (mit einem geeigneten $\gamma > 0$)

$$\|y_n - u(t_n)\| \leq e^{\gamma L(t_n - t_0)} \Big\{ \|y_0 - u_0\| + \tfrac{1}{2} T \max_{1 \leq m \leq n} \big\{ h_m \max_{t \in [t_{m-1}, t_m]} \|u''(t)\| \big\} \Big\}.$$

Aufgabe 2.7: (i) Man beweise zunächst die beiden Abschätzungen

$$\Big\|\frac{x}{\|x\|}-\frac{y}{\|y\|}\Big\| \le \|x-y\|, \qquad \Big\|\frac{x}{\|x\|}-z\Big\| \le \|x-z\|,$$

für beliebige Vektoren $x, y, z \in \mathbb{R}^d$ mit $\|x\| \ge 1$, $\|y\| \ge 1$, $\|z\| \le 1$. (Hinweis: Zum Nachweis dieser Abschätzungen darf „geometrisch" argumentiert werden; analytische Beweise sind aber auch willkommen.)

(ii) Die Funktion $f(t,x)$ genüge für ein $\rho > 0$ auf dem „Schlauch"

$$U_\rho := \big\{(t,x) \in I \times \mathbb{R}^d \,\big|\, \|x-u(t)\| \le \rho\big\}, \qquad I = [t_0, t_0+T],$$

um die Lösung $u(t)$ der zugehörigen AWA $u'(t) = f(t,u(t)$, $t \in I$, $u(t_0) = u_0$, der üblichen Lipschitz-Bedingung mit Konstante L_f. Für $(t,x) \in (I \times \mathbb{R}^d) \setminus U_\rho$ sei gesetzt

$$x_\rho := \rho \frac{x-u(t)}{\|x-u(t)\|} + u(t),$$

so dass stets $(t, x_\rho) \in U_\rho$ ist. Man zeige, dass dann die modifizierte Funktion

$$\tilde{f}(t,x) := \begin{cases} f(t,x), & (t,x) \in U_\rho, \\ f(t,x_\rho), & (t,x) \in (I \times \mathbb{R}^d) \setminus U_\rho, \end{cases}$$

auf ganz $I \times \mathbb{R}^d$ stetig und sogar global Lipschitz-stetig ist mit derselben Konstante L_f.

Aufgabe 2.8: Die (nicht-autonome) AWA $u'(t) = f(t,u(t))$, $t \ge t_0$, $u(t_0) = u_0$, genüge der üblichen (globalen) Lipschitz- und Monotonie-Bedingung. Man zeige mit den Argumenten aus dem Text, dass dann die implizite Euler-Methode

$$y_n = y_{n-1} + h_n f(t_n, y_n), \quad n \ge 1, \quad y_0 = u_0,$$

ohne Schrittweitenrestriktion Näherungen y_n liefert, welche im Fall $\sup_{t \ge t_0} \|f(t,0)\| \le M$ beschränkt bleiben:

$$\sup_{n \ge 1} \|y_n\| \le M'.$$

(Hinweis: Man passe die Argumentation im Text zum Nachweis der globalen a priori Fehlerabschätzung für das implizite Euler-Verfahren an die vorliegende Fragestellung an, ohne letzteres Resultat explizit zu verwenden.)

Aufgabe 2.9: Die Durchführung eines impliziten, L-stetigen Einschrittverfahrens

$$y_n = y_{n-1} + h_n F(h_n; t_n, y_n, y_{n-1}), \quad n \ge 1, \quad y_0 = u_0,$$

zur Lösung der L-stetigen AWA $u'(t) = f(t,u(t))$, $t \ge 0$, $u(0) = u_0$, der Dimension d erfordert in jedem Zeitschritt die Lösung eines i. Allg. nichtlinearen Gleichungssystems.

a) Man formuliere (mit Begründung) eine Bedingung an die Zeitschrittweiten h_n, unter der die Konvergenz der einfachen Fixpunktiteration

$$y_n^{(k)} = y_{n-1} + h_n F(h_n; t_n, y_n^{(k-1)}, y_{n-1}), \quad k \geq 1, \quad y_n^{(0)} = y_{n-1},$$

gesichert ist, und gebe eine Fehlerabschätzung für diese Fixpunktiteration an.

b) Unter welcher Zusatzbedingung an die Verfahrensfunktion $F(h_n; t_n, y_n, y_{n-1})$ ist die Lösbarkeit des nichtlinearen Gleichungssystems unabhängig von der Wahl der Schrittweite h_n stets gesichert?

c) Wie lautet das Newton-Verfahren zur Lösung dieses Gleichungssystems und unter welchen Bedingungen konvergiert es quadratisch (s. Literatur)?

Aufgabe 2.10 (Praktische Aufgabe):
a) Man berechne Näherungslösungen für die AWA

$$u'(t) = -200\, t\, u(t)^2, \quad t_0 := -3 \leq t \leq 3, \quad u(-3) = \frac{1}{901},$$

mit Hilfe der expliziten „Polygonzugmethode"

$$y_n = y_{n-1} + hf(t_{n-1}, y_{n-1}), \quad n = 1, \dots, N := 4/h,$$

für die (konstanten) Schrittweiten $h = 2^{-i}, i = 5, \dots, 10$. Man vergleiche die berechneten Werte zum Zeitpunkt $t = 1$ mit dem Wert $u(1)$ der exakten Lösung $u(t) = (1 + 100t^2)^{-1}$ in einem logarithmischen Plot (Logarithmus des absoluten Fehlers als Funktion von h bzw. $i = 0, 1, 2, \dots$).

b) Man wiederhole die Rechnung mit der sog. „(impliziten) Trapezregel"

$$y_n = y_{n-1} + \frac{1}{2}h\big\{f(t_n, y_n) + f(t_{n-1}, y_{n-1})\big\}, \quad n = 1, \dots, N := 6/h,$$

und vergleiche die beobachteten „Konvergenzordnungen":

$$|u(3) - y_N| = \mathcal{O}(h^p).$$

Wie verhält sich das dieses Verfahren für die gröbere Schrittweite $h = 2^{-4}$? Man versuche, den beobachteten Effekt zu erklären.

c) Man untersuche die Konvergenz der folgenden, aus den mit der Trapezregel gewonnenen Werte $y_N^{(i)}$ zur Schrittweite h_i gebildeten Approximationen

$$\tilde{y}_N^{(i)} := \frac{1}{3}\big\{4y_N^{(i)} - y_N^{(i-1)}\big\}, \quad i = 2, ..., 8.$$

Die beobachteten Phänomene werden im Verlauf des Textes erklärt werden.

Aufgabe 2.11: Betrachtet werde die lineare AWA

$$u'(t) = Au(t) + b(t), \quad t \ge 0, \quad u(0) = u_0,$$

mit der Matrix $A = (a_{ij})_{i,j=1}^d$ mit den Elementen

$$a_{ii} = -2, \ \ a_{i,i\pm 1} = 1, \ \ a_{ij} = 0 \ \text{sonst},$$

und der Vektorfunktion $b(t) = (b_j(t))_{j=1}^d$ mit den Komponenten $b_j(t) = \sin(j\pi t)$. Lässt sich die (globale) Lösung $u(t)$ dieser AWA mit Hilfe der Trapezregel

$$y_n = y_{n-1} + \tfrac{1}{2}h_n\big\{Ay_{n-1} + b_{n-1} + Ay_n + b_n\big\},$$

gleichmäßig in der Zeit approximieren, d. h.: Gilt unter einer globalen Schrittweitenbedingung $h_n \le h$ bei hinreichend kleinem h eine globale Fehlerabschätzung der Form

$$\sup_{t_n \ge 0} \|y_n - u_n\| \le Kh^2,$$

und wie sieht dabei die Fehlerkonstante K aus?

Aufgabe 2.12: Man zeige für (global) L-stetige und (strikt) monotone AWAn im Sinne des Textes unter der Schrittweitenbedingung

$$h = \sup_{n\ge 1} h_n < \frac{2\lambda}{L^2},$$

dass das explizite Euler-Verfahren, $y_n = y_{n-1} + h_n f(t_{n-1}, y_{n-1})$, $n \ge 1$, $y_0 = u_0$, global konvergiert, d. h. es gilt eine globale Fehlerabschätzung der Form

$$\|y_n - u(t_n)\| \le c \max_{1\le\nu\le n} \{h_\nu \max_{I_\nu} \|u''\|\}, \quad t_n \ge t_0.$$

Hinweis: Man versuche (angelehnt an den Beweis der globalen Konvergenz des impliziten Euler-Verfahrens aus dem Text) die Abschätzung ($\kappa = 2\lambda - hL^2$)

$$\|e_n\|^2 \le \frac{8}{\kappa^2} \max_{1\le\nu\le n} \|\tau_\nu\|^2 \quad (\text{für } \kappa h < 1).$$

induktiv zu beweisen. Hierbei könnten sich die Beziehung $2\|e_n\|^2 - 2(e_{n-1}, e_n) = \|e_n\|^2 + \|e_n - e_{n-1}\|^2 - \|e_{n-1}\|^2$ und die Youngsche Ungleichung, $2ab \le \varepsilon^{-1}a^2 + \varepsilon b^2$, als nützlich erweisen.

Bemerkung: Diese Aussage folgt auch aus dem „globalen“ Konvergenzsatz des Textes, da unter den gestellten Bedingungen die Lösung der AWA exponentiell stabil ist. Dies zeigt die Leistungsfähigkeit dieses allgemeinen Satzes.

Aufgabe 2.13: Man zeige exemplarisch für das Heunsche Verfahren 2-ter Ordnung

$$y_n = y_{n-1} + \tfrac{1}{2}h_n\big\{f(t_{n-1}, y_{n-1}) + f(t_n, y_{n-1} + h_n f(t_{n-1}, y_{n-1}))\big\},$$

dass der Abschneidefehler einer expliziten Runge-Kutta-Formel m-ter Ordnung eine Darstellung der Form

$$\tau_n = \tau^{(m)}(t_n)h_n^m + \mathcal{O}(h_n^{m+1})$$

erlaubt, wobei die sog. „führende Abschneidefunktion“ $\tau^{(m)}(t)$ nicht von h_n abhängt. (Hinweis: Man treibe einfach die zur der Ermittlung der Konsistenzordnung der Differenzenformel angesetzten Taylor-Entwicklungen um eine Stufe weiter.)

Aufgabe 2.14: Man rekapituliere die im Text angegebene „Methode der Schrittweitenhalbierung“ zur Schätzung des Abschneidefehlers *expliziter* Einschrittverfahren und beantworte dabei die folgenden Fragen:

(i) Wie lauten die Formeln, wenn statt mit „Schrittweitenhalbierung“ mit „Schrittweitenviertelung“ gearbeitet wird?

(ii) Ist diese Methode auch für *implizite* Einschrittverfahren

$$y_n = y_{n-1} + h_n F(h_n; t_{n-1}, y_{n-1}, y_n)$$

mit L-stetiger Verfahrensfunktion $F(h; t, \cdot, \cdot)$ anwendbar?

Aufgabe 2.15: Die kritische Schwäche der allgemeinen heuristischen Schrittweitenkontrolle für das implizite Euler-Verfahren basierend auf der allgemeinen lokalen a priori Fehlerabschätzung aus dem Text ist die möglicherweise starke Unterschätzung der Fehlerkonstante K, wenn sie einfach willkürlich gesetzt wird. Auf der anderen Seite orientieren sich analytische a priori Abschätzungen von K zwangsläufig am schlimmsten Fall und führen zu grober Überschätzung des tatsächlichen Fehlers und damit zu ineffizienter Schrittweitenkontrolle.

Ein Ansatz zur möglichen Überwindung dieses Problems basiert auf der Beziehung

$$e_n = e_{n-1} + h_n f'(t_n, y_n)e_n + h_n\tau_n(u) + h_n\mathcal{O}(e_n^2),$$

für den Fehler $e_n = u_n - y_n$, mit Anfangswert $e_0 = 0$. Mit einer Schätzung des Abschneidefehlers $\tau_n(y_n) \approx \tau_n(u)$ (erhalten etwa mit Hilfe lokaler Extrapolation) kann die Lösung E_n der linearisierten Fehlergleichung

$$E_n = E_{n-1} + h_n f'(t_n, y_n)E_n + h_n\tau_n(y_n), \quad 0 \le n \le N,$$

verwendet werden, um eine Schätzung für den Fehler $E_n \approx e_n$ zu gewinnen. Man zeige, dass für diese Schätzung gilt:

$$\max_{0\le n\le N} \|e_n - E_n\| = \mathcal{O}\big(\max_{0\le n\le N} \|e_n\|^2\big).$$

Aufgabe 2.16 (Praktische Aufgabe):
Man berechne eine Näherungslösung für die AWA

$$u'(t) = -200\, t\, u(t)^2, \quad t \ge -3, \quad u(-3) = \frac{1}{901},$$

auf dem Intervall $I = [-3, 3]$ mit Hilfe der Heunschen Formel 2. Ordnung unter Verwendung der Strategie zur Schrittweitensteuerung aus dem Text. Als angestrebte Fehlertoleranz wähle man $\varepsilon = 10^{-5}$, als Fehlerkonstante $K = 10$ und als Startschrittweite $h_0 = 10^{-2}$. Man beurteile die Güte der Schrittweitensteuerung durch Vergleich mit der exakten Lösung

$$u(t) = \frac{1}{1 + 100t^2}.$$

Für welche konstante Schrittweite würde man dieselbe Genauigkeit erzielen, und wieviele Funktionsauswertungen $f(t, x)$ sind jeweils erforderlich?

3 Numerische Stabilität

3.1 Modellproblemanalyse

Eine Lipschitz-stetige und *(strikt) monotone* AWA

$$u'(t) = f(t, u(t)), \quad t \geq t_0, \quad u(t_0) = u_0, \tag{3.1.1}$$

hat im Falle $\sup_{t>0} \|f(t,0)\| < \infty$ eine globale, gleichmäßig beschränkte Lösung. Ist $f(t,0) \equiv 0$, so fällt diese Lösung sogar exponentiell gegen Null ab. Seien $L(t)$ die Lipschitz-Konstante und $\lambda(t)$ die Monotonie-Konstante der Funktion $f(t,\cdot)$. Wir haben gesehen (siehe Übungsaufgabe), dass das Polygonzugverfahren eine analoge Eigenschaft besitzt, wenn die strikte Schrittweitenbedingung

$$\inf_{n\geq 0} \left\{ \frac{2\lambda_{n-1}}{h_n L_{n-1}^2} \right\} > 0 \tag{3.1.2}$$

erfüllt ist. Für solche Schrittweiten ist das Verfahren also „numerisch stabil". Anhand der skalaren Testgleichung

$$u'(t) = \lambda u(t), \quad \lambda \in \mathbb{C}, \tag{3.1.3}$$

($L = |\lambda|$) sieht man, dass die Bedingung (3.1.2) i. Allg. scharf ist. Für $\lambda \in \mathbb{R}$, $\lambda < 0$, gilt

$$y_n = (1 + h\lambda) y_{n-1} = \ldots = (1 + h\lambda)^n y_0,$$

d. h.: Für $h > 2|\lambda_{n-1}|/L_{n-1}^2 = 2/|\lambda|$ wächst die diskrete Lösung exponentiell, für $h = 2|\lambda_{n-1}|/L_{n-1}^2 = 2/|\lambda|$ bleibt sie beschränkt (absolutbetragsmäßig sogar konstant) und für $h < 2|\lambda_{n-1}|/L_{n-1}^2 = 2/|\lambda|$ fällt sie exponentiell. Die Testgleichung (3.1.3) wird in der weiteren Diskussion im Komplexen betrachtet, da der Parameter $\lambda \in \mathbb{C}$ für die i. Allg. komplexen Eigenwerte der Jacobi-Matrix $f'_x(t,x)$ steht.

Zur Illustration betrachten wir folgendes Beispiel

$$u'(t) = -200\, t\, u(t)^2, \quad t \geq 0, \quad u(0) = 1,$$

mit der Lösung $u(t) = (1 + 100t^2)^{-1}$. Es soll der Wert $u(3) = 1/901$ mit Hilfe des klassischen Runge-Kutta-Verfahrens approximiert werden. Nach den Ergebnissen zur Konvergenz dieses Verfahrens dürften dabei keine Probleme auftreten, insbesondere da die Lösung $u(t)$ für $t \to \infty$ sehr glatt gegen Null abfällt. Man ist daher versucht, mit relativ großen Schrittweiten zu rechnen. Bei 17-stelliger Rechnung erhält man jedoch das in Tabelle 3.1 wiedergegebene bedenkliche Resultat (N = Schrittzahl). Offensichtlich zeigt das ansonsten sehr gutartige Runge-Kutta-Verfahren bei diesem Problem eine numerische Instabilität, wenn die Schrittweite zu grob ist. Im Folgenden wollen wir uns mit der Analyse und Kontrolle solcher gefährlichen Instabilitäten beschäftigen.

Tabelle 3.1: *Beispiel numerischer Instabilität.*

N	h	$\lvert y_N - u(3)\rvert$
50	0.06	$\sim 2\cdot 10^{-8}$
25	0.12	$\sim 2\cdot 10^{-6}$
20	0.15	$\sim 7\cdot 10^{-5}$
15	0.2	overflow (10^{38})
20	0.1538	$\sim 7\cdot 10^{-5}$
19	0.1579	overflow (10^{38})

Lineare Stabilitätsanalyse

Wir nennen zunächst intuitiv ein Differenzenverfahren „numerisch stabil“ für festes h, wenn im Falle $\sup_{t>0}\|u(t)\|<\infty$ auch $\sup_{n\geq 0}\|y_n\|<\infty$. Zur Illustration sei das einfache Testproblem (3.1.3) betrachtet. Das Verhalten der Lösung $u(t)=u_0e^{\lambda t}$ für $t\to\infty$ ist charakterisiert durch das Vorzeichen von $\mathrm{Re}\,\lambda$:

$$\left.\begin{array}{l}\mathrm{Re}\,\lambda<0\\ \mathrm{Re}\,\lambda=0\\ \mathrm{Re}\,\lambda>0\end{array}\right\}\Rightarrow |u(t)|=|u_0|e^{\mathrm{Re}\,\lambda}\left\{\begin{array}{l}\to 0\\ \equiv |u_0|\\ \to\infty\end{array}\right. \tag{3.1.4}$$

Definition 3.1 (Absolute Stabilität): *Eine Einschrittmethode heißt „absolut stabil“ für ein $\lambda h\neq 0$, wenn sie angewendet auf das skalare Testproblem* (3.1.3) *für* $\mathrm{Re}\,\lambda\leq 0$ *beschränkte Näherungen erzeugt:* $\sup_{n\geq 0}|y_n|<\infty$.

Für die Polygonzugmethode liegt also absolute Stabilität genau dann vor, wenn für den sog. „Verstärkungsfaktor“ $\omega=\omega(\lambda h):=1+\lambda h$ gilt $|\omega|\leq 1$. Wir nennen allgemein

$$\mathrm{SG}=\{z=\lambda h\in\mathbb{C}:|\omega(z)|\leq 1\}$$

das „Gebiet absoluter Stabilität“ (kurz „Stabilitätsgebiet“) einer Einschrittformel. Das Stabilitätsgebiet der Polygonzugmethode ist in Abb. 3.1 dargestellt. Für ein festes λ mit $\mathrm{Re}\,\lambda\leq 0$ muss die Schrittweite h so bemessen sein, dass $\lambda h\in\mathrm{SG}$ ist. Andernfalls wächst die Näherungslösung y_n für $n\to\infty$ exponentiell an, obwohl die exakte Lösung beschränkt ist oder sogar exponentiell abfällt.

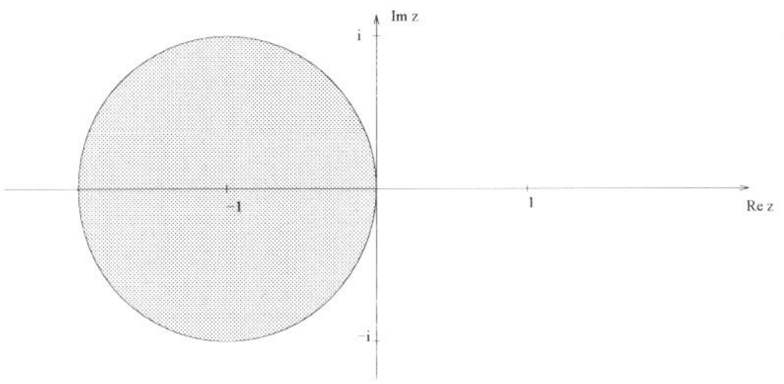

Abbildung 3.1: *Stabilitätsgebiet der Polygonzugmethode.*

Wir wollen nun die numerische Stabilität der Taylor- und der Runge-Kutta-Formeln untersuchen. Für das Testproblem (3.1.3) erhält die Taylor-Methode der Stufe R die Gestalt

$$y_n = y_{n-1} + h \sum_{r=1}^{R} \frac{h^{r-1}}{r!} f^{r-1}(t_{n-1}, y_{n-1}) = y_{n-1} + h \sum_{r=1}^{R} \frac{h^{r-1}}{r!} \lambda^r y_{n-1}.$$

Der Verstärkungsfaktor ist also

$$\omega = \sum_{r=0}^{R} \frac{(\lambda h)^r}{r!}. \tag{3.1.5}$$

Da die Bestimmung des vollen Stabilitätsgebietes $\mathrm{SG} = \{z \in \mathbb{C} : |\omega(z)| \leq 1\}$ schwierig ist, beschränken wir uns hier auf die Betrachtung des „Stabilitätsintervalls“

$$\mathrm{SI} = \{z \in \mathbb{R} : |\omega(z)| \leq 1\}.$$

Wir finden

$$\mathrm{SI} = \begin{cases} [-2, 0] & , \ R = 1 \\ [-2, 0] & , \ R = 2 \\ [-2.51\ldots, 0] & , \ R = 3 \\ [-2.78\ldots, 0] & , \ R = 4 \end{cases}$$

Sei $F(h; t, x)$ die Verfahrensfunktion einer R-stufigen Runge-Kutta-Methode der Ordnung $m = R \leq 4$. Nach Konstruktion der Runge-Kutta-Formeln gilt dann

$$F(h; t, u) = \sum_{r=1}^{R} \frac{h^{r-1}}{r!} f^{(r-1)}(t, u) + O(h^R).$$

Für das Testproblem ist

$$F(h; t, u) = \sum_{r=1}^{R} c_r k_r(h; t, u)$$

offenbar ein Polynom in h der Ordnung $R-1$. Folglich gilt in diesem Fall

$$F(h;t,u)=\sum_{r=1}^{R}\frac{h^{r-1}}{r!}f^{(r-1)}(t,u),$$

d. h.: Der Verstärkungsfaktor ω der Runge-Kutta-Formeln der Ordnung ($m=R\leq 4$) ist derselbe wie der der entsprechenden Taylor-Formeln. Also sind durch die obige Abbildung für $R\leq 4$ auch die Stabilitätsintervalle der R-stufigen Runge-Kutta-Formeln der Ordnung $m=R$ gegeben.

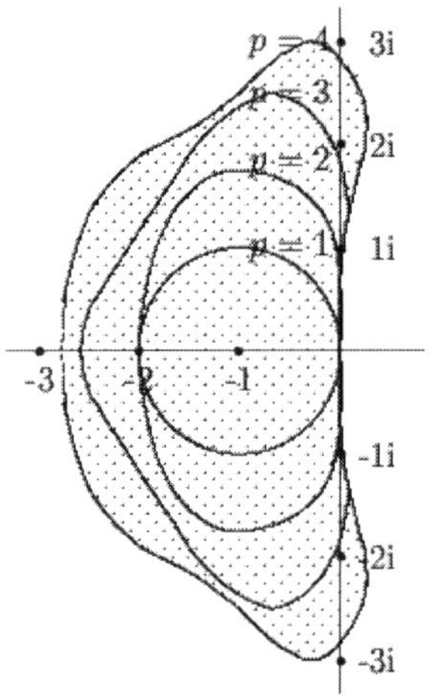

Abbildung 3.2: *Stabilitätsgebiete der (expliziten) Taylor- und Runge-Kutta-Verfahren.*

Der obigen Stabilitätsanalyse entnehmen wir, dass für $\mathrm{Re}\,\lambda\ll -1$ die Stabilität der durch die Runge-Kutta-Verfahren erzeugten Lösungen die Verwendung einer entsprechend kleinen Schrittweite h erfordert. In diesem Fall wäre daher die Verwendung einer Formel mit einem in der komplexen Ebene möglichst weit nach links reichendem Stabilitätsgebiet. Die in dieser Hinsicht „optimalen“ Methoden haben die folgende Eigenschaft:

Definition 3.2: *Eine Differenzenmethode heißt „A-stabil“, wenn für ihr Stabilitätsgebiet gilt*

$$\{z\in\mathbb{C}\,|\,\mathrm{Re}\,z\leq 0\}\subset SG. \tag{3.1.6}$$

Man kann zeigen, dass *explizite* Methoden nicht A-stabil sein können. Wir werden später sehen, dass die *implizite* Euler-Methode sowie die Trapezregel

$$\begin{aligned}y_n&=y_{n-1}+hf(t_n,y_n),\\ y_n&=y_{n-1}+\tfrac{1}{2}h\{f(t_n,y_n)+f(t_{n-1},y_{n-1})\}\end{aligned}$$

A-stabil sind.

Nutzung der linearen Stabilitätsanalyse für allgemeine Systeme

Wir wenden uns nun der Frage nach der „numerischen Stabilität“ von Einschrittverfahren für allgemeine (nicht notwendig monotone) Systeme 1. Ordnung der Form (3.1.1) zu. Dazu müssen wir zunächst erklären, was im Folgenden unter der „Stabilität“ der Lösung einer AWA zu verstehen ist. Basierend auf der Diskussion von „Stabilität“ in Kapitel 1 führen wir folgende Begriffe ein:

Definition 3.3: *Die (globale) Lösung u einer AWA*

$$u'(t) = f(t, u(t)), \quad t \geq t_0, \quad u(t_0) = u_0, \tag{3.1.7}$$

wird „(asymptotisch) stabil“ genannt, wenn jede Lösung v der gestörten AWA

$$v'(t) = f(t, v(t)), \quad t \geq t_*, \quad v(t_*) = u(t_*) + w_*, \tag{3.1.8}$$

zu einem Zeitpunkt $t_* \geq t_0$ mit einer hinreichend kleinen Störung $\|w_*\| \leq \delta$ ebenfalls global ist und folgendes gilt:

$$\|(v - u)(t)\| \to 0 \quad (t \to \infty). \tag{3.1.9}$$

Bemerkung 3.1: In der Literatur findet man auch noch eine Reihe anderer Konzepte von „Stabilität“ für die Lösungen von AWAn. Statt der Konvergenz $\|(v-u)(t)\| \to 0$ für $(t \to \infty)$ wird manchmal nur die Beschränktheit $\sup_{t \geq t_*} \|(v-u)(t)\| \leq \varepsilon$ für beliebig kleines $\varepsilon > 0$ gefordert, wobei die Größe der Anfangsstörung an das ε gekoppelt ist: $\|w_*\| \leq \delta(\varepsilon)$. Der stärkste Stabilitätsbegriff ist der der „exponentiellen Stabilität“, bei der

$$\|(v - u)(t)\| \leq Ae^{-\alpha(t - t_*)}\|w_*\|, \tag{3.1.10}$$

d. h. exponentieller Fehlerabfall proportional zur Anfangsstörung, gefordert wird. Ein hinreichendes Kriterium für exponentielle Stabilität (und damit auch für asymptotische Stabbilität) ist, wie wir gesehen haben, die (starke) Monotonie der AWA. Da aber auch nicht-monotone AWA stabile Lösungen haben können, operieren wir im Folgenden mit dem etwas weniger einschränkenden Konzept der (asymptotischen) Stabilität.

In Anlehnung an die vorausgehende Definition führen wir nun analoge Stabilitätsbegriffe für die Diskretrisierungen von AWA durch Einschrittverfahren ein.

Definition 3.4: *Die AWA (3.1.7) sei mit einem Einschrittverfahren*

$$y_n = y_{n-1} + h_n F(h_n; t_n, y_n, y_{n-1}), \quad n \geq 0, \quad y_0 = u_0, \tag{3.1.11}$$

mit L-stetiger Verfahrensfunktion diskretisiert. Eine (globale) Lösung $(y_n)_{n \geq 0}$ heißt „(numerisch) stabil“, wenn für jede Lösung $(z_n)_{n \geq n_*}$ von

$$z_n = z_{n-1} + h_h F(h_n; t_n, z_n, z_{n-1}), \quad n \geq n_*, \quad z_{n_*} = y_{n_*} + w_*, \tag{3.1.12}$$

zu einem Zeitpunkt $t_{n_*} \geq t_0$ mit einer hinreichend kleinen Störung $\|w_*\| \leq \delta$ gilt:

$$\|z_n - y_n\| \to 0 \quad (n \to \infty). \tag{3.1.13}$$

Bemerkung 3.2: Analog zu kontinuierlichen Fall wird die Lösung $(y_n)_{n\geq 0}$ einer Differenzenapproximation als „exponentiell stabil“ bezeichnet, wenn für jede Lösung der gestörten Diffenzengleichung gilt:

$$\|z_n - y_n\| \leq Ae^{-\alpha(t_n - t_{n_*})}\|w_*\|, \quad n \geq n_*. \tag{3.1.14}$$

Die direkte Anwendung der anhand des Testproblems (3.1.3) gewonnenen Erkenntnisse zur absoluten Stabilität einer Differenzenformel für allgemeine Systeme setzt folgendes voraus:

Hypothese: *Die (globale) Lösung u der allgemeinen AWA sei asymptotisch stabil und alle Eigenwerte $\lambda(t)$ der Jacobi-Matrix $f'_x(t, u(t))$ haben die Eigenschaft* $\mathrm{Re}\,\lambda(t) \leq 0$. *Dann ist ein Differenzenverfahren mit einem Stabilitätsgebiet* $\mathrm{SG} \subset \mathbb{C}$ *„numerisch stabil“, wenn die Schrittweiten h_n so gewählt werden, dass gilt:*

$$h_n\,\lambda(t_n) \in \mathrm{SG}\,, \quad n \geq 0\,. \tag{3.1.15}$$

Die Berechtigung dieser Hypothese ist in allgemeinen Situationen schwer zu klären. Anhand von Beispielen zeigt sich, dass sie falsch sein kann, wenn die Jacobi-Matrix $f'_x(t, u(t))$ nicht *diagonalisierbar* ist, d. h. kein vollständiges System von Eigenvektoren besitzt. Wir wollen die wesentlichen Schritte zur Rechfertigung der Hypothese skizzieren.

(i) Zunächst wollen wir diese Frage für das kontinuierliche Problem diskutieren. Seien also u und v (globale) Lösungen der AWAn

$$\begin{aligned} u'(t) &= f(t, u(t)), \quad t \geq t_0, \quad u(t_0) = u_0, \\ v'(t) &= f(t, v(t)), \quad t \geq t_*, \quad v(t_*) = u(t_*) + w_*. \end{aligned}$$

mit einer „kleinen“ Störung w_*. Für die Differenz $w := v - u$ gilt dann

$$\begin{aligned} w'(t) = f(t, v(t)) - f(t, u(t)) &= \int_0^1 \frac{d}{ds} f(t, u(t) + sw(t))\,ds \\ &= \int_0^1 f'_x(t, u(t) + sw(t))\,ds\,w(t) = f'_x(t, u(t))w(t) + \mathcal{O}\big(\|w(t)\|^2\big) \end{aligned}$$

Reduktionsschritt 1 (Linearisierung): Bei Vernachlässigung des quadratischen, und damit als „klein“ anzunehmenden, Terms $\|w(t)\|^2$ genügt die Differenz w näherungsweise der linearen AWA

$$w'(t) = f'_x(t, u(t))w(t), \quad t \geq t_*, \quad w(t_*) = w_*. \tag{3.1.16}$$

Diese beschreibt im Rahmen einer (lokalen) differentiellen Stabilitätsanalyse bei t_* das Anwachsen oder Abfallen von Störungen. Man beachte, dass $\|f'_x(t, u(t))\|$ ein Maß für die lokale Lipschitz-Stetigkeit von $f(t, x)$ ist.

Reduktionsschritt 2 (Lokalisierung): Nach „Einfrieren“ des Koeffizienten zum Zeitpunkt $t_* \geq t_0$ erhält man das autonome (lineare) System

$$w'(t) = f'_x(t_\star, u(t_\star))w(t), \quad t \geq t_*, \quad w(t_*) = w_*. \tag{3.1.17}$$

Reduktionsschritt 3 (Separation): Ist nun die Matrix $A := f_x'(t_\star, u(t_\star))$ diagonalisierbar, so existiert eine reguläre Matrix Q, so dass

$$QAQ^{-1} = D = \operatorname{diag}(\lambda_i) \tag{3.1.18}$$

mit den Eigenwerten $\lambda_i \in \mathbb{C}\,(i = 1, \dots, d)$ von A. Die Funktion $\bar{w}(t) := Qw(t)$ ist dann Lösung von

$$\bar{w}'(t) = QAQ^{-1}\bar{w}(t) = D\bar{w}(t)\,, \quad t \geq t_\star\,. \tag{3.1.19}$$

Dieses Diagonalsystem zerfällt in die d skalaren Gleichungen

$$\bar{w}_i'(t) = \lambda_i \bar{w}_i(t)\,, \quad t \geq t_\star\,, \quad i = 1, \dots, d\,. \tag{3.1.20}$$

Das Verhalten der einzelnen Komponenten $\bar{w}_i$ für $t \to \infty$ ist wieder charakterisiert durch die Realteile von λ_i. Wegen der Regularität von Q folgt die Beziehung

$$\operatorname{Re}\lambda_i \leq 0 \;\; (i = 1, \dots, d) \quad \Leftrightarrow \quad \|w(t)\| \leq c\|w(t_\star)\|\,, \quad t \geq t_\star\,. \tag{3.1.21}$$

Die Stabilität des diagonalisierbaren Systems (3.1.17) wird also vollständig durch die Eigenwerte λ_i von A beschrieben. Über die skizzierte Argumentationskette (Reduktionsschritte 1 – 3) wird die Stabilitätsanalyse für eine allgemeine AWA lokal auf die Untersuchung der Eigenwerte der Jacobi-Matrix $A = f_x'(t_\star, u(t_\star))$, zurückgeführt.

(ii) Die numerische Stabilitätsanalyse verläuft analog in umgekehrter Richtung. Wir diskutieren hier nur den kritischen Übergang vom skalaren Modellproblem zum allgemeinen linearen System. Die verbleibenden Schritte „Lokalisierung" und „Linearisierung" sind analog wie im kontinuierlichen Fall. Alle betrachteten Einschrittverfahren haben für das System (3.1.17) die Form

$$y_n = g(hA)y_{n-1}$$

mit einer rationalen Funktion $g(z)$. Z. B. ist bei den Taylor-Formeln (und bei den Runge-Kutta-Formeln mit $m = R \leq 4$)

$$g(z) = \sum_{r=0}^{R} \frac{z^r}{r!}\,.$$

Sei die Matrix A wieder als diagonalisierbar angenommen. Wir setzen $\bar{y}_n = Qy_n$ und finden

$$\bar{y}_n = Qy_n = Qg(hA)y_{n-1} = Qg(hA)Q^{-1}\bar{y}_{n-1}\,.$$

Aufgrund eines allgemeinen Satzes über analytische Matrizenfunktionen ist

$$Qg(hA)Q^{-1} \equiv g(hQAQ^{-1}) = g(hD)\,,$$

und folglich

$$\bar{y}_n = g(hD)\bar{y}_{n-1} = g(hD)^n\bar{y}_0\,,$$

bzw.

$$\bar{y}_{n,i} = g(h\lambda_i)^n\bar{y}_{0,i}\,, \quad i = 1, \dots, d\,.$$

Wegen der eindeutigen Kopplung $\bar{y}_n \equiv Qy_n$ können wir uns bei der Stabilitätsbetrachtung also auf die *skalare* Differentialgleichung $u'(t) = \lambda u(t)$ beschränken, wobei der Parameter $\lambda \in \mathbb{C}$ die Eigenwerte der Matrix A durchläuft. Es sei betont, dass die entscheidende Voraussetzung für die Gültigkeit dieser Überlegung die angenommene Diagonalisierbarkeit der Matrix A, d. h. i. Allg. Fall der Jacobi-Matrix des Systems, ist. Andernfalls kann, wie Gegenbeispiele zeigen, die vereinfachte skalare Analyse beim Übergang zu Systemen zu Fehleinschätzungen führen. Die ebenfalls vorgenommene lokale Linearisierung sowie das „Einfrieren" der Koeffizienten ist dagegen weniger kritisch.

Beispiel 3.1: Bei dem nichtlinearen Problem vom Anfang dieses Kapitels

$$u'(t) = -200\,t\,u(t)^2, \quad t \in [0,3], \quad u(0) = 1,$$

gilt entlang der Lösungstrajektorie

$$f_x(t,u(t)) = -400tu(t) = -\frac{400t}{1+100t^2}, \qquad \min_{t\in[0,3]} f_x(t,u(t)) = -20.$$

Für das klassische Runge-Kutta-Verfahren mit dem Stabilitätsintervall $SI \approx [-2.78, 0]$ impliziert dies die Schrittweitenbeschränkung $h < 2.78/20 = 0.139$. Da die L-Konstante bei diesem nichtlinearen Problem außerhalb des relativ kleinen Intervalls $[0, \frac{1}{5}]$ überall < 16 ist, wird die Instabilität im Bereich $h \sim 0.14$ nur schwach in Erscheinung treten. Tatsächlich beobachten wir in obiger Testrechnung die „Explosion" erst bei $h \sim 0.158$.

Gegenbeispiel zur „skalaren" Stabilitätsanalyse

Der Vollständigkeit halber geben wir ein Beispiel an, welches zeigt, dass die der auf Variablenseparation beruhenden numerischen Stabilitätsanalyse zugrundeliegende Hypothese auch *falsch* sein kann. Für Parameter $\mu < 0$, $\varepsilon > 0$, $\alpha \in \mathbb{R}$ betrachte man das System

$$u'(t) = \tilde{A}(t)u(t), \quad u(0) = u^0, \tag{3.1.22}$$

$$\tilde{A} = \varepsilon^{-1} U^\star(t) A U(t), \quad A = \begin{bmatrix} -1 & \mu \\ 0 & -1 \end{bmatrix}, \quad U(t) = \begin{bmatrix} \cos\alpha t & \sin\alpha t \\ -\sin\alpha t & \cos\alpha t \end{bmatrix}.$$

Die zeitabhängige Matrix $U(t)$ ist unitär, $U(t)U^\star(t) = I$ (Drehung um den Winkel $-\alpha t$ im $\mathbb{R}^2$). Der Vollständigkeit halber wollen wir die Matrix $\tilde{A}(t)$ ausrechnen:

$$\begin{aligned} \tilde{A}(t) = U^\star(t)AU(t) &= \frac{1}{\varepsilon}\begin{bmatrix} c & -s \\ s & c \end{bmatrix} \cdot \begin{bmatrix} -1 & \mu \\ 0 & -1 \end{bmatrix} \cdot \begin{bmatrix} c & s \\ -s & c \end{bmatrix} \\ &= \frac{1}{\varepsilon}\left(-I + \mu \begin{bmatrix} -\sin\alpha t\,\cos\alpha t & \cos^2\alpha t \\ -\sin^2\alpha t & \sin\alpha t\,\cos\alpha t \end{bmatrix} \right). \end{aligned}$$

Anwendung der A-stabilen Trapezregel auf (3.1.22) ergibt

$$y_n = [I - \tfrac{1}{2}h\,\tilde{A}(t_n)]^{-1}[I + \tfrac{1}{2}h\,\tilde{A}(t_{n-1})]y_{n-1}. \tag{3.1.23}$$

Für transformierte Variable $v(t) = U(t)u(t)$ gilt

$$\begin{aligned} v'(t) &= U'(t)u(t) + U(t)u'(t) \\ &= [U'(t)U^\star(t) + \varepsilon^{-1}U(t)U^\star(t)A]U(t)u(t) = [U'(t)U^\star(t) + \varepsilon^{-1}A]v(t) \end{aligned}$$

und somit

$$v'(t) = B\,v(t)\,, \qquad B = \begin{bmatrix} -1/\varepsilon & \mu/\varepsilon + \alpha \\ -\alpha & -1/\varepsilon \end{bmatrix}. \tag{3.1.24}$$

Das System (3.1.24) hat die allgemeine Lösung

$$v(t) = c_1\, e^{\lambda_1 t} + c_2\, e^{\lambda_2 t} \tag{3.1.25}$$

mit den folgenden Eigenwerten und zugehörigen Eigenvektoren der Matrix B:

$$\lambda_{1,2} = -\varepsilon^{-1} \pm \sqrt{-\alpha(\alpha + \mu\varepsilon^{-1})}, \quad c_{1,2} = \begin{bmatrix} \pm\sqrt{\alpha + \mu/\varepsilon} \\ \sqrt{-\alpha} \end{bmatrix}.$$

Einschub: Setze $\alpha = -3\,, \quad \mu = 3\,, \quad \varepsilon = \frac{1}{3}$. Dann wird

$$\lambda_1 = -3 + \sqrt{3(9-3)} = 3(\sqrt{2} - 1) > 1.2\,,$$

d. h.: Die Lösung $v(t)$ von (3.1.24) wächst für $t \to \infty$ wie $e^{1.2t}$, obwohl die Eigenwerte des „aquivalenten“ Systems (3.1.22) alle negativ sind.

Wir schreiben (3.1.23) in der Form

$$y_n - y_{n-1} = \tfrac{1}{2}h\,[\tilde{A}(t_n)y_n + \tilde{A}(t_{n-1})y_{n-1}]\,. \tag{3.1.26}$$

Für die transformierte diskrete Variable $z_n = U(t_n)y_n$ gilt dann wegen

$$\begin{aligned} [I - \tfrac{1}{2}\varepsilon^{-1}hU^\star(t_{n+1})AU(t_{n+1}]y_{n+1} &= [I + \tfrac{1}{2}\varepsilon^{-1}hU^\star(t_n)AU(t_n)]y_n \\ U^\star(t_{n+1})[I - \tfrac{1}{2}\varepsilon^{-1}hA]U(t_{n+1})y_{n+1} &= U^\star(t_n)[I + \tfrac{1}{2}\varepsilon^{-1}hA]U(t_n)y_n \end{aligned}$$

auch

$$z_{n+1} = [I - \tfrac{1}{2}\varepsilon^{-1}hA]^{-1}U(t_{n+1})U^\star(t_n)[I + \tfrac{1}{2}\varepsilon^{-1}hA]z_n$$

bzw.

$$z_{n+1} = [I - \tfrac{1}{2}\varepsilon^{-1}hA]^{-1}U(h)[I + \tfrac{1}{2}\varepsilon^{-1}hA]z_n = M\,z_n. \tag{3.1.27}$$

Hierbei wurde berücksichtigt, dass (geometrisches Argument)

$$\begin{aligned} U(t_{n+1})U^\star(t_n) &= \begin{bmatrix} \cos\alpha t_{n+1} & \sin\alpha t_{n+1} \\ -\sin\alpha t_{n+1} & \cos\alpha t_{n+1} \end{bmatrix} \cdot \begin{bmatrix} \cos\alpha t_n & -\sin\alpha t_n \\ \sin\alpha t_n & \cos\alpha t_n \end{bmatrix} \\ &= \begin{bmatrix} \cos\alpha t_{n+1}\,\cos\alpha t_n + \sin\alpha t_{n+1}\,\sin\alpha t_n & -\cos\alpha t_{n+1}\,\sin\alpha t_n + \sin\alpha t_{n+1}\,\cos\alpha t_n \\ -\sin\alpha t_{n+1}\,\cos\alpha t_n + \cos\alpha t_{n+1}\,\sin\alpha t_n & \sin\alpha t_{n+1}\,\sin\alpha t_n + \cos\alpha t_{n+1}\,\cos\alpha t_n \end{bmatrix} \\ &= \begin{bmatrix} \cos\alpha h & \sin\alpha h \\ -\sin\alpha h & \cos\alpha h \end{bmatrix} = U(h). \end{aligned}$$

Beachte, dass M auch unabhängig von t ist. Da $U(t)$ unitär ist, $\|U(t)x\| = \|x\|$, gilt für die Lösung y_n von (3.1.23) für $t_0 = 0$:

$$\|y_n\| = \|U^\star(t_n)z_n\| = \|U^\star(t_n)M^nU(t_0)y_0\| = \|U^\star(t_n)M^nU(0)y_0\| = \|M^ny_0\|.$$

Wir berechnen nun die Eigenwerte von M, um entscheiden zu können, ob die diskreten Lösungen y_n anwachsen oder abnehmen. Setze $\tau = -\alpha h, \quad \alpha < 0, \quad \varepsilon = -\frac{1}{4}\alpha h^2$. Dann erhalten wir durch Taylor-Entwicklung

$$\begin{aligned}
M &= [\tfrac{1}{2}\tau I - A]^{-1} \cdot \begin{bmatrix} \cos(-\tau) \sin(-\tau) & \\ -\sin(-\tau) & \cos(-\tau) \end{bmatrix} \cdot [\tfrac{1}{2}\tau I + A] \\
&= [\tfrac{1}{2}\tau I - A]^{-1}[I + \tau J + \mathcal{O}(\tau^2)][\tfrac{1}{2}\tau I + A], \quad J = \begin{bmatrix} 0 & -1 \\ 1 & 0 \end{bmatrix} \\
&= [\tfrac{1}{2}\tau I - A]^{-1}[\tfrac{1}{2}\tau I + A] - \tau A^{-1}JA + \mathcal{O}(\tau^2) \\
&= [\tfrac{1}{2}\tau A^{-1} - I]^{-1}[\tfrac{1}{2}\tau A^{-1} + I] - \tau A^{-1}JA + \mathcal{O}(\tau^2) \\
&= -I - \tau A^{-1}[I + JA] + \mathcal{O}(\tau^2).
\end{aligned}$$

Nun ist

$$A^{-1} = \begin{bmatrix} -1 & -\mu \\ 0 & -1 \end{bmatrix}, \qquad I + JA = \begin{bmatrix} 1 & 1 \\ -1 & 1+\mu \end{bmatrix}$$

und somit

$$M = -I - \tau \begin{bmatrix} -1+\mu & -(1+\mu+\mu^2) \\ 1 & -1-\mu \end{bmatrix} + \mathcal{O}(\tau^2).$$

Die Eigenwerte von M sind näherungsweise mit den Wurzeln $\lambda_{1,2}$ des (gestörten) charakteristischen Polynoms

$$\chi(\lambda) = \lambda^2 + 2\lambda + \mu + 2$$

gegeben als

$$\mu_{1,2} = -1 - \tau\lambda_{1,2} + \mathcal{O}(\tau^2),$$

wobei

$$\lambda_{1,2} = -1 \pm \sqrt{-1-\mu}.$$

Die Wurzel $\lambda_1 = -1 + \sqrt{-1-\mu}$ ist positiv, wenn $\mu < -2$. In diesem Fall wird (für hinreichend kleines $\tau = -\alpha h$)

$$|\mu_1| > 1.$$

Die A-stabile Trapezregel erzeugt dann exponentiell anwachsende Näherungen $y_n = U^\star(t_n)z_n$ zu der exponentiell abfallenden Lösung $u(t_n)$.

Dieses Beispiel zeigt, dass zur Behandlung „nicht diagonalisierbarer“ Systeme die numerische Stabilitätstheorie der skalaren Gleichungen *nicht* ausreicht.

3.1.1 Steife Probleme

Die numerischen Stabilitätseigenschaften einer Differenzenformel sind von essentieller Bedeutung für die Integration sog. „steifer" Probleme.

Definition 3.5 (Steifheit): *Eine AWA heißt „steif" (entlang einer Lösung $u(t)$), wenn für die Eigenwerte $\lambda(t)$ der Jacobi-Matrix $f'_x(t,u(t))$ gilt:*

$$\kappa(t) := \frac{\max_{\mathrm{Re}\,\lambda(t)<0} |\mathrm{Re}\,\lambda(t)|}{\min_{\mathrm{Re}\,\lambda(t)<0} |\mathrm{Re}\,\lambda(t)|} \gg 1\,. \tag{3.1.28}$$

Die Größe $\kappa(t)$ wird „Steifigkeitsrate" genannt.

Bemerkung 3.3: Die Realteile der Eigenwerte der Jacobi-Matrix $f'_x(t,u(t))$ stehen in enger Beziehung zur Lipschitz-Konstante L_f von $f(t\cdot)$:

$$\|f(t,x)-f(t,y)\| \le \max_{(t,\xi)\in D} \|f'_x(t,\xi)\|\|x-y\| \le L_f\|x-y\|,$$

$$|\mathrm{Re}\,\lambda_{\max}| \le |\lambda_{\max}| \le \|f'_x(t,u(t))\|.$$

Es ist zu beachten, dass bei der Bestimmung der Steifigkeitsrate nur die Eigenwerte mit *negativem* Realteil berücksichtigt werden. Diejenigen mit positivem Realteil gehören zu exponentiell wachsenden Lösungskomponenten und bedingen auf jeden Fall eine entsprechende Schrittweitenrestriktion. Steife Probleme zeichnen sich demnach durch Lösungskomponenten mit stark unterschiedlichem Abklingverhalten aus. Es ist aber nicht gerechtfertigt, eine skalare AWA als „steif" zu bezeichnen, nur weil ihre Lipschitz-Konstante L sehr groß ist. Denn in diesem Fall müßte ja des Diskretisierungsfehlers wegen sowieso mit einer entsprechend reduzierten Schrittweite gerechnet werden.

Beispiel 3.2:

$$u'(t) = Au(t)\,, \quad u(0) = (1,0,-1)^T, \qquad A = \begin{bmatrix} -21 & 19 & -20 \\ 19 & -21 & 20 \\ 40 & -40 & -40 \end{bmatrix},$$

Die Eigenwerte von A sind $\lambda_i = -2\,, \lambda_{2,3} = -40 \pm 40i$. Die Lösung des Systems ist

$$\begin{aligned} u_1(t) &= \tfrac{1}{2}e^{-2t} + \tfrac{1}{2}e^{-40t}\,[\cos 40t + \sin 40t] \\ u_2(t) &= \tfrac{1}{2}e^{-2t} - \tfrac{1}{2}e^{-40t}\,[\cos 40t + \sin 40t] \\ u_3(t) &= -e^{-40t}\,[\cos 40t - \sin 40t]. \end{aligned}$$

Im Bereich $0 \le t \le 0.1$ variieren alle drei Lösungskomponenten schnell, so dass die Notwendigkeit einer kleineren Schrittweite $h \ll 0.1$ plausibel ist. Für $t > 0.1$ sind dagegen $u_1 \sim u_2$ nahezu identisch und variieren sehr langsam, während $u_3 \sim 0$ ist. Dies

Verhalten legt die Wahl einer gröberen Schrittweite $h \geq 0.1$ in diesem Bereich nahe. Für die explizite Euler-Methode erzwingt jedoch die Stabilitätsbedingung $|1+40h| < 1$ die globale Schrittweite $h < 0.025$. Tatsächlich erhalten wir bei Verwendung von $h = 0.04$ eine oszillierende Approximation von u_1 („•" im Bild).

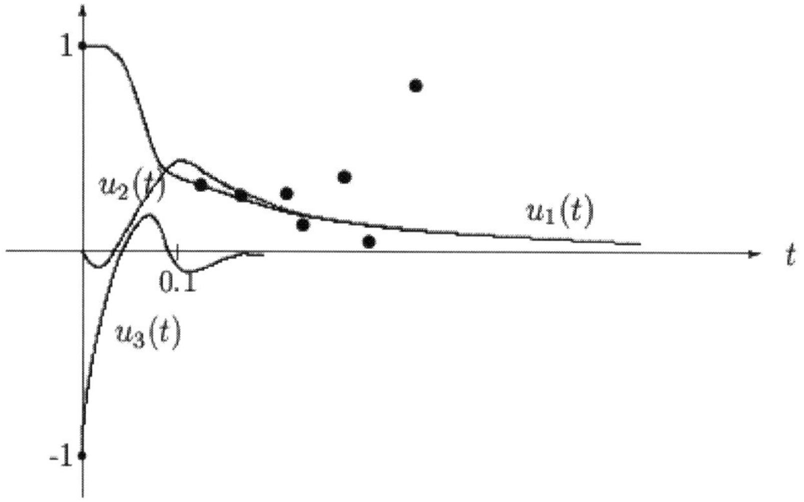

Abbildung 3.3: *Lösungskomponenten einer „steifen" AWA und instabile numerische Approximation „•".*

Beispiel 3.3: Bei örtlicher Diskretisierung der (1-dim.) Wärmeleitungsgleichung

$$\frac{\partial v}{\partial t}(x,t) = \frac{\partial^2 v}{\partial x^2}(x,t), \qquad \begin{aligned} v(0,t) &= v(1,t) = 0 \\ v(x,0) &= v^0(x) \end{aligned}$$

mittels des zentralen Differenzenquotionten zweiter Ordnung

$$\frac{\partial^2 v}{\partial x^2}(x,t) \sim \frac{1}{\Delta x^2}\left[\, v(x+\Delta x,t) - 2v(x,t) + v(x-\Delta x,t)\,\right]$$

entsteht ein System von $d = \frac{1}{\Delta x} - 1$ gewöhnlichen Differentialgleichungen in den Unbekannten $u_i(t) \sim v(x_i,t)$:

$$u_i'(t) = \frac{1}{\Delta x^2}\left[\, u_{i+1}(t) - 2u_i(t) + u_{i-1}(t)\,\right], \quad i = 1,\ldots,d \quad (u_0 = u_{d+1} = 0).$$

Die zugehörige Koeffizientenmatrix

$$A = \frac{1}{\Delta x^2} \begin{bmatrix} -2 & 1 & & & 0 \\ 1 & -2 & & & \\ & \ddots & \ddots & \ddots & \\ & & & -2 & 1 \\ 0 & & & 1 & -2 \end{bmatrix} \in \mathbb{R}^{d\times d}$$

hat die Eigenwerte

$$\lambda_j = -\Big[\frac{\sin(j\pi\Delta x/2)}{\Delta x/2}\Big]^2, \quad j=1,\dots,d, \qquad \lambda_{\max} \sim -\frac{4}{\Delta x^2}, \quad \lambda_{\min} \sim -\pi^2 .$$

Das System ist also umso steifer, je feiner die Ortsvariable diskretisiert wird. Für das explizite Euler-Verfahren erzwingt die Stabilitätsbedingung dann die Schrittweitenrelation

$$h < \tfrac{1}{2}\Delta x^2 .$$

3.1.2 Implizite Verfahren

Zur Integration eines steifen Systems mit nicht bekannter Steifigkeitsrate werden Differenzenformeln mit möglichst guten numerischen Stabilitätseigenschaften benötigt, d. h. möglichst A-stabile Methoden. Da *explizite* Formeln nicht A-stabil sein können, werden zur Integration steifer Systeme fast ausschließlich *implizite* Methoden verwendet. Das allgemeine implizite Einschrittverfahren hat die Gestalt

$$y_n = y_{n-1} + h_n F(h_n; t_{n-1}, y_{n-1}, y_n), \quad n \ge 1 . \tag{3.1.29}$$

Von großer praktischer Bedeutung sind die sog. „impliziten Runge-Kutta-Verfahren"

$$y_n = y_{n-1} + \sum_{r=1}^{R} c_r k_r(h_n; t_{n-1}, y_{n-1}), \quad n \ge 1, \tag{3.1.30}$$

$$k_r(h_n; t_{n-1}, y_{n-1}) = f(t_{n-1} + h_n a_r, y_{n-1} + h_n \sum_{s=1}^{R} b_{rs} k_s(h_n; t_{n-1}, y_{n-1})), \quad r = 1,\dots,R.$$

Diese Formeln sind trotz ihrer scheinbar expliziten Form natürlich implizit, da die k_r als Lösungen eines i. Allg. nichtlinearen Gleichungssystems bestimmt sind. Der einfachste Vertreter für $R=1$ ist die „implizite Euler-Methode"

$$y_n = y_{n-1} + h_n f(t_n, y_n), \quad n \ge 1. \tag{3.1.31}$$

Für das Testproblem (3.1.3) ergibt sie

$$y_n = (1-\lambda h)^{-n} y_0 ,$$

mit dem Verstärkungsfaktor $\omega = (1-\lambda h)^{-1}$. Das Stabilitätsgebiet ist also das Komplement der offenen Kreisscheibe $\{z \in \mathbb{C} : |1-z| < 1\}$, d. h.: Die implizite Euler-Methode ist A-stabil. Für $Re\,\lambda > 0$ ist sie allerdings auch für $|1-\lambda h| \geq 1$ absolut-stabil; sie kann also Beschränktheit der Lösung $u(t)$ vorgaukeln, auch wenn $u(t)$ exponentiell wächst. In letzterem Fall (für $\mathrm{Im}\,\lambda = 0$) ist jedoch $(1-\lambda h)^{-1} < 0$, d. h.: Die Näherungswerte y_n haben oszillierende Vorzeichen für $n \to \infty$, was immer ein Zeichen für irgendwelche numerische Instabilität ist.

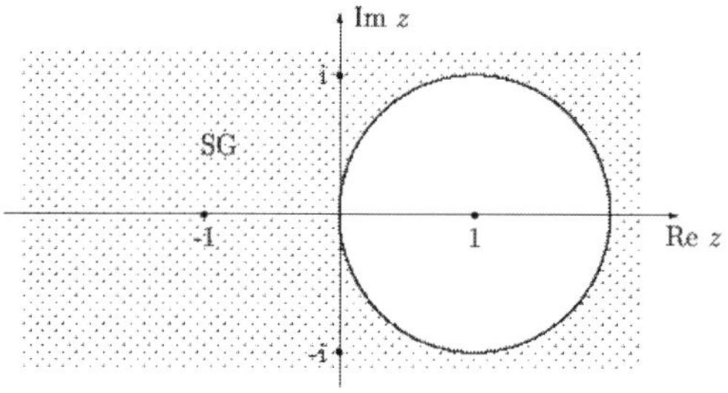

Abbildung 3.4: *Stabilitätsgebiet der impliziten Euler-Methode.*

Aufgrund der größeren Anzahl von freien Parametern der *impliziten* Runge-Kutta-Formeln lässt sich bei gegebener Stufenzahl R eine höhere Ordnung erzielen als mit *expliziten* Formeln dieser Art. Insbesondere lassen sich implizite Runge-Kutta-Formeln beliebig hoher Ordnung konstruieren, die gleichzeitig noch A-stabil sind.

Beispiel 3.4: Die 2-stufige Formel

$$\begin{aligned} y_n &= y_{n-1} + \tfrac{1}{2}h\{k_1 + k_2\}, \\ k_1 &= f\big(t_{n-1} + (\tfrac{1}{2} + \tfrac{\sqrt{3}}{6})h, y_{n-1} + \tfrac{1}{4}hk_1 + (\tfrac{1}{4} + \tfrac{\sqrt{3}}{6})hk_2)\big), \\ k_2 &= f\big(t_{n-1} + (\tfrac{1}{2} - \tfrac{\sqrt{3}}{6})h, y_{n-1} + (\tfrac{1}{4} - \tfrac{\sqrt{3}}{6})hk_1 + \tfrac{1}{4}hk_2\big), \end{aligned}$$

hat die Ordnung $m = 4$. Ihr Verstärkungsfaktor ist

$$\omega = \frac{1 + \frac{1}{2}\bar{h} + \frac{1}{12}\bar{h}^2}{1 - \frac{1}{2}\bar{h} + \frac{1}{12}\bar{h}^2}, \qquad \bar{h} = h\lambda,$$

und ihr Stabilitätsintervall $SI = (-\infty, 0]$.

Ein Nachteil dieser „optimalen", impliziten Runge-Kutte-Formeln ist, dass bei ihrer Anwendung in jedem Zeitschritt Gleichungssysteme der Dimension Rd gelöst werden müssen. Um dies zu vermeiden, verwendet man in der Regel sog. „diagonal-implizite" Runge-Kutta-Verfahren (sog. „DIRK"-Formeln), welche zwar eine etwas geringere Ordnung haben, aber wegen ihrer speziellen Struktur nur die Lösung von Sytemen der Dimension d erfordern. Dies wird dadurch erreicht, dass die in der Darstellung (3.1.30) die Koeffizienten $b_{rs} = 0$, $s > r$, gewählt werden.

Beispiel 3.5: Die allgemeine 3-stufige, *diagonal-implizite* Runge-Kutta-Formel

$$
\begin{aligned}
y_n &= y_{n-1} + h\{c_1k_1 + c_2k_2 + c_3k_3\}, \\
k_1 &= f(t_{n-1}, y_{n-1}), \quad k_2 = f(t_{n-1} + a_2h,\ y_{n-1} + hb_{21}k_1 + hb_{22}k_2), \\
k_3 &= f(t_{n-1} + a_3h,\ y_{n-1} + hb_{31}k_1 + hb_{32}k_2 + hb_{33}k_3),
\end{aligned}
$$

hat die maximale Ordnung $m = 3$. Ihr Stabilitätsintervall ist ebenfalls $SI = (-\infty, 0]$.

3.2 Lösung monotoner Probleme: Newton-Verfahren

Das Hauptproblem bei der Anwendung impliziter Differenzenverfahren ist die Lösung der auftretenden, i. Allg. nichtlinearen Gleichungssysteme. In den einzelnen Zeitschritten hat man bei den allgemeinen R-stufigen impliziten Runge-Kutta-Methoden Gleichungssysteme der Dimension Rd zu lösen, bei den diagonal-impliziten Runge-Kutta-Formeln Systeme der Dimension d. Bei großen Systemen, $d \gg 1$, ist dies ein beträchtlicher Aufwand, der nur im Fall hochgradiger Steifheit des Problems gerechtfertigt ist.

Die Fragen nach der Existenz der diskreten Näherungen y_n und ihrer tatsächlichen Berechnung wollen wir exemplarisch anhand der impliziten Euler-Methode behandeln. Der Schritt von t_{n-1} nach t_n erfordert hier die Lösung der Fixpunktgleichung

$$y = G(y) := y_{n-1} + h_n f(t_n, y). \tag{3.2.32}$$

Die Abbildung $G : \mathbb{R}^d \to \mathbb{R}^d$ ist unter der Bedingung

$$h_n L =: q < 1 \tag{3.2.33}$$

mit der Lipschitz-Konstante L von $f(t, \cdot)$ eine Kontraktion:

$$\|G(y) - G(y')\| \le h_n \|f(t_n, y) - f(t_n, y')\| \le h_n L \|y - y'\|$$

Nach dem Banachschen Fixpunktsatz existiert dann genau ein Fixpunkt $y = y_n$ von G, der mit Hilfe der „sukzessiven Approximation"

$$y^{(k+1)} = G(y^{(k)}), \quad k = 0, 1, 2, \ldots, \tag{3.2.34}$$

berechnet werden kann. Deren Konvergenz ist aber leider nur garantiert, wenn die Schrittweitenbedingung (3.2.33) erfüllt ist. Bei einem steifen Problem mit $L \gg 1$ ist diese Forderung aber meist zu restriktiv. In diesem Fall benötigt man für den Nachweis der Existenz der Approximationen y_n zusätzliche Struktureigenschaften der AWA. Wir diskutieren hier nur den einfachsten Fall einer „semi-monotonen" Nichtlinearität.

Satz 3.1 (Monotone steife AWA): *Die rechte Seite $f(t, \cdot)$ der AWA sei L-stetig mit Konstante L und semi-monoton,*

$$-(f(t, x) - f(t, y), x - y) \ge 0, \quad (t, x), (t, y) \in I \times \mathbb{R}^d. \tag{3.2.35}$$

Dann existieren für beliebig gewählte Schrittweiten h_n stets die Approximationen y_n. Ferner konvergiert für jedes hinreichend kleine θ die Folge der Iterierten

$$y^{(k)} = y^{(k-1)} - \theta\big\{y^{(k-1)} - hf(t_n, y^{(k-1)}) - y_{n-1}\big\}, \quad y^{(0)} := y_{n-1}, \tag{3.2.36}$$

gegen diese Lösung y_n. Die Konvergenz ist am schnellsten für $\theta = (1+h^2L^2)^{-1}$, wobei die a priori Fehlerabschätzung gilt:

$$\|y^{(k)} - y_n\| \le \Big(1 - \frac{1}{1+h^2L^2}\Big)^{k/2} \|y^{(1)} - y^{(0)}\|, \quad k \ge 1. \tag{3.2.37}$$

Beweis: (i) Wir haben zu zeigen, dass für jedes feste $h > 0$ stets ein eindeutig bestimmtes $y_n \in \mathbb{R}^d$ existiert, so dass

$$y_n - hf(t_n, y_n) = y_{n-1}\,. \tag{3.2.38}$$

Die Semimonotonie der Funktion $f(t,\cdot)$ impliziert, dass die Abbildung

$$g : \mathbb{R}^d \to \mathbb{R}^d, \quad g(x) := x - hf(t_n, x)$$

strikt monoton ist mit der Monotoniekonstante $\gamma = 1$. Gemäß Korollar 1.7 existiert daher eine eindeutig bestimmte Lösung $y_n \in \mathbb{R}^d$ der Gleichung $g(y_n) = y_{n-1}$. Der Beweis dieses Resultats verwendete die Tatsache, dass die Fixpunktabbildung

$$G_\theta(x) := x - \theta\big(g(x) - y_{n-1}\big)$$

für $0 < \theta < 2(1+h^2L^2)^{-1}$ wegen

$$\begin{aligned}
\|G_\theta(x) - G_\theta(y)\|^2 &= \|x - \theta g(x) - y_{n-1} - y + \theta g(y) + y_{n-1}\|^2 \\
&= \|(1-\theta)(x-y) + \theta h(f(t_n,x) - f(t_n,y))\|^2 \\
&= (1-\theta)^2\|x-y\|^2 + 2(1-\theta)\theta h \underbrace{(x-y, f(t_n,x) - f(t_n,y))}_{\le 0} \\
&\qquad + \theta^2 h^2 \|g(x) - g(y)\|^2 \\
&\le \{(1-\theta)^2 + \theta^2 h^2 L^2)\}\|x-y\|^2
\end{aligned}$$

eine Kontraktion ist. Deren Lipschitz-Konstante wird minimal für $\theta := (1+h^2L^2)^{-1}$:

$$q = \big\{(1-\theta)^2 + \theta^2h^2L^2)\big\}^{1/2} = \Big(1 - \frac{1}{1+h^2L^2}\Big)^{1/2} < 1.$$

In diesem Fall konvergiert dann die Fixpunktiteration

$$y^{(k+1)} = G_\theta(y^{(k)}) = y^{(k)} - \theta\big(y^{(k)} - hf(t_n, y^{(k)}) - y_{n-1}\big)$$

gegen die Lösung von (3.2.38), wobei bekanntlich die behauptete a priori Fehlerabschätzung gilt. Q.E.D.

Das implizite Euler-Verfahrens lässt sich für „steife“ AWAn mit semi-monotoner rechter Seite also im Prinzip für beliebige Schrittweite h_n durchführen. Allerdings konvergiert in diesem Fall wegen $h_nL \gg 1$ die einfache Fixpunktiteration (3.2.36) nur sehr langsam.

Wir betrachten daher in diesem Fall als Alternative das Newton-Verfahren zur Lösung der Gleichung (3.2.32) in Form einer „Nullstellengleichung“:

$$g(y_n) := y_n - h_n f(t_n, y_n) - y_{n-1} = 0. \tag{3.2.39}$$

Dieses hat die Gestalt

$$g'(y^{(k)})y^{(k+1)} = g'(y^{(k)})y^{(k)} - g(y^{(k)}), \tag{3.2.40}$$

mit der Newton-Matrix

$$g'(y^{(k)}) := I - h_n f'_x(t_n, y^{(k)}).$$

In der Praxis wird das Newton-Verfahren aber in Form einer „Defektkorrekturiteration“ durchgeführt:

$$g'(y^{(k)})\delta y^{(k)} = -g(y^{(k)}), \quad y^{(k+1)} = y^{(k)} + \delta y^{(k)}. \tag{3.2.41}$$

Wenn $g'(y_n)$ regulär ist und der Startwert $y^{(0)}$ hinreichend nahe bei y_n liegt, konvergieren (unter weiteren Bedingungen an f) die Newton-Iterierten $y^{(k)} \to y_n$ $(k \to \infty)$ quadratisch:

$$\|y^{(k)} - y_n\| \le cq^{(2^k)}, \quad k \ge 1, \tag{3.2.42}$$

mit gewissen Konstanten $c > 0$ und $q \in (0,1)$. Wir wollen die Abhängigkeit dieser Konvergenz von der Lipschitz-Konstante L genauer untersuchen. Dazu benötigen wir Ergebnisse aus der Theorie des Newton-Verfahrens, welche im Folgenden in einem allgemeineren Rahmen entwickelt werden.

Sei $g : \mathbb{R}^d \to \mathbb{R}^d$ eine differenzierbare Abbildung, für die eine Nullstelle x^* gesucht ist. Die Jacobi-Matrix $g'(\cdot)$ sei auf der Niveaumenge

$$D := D_{z^*} := \{x \in \mathbb{R}^d | \, \|g(x)\| \le \|g(z^*)\|\}$$

zu einem (beliebigen) festen Punkt $z^* \in \mathbb{R}^d$ regulär mit gleichmäßig beschränkter Inverser:

$$\|g'(x)^{-1}\| \le \beta, \quad x \in D.$$

Ferner sei $g'(\cdot)$ auf D gleichmäßig L-stetig:

$$\|g'(x) - g'(y)\| \le \gamma \|x - y\|, \quad x, y \in D.$$

Mit diesen Bezeichnungen haben wir den folgenden Satz.

Satz 3.2 (Newton-Kantorovich): *Unter den vorausgehenden Voraussetzungen sei für den Startpunkt $x^{(0)} \in D$ mit $\alpha := \|g'(x^{(0)})^{-1}g(x^{(0)})\|$ die folgende Bedingung erfüllt:*

$$q := \tfrac{1}{2}\alpha\beta\gamma < 1. \tag{3.2.43}$$

Dann erzeugt die Newton-Iteration

$$x^{(k+1)} = x^{(k)} - g'(x^{(k)})^{-1}g(x^{(k)}), \quad k \geq 0,$$

eine Folge $(x^{(k)})_{k\in\mathbb{N}} \subset D$, *welche quadratisch gegen eine Nullstelle* $x^* \in D$ *von* g *konvergiert, wobei die folgende a priori Fehlerabschätzung gilt:*

$$\|x^{(k)} - x^*\| \leq \frac{\alpha}{1 - q^{(2^k)}} q^{(2^k - 1)}, \quad k \geq 1. \tag{3.2.44}$$

Beweis: Zum Startpunkt $x^{(0)} \in D$ gehört die abgeschlossene, nicht leere Niveaumenge

$$D_0 := \{x \in \mathbb{R}^d \,|\, \|g(x)\| \leq \|g(x^{(0)})\|\} \subset D.$$

Wir betrachten die stetige Abbildung $G : D_0 \to \mathbb{R}^d$,

$$G(x) := x - g'(x)^{-1}g(x),$$

welche gerade einen Newton-Schritt ausgehend vom Punkt x beschreibt.

(i) Wir wollen zunächst einige Hilfsresultate ableiten. Für $x \in D_0$ sei

$$x_r := x - rg'(x)^{-1}g(x), \quad r \geq 0.$$

Für die Vektorfunktion $h(r) := g(x_r)$ gilt

$$h'(r) = -g'(x_r)g'(x)^{-1}g(x), \qquad h'(0) = -h(0).$$

Sei $R := \max\{r \in [0,1] \,|\, x_s \in D_0,\ 0 \leq s \leq r\}$. Für $0 \leq r \leq R$ ist dann

$$\begin{aligned}
\|g(x_r)\| - (1-r)\|g(x)\| &\leq \|g(x_r) - (1-r)g(x)\| = \|h(r) - (1-r)h(0)\| \\
&= \Big\| \int_0^r h'(s)\,ds + rh(0) \Big\| = \Big\| \int_0^r \{h'(s) - h'(0)\}\,ds \Big\| \\
&\leq \int_0^r \|h'(s) - h'(0)\|\,ds,
\end{aligned}$$

und ferner wegen $x_s - x = -sg'(x)^{-1}g(x)$:

$$\begin{aligned}
\|h'(s) - h'(0)\| &= \|\{g'(x_s) - g'(x)\}g'(x)^{-1}g(x)\| \\
&\leq \gamma\|x_s - x\|\|g'(x)^{-1}g(x)\| \leq \gamma s\|g'(x)^{-1}g(x)\|^2.
\end{aligned}$$

Dies ergibt

$$\|g(x_r)\| - (1-r)\|g(x)\| \leq \tfrac{1}{2}r^2\gamma\|g'(x)^{-1}g(x)\|^2 \leq \tfrac{1}{2}r^2\gamma\beta\|g'(x)^{-1}g(x)\|\|g(x)\|. \tag{3.2.45}$$

Mit der Größe $\alpha_x := \|g'(x)^{-1}g(x)\|$ folgt

$$\|g(x_r)\| \leq (1 - r + \tfrac{1}{2}r^2\gamma\beta\alpha_x)\|g(x)\|. \tag{3.2.46}$$

(ii) Im Falle $\alpha_x \le \alpha$ gilt dann wegen der Voraussetzung $\frac{1}{2}\alpha\beta\gamma < 1$:

$$\|g(x_r)\| \le (1 - r + r^2)\|g(x)\|.$$

Folglich ist in diesem Fall $R = 1$ und somit $G(x) \in D_0$, d. h.: Der Newton-Schritt bringt uns nicht aus der Menge D_0 heraus. Für solche $x \in D_0$ gilt weiter

$$\begin{aligned}\|G(x) - G^2(x)\| &= \|G(x) - G(x) + g'(G(x))^{-1}g(G(x))\| \\ &\le \|g'(G(x))^{-1}\|\|g(G(x))\| \le \beta\|g(G(x))\|.\end{aligned}$$

Mit Hilfe der Abschätzung (3.2.45) für $r = 1$ folgt weiter bei Beachtung von $G(x) = x_1$:

$$\|G(x) - G^2(x)\| \le \tfrac{1}{2}\beta\gamma\|g'(x)^{-1}g(x)\|^2 = \tfrac{1}{2}\beta\gamma\|x - G(x)\|^2, \qquad (3.2.47)$$

sowie

$$\|g'(G(x))^{-1}g(G(x))\| = \|G(x) - G^2(x)\| \le \tfrac{1}{2}\beta\gamma\|g'(x)^{-1}g(x)\|^2 = \tfrac{1}{2}\beta\gamma\alpha_x^2. \qquad (3.2.48)$$

Für $\alpha_x \le \alpha$ überträgt sich diese Eigenschaft also auch auf $G(x)$, d. h.: $\alpha_{G(x)} \le \alpha$.

(iii) Nach diesen Vorbereitungen kommen wir nun zum Beweis des Satzes. Aus den Vorbetrachtungen ergibt sich, dass für den Startwert $x^{(0)} \in D_0$ mit $\alpha := \|g'(x^{(0)})^{-1}g(x^{(0)})\|$ alle Iterierten des Newton-Verfahrens ebenfalls in D_0 liegen und $\alpha_k := \|g'(x^{(k)})^{-1}g(x^{(k)}\| \le \alpha$ erfüllen. Hiermit erhalten wir

$$\begin{aligned}\|x^{(k+1)} - x^{(k)}\| &= \|G^2(x^{(k-1)}) - G(x^{(k-1)})\| \\ &\le \tfrac{1}{2}\beta\gamma\|G(x^{(k-1)}) - x^{(k-1)}\|^2 = \tfrac{1}{2}\beta\gamma\|x^{(k)} - x^{(k-1)}\|^2,\end{aligned}$$

und bei Iteration dieser Abschätzung:

$$\begin{aligned}\|x^{(k+1)} - x^{(k)}\| &\le \tfrac{1}{2}\beta\gamma\big(\tfrac{1}{2}\beta\gamma\|x^{(k-1)} - x^{(k-2)}\|^2\big)^2 \\ &\le (\tfrac{1}{2}\beta\gamma)^{(2^2-1)}\|x^{(k-1)} - x^{(k-2)}\|^{(2^2)} \\ &\le (\tfrac{1}{2}\beta\gamma)^{(2^2-1)}\big(\tfrac{1}{2}\beta\gamma\|x^{(k-2)} - x^{(k-3)}\|^2\big)^{(2^2)} = (\tfrac{1}{2}\beta\gamma)^{(2^3-1)}\|x^{(k-2)} - x^{(k-3)}\|^{(2^3)}.\end{aligned}$$

Fortsetzung der Iteration bis $k = 0$ ergibt mit $q = \frac{1}{2}\alpha\beta\gamma$:

$$\|x^{(k+1)} - x^{(k)}\| \le (\tfrac{1}{2}\beta\gamma)^{(2^k-1)}\|x^{(1)} - x^{(0)}\|^{(2^k)} \le (\tfrac{1}{2}\beta\gamma)^{(2^k-1)}\alpha^{(2^k)} \le \alpha q^{(2^k-1)}.$$

Für beliebiges $m \in \mathbb{N}$ folgt damit wegen $q < 1$:

$$\begin{aligned}\|x^{(k+m)} - x^{(k)}\| &\le \|x^{(k+m)} - x^{(k+m-1)}\| + \dots + \|x^{(k+2)} - x^{(k+1)}\| + \|x^{(k+1)} - x^{(k)}\| \\ &\le \alpha q^{(2^{k+m-1}-1)} + \dots + \alpha q^{(2^{k+1}-1)} + \alpha q^{(2^k-1)} \\ &\le \alpha q^{(2^k-1)}\big\{(q^{(2^k)})^{(2^{m-2})} + \dots + q^{(2^k)} + 1\big\} \\ &\le \alpha q^{(2^k-1)}\sum_{j=0}^{\infty}(q^{(2^k)})^j \;\le\; \alpha q^{(2^k-1)}\frac{1}{1 - q^{(2^k)}}.\end{aligned}$$

Dies besagt, dass $(x^{(k)})_{k\in\mathbb{N}} \subset D$ eine Cauchy-Folge ist. Deren Limes $x^* \in D$ ist dann notwendig ein Fixpunkt von G bzw. Nullstelle von g:

$$x^* = \lim_{k\to\infty} x^{(k)} = \lim_{k\to\infty} G(x^{(k-1)}) = G(x^*).$$

Durch Grenzübergang $m \to \infty$ erhalten wir auch die Fehlerabschätzung (3.2.44). Q.E.D.

In der obigen Situation des impliziten Euler-Schrittes ist $g(x) := x - hf(t_n, x) - y_{n-1}$ und damit

$$g'(x) = I - hf_x(t_n, x).$$

Aufgrund der angenommenen Semi-Monotonie von $f(t,\cdot)$ gilt

$$\begin{aligned}(g'(x)y, y) &= \|y\|^2 - h(f_x(t_n, x)y, y)\\ &= \|y\|^2 - h\lim_{\varepsilon\to 0}\varepsilon^{-1}(f(t_n, x+\varepsilon y) - f(t_n, x), y) \geq \|y\|^2.\end{aligned} \tag{3.2.49}$$

Daher ist $g'(x)$ regulär, und es folgt unter Verwendung von (3.2.49):

$$\begin{aligned}\|g'(x)^{-1}\|^2 &= \sup_{y\in\mathbb{R}^d\setminus\{0\}} \frac{\|g'(x)^{-1}y\|^2}{\|y\|^2} \leq \sup_{y\in\mathbb{R}^d\setminus\{0\}} \frac{(g'(x)g'(x)^{-1}y, g'(x)^{-1}y)}{\|y\|^2}\\ &\leq \sup_{y\in\mathbb{R}^d\setminus\{0\}} \frac{\|g'(x)^{-1}y\|}{\|y\|} = \|g'(x)^{-1}\|,\end{aligned}$$

bzw. $\|g'(x)^{-1}\| \leq 1$. In diesem Fall haben wir also stets

$$\beta := \sup_{x\in\mathbb{R}^d} \|g'(x)^{-1}\| \leq 1, \quad \alpha \leq \|g(x^{(0)})\| =: \alpha'.$$

Allerdings ist nach wie vor

$$\|g'(x) - g'(y)\| = h\|f_x(t_n, x) - f_x(t_n, y)\| \leq hL'\|x - y\|$$

mit der Lipschitz-Konstante L' von $f_x(t_n,\cdot)$. Dies führt zu folgendem Resultat.

Korollar 3.1 (Newton-Verfahren): *Unter den vorausgehenden Voraussetzungen sei für den Startpunkt $y^{(0)} \in \mathbb{R}^d$ mit $\alpha' := \|y^{(0)} - hf(t_n, y^{(0)}) - y_{n-1}\|$ die folgende Bedingung erfüllt:*

$$q := \tfrac{1}{2}\alpha' hL' < 1. \tag{3.2.50}$$

Dann erzeugt die Newton-Iteration (3.2.40) eine Folge $(y^{(k)})_{k\in\mathbb{N}}$, welche quadratisch gegen y_n konvergiert und es gilt die Fehlerabschätzung

$$\|y^{(k)} - y_n\| \leq \frac{\alpha'}{1 - q^{(2^k)}} q^{(2^k - 1)}, \quad k \geq 1. \tag{3.2.51}$$

Wir sehen, dass das Newton-Verfahren im Fall einer steifen, semi-momotonen AWA zwar für alle Schrittweiten h_n quadratisch konvergiert, aber der Einzugsbereich der Konvergenz proportional zu $(hL')^{-1}$ schrumpft. Da für eine steife AWA im allg. $L \gg 1$ sowie $L' \gg 1$ ist, wird damit das Konvergenzproblem praktisch nur verschoben. Im nächsten Schritt wollen wir versuchen, das Newton-Verfahren zu „globalisieren", d. h. den Einzugsbereich der Konvergenz auf ganz $\mathbb{R}^d$ zu erweitern. Dazu gehen wir wieder in den oben definierten abstrakten Rahmen zurück und betrachten zur Lösung der Gleichung $g(x) = 0$ mit der Abbildung $g : \mathbb{R}^d \to \mathbb{R}^d$ das sog. „gedämpfte" Newton-Verfahren

$$x^{(k+1)} = x^{(k)} - \lambda_k g'(x^{(k)})^{-1} g(x^{(k)}), \quad k \geq 1, \tag{3.2.52}$$

mit Parametern $\lambda_{k-1} \in (0, 1]$. Dafür haben wir folgendes Resultat.

Satz 3.3 (gedämpftes Newton-Verfahren): *Unter den vorausgehenden Voraussetzungen erzeugt für jeden Startpunkt $x^{(0)} \in D$ die gedämpfte Newton-Iteration (3.2.52) mit*

$$\lambda_k := \min\Big\{1, \frac{1}{\alpha_k \beta\gamma}\Big\}, \qquad \alpha_k := \|g'(x^{(k)})^{-1} g(x^{(k)})\|,$$

eine Folge $(x^{(k)})_{k\in\mathbb{N}}$, für welche nach k_* Schritten $q_* := \frac{1}{2}\alpha_{k_*}\beta\gamma < 1$ erfüllt ist, so dass ab dann $x^{(k)}$ quadratisch konvergiert.

Beweis: Wir verwenden wieder die Bezeichnungen aus dem Beweis von Satz 3.2. Für eine Newton-Iterierte $x^{(k)} \in D_0$ gilt mit $\alpha_k := \|g'(x^{(k)})^{-1} g(x^{(k)})\| \leq \alpha$ die Abschätzung

$$\|g(x_r^{(k)})\| \leq (1 - r + \tfrac{1}{2} r^2 \alpha_k \beta\gamma) \|g(x^{(k)})\|, \quad 0 \leq r \leq 1.$$

Man beachte, dass $x_1^{(k)} = x^{(k+1)}$. Für $\frac{1}{2}\alpha_k\beta\gamma < 1$ ist die Hauptvoraussetzung von Satz 3.2 erfüllt, d. h.: Die Folge $(x^{(l)})_{l\geq k}$ konvergiert quadratisch gegen eine Nullstelle von g. Sei nun angenommen, dass $\frac{1}{2}\alpha_k\beta\gamma \geq 1$. Dann wird der Vorfaktor in obiger Abschätzung minimal für

$$r_* = \frac{1}{\alpha_k\beta\gamma} > 0 : \quad 1 - r_* + \tfrac{1}{2} r_*^2 \alpha_k\beta\gamma \;\leq\; 1 - \frac{1}{2\alpha_k\beta\gamma} < 1.$$

Bei Wahl von $r_k := (\alpha_k\beta\gamma)^{-1}$ ist also $(x^{(k)})_{k\in\mathbb{N}} \subset D_0$, und die Norm $\|g(x^{(k)})\|$ fällt streng monoton:

$$\|g(x^{(k+1)})\| \leq \Big(1 - \frac{1}{2\alpha_k\beta\gamma}\Big) \|g(x^{(k)})\|.$$

Nach endlich vielen, $k_* \geq 1$, Iterationsschritten ist dann $\frac{1}{2}\alpha_{k_*}\beta\gamma < 1$, und die quadratische Konvergenz der weiteren Folge $(x^{(k)})_{k\geq k_*}$ folgt wieder aus Satz 3.2. Q.E.D.

Aus Satz 3.3 erhalten wir das folgende Korollar für die vorliegende, spezielle Situation.

Korollar 3.2 (Gedämpftes Newton-Verfahren): *Unter den vorausgehenden Voraussetzungen erzeugt für jeden Startpunkt $y^{(0)} \in \mathbb{R}^d$ die gedämpfte Newton-Iteration*

$$y^{(k+1)} = y^{(k)} - \lambda_k g'(y^{(k)})^{-1} g(y^{(k)}), \quad k \geq 1, \tag{3.2.53}$$

mit

$$\lambda_k := \min\Big\{1, \frac{1}{\alpha'_k hL'}\Big\}, \qquad \alpha'_k := \|y^{(k)} - hf(t_n, y^{(k)}) - y_{n-1}\|$$

eine Folge $(y^{(k)})_{k\in\mathbb{N}}$, für welche nach $k_* \approx |\log(hL')|hL'$ Schritten die Bedingung $q_* := \frac{1}{2}\alpha'_{k_*} hL' < 1$ erfüllt ist, so dass ab dann $y^{(k)}$ quadratisch gegen y_n konvergiert.

Beweis: Aus dem Beweis von Satz 3.3 entnehmen wir die Abschätzung

$$\|g(y^{(k+1)})\| \leq \Big(1 - \frac{1}{2\alpha_k \beta\gamma}\Big)\|g(y^{(k)})\|.$$

Im vorliegenden Fall gilt wegen $\beta = \|g'(x)^{-1}\| \leq 1$:

$$\alpha_k = \|g'(x^{(k)})^{-1} g(x^{(k)})\| \leq \|g(x^{(k)})\| =: \alpha'_k \leq \alpha'_0.$$

Mit $\gamma = hL'$ erhalten wir also

$$1 - \frac{1}{2\alpha_k \beta\gamma} \leq 1 - \frac{1}{2\alpha'_0 hL'} < 1.$$

Die Bedingung $q := \frac{1}{2}\alpha_k\beta\gamma \leq \frac{1}{2}\alpha'_0\beta\gamma < 1$ ist dann erfüllt für

$$\frac{1}{2}\Big(1 - \frac{1}{2\alpha'_0 hL'}\Big)^k \alpha'_0 hL' < 1 \quad \Leftrightarrow \quad \Big(1 - \frac{1}{2\alpha'_0 hL'}\Big)^k < \frac{2}{\alpha'_0 hL'},$$

bzw.

$$k > \frac{|\log(4\sigma)|}{\log(1-\sigma)} \approx |\log(hL')|\, hL', \qquad \sigma := \frac{1}{2\alpha'_0 hL'},$$

wobei $hL' \gg 1$ bzw. $\sigma \ll 1$ angenommen wird. Q.E.D.

Die bisher für das implizite Euler-Verfahren abgeleiteten Resultate basieren im wesentlichen auf der Semi-Monotonie der Funktion $f(t,\cdot)$. Sie lassen sich direkt auf andere, implizite Verfahren übertragen, wenn entsprechend die jeweilige Verfahrensfunktion $F(h;t,z,\cdot)$ semi-monoton ist. Dies ist automatisch der Fall z.B. für die Trapezregel und für die später betrachteten „Rückwärtsdifferenzenformeln" (implizite, lineare Mehrschrittmethoden). I. Allg., nicht-monotonen Fall kommt man um restriktive Bedingungen an die Qualität der Startpunkte $y^{(0)}$ bzw. an die Schrittweiten h_n nicht herum.

3.3 Übungsaufgaben

Aufgabe 3.1: Man gebe die Stabilitätsintervalle der folgenden Einschrittformeln an:

$$
\begin{aligned}
&a) \qquad y_{n+1} = y_n + \tfrac{1}{2}h\big\{f(t_{n+1}, y_{n+1}) + f(t_n, y_n)\big\},\\
&b) \qquad y_{n+1} = y_n + hf\big(t_n + \tfrac{1}{2}h, y_n + \tfrac{1}{2}hf(t_n, y_n)\big),\\
&c) \qquad y_{n+1} = y_n + \tfrac{1}{6}h\big\{2f(t_{n+1}, y_{n+1}) + 4f(t_n, y_n) + hf^{(1)}(t_n, y_n)\big\},
\end{aligned}
$$

wobei $f^{(1)}(t,x) = f'_t(t,x) + f(t,x)f'_x(t,x)$.

Aufgabe 3.2: Aus einer skalaren Differentialgleichung 2-ter Ordnung

$$u''(t) = f(t, u(t), u'(t))$$

mit einer differenzierbaren Funktion $f(t,x,y)$ gewinnt man durch Einführung der Hilfsfunktionen $u_1 := u, u_2 := u'$ ein System von Gleichungen 1-ter Ordnung. Man zeige, dass die Jacobi-Matrix dessen rechter Seite im Falle $\partial_x f \geq 0$ nur reelle Eigenwerte hat. Welche Konsequenzen hat dies für die Approximierbarkeit dieses Problems mit Differenzenformeln?

Aufgabe 3.3: Sei $f(\cdot) : D \subset \mathbb{R}^{d\times d} \to \mathbb{R}^{d\times d}$ eine analytische, d. h. durch eine konvergente Potenzreihe darstellbare, Matrixfunktion:

$$f(A) = \sum_{i=0}^{\infty} a_i A^i.$$

a) Für die Exponentialfunktion $f(A) = e^{-A}$, die Sinusfunktion $f(A) = \sin(A)$ und die Inversenfunktion $f(A) = (I - A)^{-1}$ gebe man die jeweiligen Potenzreihen und deren Konvergenzradien an.

b) Man zeige, dass mit jeder regulären Matrix $Q \in \mathbb{R}^{d\times d}$ gilt:

$$Qf(A)Q^{-1} = f(QAQ^{-1}).$$

Wenn die Argumentation für eine allgemeine, analytische Funktion $f(\cdot)$ zu schwierig erscheint, beschränke man sich auf den Fall einer rationalen Funktion.

Aufgabe 3.4 (Praktische Aufgabe): Man löse die 3-dimensionale, steife AWA

$$u'(t) = Au(t), \quad t \geq 0, \quad u(0) = (1, 0, -1)^T,$$

mit der Systemmatrix

$$A = \begin{pmatrix} -21 & 19 & -20 \\ 19 & -21 & 20 \\ 40 & -40 & -40 \end{pmatrix}$$

und der Lösung

$$\begin{aligned} u_1(t) &= \frac{1}{2}e^{-2t} + \frac{1}{2}e^{-40t}\{\cos(40t) + \sin(40t)\}, \\ u_2(t) &= \frac{1}{2}e^{-2t} - \frac{1}{2}e^{-40t}\{\cos(40t) + \sin(40t)\}, \\ u_3(t) &= -e^{-40t}\{\cos(40t) - \sin(40t)\} \end{aligned}$$

mit Hilfe

a) des klassischen (expliziten) Runge-Kutta-Verfahrens 4. Ordnung,

b) der (impliziten) Trapezregel 2. Ordnung (mit „direkter" Gleichungssystemlösung durch Gauß-Elimination)

Zu berechnen ist der Vektor $u(2) \in \mathbb{R}^3$ auf 10 Dezimalstellen. Man versuche, in beiden Fällen möglichst sparsam zu arbeiten. Mit welchem Verfahren lässt sich diese Aufgabe (mit äquidistanter Schrittweite) am effizientesten, d. h. in geringster Zeit, lösen?

Aufgabe 3.5: Jede der im Text betrachteten Einschrittmethoden nimmt angewendet auf ein lineares (autonomes) System $u'(t) = Au(t)$ die Form $y_n = g(hA)y_{n-1}$ an, mit einer rationalen Funktion $g(\cdot)$, d. h. es gibt Polynome q, p, so dass

$$g(hA) = q(hA)^{-1}p(hA).$$

a) Man zeige, dass im Fall einer symmetrischen Matrix A die Darstellung

$$g(hA) = Qg(hD)Q^T$$

gilt, mit einer *orthogonalen* Matrix Q und $D = \operatorname{diag}(\lambda_i)$, $\lambda_1, \cdots, \lambda_n$ Eigenwerte von A. (Hinweis: Symmetrische Matrizen besitzen ein Orthonormalsystem von Eigenvektoren.)

b) Für den Fall, dass die Matrix A symmetrisch ist, zeige man weiterhin bzgl. der euklidischen Norm die Abschätzung

$$\|y_n\| \leq \max_{1\leq i\leq d} |g(h\lambda_i)|^n \, \|y_0\|$$

mit den Eigenwerten λ_i von A.

c) Man bestimme mit Hilfe von (b) die maximale Schrittweite h, für die das „klassische" 4-stufige Runge-Kutta-Verfahren das System

$$u'(t) = -10u(t) + 9v(t), \quad v'(t) = 9u(t) - 10v(t)$$

noch numerisch stabil integriert.

Aufgabe 3.6: Man beweise, dass die Trapezregel

$$y_n = y_{n-1} + \tfrac{1}{2}h_n\{f(t_n, y_n) + f(t_{n-1}, y_{n-1})\}$$

A-stabil ist, d. h.: Ihr Stabilitätsgebiet enthält die negative komplexe Halbebene. Genauer gilt sogar

$$SG = \{z \in \mathbb{C} \,|\, \mathrm{Re} z \le 0\}.$$

(Hinweis: Die Beziehung $SI = \{z \in \mathbb{R} \,|\, z \le 0\}$ ist evident. Die stärkere Aussage für das ganze Stabilitätsgebiet SG kann man durch direkte Rechnung ableiten.)

Aufgabe 3.7: Man zeige, dass die semi-implizite Runge-Kutta-Formel 2-ter Ordnung

$$y_n = y_{n-1} + \tfrac{1}{2}h\{k_1 + k_2\}, \quad k_1 = f(t_{n-1}, y_{n-1}), \quad k_2 = f(t_n, y_{n-1} + \tfrac{1}{2}hk_1 + \tfrac{1}{2}hk_2),$$

A-stabil ist. Man vergleiche den Rechenaufwand (pro Zeitschritt) für diese Methode mit dem für die gleichfalls A-stabile Trapezregel, wenn zur Auflösung der impliziten Gleichungen das Newton-Verfahren verwendet wird.

Aufgabe 3.8 (Praktische Aufgabe): a) Man berechne eine Näherungslösung für die AWA

$$\begin{aligned} u'(t) &= -50u(t) + 49v(t), \quad u(0) = 1, \\ v'(t) &= 49u(t) - 50v(t), \quad v(0) = 1, \end{aligned}$$

mit Hilfe der Trapezregel

$$y_n = y_{n-1} + \tfrac{1}{2}h\{f(t_n, y_n) + f(t_{n-1}, y_{n-1})\}$$

sowie der modifizierten Euler-Formel

$$y_n = y_{n-1} + hf\big(t_{n-1} + \tfrac{1}{2}h, y_{n-1} + \tfrac{1}{2}hf(t_{n-1}, y_{n-1})\big)$$

für die (konstanten) Schrittweiten $h = 2^{-i}, i = 1, \dots, 8$. Man vergleiche die berechneten Werte zum Zeitpunkt $t = 3$ mit dem Wert $u(3)$ der exakten Lösung. Dazu berechne man entweder die exakte Lösung analytisch oder erzeuge einen sehr genauen Referenzwert durch Rechnung mit der feinen Gitterweite $h = 2^{-10}$.

b) Man berechne die Lösung mit einem relativen Fehler kleiner als 10^{-3} mit Hilfe einer geeignet erscheinenden Methode aus dem Text (mit äquidistanter Schrittweite). Dabei soll der numerische Aufwand (Zahl der Auswertungen der Funktion f) möglichst gering sein.

Aufgabe 3.9: Für zweimal stetig differenzierbare Abbildungen $g: D \subset \mathbb{R}^d \to \mathbb{R}^d$ mit invertierbarer Jacobi-Matrix $g'(\cdot)$ konvergiert das Newton-Verfahren lokal quadratisch gegen eine Nullstelle x^*. Man zeige, dass es für (nur) stetig differenzierbare Abbildungen immer noch „super-linear" konvergiert,

$$\frac{\|x^k - x^*\|}{\|x^{k-1} - x^*\|} \to 0 \quad (k \to \infty);$$

es ist also i. Allg. asymptotisch schneller als die einfache Fixpunktiteration. Zur Vereinfachung nehme man an, dass g auf ganz $\mathbb{R}^d$ definiert ist und dort die geforderten Eigenschaften besitzt. Ferner darf die Existenz einer Nullstelle x^* von $g(\cdot)$ angenommen werden.

Aufgabe 3.10: Die im Text entwickelte Theorie des Newton-Verfahrens basiert auf der Annahme der Semi-Monotonie der rechten Seite $f(t, \cdot)$ in der Differentialgleichung bzw. der Verfahrensfunktion $F(h; t, x, \cdot)$ bzgl. des „impliziten" Arguments:

$$-\big(f(t, y_1) - f(t, y_2), y_1 - y_2\big) \geq 0, \quad y_1, y_2 \in \mathbb{R}^d.$$

a) Man untersuche die Anwendbarkeit dieser Resultate zur Lösung der impliziten Gleichungssysteme bei Verwendung des semi-impliziten Runge-Kutta-Verfahrens

$$y_n = y_{n-1} + \tfrac{1}{2}h\{k_1 + k_2\}, \quad k_1 = f(t_{n-1}, y_{n-1}), \;\; k_2 = f(t_n, y_{n-1} + \tfrac{1}{2}hk_1 + \tfrac{1}{2}hk_2)$$

bei angenommener Semi-Monotonie und zweimaligen Differenzierbarkeit von $f(t, \cdot)$.

b) Wie sieht es im Fall eines diagonal-impliziten Runge-Kutta-Verfahrens höherer Ordnung aus?

c) Ist zu erwarten, dass solch ein Ergebnis auch für voll implizite Runge-Kutta-Verfahren gültig bleibt, d. h. Semi-Monotonie des zu lösenden Rd-dimensionalen, nichtlinearen Gleichungssystems?

Aufgabe 3.11: Für die Newton-Iteration zur Lösung der nichtlinearen Gleichungen bei der Durchführung des impliziten Euler-Verfahrens ist im Text die Schrittweitenstrategie

$$\lambda_k = \min\Big(1, \frac{1}{\alpha_k hL}\Big), \quad \alpha_k := \|g'(y^{(k)})^{-1}g(y^{(k)})\|,$$

entwickelt worden. Man entwickle unter analogen Voraussetzungen wie im Text eine entsprechende Strategie für die Newton-Iteration bei dem semi-impliziten Runge-Kutta-Verfahren aus Aufgabe 7.2:

$$y_n = y_{n-1} + \frac{1}{2}h\{k_1 + k_2\}, \quad k_1 = f(t_{n-1}, y_{n-1}), \;\; k_2 = f(t_n, y_{n-1} + \tfrac{1}{2}hk_1 + \tfrac{1}{2}hk_2).$$

Aufgabe 3.12 (Praktische Aufgabe): Man approximiere die (globale) Lösung der 2-dimensionalen AWA

$$\begin{aligned} u_1'(t) &= \sin(u_1(t))\sin(u_2(t)), \quad t \geq 0, \quad u_1(0) = 3, \\ u_2'(t) &= \sin(u_1(t))\sin(u_2(t)), \quad t \geq 0, \quad u_2(0) = 4, \end{aligned}$$

mit Hilfe der Trapezregel

$$y_n = y_{n-1} + \tfrac{1}{2}h\big\{f(t_n, y_n) + f(t_{n-1}, y_{n-1})\big\}$$

mit äquidistanten Schrittweiten $h = 2^{-i}$, $i = 4, \dots, 10$. Die in jedem Zeitschritt auftretenden nichtlinearen Gleichungssysteme werden mit dem Newton-Verfahren (ohne Dämpfung) gelöst. Die Lösung konvergiert für $t \to \infty$ gegen einen konstanten Vektor; dessen Wert soll bestimmt werden.

4 Lineare Mehrschrittmethoden

Die bisher betrachteten Differenzenformeln waren alle *Einschrittformeln*, d. h.: Bei ihnen wird der Wert y_n jeweils allein aus dem vorausgehenden y_{n-1} berechnet. Formeln, bei denen dazu auf die R vorausgehenden Werte $y_{n-1}, \dots, y_{n-R}$ zurückgegriffen wird, heißen „Mehrschrittformeln" bzw. „R-Schrittformeln". Für lineare Mehrschrittmethoden schreiben wir im folgenden kurz LMM. Zur Durchführung einer solchen Methode benötigt man Startwerte $y_0, \dots, y_{R-1}$, die etwa durch eine vorgeschaltete Einschrittmethode ausreichend hoher Ordnung berechnet werden. Der Mehrschrittansatz bietet im im Gegensatz zu den Einschrittformeln den Vorteil der leichten Konstruktion von Formeln beliebig hoher Ordnung und einer recht einfachen Verfahrensstruktur. Zur Vereinfachung der Notation beschränken wir uns im folgenden auf die Betrachtung von äquidistanten Zeitgittern $\{t_n = t_0 + nh,\ n \ge 0\}$. In der Praxis müssen natürlich auch variable Schrittweiten zugelassen werden, was bei Mehrschrittformeln aber gewisse technische Schwierigkeiten mit sich bringt (s. unten die diesbezügliche Bemerkung im Zusammenhang mit der Schrittweitensteuerung).

4.1 Konstruktion linearer Mehrschrittformeln

Mehrschrittformeln lassen sich z. B. durch numerische Integration erzeugen. Die Lösung u der AWA genügt der Integralbeziehung

$$u(t_n) = u(t_{n-\sigma}) + \int_{t_{n-\sigma}}^{t_n} f(s, u(s))\, ds\,,$$

für festes $\sigma \in \mathbb{N}$. Das Integral auf der rechten Seite wird durch eine Quadraturformel approximiert. Dazu wird die Funktion $f(t, u(t))$ durch ein Polynom $p_m(t)$ vom Grade m in den Gitterpunkten $t_{k-\mu},\ 0 \le \mu \le m$, interpoliert: $p_m(t_{k-\mu}) = f(t_{k-\mu}, u(t_{k-\mu}))$, $0 \le \mu \le m$. In der Lagrange-Darstellung ist dieses Polynom gegeben durch

$$p_m(t) = \sum_{\mu=0}^{m} f(t_{k-\mu}, u(t_{k-\mu}))\, L_\mu^{(m)}(t)\,, \qquad L_\mu^{(m)}(t) = \prod_{l=0, l\neq\mu}^{m} \frac{t - t_{k-l}}{t_{k-\mu} - t_{k-l}}\,,$$

und der Interpolationsfehler hat die Darstellung

$$f(t, u(t)) - p_m(t) = \frac{L(t)}{(m+1)!}\, f^{(m+1)}(\xi_t, u(\xi_t)) = \frac{L(t)}{(m+1)!}\, u^{(m+2)}(\xi_t)\,,$$

mit einer Zwischenstelle $\xi_t \in [t_{k-m}, t_k]$ und

$$L(t) = \prod_{l=0}^{m} (t - t_{k-l})\xi_t\,.$$

Damit erhalten wir die Beziehung

$$u(t_n) = u(t_{n-\sigma}) + \sum_{\mu=0}^{m} f(t_{k-\mu}, u(t_{k-\mu})) \int_{t_{n-\sigma}}^{t_n} L_\mu^{(m)}(s)\,ds + O(h^{m+2})\,.$$

Durch Wahl von $\sigma \in \mathbb{N}$ und $k \in \{n-\sigma, \dots, n\}$ ergeben sich daraus auf einem äquidistanten Gitter die folgenden *linearen* Mehrschrittformeln:

$$y_n = y_{n-\sigma} + h \sum_{\mu=0}^{m} \beta_\mu\, f_{k-\mu}, \quad n \geq k\,,$$

mit den Abkürzungen $f_n = f(t_n, y_n)$ und

$$\beta_\mu = h^{-1} \int_{t_{n-\sigma}}^{t_n} L_\mu^{(m)}(t)\,dt$$

Beispiele: Durch numerische Integration gewonnene LMM

1. *Adams*[1]*-Bashforth*[2]*-Formeln:* $\sigma = 1,\, k = n-1$ (explizit)

$$y_n = y_{n-1} + \sum_{\mu=0}^{m} \underbrace{f(t_{n-1-\mu}, y_{n-1-\mu})}_{f_{n-1-\mu}} \int_{t_{n-1}}^{t_n} L_\mu^{(m)}(t)\,dt\,, \quad n \geq m+1.$$

$$\begin{aligned}
m = 0: &\quad y_n = y_{n-1} + hf_{n-1} \qquad \text{Polygonzugmethode)}\\
m = 1: &\quad y_n = y_{n-1} + \tfrac{1}{2}h\{3f_{n-1} - f_{n-2}\}\\
m = 2: &\quad y_n = y_{n-1} + \tfrac{1}{12}h\{23f_{n-1} - 16f_{n-2} + 5f_{n-3}\}\\
m = 3: &\quad y_n = y_{n-1} + \tfrac{1}{24}h\{55f_{n-1} - 59f_{n-2} + 37f_{n-3} - 9f_{n-4}\}.
\end{aligned}$$

2. *Adams-Moulton*[3]*-Formeln:* $\sigma = 1,\, k = n$ (implizit)

$$y_n = y_{n-1} + \sum_{\mu=0}^{m} f_{n-\mu} \int_{t_{n-1}}^{t_n} L_\mu^{(m)}(t)\,dt\,, \quad n \geq m\,.$$

[1]John Couch Adams (1819–1892): Englischer Mathematiker und Astronom; Professor in Cambridge; bekannt u. a. für die theoretische Vorhersage der Existenz des Planeten Neptun auf Basis beobachteter Störungen der Umlaufbahn von Uranus.

[2]Francis Bashforth (1819–1912): Englischer angewandter Mathematiker; zeitweise Professor an der Royal Military Academy, Woolwich; arbeitete u. a. über Fragen der Ballistik und Oberflächenspannung; er verwendete die nach ihm benannten Adams-Bashforth-Methoden zusammen mit Adams 1983 bei der Untersuchung der Tropfenbildung.

[3]Forest Ray Moulton (1872–1952): US-Amerikanischer Astronom; wirkte an der University of Chicago; Modelle zur Planetenentstehung; schlug die Verwendung von Paaren expliziter und impliziter LMM im Rahmen eines Prädiktor-Korrektor-Verfahrens vor; nach ihm benannt sind neben den „AdamsMoulton-Methoden" auch noch der „Moulton-Mondkrater" und die „Moulton-Ebene" in Geometrie.

$$m = 0: \quad y_n = y_{n-1} + hf_n \qquad \text{(implizite Euler-Methode)}$$
$$m = 1: \quad y_n = y_{n-1} + \tfrac{1}{2}h\,\{f_n + f_{n-1}\} \qquad \text{(Trapezregel)}$$
$$m = 2: \quad y_n = y_{n-1} + \tfrac{1}{12}h\,\{5f_n + 8f_{n-1} - f_{n-2}\}$$
$$m = 3: \quad y_n = y_{n-1} + \tfrac{1}{24}h\,\{9f_n + 19f_{n-1} - 5f_{n-2} + f_{n-3}\}.$$

3. *Nyström[4]-Formeln:* $\sigma = 2,\ k = n-1$ (explizit)

$$y_n = y_{n-2} + \sum_{\mu=0}^{m} f_{n-1-\mu} \int_{t_{n-2}}^{t_n} L_\mu^{(m)}(t)\,dt\,, \qquad n \geq m\,.$$

$$m = 0: \quad y_n = y_{n-2} + 2hf_{n-1} \qquad \text{(Mittelpunktsregel)}$$

4. *Milne[5]-Simpson[6]-Formeln:* $\sigma = 2,\ k = n$ (implizit)

$$y_n = y_{n-2} + \sum_{\mu=0}^{m} f_{n-\mu} \int_{t_{n-2}}^{t_n} L_\mu^{(m)}(t)\,dt\,, \qquad n \geq m\,.$$

$$m = 2: \quad y_n = y_{n-2} + \tfrac{1}{3}h\,\{f_n + 4f_{n-1} + f_{n-2}\} \qquad \text{(Simpson-Regel).}$$

Weitere Mehrschrittformeln lassen sich mit Hilfe der numerischen Differentiation gewinnen. In der Differentialgleichung $u'(t) = f(t, u(t))$ wird $u(t)$ durch das Interpolationspolynom $p_m(t)$ m-ter Ordnung zu den Funktionswerten $p_m(t_{k-\mu}) = u(t_{k-\mu})\,, 0 \leq \mu \leq m\,,$ ersetzt. Mit Hilfe der Darstellung des Interpolationsfehlers, angewendet für $u(t)$,

$$u(t) - p_m(t) = \frac{L(t)}{(m+1)!}\,u^{(m+1)}(\xi_t)\,, \qquad \xi_t \in [t_{k-m}, t_k]\,,$$

ergibt sich

$$\sum_{\mu=0}^{m} L_\mu^{(m)\prime}(t_n)\,u(t_{k-\mu}) = f(t_n, u(t_n)) + O(h^{m+1})\,.$$

Für $t_k = t_n$ erhält man z. B. die impliziten „Rückwärtsdifferenzenformeln“ (BDF-Methoden)

$$\sum_{\mu=0}^{m} L_\mu^{(m)\prime}(t_n)\,y_{n-\mu} = f_n\,, \qquad n \geq m\,.$$

---

[4]Evert Johannes Nyström (1895–1960): Finnischer angewandter Mathematiker; Schüler von Lindelöf; Professor an der TU Helsinki; numerische Methoden für Integralgleichungen.

[5]William Edmund Milne (1905–1981): US-Amerikanischer Mathematiker; Professor an der Oregon State University; Pionier der Numerischen Mathematik.

[6]Thomas Simpson (1710–1761): Englischer Mathematiker; lehrte Mathematik an der Royal Military Academy, Woolwich, und war Mitglied der Royal Society of London; veröffentlichte eine Reihe von Lehrbücher; die nach im benannte „Milne“-Regel war bereits 100 Jahre vor ihm bekannt, wurde aber wohl durch seine Bücher verbreitet.

Beispiele: Durch numerische Differentiation gewonnene LMM (sog „Rückwärtsdifferenzen-Formeln" („BDF" = „backward differencing formulas"))

$$m = 1: \quad y_n - y_{n-1} = hf_n \qquad \textit{implizite Euler-Formel}$$

$$m = 2: \quad y_n - \tfrac{4}{3}y_{n-1} + \tfrac{1}{3}y_{n-2} = \tfrac{2}{3}hf_n$$

$$m = 3: \quad y_n - \tfrac{18}{11}y_{n-1} + \tfrac{9}{11}y_{n-2} - \tfrac{2}{11}y_{n-3} = \tfrac{6}{11}hf_n$$

$$m = 4: \quad y_n - \tfrac{48}{25}y_{n-1} + \tfrac{36}{11}y_{n-2} - \tfrac{16}{11}y_{n-3} + \tfrac{3}{11}y_{n-4} = \tfrac{12}{11}hf_n$$

Durch Kombination der bisher angegebenen Differenzenformeln lassen sich fast beliebig viele weitere konstruieren. Die allgemeine Form einer linearen R-Schritt-Formel ist

$$\sum_{r=0}^{R} \alpha_{R-r}y_{n-r} = h\sum_{r=0}^{R} \beta_{R-r}f_{n-r}, \quad f_m = f(t_m, y_m), \tag{4.1.1}$$

mit Konstanten $\alpha_R = 1$ (Normalisierungskonvention; alternativ $\sum_{r=0}^{R} \beta_r = 1$) und $|\alpha_0| + |\beta_0| \neq 0$. Im Falle $\beta_R = 0$ ist die Formel *explizit*, sonst *implizit*.

Bemerkung 4.1: i) Die oben angegebenen Mehrschrittformeln lassen sich ohne Schwierigkeiten auch auf Systeme von gewöhnlichen Differentialgleichungen anwenden. Dabei sind lediglich y_n und $f_n = f(t_n, y_n)$ als Vektoren zu verstehen; die Koeffizienten bleiben dieselben. Zur Anwendung einer impliziten Formel ist in diesem Fall in jedem Zeitschritt ein d-dimensionales System nichtlinearer algebraischer Gleichungen zu lösen.

ii) Die Verwendung äquidistant verteilter Interpolationspunkte bei der Konstruktion der LMM ist nicht zwingend. Man kann diese auch für nicht äquidistante Verteilungen erzeugen, was dann natürlich zu schrittweiten-abhängigen Koeffizienten führt, wodurch Notation und Konvergenzanalyse erschwert werden. Solche „nicht-äquidistante" LMM finden wegen ihrer größeren Flexibilität, insbesondere in Verbindung mit adaptiver Zeitschrittwahl, in der Praxis Verwendung. Die allgemeine LMM zu variablen Schrittweiten hat dann die Gestalt

$$\sum_{r=0}^{R} \alpha^n_{R-r}y_{n-r} = h_n\sum_{r=0}^{R} \beta^n_{R-r}f_{n-r}, \quad f_m = f(t_m, y_m), \tag{4.1.2}$$

mit Koeeffizienten, die vom jeweiligen Auswertungspunkt t_n und den verwendeten variierenden Schrittweiten h_{n-r} abhängen.

4.2 Stabilität und Konvergenz

Den *lokalen Diskretisierungsfehler* (Abschneidefehler) der LMM erhält man analog wie bei den Einschrittverfahren durch Einsetzen der exakten Lösung in die Differenzengleichung:

$$\tau^h_n = \tau^h(t_n) := h^{-1}\sum_{r=0}^{R} \alpha_{R-r}u_{n-r} - \sum_{r=0}^{R} \beta_{R-r}f(t_{n-r}, u_{n-r}),$$

mit der abgekürzten Schreibweise $u_n = u(t_n)$. Der Abschneidefehler wird auch „lokaler Diskretisierungsfehler“ genannt. Dies ist gerechtfertigt aufgrund der folgenden Aussage:

Hilfssatz 4.1 (Lokaler Diskretisierungsfehler): *Unter der Annahme exakter Startwerte $y_{n-r} = u_{n-r}$ $(r=1,...R)$ gilt für eine allgemeine LMM die Beziehung*

$$u_n - y_n = \{I - \mathcal{O}(h|\beta_R|L)\}h\tau_n^h. \tag{4.2.3}$$

Für eine explizite LMM, d. h. für $\beta_R = 0$, gilt demnach sogar:

$$u_n - y_n = h\tau_n^h. \tag{4.2.4}$$

Beweis: Für den Fehler $e_n := u_n - y_n$ gilt aufgrund der Annahme $e_{n-r} = 0$ $(r=1,...,R)$ und bei Beachtung von $\alpha_R = 1$:

$$h\,\tau_n^h = e_n - h\beta_R\{f(t_n,u_n) - f(t_n,y_n)\}.$$

Mit der Lipschitz-Konstante L von $f(t,\cdot)$ folgt daher

$$\|h\,\tau_n^h - e_n\| \le h|\beta_R|L\,\|e_n\|,$$

was die behauptete Beziehung impliziert. Q.E.D.

Definition 4.1 (Konsistenz): *Die LMM heißt „konsistent“ (mit der AWA), wenn*

$$\max_{t_n\in I}\|\tau_n^h\| \to 0 \qquad (h\to 0),$$

und „von der Ordnung $p > 0$“, wenn für hinreichend glatte Lösung u gilt

$$\max_{t_n\in I}\|\tau_n^h\| = O(h^p).$$

Hilfssatz 4.2 (Abschneidefehler): *Der lokale Diskretisierungsfehler einer LMM besitzt für eine analytische Lösung $u(t)$ die Darstellung*

$$\tau^h(t) = h^{-1}\sum_{i=0}^{\infty} C_i\,h^i u^{(i)}(t) \tag{4.2.5}$$

mit den Koeffizienten $C_0 = \sum_{r=0}^{R}\alpha_{R-r}$ und $(0! := 1, 0^0 := 1)$

$$C_i = (-1)^i\Big\{\frac{1}{i!}\sum_{r=0}^{R} r^i\alpha_{R-r} + \frac{1}{(i-1)!}\sum_{r=0}^{R} r^{i-1}\beta_{R-r}\Big\}, \quad i\in\mathbb{N}. \tag{4.2.6}$$

Beweis: Entwicklung von $u_{n-r} = u(t_n - rh)$ und $f_{n-r} = f(t_n - rh, u(t_n - rh)) = u'(t_n - rh)$ um $h = 0$ ergibt

$$u(t_n - rh) = \sum_{i=0}^{\infty} \frac{(-rh)^i}{i!} u^{(i)}(t_n), \qquad u'(t_n - rh) = \sum_{i=0}^{\infty} \frac{(-rh)^i}{i!} u^{(i+1)}(t_n).$$

Wir setzen dies in die Definition von $\tau_n^h = \tau^h(t_n)$ ein und ordnen nach Potenzen von h:

$$\begin{aligned}
\tau_n^h &= h^{-1} \sum_{r=0}^{R} \alpha_{R-r} u_{n-r} - \sum_{r=0}^{R} \beta_{R-r} f(t_{n-r}, u_{n-r}) \\
&= h^{-1} \sum_{r=0}^{R} \alpha_{R-r} \sum_{i=0}^{\infty} \frac{(-rh)^i}{i!} u^{(i)}(t_n) - \sum_{r=0}^{R} \beta_{R-r} \sum_{i=0}^{\infty} \frac{(-rh)^i}{i!} u^{(i+1)}(t_n) \\
&= h^{-1} \sum_{i=0}^{\infty} (-1)^i \sum_{r=0}^{R} \alpha_{R-r} \frac{r^i h^i}{i!} u^{(i)}(t_n) - h^{-1} \sum_{i=1}^{\infty} (-1)^{i-1} \sum_{r=0}^{R} \beta_{R-r} \frac{r^{i-1} h^i}{(i-1)!} u^{(i)}(t_n) \\
&= h^{-1} \Big\{ \sum_{r=0}^{R} \alpha_{R-r} \Big\} u(t_n) + h^{-1} \sum_{i=1}^{\infty} (-1)^i \Big\{ \frac{1}{i!} \sum_{r=0}^{R} r^i \alpha_{R-r} + \frac{1}{(i-1)!} \sum_{r=0}^{R} r^{i-1} \beta_{R-r} \Big\} h^i u^{(i)}(t_n).
\end{aligned}$$

Koeffizientenvergleich ergibt also für $i = 0$ und $i \geq 1$:

$$C_0 = \sum_{r=0}^{R} \alpha_{R-r}, \quad C_i = (-1)^i \Big\{ \frac{1}{i!} \sum_{r=0}^{R} r^i \alpha_{R-r} + \frac{1}{(i-1)!} \sum_{r=0}^{R} r^{i-1} \beta_{R-r} \Big\}.$$

Q.E.D.

Korollar 4.1 (Konsistenzordnung): *Eine LMM ist genau dann konsistent (mit jeder AWA), wenn gilt*

$$\sum_{r=0}^{R} \alpha_{R-r} = 0, \qquad \sum_{r=0}^{R} r\alpha_{R-r} + \sum_{r=0}^{R} \beta_{R-r} = 0, \tag{4.2.7}$$

und von der (genauen) Ordnung p*, wenn gilt*

$$C_0 = \ldots = C_p = 0, \qquad C_{p+1} \neq 0. \tag{4.2.8}$$

Beweis: Mit Hilfe der Darstellung (4.2.5) impliziert die Konvergenz $\tau^h(t) \to 0$ notwendig, dass $C_0 = C_1 = 0$. Dies ist gleichbedeutend mit (4.2.7). Für eine LMM der Ordnung p muss außerdem noch (4.2.8) erfüllt sein. Q.E.D.

Der führende Koeffizient C_{p+1} in der Entwicklung (4.2.5) für eine LMM p-ter Ordnung wird als ihre „Fehlerkonstante“ bezeichnet. Die Beziehungen (4.2.5), (4.2.6) können zur Konstruktion von LMM vorgegebener Ordnung und Struktur benutzt werden.

Beispiel 4.1: *Die allgemeine lineare 2-Schrittmethode hat die freien Parameter*

$$\alpha_0,\ \alpha_1,\ \beta_0,\ \beta_1,\ \beta_2\ (\alpha_2 = 1).$$

Mit $\alpha := \alpha_0$ *ergibt sich somit:*

$$\begin{aligned}
C_0 &= 1 + \alpha_1 + \alpha \\
C_1 &= -(\alpha_1 + 2\alpha) - (\beta_2 + \beta_1 + \beta_0) \\
C_2 &= \tfrac{1}{2}(\alpha_1 + 4\alpha) + (\beta_1 + 2\beta_0) \\
C_3 &= -\tfrac{1}{6}(\alpha_1 + 8\alpha) - \tfrac{1}{2}(\beta_1 + 4\beta_0) \\
C_4 &= \tfrac{1}{24}(\alpha_1 + 16\alpha) + \tfrac{1}{6}(\beta_1 + 8\beta_0) \\
C_5 &= \tfrac{1}{120}(\alpha_1 + 32\alpha) - \tfrac{1}{24}(\beta_1 + 16\beta_0) \\
&\vdots
\end{aligned}$$

Zur Konstruktion von Formeln mindestens dritter Ordnung erzwingen die Bedingungen $C_0 = \ldots = C_3 = 0$, *dass*

$$\alpha_1 = -1 - \alpha\,, \beta_0 = -\tfrac{1}{12}\,(1 + 5\alpha)\,, \quad \beta_1 = \tfrac{2}{3}\,(1 - \alpha)\,, \quad \beta_2 = \tfrac{1}{12}\,(5 + \alpha)\,.$$

Die allgemeine 2-Schrittmethode (mindestens) dritter Ordnung hat also die Form

$$y_n - (1 + \alpha)y_{n-1} + \alpha y_{n-2} = \tfrac{1}{12}h\,[(5 + \alpha)\,f_n + 8\,(1 - \alpha)\,f_{n-1} - (1 + 5\alpha)\,f_{n-2}]\,.$$

Ferner gilt: $\quad C_4 = -\frac{1}{4!}\,(1 + \alpha)\,, \quad C_5 = -\frac{1}{3\cdot 5!}\,(17 + 13\alpha)\,.$

(i) $\alpha = -1$: *Es wird* $C_4 = 0\,(C_5 \neq 0)$, *d. h.: Die Methode ist von der Ordnung* $p = 4$ *:*

$$y_n = y_{n-2} + \tfrac{1}{3}h\,[f_n + 4f_{n-1} + f_{n-2}] \qquad \textit{(Simpson-Formel).}$$

(ii) $\alpha \neq -1$: *Es wird* $C_4 \neq 0$, *d. h.: Die Methode ist von der Ordnung* $p = 3$. *Für* $\alpha = 0$ *erhalten wir die 2-stufige implizite Adams-Moulton-Formel:*

$$y_n = y_{n-1} + \tfrac{1}{12}h\,[5f_n + 8f_{n-1} - f_{n-2}]\,.$$

(iii) Für $\alpha = -5$ *wird die Methode explizit*

$$y_n + 4y_{n-1} - 5y_{n-2} = h[4f_{n-1} + 2f_{n-2}]\,.$$

Diese explizite Formel dritter Ordnung scheint für die praktische Realisierung besonders attraktiv zu sein, da sie mit nur 2 Funktionsauswertungen pro Zeitschritt auskommt. Dies wäre wichtig bei Verwendung von adaptiv gesteuerter variabler Schrittweite, wobei unter Umständen fehlende Startwerte zusätzlich berechnet werden müssen. Die expliziten Einschrittverfahren dritter Ordnung erfordern mindestens drei Funktionsauswertungen pro Zeitschritt. Bei ihrer Anwendung auf die (monotone) AWA

$$u'(t) = -u(t), \quad t \geq 0\,, \quad u(0) = 1,$$

mit der Lösung $u(t) = e^{-t}$ findet man bei 9-stelliger Rechnung und Verwendung der exakten Startwerte $y_0 = 1, y_1 = e^{-h}$ (bis auf Maschinengenauigkeit), für den Näherungswert $y_N \sim e^{-1} = 0.3678\ldots$ die in Tablle 4.1 angegebenen Werte.

Tabelle 4.1: Demonstration der Nichtkonvergenz einer LMM

h	y_N	$h = 0.05$	
0.2	$0.398\ldots$	y_{10}	$0.252 \cdot 10^0$
0.1	$-0.677\ldots 10^1$	y_{11}	$0.240 \cdot 10^1$
0.05	$-0.465\ldots 10^7$	y_{12}	$-0.884 \cdot 10^1$
0.025	$-0.290\ldots 10^{18}$	y_{13}	$-0.489 \cdot 10^2$
		y_{14}	$-0.248 \cdot 10^3$
		y_{15}	$0.128 \cdot 10^4$
		y_{16}	$-0.661 \cdot 10^4$
		y_{17}	$0.340 \cdot 10^5$
		y_{18}	$-0.175 \cdot 10^6$
		y_{19}	$0.904 \cdot 10^6$
		y_{20}	$-0.465 \cdot 10^7$

Im Gegensatz zu den Einschrittmethoden, welche die Lipschitz-Bedingung (L_h) erfüllen, ist für LMM die Konsistenz offenbar allein noch nicht hinreichend für ihre Konvergenz.

Definition 4.2 (Konvergenz): *Eine LMM heißt „konvergent", wenn für jede AWA gilt*

$$\max_{0\le n\le N} \|y_n - u(t_n)\| \to 0 \quad (h \to 0)\,,$$

vorausgesetzt die Startwerte $y_0, \ldots, y_{R-1}$ *konvergieren,*

$$\max_{0\le n\le R-1} \|y_n - u_0\| \to 0 \quad (h \to 0)\,.$$

Definition 4.3 (Charakteristische Polynome): *Für die LMM wird definiert*

(i) *„erstes charakteristisches Polynom":* $\rho(\lambda) = \sum_{r=0}^R \alpha_r \lambda^r\,,$

(ii) *„zweites charakteristisches Polynom":* $\sigma(\lambda) = \sum_{r=0}^R \beta_r \lambda^r\,.$

Gemäß Hilfssatz 4.1 ist die Konsistenz einer LMM äquivalent mit den Beziehungen

$$\rho(1) = 0\,, \quad \rho'(1) = \sigma(1)\,.$$

Hilfssatz 4.3 (Wurzelbedingung): *Für eine konvergente LMM gilt für die Wurzeln $\lambda_i \in \mathbb{C}$ des ersten charakteristischen Polynoms $\rho(\lambda)$ notwendig:*

$$|\lambda_i| \le 1\,, \quad \textit{falls } \lambda_i \textit{ einfach}, \qquad |\lambda_i| < 1\,, \quad \textit{falls } \lambda_i \textit{ mehrfach}.$$

Beweis: Betrachte die triviale Anfangswertaufgabe $u'(t) = 0$, $u(0) = 0$, mit der Lösung $u \equiv 0$. Die LMM hat dafür die Gestalt

$$\sum_{r=0}^{R} \alpha_{R-r} y_{n-r} = 0\,. \tag{4.2.9}$$

Für die Lösung dieser linearen Differenzengleichung machen wir den Ansatz $y_n = \lambda^n$, so dass

$$\lambda^{n-R} \sum_{r=0}^{R} \alpha_r \lambda^r = \lambda^{n-R} \rho(\lambda) \stackrel{!}{=} 0\,.$$

Die Wurzeln von $\rho(\lambda)$ erzeugen also durch $y_n = \lambda_i^n$ Lösungen von (4.2.9). Im Falle einer mehrfachen Wurzel λ_i von $\rho(\lambda)$ ist auch durch $y_n = n\lambda_i^n$ eine Lösung von (4.2.9) gegeben, da

$$\sum_{r=0}^{R} \alpha_{R-r}(n-r)\lambda_i^{n-r} = n\lambda_i^{n-R}\rho(\lambda_i) - \lambda_i^{n+1-R}\rho'(\lambda_i) = 0\,.$$

Seien nun o.B.d.A. λ_1 eine einfache und λ_2 eine mehrfache Nullstelle von $\rho(\lambda)$. Dann ist durch

$$y_n = h(\lambda_1^n + n\lambda_2^n)$$

sicher eine Lösung von (4.2.9) gegeben mit der speziellen Eigenschaft

$$y_n \to 0 \qquad (h \to 0)\,, \qquad n = 0, \dots, R-1\,.$$

Aufgrund der angenommenen Konvergenz der LMM muss dann auch gelten

$$y_n = h(\lambda_1^n + n\lambda_2^n) \to 0 \qquad (h \to 0\,, \quad t_n = t, \text{ fest})\,.$$

Nun ist $t = t_n = nh$, d. h.:

$$\frac{1}{n}\lambda_1^n + \lambda_2^n \to 0 \qquad (n \to \infty)\,.$$

Dies impliziert $|\lambda_1| \le 1$ und $|\lambda_2| < 1$. Q.E.D.

Definition 4.4 (Null-Stabilität): *Eine LMM heißt „null-stabil“, wenn keine Nullstelle des ersten charakteristischen Polynoms $\rho(\lambda)$ einen Betrag größer als eins hat, und wenn alle Nullstellen mit Betrag eins einfach sind.*

Die obige explizite 2-Schrittformel ist nicht null-stabil, denn ihr erstes charakteristisches Polynom

$$\rho(\lambda) = \lambda^2 + 4\lambda - 5$$

hat die Nullstellen

$$\lambda_1 = 1\,, \quad \lambda_2 = -5\,.$$

Dies erklärt ihre offensichtliche Divergenz für $h \to 0$.

Wir betrachten nun das gestörte Mehrschrittverfahren

$$\begin{aligned} \tilde{y}_n &= y_n + \rho_n\,, \qquad n = 0, \ldots, R-1\,, \\ \sum_{r=0}^{R} \alpha_{R-r}\, \tilde{y}_{n-r} &= h \sum_{r=0}^{R} \beta_{R-r}\, f(t_{n-r}, \tilde{y}_{n-r}) + \rho_n\,, \quad n \geq R. \end{aligned} \tag{4.2.10}$$

Sei L wieder die globale Lipschitz-Konstante der Funktion $f(t,x)$. Unter der Bedingung $h < 1/(L|\beta_R|)$ (im Falle $\beta_R \neq 0$) sind die Werte $\tilde{y}_n$, $n \geq 0$, durch (4.2.10) eindeutig bestimmt (Anwendung des Banachschen Fixpunktsatzes).

Satz 4.1 (Stabilitätssatz): *Die AWA genüge der globalen Lipschitz-Bedingung, und die LMM sei null-stabil. Dann gilt unter der Voraussetzung $h < 1/(L|\beta_R|)$ (im Falle $\beta_R \neq 0$) für je zwei Lösungen $\{y_n\}$ und $\{\tilde{y}_n\}$ von (4.1.1) bzw. (4.2.10) die Abschätzung*

$$\|\tilde{y}_n - y_n\| \leq K\, e^{\Gamma(t_n - t_0)} \Big\{ \max_{0 \leq \nu \leq R-1} \|\rho_\nu\| + \sum_{\nu=R}^{n} \|\rho_\nu\| \Big\}, \quad n \geq R. \tag{4.2.11}$$

Die Konstanten K und Γ sind bestimmt durch die Lipschitz-Konstante L und die Koeffizienten α_r, β_r; für $h\,L|\beta_R| \to 1$ gehen $K, \Gamma \to \infty$.

Beweis: Wir führen den Beweis nur für den skalaren Fall $(d = 1)$. Die Differenzen $e_n = \tilde{y}_n - y_n$ genügen den Beziehungen $e_n = \rho_n$, für $n=0, \ldots, R-1$, und für $n \geq R$:

$$\begin{aligned} e_n = &- \sum_{r=1}^{R} \alpha_{R-r}\, e_{n-r} + h\beta_R \big\{ f(t_n, \tilde{y}_n) - f(t_n, y_n) \big\} + \\ &+ \underbrace{h \sum_{r=1}^{R} \beta_{R-r} \big\{ f(t_{n-r}, \tilde{y}_{n-r}) - f(t_{n-r}, y_{n-r}) \big\} + \rho_n}_{=:\, b_n} \quad . \end{aligned}$$

Wir definieren

$$\sigma_n := \begin{cases} \dfrac{f(t_n, \tilde{y}_n) - f(t_n, y_n)}{e_n}, & e_n \neq 0\,, \\ 0 & , \; e_n = 0\,. \end{cases}$$

Damit gilt dann $|\sigma_n| \leq L$ und

$$(1 - h\beta_R \sigma_n)\, e_n = - \sum_{r=1}^{R} \alpha_{R-r}\, e_{n-r} + b_n. \quad n \geq R\,.$$

Diese Beziehung ergibt zusammen mit den trivialen Gleichungen

$$(1 - h\beta_R\sigma_{n-r})\, e_{n-r} = (1 - h\beta_R\sigma_{n-r})\, e_{n-r}\,, \qquad r = 1, \dots, R\,,$$

eine rekursive Folge von Gleichungssystemen

$$D_n E_n = C_n\, A\, E_{n-1} + B_{n-1}\,, \qquad n \geq 1\,,$$

für die $(R+1)$-Tupel

$$E_n = (e_n, e_{n-R}, \dots, e_{n-1})^T \in \mathbb{R}^{R+1}\,.$$

Dabei ist $B_n = (0, \dots, 0, b_n)^T \in \mathbb{R}^{R+1}$, und die $(R+1) \times (R+1)$-Matrizen D_n, C_n und A sind definiert wie folgt:

$$D_n = \begin{bmatrix} 0 & 1 - h\beta_R\sigma_{n-R} & 0 \\ & \ddots & \ddots \\ 0 & & 1 - h\beta_R\sigma_{n-1} \\ 1 - h\beta_R\sigma_n & 0 & 0 \end{bmatrix}, \quad C_n = \begin{bmatrix} 1 - h\beta_R\sigma_{n-R} & & 0 \\ & \ddots & \\ 0 & & 1 - h\beta_R\sigma_{n-1} \\ 0 & & 1 \end{bmatrix},$$

$$A = \begin{bmatrix} 0 & 1 & & 0 \\ & \ddots & \ddots & \\ & & 0 & 1 \\ 0 - \alpha_0 & & & -\alpha_{R-1} \end{bmatrix}.$$

Aufgrund der Voraussetzung $h < 1/L|\beta_R|$ sind die Matrizen D_n invertierbar, und es gilt folglich

$$E_n = D_n^{-1}\{C_n\, A\, E_{n-1} + B_{n-1}\}\,, \qquad n \geq 1\,.$$

Die Matrix A hat das charakteristische Polynom (Entwicklung nach der letzten Zeile)

$$\chi_A(\lambda) = (-1)^{R+1}\,(0 + \alpha_0 + \alpha_1\lambda + \ldots + \alpha_{R-1}\lambda^{R-1} + \lambda^R)\lambda = (-1)^R\rho(\lambda)\lambda.$$

Aufgrund der vorausgesetzten Null-Stabilität der LMM gibt es nun gemäß Hilfssatz 4.4 (s. unten) eine natürliche Matrizennorm $\|\cdot\|_0$, so dass

$$\|A\|_0 = \operatorname{spr}(A) \leq 1\,.$$

Die erzeugende Vektornorm sei gleichfalls mit $\|\cdot\|_0$ bezeichnet. Damit erhalten wir die Normabschätzung

$$\|E_n\|_0 \leq \|D_n^{-1}\|_0\,\{\|C_n\|_0\|E_{n-1}\|_0 + \|B_{n-1}\|_0\}.$$

Wegen der Äquivalenz aller Normen auf dem $\mathbb{R}^{R+1}$ gilt mit einer Konstante $\gamma > 0$

$$\gamma^{-1}\,\|z\|_0 \leq \sum_{\nu=0}^{R} |z_\nu| \leq \gamma\,\|z\|_0 \qquad \forall\, z \in \mathbb{R}^{R+1}.$$

Damit wird nun abgeschätzt:

$$\begin{aligned}|b_n| &\le h\beta\, L\sum_{r=1}^{R}|e_{n-r}| + |\rho_n|\\ &\le h\beta\, L\,\gamma\|E_n\|_0 + |\rho_n|\end{aligned}$$

mit $\beta := \max_{r=0,\dots,R-1}|\beta_r|$, und folglich:

$$\|B_n\|_0 \le \gamma|b_n| \le h\beta\, L\gamma^2\|E_n\|_0 + \gamma|\rho_n|\,.$$

Weiter gilt aufgrund der Identität

$$\frac{1}{1-a} = 1 + \frac{a}{1-a}, \qquad |a| < 1,$$

die Darstellung

$$D_n^{-1} = P_n^{-1}\Big(I + \sum_n\Big), \qquad \sum_n := \operatorname{diag}_{r=0,\dots,R-1}\Big(\frac{h\beta_R\,\sigma_{n-r}}{1-h\beta_R\sigma_{n-r}}\Big),$$

mit einer Permutationsmatrix P_n. Es ist also ($\|P_n\|_0 = 1$)

$$\begin{aligned}\|D_n^{-1}\|_0 &\le 1 + \|\sum_n\|_0 \le 1 + \gamma^2\max_{r=0,\dots,R-1}\Big\{\Big|\frac{h\beta_R\,\sigma_{n-r}}{1-h\beta_R\sigma_{n-r}}\Big|\Big\}\\ &\le 1 + h\,\frac{\gamma^2\,|\beta_R|L}{1-h|\beta_R|L}\,.\end{aligned}$$

Auf analoge Weise erhalten wir

$$\|C_n\|_0 \le 1 + h|\beta_R|L\,\gamma^2\,.$$

Kombination aller dieser Abschätzungen ergibt nun

$$\begin{aligned}\|E_n\|_0 &\le \Big(1 + h\,\frac{\gamma^2|\beta_R|L}{1-h|\beta_R|L}\Big)\big\{(1 + h|\beta_R|L\,\gamma^2)\,\|E_{n-1}\|_0 +\\ &\quad + h\,\beta\,L\,\gamma^2\,\|E_{n-1}\|_0 + \gamma|\rho_n|\,\big\}\\ &\le \|E_{n-1}\|_0 + h\,\Gamma\,\|E_{n-1}\|_0 + \Lambda\,|\rho_n|\end{aligned}$$

mit den Konstanten

$$\begin{aligned}\Gamma &= \frac{\gamma^2|\beta_R|L}{1-h|\beta_R|L}\,(1 + h\gamma^2\,|\beta_R|L) + \gamma^2\,L\,(|\beta_R| + \beta)\,,\\ \Lambda &= \gamma\Big(1 + h\,\frac{\gamma^2|\beta_R|L}{1-h|\beta_R|L}\Big).\end{aligned}$$

Durch rekursive Anwendung dieser Ungleichung für $n, n-1, \dots, 0$ erhalten wir

$$\|E_n\|_0 \le \Gamma\sum_{\nu=0}^{n-1} h\,\|E_\nu\|_0 + \|E_0\|_0 + \Lambda\sum_{\nu=1}^{n}|\rho_\nu|\,.$$

Hierauf lässt sich nun das diskrete Gronwallsche Lemma anwenden mit dem Resultat

$$\|E_n\|_0 \le e^{\Gamma(t_n-t_0)}\Big\{\|E_0\|_0 + \Lambda \sum_{\nu=1}^{n} |\rho_\nu|\Big\}.$$

Dies impliziert dann schließlich mit $K = \gamma \max\{\gamma, \Lambda\}$:

$$|e_n| \le K\, e^{\Gamma(t_n-t_0)}\Big\{\max_{\nu=0,\dots,R-1} |\rho_\nu| + \sum_{\nu=R}^{n} |\rho_\nu|\Big\}.$$

Q.E.D.

Hilfssatz 4.4 (Spektralradius): *Zu jeder Matrix $A \in \mathbb{R}^{m\times m}$ gibt es für jedes $\varepsilon > 0$ eine natürliche Matrizennorm $\|\cdot\|_{A,\varepsilon}$, so dass für den Spektralradius $\operatorname{spr}(A)$ gilt:*

$$\operatorname{spr}(A) \le \|A\|_{A,\varepsilon} \le \operatorname{spr}(A) + \varepsilon\,. \tag{4.2.12}$$

Ist jeder Eigenwert von A mit $|\lambda| = \operatorname{spr}(A)$ nur einfache Nullstelle des charakteristischen Polynoms $\chi_A(z) = \det(A - zI)$, so existiert sogar eine natürliche Matrizennorm $\|\cdot\|_{A,0}$, so dass

$$\operatorname{spr}(A) = \|A\|_{A,0}\,. \tag{4.2.13}$$

Beweis: Die Matrix B ist ähnlich zu einer Dreiecksmatrix

$$B = T^{-1}RT\,, \qquad R = \begin{bmatrix} r_{11} & \cdots & r_{1n} \\ & \ddots & \vdots \\ 0 & & r_{nn} \end{bmatrix},$$

mit den Eigenwerten von B auf der Hauptdiagonalen, d. h.:

$$\operatorname{spr}(B) = \max_{1\le i\le n} |r_{ii}|\,.$$

Für ein beliebiges $\delta \in (0,1]$ setzen wir

$$S_\delta = \begin{bmatrix} 1 & & & 0 \\ & \delta & & \\ & & \ddots & \\ 0 & & & \delta^{n-1} \end{bmatrix}, \qquad R_0 = \begin{bmatrix} r_{11} & & 0 \\ & \ddots & \\ 0 & & r_{nn} \end{bmatrix},$$

$$Q_\delta = \begin{bmatrix} 0 & r_{12} & \delta r_{13} & \cdots & \delta^{n-2} r_{1n} \\ & \ddots & \ddots & \ddots & \vdots \\ & & \ddots & \ddots & \delta r_{n-2,n} \\ & & & \ddots & r_{n-1,n} \\ & & & & 0 \end{bmatrix},$$

und haben damit

$$R_\delta := S_\delta^{-1} R S_\delta = \begin{bmatrix} r_{11} & \delta r_{12} & \cdots & \delta^{n-1} r_{1n} \\ & \ddots & \ddots & \vdots \\ & & \ddots & \delta r_{n-1,n} \\ 0 & & & r_{nn} \end{bmatrix} = R_0 + \delta Q_\delta .$$

Wegen der Regularität von $S_\delta^{-1} T$ wird durch

$$\|x\|_\delta := \|S_\delta^{-1} T x\|_2 , \quad x \in \mathbb{R}^n ,$$

eine Vektornorm erklärt. Dann ist wegen $R = S_\delta R_\delta S_\delta^{-1}$:

$$B = T^{-1} R T = T^{-1} S_\delta R_\delta S_\delta^{-1} T$$

für alle $x \in \mathbb{R}^n$ und $y = S_\delta^{-1} T x$:

$$\begin{aligned} \|Bx\|_\delta &= \|T^{-1} S_\delta R_\delta S_\delta^{-1} T x\|_\delta = \|R_\delta y\|_2 \\ &\le \|R_0 y\|_2 + \delta \|Q_\delta y\|_2 \le \{\max_{1\le i\le n} |r_{ii}| + \delta\mu\} \, \|y\|_2 \\ &\le \{\operatorname{spr}(B) + \delta\mu\} \|x\|_\delta \end{aligned}$$

mit der Konstanten

$$\mu = \Big(\sum_{i,j=1}^{n} |r_{ij}|^2 \Big)^{1/2} .$$

Also ist

$$\sup_{x \in \mathbb{R}^n \setminus \{0\}} \frac{\|Bx\|_\delta}{\|x\|_\delta} \le \operatorname{spr}(B) + \mu\delta ,$$

und die Behauptung folgt mit $\delta = \varepsilon/\mu$. Q.E.D.

Wie bei den Einschrittverfahren führt uns der Stabilitätssatz nun auch zu einem allgemeinen Konvergenzresultat für LMM.

Satz 4.2 (Konvergenzsatz): *Die AWA genüge der globalen Lipschitz-Bedingung, und die LMM sei null-stabil. Unter den Bedingungen*

$$h < \frac{1}{|\beta_R| L} \qquad (\textit{im Falle } \beta_R \neq 0), \tag{4.2.14}$$

$$\delta_h := \max_{0 \le n \le R-1} \|y_n - u(t_n)\| \to 0 \quad (h \to 0) \tag{4.2.15}$$

ist dann ihre Konsistenz hinreichend für die Konvergenz

$$\max_{0 \le n \le N} \|y_n - u(t_n)\| \to 0 \quad (h \to 0) .$$

und es gilt die a priori Fehlerabschätzung

$$\|y_n - u(t_n)\| \le K \, e^{\Gamma(t_n - t_0)} \big\{ \delta_h + (t_n - t_0) \max_{R \le \nu \le n} \|\tau_\nu^h\| \big\} \tag{4.2.16}$$

mit den Konstanten K, Γ aus Satz 4.1.

Beweis: Die exakte Lösung $u(t)$ genügt der „gestörten“ Differenzengleichung

$$u_n = y_n + (u_n - y_n)\,, \quad n = 0, \dots, R-1\,,$$

$$\sum_{r=0}^{R} \alpha_{R-r}\, u_{n-r} = h \sum_{r=0}^{R} \beta_{R-r}\, f(t_{n-r}, u_{n-r}) + h\tau_n\,, \quad n \geq R\,,$$

wobei $u_n := u(t_n)$ gesetzt ist. Der Stabilitätssatz 4.1 liefert also für $h < 1/(|\beta_R|L)$,:

$$\|u_n - y_n\| \leq K\, e^{\Gamma(t_n - t_0)} \Big\{ \max_{\nu=0,\dots,R-1} \|u_\nu - y_\nu\| + h \sum_{\nu=R}^{n} \|\tau_\nu\| \Big\}\,.$$

Q.E.D.

Bei den null-stabilen LMM ist also ebenfalls die *globale* Konvergenzordnung gleich der *lokalen* Konsistenzordnung. Als Anwendung des Konvergenzsatzes haben wir den folgenden Satz:

Satz 4.3 (Konvergenz der Adams-Verfahren): *Die LMMn vom Adams-Bashforth-, Adams-Moulton-, Nyström- und Milne-Simpson-Typ sind konvergent.*

Beweis: Alle diese Formeln wurden konstruiert durch Ansatz einer numerischen Integrationsformel in der Beziehung

$$u(t_n) = u(t_{n-\sigma}) + \int_{t_{n-\sigma}}^{t_n} f(t, u(t))\, dt \sim u(t_{n-\sigma}) + \int_{t_{n-\sigma}}^{t_n} p_m(t)\, dt\,,$$

mit gewissen Interpolationspolynomen $p_m(t)$ zu $f\,(t, u\,(t))$ vom Grad m. Diese Formeln sind exakt, wenn $u\,(t)$ selbst ein Polynom vom Grade $m+1$ ist. Folglich sind diese Methoden mindestens von der Ordnung $m+1$, d. h. insbesondere konsistent. Ihre ersten charakteristischen Polynome $\rho(\lambda)$ haben die Form

$$\rho(\lambda) = \lambda^k - \lambda^{k-1} \quad \text{bzw.} \quad \rho(\lambda) = \lambda^k - \lambda^{k-2}\,.$$

Die Methoden sind also auch null-stabil. Dasselbe gilt auch für die *Rückwartsdifferenzenformeln* bis zur Stufe $R = 6$; ab $R = 7$ geht die Nullstabilität verloren. Q.E.D.

Bei der Konstruktion einer R-Schrittmethode stehen $2R+1$ freie Parameter α_r, β_r, $r = 0, \dots, R$ zur Verfügung, um möglichst viele der Koeffizienten C_i in der Entwicklung des (lokalen) Abschneidefehlers zu Null zu machen $(\alpha_R = 1!)$. Im expliziten Fall sind es $2R$ Parameter. Folglich ist die höchste erzielbare Ordnung $m = 2R$ für eine implizite und $m = 2R-1$ für eine explizite Formel. Für konvergente Formeln besteht jedoch die folgende Beschränkung:

Satz 4.4 (Ordnungsbarriere): *Keine null-stabile R-Schrittmethode kann eine Ordnung $m > R+2$ für R gerade und $m > R+1$ für R ungerade haben. Für explizite R-Schrittmethoden ist die maximale Ordnung $m = R$.*

Beweis: Siehe G. Dahlquist: Convergence and stability in the numerical integration of ordinary differential equations, Math Scand. 4, 33-53 (1956). Q.E.D.

Null-stabile R-Schrittmethoden der Ordnung $m = R+2$ werden als „optimal" bezeichnet. Offenbar ist die Simpson-Formel eine optimale 2-Schrittformel

$$y_n = y_{n-2} + \tfrac{1}{3}h\{f_n + 4f_{n-1} + f_{n-2}\}.$$

4.3 Numerische Stabilität linearer Mehrschrittmethoden

Wir studieren nun die numerischen Stabilitätseigenschaften der allgemeinen LMM

$$\sum_{r=0}^{R} \alpha_{R-r} y_{n-r} = h \sum_{r=0}^{R} \beta_{R-r} f_{n-r} \tag{4.3.17}$$

mit den üblichen Konventionen $\alpha_R = 1$, $|\alpha_0| + |\beta_0| \neq 0$. Anwendung von (4.3.17) auf die Testgleichung $u'(t) = q\,u(t)$ ergibt die Differenzengleichung

$$\sum_{r=0}^{R} [\alpha_{R-r} - h\,q\beta_{R-r}]\, y_{n-r} = 0\,. \tag{4.3.18}$$

Wir haben schon bei der Analyse der Konvergenzfrage für die hier betrachteten Methoden gesehen, dass (4.3.18) gelöst wird durch die Folgen $(\lambda_i^n)_{n\in\mathbb{N}}$ bzw. $(n\lambda_i^n)_{n\in\mathbb{N}}$ mit den einfachen bzw. mehrfachen Wurzeln λ_i des sog. „Stabilitätspolynoms"

$$\pi(\lambda; qh) := \sum_{r=0}^{R} [\alpha_r - qh\beta_r]\, \lambda^r = \rho(\lambda) - qh\sigma(\lambda)\,.$$

Offensichtlich bleibt die Lösung y_n von (4.3.18) nur dann beschränkt, wenn $|\lambda_i| \leq 1$ im Falle einer einfachen Wurzel und $|\lambda_i| < 1$ im Falle einer mehrfachen Wurzel von $\pi(\lambda; qh)$. Dies legt für LMMn die folgende Definition nahe:

Definition 4.5 (Absolute Stabilität): *Eine LMM heißt „absolut stabil" für ein $\bar{h} = qh \neq 0$, wenn für die Wurzeln des Stabilitätspolynoms $\pi(\lambda; qh)$ gilt:*

$$|\lambda_i| \leq 1 \quad \textit{bzw.} \quad |\lambda_i| < 1 \ \textit{im Fall mehrfacher Wurzeln}.$$

Die Menge aller $\bar{h} \in \mathbb{C}$, für welche die LMM absolut stabil ist, wird wieder als ihr „Stabilitätsgebiet" (kurz SG) bezeichnet. Die Konsistenz dieser Definition der absoluten Stabilität für LMMn mit der für Einschrittverfahren wird durch den folgenden Satz sichergestellt:

Satz 4.5 (Lineare Differenzengleichungen): *Die Lösungen der homogenen linearen Differenzengleichung (4.3.18) bilden einen R-dimensionalen Vektorraum. Seien* $\lambda_1, \dots,$ λ_m *(*$m \le R$*) die paarweise verschiedenen Wurzeln des Stabilitätspolynoms* $\pi(\lambda; qh)$ *mit den Vielfachheiten* $\mu_1, \dots, \mu_m$ *. Dann bilden (im Falle* $\alpha_0 - hq\beta_0 \neq 0$ *und* $\alpha_R - hq\beta_R \neq 0$*) die* $R = \sum_{i=1}^m \mu_i$ *Folgen mit den Elementen*

$$\begin{aligned} y_n &= \lambda_i^n \\ y_n &= n\lambda_i^n \\ &\vdots \qquad (i = 1, \dots, m) \\ y_n &= n(n-1)\dots(n-\mu_i+2)\lambda_i^n \end{aligned} \tag{4.3.19}$$

eine Basis des Lösungsraumes.

Beweis: Zur Abkürzung setzen wir $\gamma_r := \alpha_r - qh\beta_r$ und $\pi(\lambda) := \pi(\lambda; qh)$. Die Lösungsmenge der linearen homogenen Differenzengleichung

$$\sum_{r=0}^{R} \gamma_{R-r}\, y_{n-r} = 0$$

ist offensichtlich ein linearer Raum. Zu jedem Satz von Startwerten $\{y_0, \dots, y_{R-1}\}$ ist eindeutig eine Lösung $(y_n)_{n\in\mathbb{N}}$ bestimmt $(\gamma_R \neq 0)$:

$$y_n = -\frac{1}{\gamma_R} \sum_{r=1}^{R} \gamma_{R-r}\, y_{n-r}, \qquad n \ge R.$$

Für ein System $\{(y_n^{(i)})_{n\in\mathbb{N}}\}_{i=1,\dots,m}$ von Lösungen folgt daher aus

$$\sum_{i=1}^{m} c_i\, y_k^{(i)} = 0, \quad k=0,\dots,R-1,$$

notwendig auch

$$\sum_{i=1}^{m} c_i\, y_n^{(i)} = 0 \quad \forall n \ge 0.$$

Ein System $\{(y_n^{(i)})_{n\in\mathbb{N}}\}_{i=1,\dots,m}$ von Lösungen ist also genau dann linear unabhängig, wenn es die Startwerte sind:

$$\sum_{i=1}^{m} c_i\, y_k^{(i)} = 0 \quad (k=0,\dots,R-1) \Rightarrow c_i = 0 \quad (i=1,\dots,m).$$

Folglich ist die Dimension des Lösungsraumes genau R. Wir zeigen nun zunächst, dass die obigen Folgen $(y_n)_{n\in\mathbb{N}}$ Lösungen sind. Wegen $\gamma_0 \neq 0$ ist $\lambda = 0$ keine Wurzel von $\pi(\lambda)$. Sei nun λ eine Wurzel der Vielfachheit μ ; diese ist dann auch μ-fache Wurzel von $p(\lambda) := \lambda^n \pi(\lambda)$. Folglich gilt

$$p^{(j)}(\lambda) = 0, \quad 0 \le j \le \mu-1,$$

$$\sum_{r=0}^{R} \gamma_{R-r}\lambda^{n-r} = 0$$

$$\sum_{r=0}^{R} \gamma_{R-r}(n-r)\lambda^{n-r-1} = 0$$

$$\vdots$$

$$\sum_{r=0}^{R} \gamma_{R-r}(n-r)\dots(n-r-\mu+2)\lambda^{n-r-\mu+1} = 0.$$

Dies impliziert, wie wir bereits gesehen haben, dass die μ Folgen $(\lambda^n)_{n\in\mathbb{N}}$, $(n\lambda^n)_{n\in\mathbb{N}}, \dots,$ $(n(n-1)\dots(n-\mu+2)\lambda^n)_{n\in\mathbb{N}}$ Lösungen der Differenzengleichung sind. Es bleibt nun zu zeigen, dass die Startwerte der obigen R Folgen linear unabhängig sind. Dies ist aber äquivalent damit, dass die Matrix

$$M = \begin{pmatrix} y_0^{(1)} & \cdots & y_{R-1}^{(1)} \\ \vdots & & \vdots \\ y_0^{(R)} & \cdots & y_{R-1}^{(R)} \end{pmatrix}$$

regulär ist, d. h.

$$det(M) = \prod_{i,j=1}^{m} (\lambda_i - \lambda_j)^{\mu_i+\mu_j} \prod_{i=1}^{m} (\mu_i - 1)!! \neq 0\,,$$

wobei $0!! := 1$ und $k!! := k! \cdot (k-1)! \cdot \ldots \cdot 1!$. Q.E.D.

Bei der Untersuchung der numerischen Stabilität der Einschrittverfahren brauchten wir uns nur um <u>einen</u> Wachstumsparameter λ_1, d. h. um <u>eine</u> Nullstelle des Stabilitätspolynoms, zu kümmern. z. B. war das Stabilitätsgebiet der Taylor-Formeln sowie der entsprechenden Runge-Kutta-Formeln R-ter Stufe und Ordnung bestimmt durch

$$|\lambda_1| = |1 + qh + \frac{1}{2}(qh)^2 + \ldots + \frac{1}{R!}(qh)^R| < 1\,.$$

Bei den LMM ist das Auffinden des Stabilitätsgebietes wesentlich aufwendiger, da nun alle R Wurzeln des Stabilitätspolynoms $\pi(\lambda; qh) = \rho(\lambda) - qh\sigma(\lambda)$ untersucht werden müssen.

Es ist intuitiv klar, dass LMMn mit Wurzeln $\lambda_i(0)\,(i = 2, \dots, R)$ des ersten charakteristischen Polynoms, welche weit im Innern des Einheitskreises liegen (z. B. die Adams-Moulton-Formeln mit $\lambda_i(0) = 0, i = 2, \dots, R$) ein verhältnismäßig großes Stabilitätsgebiet haben sollten. Auf der anderen Seite wird das Stabilitätsgebiet von Formeln, deren Nullstellen $\lambda_i(0)$ nahe am Rande des Einheitskreises liegen, klein sein. Tatsächlich gilt:

Satz 4.6: *Eine optimale LMM, d. h. null-stabile R-Schrittmethode der Ordnung* $m = R+2$, *hat ein triviales Stabilitätsgebiet* $SG = \{0\}$.

Beweis: Siehe G.Dahlquist: Stability and error bounds in the numerical integration of ordinary differential equations; Trans.Roy.Inst.Technol., Stockholm, Nr. 130 (1959), und P. Henrici [9; S. 275 f.]. Q.E.D.

Beispiel 4.2: *(a) Simpson-Regel:*

$$y_n - y_{n-2} = \tfrac{1}{3}h\,[f_n + 4f_{n-1} + f_{n-2}]$$

$$\rho(\lambda) = \lambda^2 - 1 \qquad \sigma(\lambda) = \tfrac{1}{3}\,(\lambda^2 + 4\lambda + 1)$$
$$\pi(\lambda;\bar h) = (1 - \tfrac{1}{3}\bar h)\,\lambda^2 - \tfrac{4}{3}\bar h\lambda - (1 + \tfrac{1}{3}\bar h)\,.$$

Hier und besonders bei Methoden höherer Ordnung ist es kaum praktikabel, λ_i in Abhängigkeit von $\bar h$ explizit anzugeben. Dagegen können gewisse Informationen durch Betrachtung von $O(\bar h)$-Approximationen von λ_i gewonnen werden. Die beiden Wurzeln von $\rho(\lambda)$ sind $\lambda_1(0) = 1$ und $\lambda_2(0) = -1$. Wir machen also den Ansatz $\lambda_1(\bar h) = 1 + \gamma_1\bar h + O(\bar h^2)$ und $\lambda_2(\bar h) = -1 + \gamma_2\bar h + O(\bar h^2)$. Nach Einsetzen in $\pi(\lambda;\bar h) = 0$ erhalten wir durch Koeffizientenvergleich, dass notwendig $\gamma_1 = 1$ und $\gamma_2 = \frac{1}{3}$, und folglich

$$\lambda_1 = 1 + \bar h + O(\bar h^2)\,, \qquad \lambda_2 = -1 + \tfrac{1}{3}\bar h + O(\bar h^2)\,.$$

Für hinreichend kleines $\bar h$ kann der $O(\bar h^2)$-Term vernachlässigt werden, und wir finden

$$\lambda_1 \sim 1 + \bar h < 1\,, \qquad \lambda_2 \sim -1 + \tfrac{1}{3}\bar h < -1\,.$$

Für $q \in \mathbb{R}$ und kleines (positives) h ist die Simpson-Methode also numerisch instabil. Dasselbe gilt, wie man leicht nachrechnet (Übungsaufgabe) auch für die Mittelpunktsregel.

(b) Adams-Moulton-Formel $(R = 3)$*:*

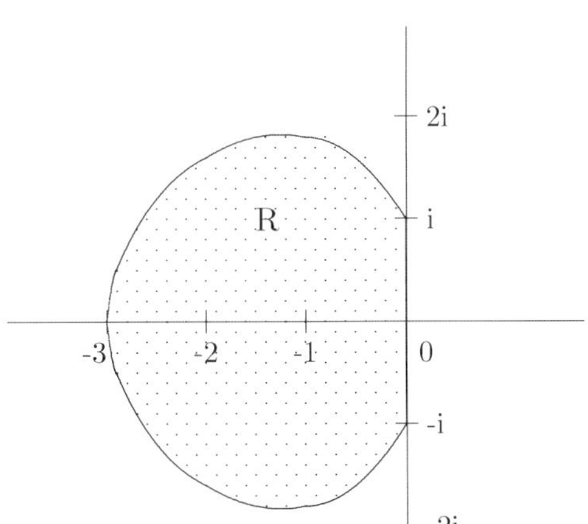

Abbildung 4.1: Stabilitätsgebiet der Adams-Moulton-Formel 3. Ordnung

(c) Stabilitätsintervalle $(\alpha, 0)$ *der Adams-Bashforth- und Adams-Moulton-Formeln:*

Adams-Bashforth (explizit)				
R	1	2	3	4
m	1	2	3	4
C_{m+1}	$\frac{1}{2}$	$\frac{5}{12}$	$\frac{3}{8}$	$\frac{251}{720}$
α	-2	-1	$-\frac{6}{11}$	$-\frac{3}{10}$

Adams-Moulton (implizit)				
R	1	2	3	4
m	2	3	4	5
C_{m+1}	$-\frac{1}{12}$	$-\frac{1}{24}$	$-\frac{19}{720}$	$-\frac{3}{160}$
α	$-\infty$	-6	-3	$-\frac{90}{49}$

Zur Integration steifer AWA sollten Methoden verwendet werden, die möglichst große negative Werte von $Re\,\bar{h}$ in ihrem Stabilitätsgebiet enthalten. Leider bedeutet die Forderung der A-Stabilität eine starke Einschränkung bei der Wahl der möglichen Methode.

Satz 4.7 (A-stabile LMMn): *Es gelten die folgenden Aussagen:*

1. *Eine explizite LMM kann nicht A-stabil sein.*
2. *Die Ordnung einer A-stabilen impliziten LMM kann nicht größer als* $p = 2$ *sein.*
3. *Die A-stabile implizite LMM der Ordnung* $p = 2$ *mit kleinster Fehlerkonstante ist die Trapezregel* $y_n - y_{n-1} = \frac{1}{2}h(f_n + f_{n-1})$.

Beweis: Siehe G.Dahlquist: A special stability problem for linear multistep methods. BIT 3, 27-43 (1963). Q.E.D.

Wegen der Ordnungsbegrenzung A-stabiler Methoden hat man folgenden abgeschwächten Stabilitätsbegriff eingeführt.

Definition 4.6 (A(α)-Stabilität): *Eine LMM heißt „A(α)-stabil“,* $\alpha \in (0, \frac{\pi}{2})$, *wenn ihr Gebiet absoluter Stabilität den unendlichen Sektor* $\{-\alpha \leq \pi - \arg(\bar{h}) \leq \alpha\}$ *enthält. Sie heißt „A(0)-stabil“, wenn ihr Stabilitätsintervall die ganze negative reelle Achse enthält.*

Eine A(0)-stabile LMM ist geeignet zur Integration steifer AWA mit *reellen* Eigenwerten der Jacobi-Matrix $f_x(t, u(t))$ (s. Übungsaufgabe).

Satz 4.8 (A(0)-stabile LMM): *Eine explizite LMM kann nicht A(0)-stabil sein. Es existiert nur eine A(0)-stabile R-Schritt-Methode der Ordnung* $p \geq R + 1$, *nämlich die Trapezregel.*

Beweis: Siehe O.B.Widlund: A note on unconditionally stable linear multistep methods. BIT 7, 65-70 (1967). Q.E.D.

Beispiel 4.3: Wir betrachten die allgemeine LMM

$$\sum_{r=0}^{R} \alpha_{R-r}\, y_{n-r} = h \sum_{r=0}^{R} \beta_{R-r}\, f_{n-r}\,.$$

A(α)-Stabiliät erfordert, dass die Wurzeln des Stabilitätspolynoms $\pi(\lambda;\bar{h})$ im Innern des Einheitskreises liegen für reelle $\bar{h}$ mit $\bar{h} \to -\infty$. In diesem Limes gehen die Wurzeln von $\pi(\lambda;\bar{h})$ über in die von $\sigma(\lambda)$. Daher ist es natürlich, $\sigma(\lambda)$ so zu wählen, dass seine Wurzeln im Innern des Einheitskreises liegen, z. B.: $\sigma(\lambda) = \beta_R\lambda^R$. Wir erhalten so die uns schon bekannten Rückwärtsdifferenzenformeln (BDF)

$$\sum_{r=0}^{R} \alpha_{R-r}\, y_{n-r} = h\beta_R\, f_n\,. \tag{4.3.20}$$

Tabelle 4.2: Stabilitätsgebiete der Rückwärtsdifferenzenformeln

R	β_R	α_6	α_5	α_4	α_3	α_2	α_1	α_0	α
1	1						1	-1	90^0
2	$\frac{2}{3}$					1	$-\frac{4}{3}$	$\frac{1}{3}$	90^0
3	$\frac{6}{11}$				1	$-\frac{18}{11}$	$\frac{9}{11}$	$-\frac{2}{11}$	88^0
4	$\frac{12}{25}$			1	$-\frac{48}{25}$	$\frac{36}{25}$	$-\frac{16}{25}$	$\frac{3}{25}$	73^0
5	$\frac{60}{137}$		1	$-\frac{300}{137}$	$\frac{300}{137}$	$-\frac{200}{137}$	$\frac{75}{137}$	$-\frac{12}{137}$	51^0
6	$\frac{60}{147}$	1	$-\frac{360}{147}$	$\frac{450}{147}$	$-\frac{400}{147}$	$\frac{225}{147}$	$-\frac{72}{147}$	$\frac{10}{147}$	18^0

Beispiel 4.4: Die allgemeine 2-Schrittformel 2-ter Ordnung

$$y_n - (1+\alpha)\, y_{n-1} + \alpha y_{n-2} = h\{(\tfrac{1}{2} + \tfrac{\alpha}{2} + \beta)\, f_n + (\tfrac{1}{2} - \tfrac{3}{2}\alpha - 2\beta)\, f_{n-1} + \beta f_{n-2}\}$$

ist null-stabil für $-1 \le \alpha < 1$. Sie ist A-stabil für $\alpha > -1, \beta > -\frac{\alpha}{2}$. Für $\alpha = \frac{1}{3}, \beta = 0$ erhält man die *Rückwärtsdifferenzen-Formel*

$$y_n - \tfrac{4}{3}\, y_{n-1} + \tfrac{1}{3}\, y_{n-2} = \tfrac{2}{3} h\, f_n\,.$$

4.4 Praktische Aspekte

Wir wollen uns nun mit der praktischen Durchführung der Mehrschrittmethoden beschäftigen. Dazu gehört insbesondere wieder eine effektive Schrittweitenkontrolle.

4.4.1 Berechnung von Startwerten

Die Startwerte $y_0, \ldots, y_{R-1}$, kann man z. B. mit einem Einschrittverfahren (meistens vom Runge-Kutta-Typ) generieren. Nach $R-1$ Schritten hat man dabei gemäß (4.2.11) die Fehlerabschätzung (für $y_0 = u(t_0)$)

$$\max_{0 \le \nu \le R-1} \|y_\nu - u(t_\nu)\| \le h \sum_{\nu=0}^{R-1} \|\tau_\nu^h\| e^{LRh} . \tag{4.4.21}$$

Ist das Einschrittverfahren von der Ordnung p^*, so werden die Startwerte $y_0, \ldots, y_{R-1}$, mit der Ordnung p^*+1 berechnet. In Verbindung mit einer LMM der Ordnung p ist also zur Gewährleistung der globalen Fehlerordnung p eine Startprozedur der Ordnung $p-1$ erforderlich. Wegen des geringen Aufwandes für die $R-1$ Schritte dieser Startprozedur verwendet man in der Praxis jedoch meist Methoden der Ordnung $p^* \ge p$, um den Anfangsfehler klein zu halten.

Alternativ wird auch eine sog. „Selbststartprozedur“ verwendet, bei der die Startwerte mit Hilfe von Vertretern derselben Klasse von LMM aufsteigender Ordnung erzeugt werden. Bei der Lösung von potenziell steifen AWAn beginnt man z. B. innerhalb der Familie der Rückwärtsdifferenzenformeln im ersten Schritt mit der implizen Euler-Formel 1. Ordnung und verwendet dann die so vorhandenen zwei Startwerte zur Anwendung der Rückwärtsdifferenzenformel 2. Ordnung und so weiter, bis ausreichend viele Startwerte erzeugt sind. Zur Erreichung einer ausreichenden Genauigkeit der Startprozedur werden die ersten Schritte niedriger Ordnung mit entsprechend kleineren Zeitschrittweiten durchgeführt. Dabei kommen sinnvollerweise LMM zu nicht äquidistanten Schrittweiten zum Einsatz.

4.4.2 Lösung der impliziten Gleichungssysteme

Bei einer impliziten LMM

$$\sum_{r=0}^{R} \alpha_{R-r} y_{n-r} = h \sum_{r=0}^{R} \beta_{R-r} f_{n-r} , \qquad \alpha_R = 1, \beta_R \ne 0 ,$$

ist bei berechneten Werten $y_{n-R}, \ldots, y_{n-1}$, der neue Wert y_n bestimmt als Lösung des (i. Allg, nichtlinearen) Gleichungssystems

$$y_n - h\beta_R f(t_n, y_n) - g_n = 0 \tag{4.4.22}$$

wobei

$$g_n = h \sum_{r=1}^{R} \beta_{R-r} f_{n-r} - \sum_{r=1}^{R} \alpha_{R-r} y_{n-r} .$$

Wir haben schon im Stabilitätssatz 4.1 gesehen, dass dieses Gleichungssystem für

$$h < \frac{1}{L|\beta_R|} \tag{4.4.23}$$

(L die Lipschitz-Konstante von $f(t,x)$) eine eindeutig bestimmte Lösung besitzt. Diese kann man durch eine *Fixpunktiteration*

$$y_n^{(k+1)} = h\beta_R\, f(t_n, y_n^{(k)}) + g_n\,, \qquad k = 0,1,2,\dots,$$

ausgehend vom einem beliebigen Startwert $y_n^{(0)}$ bestimmen. Dabei gilt die Fehlerabschätzung

$$\|y_n^{(k)} - y_n\| \le q^k \|y_n^{(0)} - y_n\| \tag{4.4.24}$$

mit $q = h\,L|\beta_R| < 1$. Im Fall moderater Lipschitz-Konstante $L \sim 1$ bedeutet dies, dass sich die Genauigkeit der Näherung $y_n^{(k)}$ in jedem Iterationsschritt um eine h-Potenz erhöht. Für eine LMM der Ordnung p gilt nach p Iterationsschritten:

$$\|y_n^{(p)} - u_n\| \le \|y_n^{(p)} - y_n\| + \|y_n - u_n\| \le ch^p. \tag{4.4.25}$$

Sinnvollerweise wird die Iteration also nach etwa $p{+}1$ Schritten abgebrochen, da dann i. Allg. bereits das Genauigkeitsniveau des Diskretisierungsfehlers erreicht ist.

Die Bedingung (4.4.23) an die Schrittweite h bedeutet im Falle $L >> 1$ (*steifes* Problem) eine zu starke Einschränkung. Eine Alternative ist, wie schon bei den *impliziten* Einschrittverfahren diskutiert, die *Newton-Iteration*

$$\begin{aligned}[I - h\beta_R\, f_x(t_n, y_n^{(k)})]\, y_n^{(k+1)} = [I - h\beta_R\, f_x(t_n, y_n^{(k)})]\, y_n^{(k)} - y_n^{(k)} + \\ h\beta_R\, f(t_n, y_n^{(k)}) + g_n\,, \qquad k = 0,1,2,\dots,\end{aligned}$$

welches z. B. für *monotone* AWAn garantiert konvergiert.

4.4.3 Prädiktor-Korrektor-Methode

Eine in der Praxis wichtige Variante der Fixpunktiteration zur Lösung des Gleichungssystems (4.4.22) sind die sog. *Prädiktor-Korrektor-Methoden.* Da in die Fehlerabschätzung (4.4.24) der Anfangsfehler $\|y_n^{(0)} - y_n\|$ eingeht, liegt es nahe, das Verfahren durch Wahl eines möglichst guten Startwertes zu verbessern. Das Prädiktor- Korrektor-Verfahren verschafft sich diesen Startwert durch einmalige Anwendung einer *expliziten* LMM, den sog. „Prädiktor“. Mit Hilfe einer *impliziten* LMM, dem sog. „Korrektor“, wird dieser Wert dann durch sukzessive Iteration korrigiert.

Wir wollen diese Methode an Hand einer häufig verwendeten Variante diskutieren:

Prädiktor: Adams-Bashforth-Formel 4-terOrdnung

$$y_n = y_{n-1} + \tfrac{1}{24}h[55f_{n-1} - 59f_{n-2} + 37f_{n-3} - 9f_{n-4}]\,, \tag{4.4.26}$$

Korrektor: Adams-Moulton-Formel 4-ter Ordnung

$$y_n = y_{n-1} + \tfrac{1}{24}h[9f_n + 19f_{n-1} - 5f_{n-2} + f_{n-3}]\,. \tag{4.4.27}$$

Diese Formeln haben die Fehlerkonstanten

$$C_5^{(P)} = \tfrac{251}{720}\,, \quad C_5^{(C)} = -\tfrac{19}{720}\,.$$

Die Prädiktor-Korrektor-Methode arbeitet dann wie folgt: Zu bereits berechneten Werten y_{n-r}, $r = 1, \dots, 4$, wird durch Anwendung des Prädiktors „P" der Startwert $y_n^{(0)}$ bestimmt:

$$y_n^{(0)} = y_{n-1} + \tfrac{1}{24}h[55f_{n-1} - 59f_{n-2} + 37f_{n-3} - 9f_{n-4}]\,,$$

bzw. in abstrakter Schreibweise

$$y_n^{(0)} = P(y_{n-1}, \dots, y_{n-4})\,.$$

Dann wird der Korrektor „C" benutzt, um durch sukzessive Approximation den Wert $y_n^{(0)}$ zu verbessern:

$$f_n^{(k-1)} = f(t_n, y_n^{(k-1)})\,,$$
$$y_n^{(k)} = y_{n-1} + \tfrac{1}{24}h[9f_n^{(k-1)} + 19f_{n-1} - 5f_{n-2} + f_{n-3}]\,, \quad k = 1, 2, \dots,$$

bzw. wieder in abstrakter Schreibweise

$$f_n^{(k-1)} = E(y_n^{(k-1)})\,, \qquad y_n^{(k)} = C(y_{n-1}, \dots, y_{n-3}, f_n^{(k-1)})\,, \quad k = 1, 2, \dots .$$

Wird die Iteration fortgeführt, bis eine vorgebene Fehlerschranke ε erreicht ist, etwa

$$\|y_n^{(k)} - y_n^{(k-1)}\| \le ch^4\,.$$

so spricht man von *Korrektur zur Konvergenz*. Es ist klar, dass in diesem Falle der schließlich akzeptierte Wert $y_n := y_n^{(k)}$ im Wesentlichen unabhängig vom Startwert $y_n^{(0)}$ ist, d. h.: Der Diskretisierungsfehler ist allein durch den Korrektor bestimmt.

Das *Korrigieren zur Konvergenz* ist in der Praxis meistens zu aufwendig, da in jedem Iterationsschritt eine weitere Funktionsauswertung $f_n^{(k-1)} = E(y_n^{(k-1)})$ erforderlich ist. Daher begnügt man sich mit einer vorgegebenen Zahl k von Iterationen und akzeptiert $y_n := y_n^{(k)}$ als neuen Wert. Das Verfahren wird dann bezeichnet als

$$P(EC)^k \quad \textit{bzw.} \quad P(EC)^k E\,,$$

falls noch $f_n^{(k)} = E(y_n^{(k)})$ berechnet wird. In der $P(EC)^k$- Form werden im Prädiktorschritt jeweils die Werte $f_{n-r}^{(k-1)}, r = 1, \dots, 4$, verwendet. Für den Abschneidefehler dieser kombinierten Methode gilt dann folgende Aussage:

Satz 4.9 (Ordnung des Prädiktor-Korrektor-Verfahrens): *Sei $m^{(P)}$ die Ordnung des Prädiktors und $m^{(C)}$ die des Korrektors. Dann ist die Ordnung m des Prädiktor-Korrektor-Verfahren in $P(EC)^k$- oder $P(EC)^k E$-Form gegeben durch*

$$m = \min\{m^{(C)}, m^{(P)} + k\}\,. \tag{4.4.28}$$

Im Falle $m^{(C)} < m^{(P)} + k$ ist die Fehlerkonstante des kombinierten Verfahrens gleich der des Korrektors, d. h.: $C_{m+1} = C_{m+1}^{(C)}$.

Beweis: Übungsaufgabe. Q.E.D.

4.4.4 Fehlerschätzung und Schrittweitensteuerung: „Milne Device“

Die obige Aussage bzgl. der Fehlerkonstante des Prädiktor-Korrektor-Verfahrens lässt sich zur a posteriori Abschätzung des lokalen Abschneidefehlers und damit zur Schrittweitensteuerung verwenden. Diese Vorgehensweise hat Eingang in die Literatur gefunden als sog. „Milne Device“.

Für die mit den Formeln (4.4.26) und (4.4.27) gebildete kombinierte Methode gilt (unter der Annahme *exakter* Startwerte)

$$C_5^{(P)} h^5 u^{(5)}(t_n) = u(t_n) - y_n^{(0)} + 0(h^6)$$
$$C_5^{(C)} h^5 u^{(5)}(t_n) = u(t_n) - y_n^{(k)} + 0(h^6).$$

Daraus erhalten wir offenbar

$$u^{(5)}(t_n) = \frac{y_n^{(k)} - y_n^{(0)}}{h^5(C_5^{(P)} - C_5^{(C)})} + 0(h). \tag{4.4.29}$$

Im vorliegenden Fall ist der lokale Diskretisierungsfehler $\hat{\tau}_n^h$ der kombinierten Methode von der Form

$$\hat{\tau}_n^h = C_5^{(C)} h^4 u^{(5)}(t_n) + O(h^5).$$

Mit Hilfe von (4.4.29) erhält man also eine Schätzung für $\hat{\tau}^h(t_n)$ der Ordnung $0(h^5)$ mit

$$\hat{\tau}_n^h = \frac{C_5^{(C)}}{C_5^{(P)} - C_5^{(C)}} \frac{y_n^{(k)} - y_n^{(0)}}{h} + 0(h^5). \tag{4.4.30}$$

Mit dieser Schätzung für den Abschneidefehler $\hat{\tau}_n^h$ lassen sich nun ähnlich wie bei den Einschrittverfahren Strategien zur Schrittweitenkontrolle angeben. Wir verzichten auf Angabe der Details.

Bei Vergrößerung der Schrittweite, etwa um den Faktor 2, werden nur bereits berechnete Werte y_{n-r} zusätzlich benötigt. Dies kann jedoch unter Umständen zu Speicherplatzproblemen führen. Generell lassen sich neue Startwerte bei Schrittweitenänderungen durch Einschrittverfahren beschaffen. Eine weitere Möglichkeit bei Schrittweitenverkleinerung zur Beschaffung der benötigten Zwischenwerte $y_{n-r/2}$ besteht in der Interpolation der bereits berechneten Werte y_{n-r}. Dabei muss die Ordnung des Interpolationspolynoms natürlich der Ordnung der LMM angepasst sein.

Numerischer Test: Für die AWA

$$u'(t) = -200t\, u(t)^2, \quad t \geq -3, \quad u(-3) = \tfrac{1}{901},$$

mit der Lösung $u(t) = (1 + 100t^2)^{-1}$ wurde der Wert $u(0) = 1$ approximiert mit dem Prädiktor-Korrektor-Verfahren 4-ter Ordnung nach Adams-Bashforth-Moulton in PECE-Form mit dem Runge-Kutta-Verfahren 4-ter Ordnung als Startprozedur:

$$y_n^\star = y_{n-1} + \tfrac{1}{24}h\,\{55f_{n-1} - 59f_{n-2} + 37f_{n-3} - 9f_{n-4}\}$$
$$f_n^\star = f(t_n, y_n^\star)$$
$$y_n = y_{n-1} + \tfrac{1}{24}h\,\{9f_n^\star + 19f_{n-1} - 5f_{n-2} + f_{n-3}\}$$
$$f_n = f(t_n, y_n).$$

Die Schrittweitensteuerung erfolgte gemäß *Milne Device*

$$\frac{C_5^{(C)}}{C_5^{(P)} - C_5^{(C)}} \frac{y_n - y_n^\star}{h} \cong -0.07 \frac{y_n - y_n^\star}{h} \sim \varepsilon = \text{eps} \frac{|y_{n-1}|}{h},$$

wobei erforderliche Zwischenwerte mit Hilfe der Runge-Kutta-Formel 4-ter Ordnung berechnet werden. Es zeigt sich, dass bei diesem einfachen Problem durch die adaptive Schrittweitenwahl keine Ersparnis hinsichtlich Rechenaufwand erreicht werden kann. Dafür kann aber ohne a priori Informationen die geforderte Genauigkeit garantiert werden.

Tabelle 4.3: Ergebnisse der adaptiven Rechnung bei 17-stelliger Arithmetik

Ordnung	eps	$h_{\min}$	$h_{\max}$	Fehler	# Auswertungen
$m = 4$	10^{-17}	$6 \cdot 10^{-5}$	10^{-3}	$2 \cdot 10^{-10}$	~ 16.500
Rechnung mit konstanter (mittlerer) Schrittweite:					
		$4.5 \cdot 10^{-4}$		$2.7 \cdot 10^{-11}$	~ 13.400

4.5 Übungsaufgaben

Aufgabe 4.1: Betrachtet werde die LMM

$$y_n + \alpha(y_{n-1} - y_{n-2}) - y_{n-3} = \tfrac{1}{2}(3 + \alpha)h(f_{n-1} + f_{n-2}),$$

mit einem freien Parameter $\alpha \in \mathbb{R}$.

i) Man zeige, dass die angegebene Methode genau für $\alpha \in (-3, 1)$ null-stabil ist.

ii) Welche Konsistenzordnung hat das Verfahren für $\alpha \in (-3, 1)$? Ist eine höhere Konsistenzordnung möglich?

Aufgabe 4.2: Zur Lösung der AWA

$$u''(t) = -20u'(t) - 19u(t), \quad t \geq 0, \quad u(0) = 1,\ u'(0) = -10,$$

soll das Adams-Moulton-Verfahren dritter Ordnung

$$y_n = y_{n-1} + \frac{1}{12}h(5f_n + 8f_{n-1} - f_{n-2})$$

verwendet werden. Dazu forme man die Differentialgleichung zunächst in ein System erster Ordnung um. Wie klein muss dann die Schrittweite h bemessen sein, damit in jedem Zeitschritt die Konvergenz der Fixpunktiteration zur Berechnung von y_n garantiert ist?

Aufgabe 4.3: Man bestimme das Stabilitätsintervall und -Gebiet der expliziten Mittelpunktsregel:

$$y_n - y_{n-2} = 2hf_{n-1}$$

Man benutze hierzu den lokalen Störungsansatz zur Stabilitätsanalyse aus dem Text.

Aufgabe 4.4 (Praktische Aufgabe): Für das Modellproblem

$$u'(t) = -200t\,u(t)^2, \quad t \geq -3, \quad u(-3) = \frac{1}{901},$$

mit der Lösung $u(t) = (1 + 100t^2)^{-1}$ soll näherungsweise der Wert $u(0) = 1$ berechnet werden mit Hilfe:

a) der klassischen 4-stufigen Runge-Kutta-Methode,

b) der 4-Schritt-Adams-Bashforth-Methode,

c) der 3-Schritt-Adams-Moulton-Methode.

Alle diese Formeln sind von 4-ter Ordnung. Als Startprozedur für die Mehrschrittverfahren werde die Runge-Kutta-Methode verwendet. Man führe die Rechnungen für die (äquidistanten) Schrittweiten $h_i = 2^{-i}, i = 2, \dots, 8$, durch und vergleiche die erreichte Genauigkeit und den erforderlichen Rechenaufwand (Anzahl der Funktionsauswertungen).

Aufgabe 4.5: Man zeige, dass die Rückwärtsdifferenzenformeln (BDF) der Stufen $R = 1, 2, 3$:

$$\sum_{r=0}^{R} \alpha_{R-r} y_{n-r} = h\beta_R f_n$$

konvergent sind. Welche A-stabilen Einschrittformeln wären (für $R \geq 2$) jeweils als Startprozeduren geeignet?

Aufgabe 4.6: Man zeige durch Nachrechnen für ein Paar von einer expliziten und einer impliziten LMM:

$$\sum_{r=0}^{R} \alpha^{(P)}_{R-r} y_{n-r} = h \sum_{r=1}^{R} \beta^{(P)}_{R-r} f_{n-r}, \qquad \sum_{r=0}^{R} \alpha^{(K)}_{R-r} y_{n-r} = h \sum_{r=0}^{R} \beta^{(K)}_{R-r} f_{n-r}.$$

a) Die Ordnung m des zugehörigen Prädiktor-Korrektor-Verfahrens in der P(EK)^{k}E-Form ist $m = \min\{m^{(K)}, m^{(P)} + k\}$.

b) Gilt für die Ordnungen $m^{(K)} < m^{(P)} + k$, so ist die Fehlerkonstante C^*_{m+1} des Gesamtverfahrens gleich der Fehlerkonstante $C^{(K)}_{m+1}$ des Korrektors.

Aufgabe 4.7: Zur Integration des steifen Systems

$$\begin{aligned} u'(t) &= -10u(t) - 100v(t), \\ v'(t) &= 100u(t) - 10v(t), \\ w'(t) &= u(t) + v(t) - tw(t), \end{aligned}$$

soll eine LMM möglichst hoher Ordnung verwendet werden. Welche von den im Text angegebenen Methoden sollte man nehmen?

Aufgabe 4.8 (Praktische Aufgabe): Man berechne eine Näherungslösung für die Modell-AWA

$$u'(t) = -200t\, u(t)^2, \quad t \geq -3, \quad u(-3) = \frac{1}{901},$$

mit Hilfe des Prädiktor-Korrektor-Verfahrens 4-ter Ordnung nach Adams-Bashforth-Moulton in PEKE-Form mit dem Runge-Kutta-Verfahren 4-ter Ordnung als Startprozedur:

$$\begin{aligned} y_n^* &= y_{n-1} + \frac{1}{24}h(55f_{n-1} - 59f_{n-2} + 37f_{n-3} - 9f_{n-4}), \quad f_n^* = f(t_n, y_n^*), \\ y_n &= y_{n-1} + \frac{1}{24}h(9f_n^* + 19f_{n-1} - 5f_{n-2} + f_{n-3}), \quad f_n = f(t_n, y_n), \end{aligned}$$

mit zunächst festen Schrittweiten $h = 0.2, 0.1, 0.05, 0.025, 0.0125, 0.00625$.

a) Man vergleiche die berechneten Werte zum Zeitpunkt $t = 3$ mit dem Wert $u(3)$ der exakten Lösung $u(t) = (1 + 100t^2)^{-1}$.

b) In einem zweiten Schritt versuche man eine Schrittweitenstrategie auf der Basis des „Milne Device“

$$\left| \frac{C_5^{(K)}}{C_5^{(P)} - C_5^{(K)}} \frac{y_n - y_n^*}{h} \right| \approx -0.07 \left| \frac{y_n - y_n^*}{h} \right| \leq \varepsilon \frac{|y_{n-1}|}{h}$$

zu entwickeln. Dazu setze man eps $= 10^{-16}$ und berechne die eventuell erforderlichen Zwischenwerte mit Hilfe der Runge-Kutta-Methode 4-ter Ordnung.

Aufgabe 4.9: Zur Rekapitulation der bisher im Text diskutierten „Stabilitätskonzepte“ beschreibe man kurz die Bedeutung der folgenden Begriffe und den Zusammenhang, in welchem sie verwendet werden:

a) exponentielle Stabilität,

b) diskrete Stabilität,

c) numerische Stabilität,

d) Null-Stabilität,

e) A-Stabilität,

f) A(0)-Stabilität.

5 Extrapolationsmethode

5.1 Das Extrapolationsprinzip

Zunächst diskutieren wir die allgemeine Idee der sog. „Richardson[1]-Extrapolation zum Limes“. Gegeben sei ein Algorithmus, der für einen Diskretisierungsparameter h, $h \to 0$, numerische Werte $a(h)$ liefert. Gefragt ist nach dem Grenzwert $a(0) = \lim_{h\to 0} a(h)$, der aber i. Allg. nicht direkt berechnet werden kann. Für eine Reihe von Werten $h_0 > h_1 > \ldots > h_k > 0$ sei $a(h_i)$ berechnet. Die Extrapolationsmethode interpoliert dann diese Werte mit Hilfe einer geeigneten (einfach strukturierten) Funktion, etwa einem Polynom $p(h)$, und nimmt den Wert $p(0)$ als Näherung für $a(0)$.

Das beschriebene Vorgehen ist insbesondere sinnvoll, wenn $a(h)$ eine Entwicklung der Form

$$a(h) = a(0) + a_m h^m + a_{m+1} h^{m+1} + O(h^{m+2}) \tag{5.1.1}$$

erlaubt. Haben wir z. B. für eine feste Schrittweite H die Werte $a(H)$ und $a(\tfrac{1}{2}H)$ berechnet, so ist offenbar

$$a(H) = a(0) + a_m H^m + O(H^{m+1}), \quad a(\tfrac{1}{2}H) = a(0) + a_m(\tfrac{1}{2}H)^m + O(H^{m+1}).$$

Interpolieren wir diese Werte mit einem Polynom $p(h) = \alpha_0 + \alpha_m h^m$,

$$p(h) = \frac{2^m a(\frac{1}{2}H) - a(H)}{2^m - 1} + 2^m \frac{a(H) - a(\frac{1}{2}H)}{H^m(2^m - 1)} h^m,$$

so wird wegen der dadurch bewirkten Eliminierung des führenden H^m-Fehlerterms in der Entwicklung (5.1.1):

$$p(0) = \frac{2^m a(\frac{1}{2}H) - a(H)}{2^m - 1} = a(0) + O(H^{m+1}),$$

d. h.: Die Ordnung der Approximation ist von $O(H^m)$ auf $O(H^{m+1})$ erhöht. Der Extrapolationsschritt lässt also zwei äquivalente Interpretationen zu:
- Polynomextrapolation der berechneten Werte $a(H_i)$ nach $H = 0$;
- Elimination der führenden Fehlerterme in der asymptotischen Entwicklung (5.1.1).

Beispiel 5.1: Numerische Differentiation

$$a(h) = h^{-1}[f(t+h) - f(t)] \sim f'(t).$$

Taylorentwicklung um t liefert im Falle $f \in C^4$:

$$\begin{aligned} a(h) &= h^{-1}[f(t) + hf'(t) + \tfrac{1}{2}h^2 f''(t) + \tfrac{1}{6}h^3 f'''(t) + O(h^4) - f(t)] \\ &= f'(t) + \tfrac{1}{2}h f''(t) + \tfrac{1}{6}h^2 f'''(t) + O(h^3). \end{aligned}$$

[1]Lewis Fry Richardson (1881–1953): Englischer Mathematiker und Physiker; wirkte an verschiedenen Institutionen in England und Schottland; typischer „angewandter Mathematiker“; leistete Pionierbeiträge zur Modellierung und Numerik in der Wettervorhersage.

Mit $a(0) = f'(t)$, $a_1 = \frac{1}{2} f''(t)$, $a_2 = \frac{1}{6} f'''(t)$, ist dies eine Entwicklung vom Typ (5.1.1). Mit den Werten $a(H)$, $a(\frac{1}{2}H)$ erhalten wir dann durch

$$p(0) = 2a(\tfrac{1}{2}H) - a(H) = H^{-1}\left[4f(t + \tfrac{1}{2}H) - 3f(t) - f(t + H)\right]$$

eine Approximation von $f'(t)$ der Ordnung $O(H^2)$. Für den „symmetrischen" Differenzenquotienten

$$a(h) = (2h)^{-1}\left[f(t + h) - f(t - h)\right]$$

gilt im Falle $f \in C^5$:

$$\begin{aligned} a(h) &= (2h)^{-1}\left[f(t) + hf'(t) + \tfrac{1}{2}h^2 f''(t) + \tfrac{1}{6}h^3 f'''(t) + \tfrac{1}{24}h^4 f^{(\mathrm{iv})}(t) + O(h^5)\right. \\ &\quad \left. - f(t) + hf'(t) - \tfrac{1}{2}h^2 f''(t) + \tfrac{1}{6}h^3 f'''(t) - \tfrac{1}{24}h^4 f^{(\mathrm{iv})}(t) + O(h^5)\right] \\ &= f'(t) + \tfrac{1}{6}h^2 f''(t) + O(h^4), \end{aligned}$$

d. h.: Die Entwicklung von $a(h)$ schreitet mit geraden Potenzen von h fort. In diesem Falle erhalten wir bei Interpolation der Werte $a(H)$ und $a(\frac{1}{2}H)$ durch ein lineares Polynom in h^2,

$$p(h^2) = \tfrac{4}{3}H^{-2}\left[a(H) - a(\tfrac{1}{2}H)\right]h^2 + \tfrac{1}{3}\left[4a(\tfrac{1}{2}H) - a(H)\right],$$

mit

$$p(0) = \tfrac{4}{3}a(\tfrac{1}{2}H) - \tfrac{1}{3}a(H) = \tfrac{1}{3}H^{-1}\left[2f(t + \tfrac{1}{2}H) - 2f(t - \tfrac{1}{2}H) - \tfrac{1}{2}f(t + H) + \tfrac{1}{2}f(t - H)\right]$$

eine Approximation von $f'(t)$ der Ordnung $O(H^4)$. Dies zeigt, dass die Extrapolation besonders effizient ist, wenn $a(h)$ eine Entwicklung nach geraden Potenzen von h besitzt.

Wir betrachten nun den speziellen Fall einer Entwicklung

$$a(h) = a(0) + a_1 h^{\gamma} + a_2 h^{2\gamma} + \ldots + a_m h^{m\gamma} + O(h^{(m+1)\gamma}) \tag{5.1.2}$$

mit einem $\gamma > 0$. Für eine geeignete Folge von Werten $h_0 > h_1 \ldots > h_i > \ldots > 0$ seien die Werte $a(h_i)$ berechnet. Dann bezeichne $T_{ik}(h)$ das (eindeutig bestimmte) Polynom k-ten Grades in h^{γ}, welches die $k+1$ Werte $a(h_{i+j})$, $j = 0, \ldots, k$, interpoliert:

$$T_{ik}(h) = b_0 + b_1 h^{\gamma} + \ldots + b_k h^{k\gamma}, \quad T_{ik}(h_{i+j}) = a(h_{i+j}), \quad j = 0, \ldots, k.$$

Den Wert $T_{ik} := T_{ik}(0) = b_0$ nehmen wir als Näherung für $a(0)$. Zur Abschätzung des Fehlers $T_{ik} - a(0)$ setzen wir $z = h^{\gamma}$, so dass

$$T_{ik}(h) = b_0 + b_1 z + \ldots + b_k z^k.$$

In der Lagrange-Darstellung hat $T_{ik}(h)$ die Form

$$T_{ik}(h) = \sum_{j=0}^{k} L_{ij}^{(k)}(z)\, a(h_{i+j}), \quad L_{ij}^{(k)}(z) = \prod_{l \neq j, l=0}^{k} \frac{z - z_{i+l}}{z_{i+j} - z_{i+l}}. \tag{5.1.3}$$

Folglich ist

$$T_{ik} = \sum_{j=0}^{k} L_{ij}^{(k)}\, a(h_{i+j}), \quad L_{ij}^{(k)} = (-1)^k \prod_{l \neq j, l=0}^{k} \frac{z_{i+l}}{z_{i+j} - z_{i+l}} = (-1)^k \prod_{l \neq j, l=0}^{k} \frac{1}{\frac{z_{i+j}}{z_{i+l}} - 1}. \tag{5.1.4}$$

Hilfssatz 5.1 (Lagrange-Polynome): *Es gilt*

$$\sum_{j=0}^{k} z_{i+j}^{\tau} L_{ij}^{(k)} = \begin{cases} 1 & , \text{ für } \tau = 0 \\ 0 & , \text{ für } \tau = 1, \dots, k \\ (-1)^k z_i z_{i+1} \dots z_{i+k} & , \text{ für } \tau = k+1 \end{cases} . \tag{5.1.5}$$

Beweis: Für $\tau = 0, \dots, k$ folgt die Behauptung aus der Eindeutigkeit der Lagrange-Polynominterpolation. Für das Polynom $p(z) = z^{k+1}$ gilt

$$z^{k+1} = \sum_{j=0}^{k} z_{i+j}^{k+1} \prod_{l \neq j, l=0}^{k} \frac{z - z_{i+l}}{z_{i+j} - z_{i+l}} + \prod_{l=0}^{k} (z - z_{i+l}),$$

denn die rechte Seite ist gleich der linken für $z = z_{i+r}$, $r = 0, \dots, k$, und die Koeffizienten von z^{k+1} stimmen überein. Daraus folgt

$$\sum_{j=0}^{k} z_{i+j}^{k+1} L_{ij}^{(k)} = (-1)^k z_i z_{i+1} \dots z_{i+k},$$

was zu beweisen war. Q.E.D.

Damit erhalten wir folgendes Resultat.

Satz 5.1 (Allgemeiner Extrapolationssatz): *Unter der Voraussetzung*

$$\sup_{i \geq 0} \frac{h_{i+1}}{h_i} < 1 \tag{5.1.6}$$

gilt für festes k und $i \to \infty$:

$$T_{ik} - a(0) = O(h_i^{(k+1)\gamma}), \tag{5.1.7}$$

d. h.: Die Elemente der k-ten Spalte des Extrapolationstableaus konvergieren gegen $a(0)$ wie $O(h_i^{(k+1)\gamma})$.

Beweis: Unter Verwendung von (5.1.2) und (5.1.5) finden wir

$$T_{ik} = \sum_{j=0}^{k} L_{ij}^{(k)} a(h_{i+j}) = \sum_{j=0}^{k} L_{ij}^{(k)} [a_0 + a_1 z_{i+j} + \dots + a_k z_{i+j}^k + z_{i+j}^{k+1} (a_{k+1} + O(h_{i+j}^{\gamma}))]$$

und folglich

$$\begin{aligned} T_{ik} &= a(0) + (-1)^k z_i \cdot \ldots \cdot z_{i+k} (a_{k+1} + O(h_i^{\gamma})) \\ &= a(0) + \underbrace{z_i \cdot \ldots \cdot z_{i+k}}_{>0} \sigma_{k+1}(h_i, \dots, h_{i+k}), \end{aligned} \tag{5.1.8}$$

wobei

$$z_i \cdot \ldots \cdot z_{i+k} = O(h_i^{(k+1)\gamma}), \qquad \sigma_{k+1}(h_i, \ldots, h_{i+k}) = (-1)^k (a_{k+1} + O(h_i^\gamma)).$$

Dies impliziert die Behauptung. Wir bemerken, dass im Falle $h_{i+1}/h_i \to 1$, die Koeffizienten $L_{ij}^{(k)}$ in den extrapolierten Werten $T_{ik}(h)$ unbeschränkt anwachsen. Q.E.D.

Der Fehlerdarstellung (5.1.8) entnehmen wir, dass für festes k, und $a_{k+1} \neq 0$, T_{ik} und für $i \to \infty$ einseitig entweder von oben oder von unten gegen $a(0)$ konvergiert. Mit den Größen

$$U_{ik} := 2\, T_{i+1,k} - T_{ik}$$

gilt dann weiter

$$\begin{aligned} U_{ik} - a(0) &= 2\,[\, T_{i+1,k} - a(0)\,] - [\, T_{i,k} - a(0)\,] \\ &= 2\, z_{i+1} \cdot z_{i+2} \cdot \ldots \cdot z_{i+1+k}\, \sigma_{k+1}(h_{i+1}, \ldots, h_{i+1+k}) \\ &- z_i \cdot z_{i+1} \cdot \ldots \cdot z_{i+k}\, \sigma_{k+1}(h_i, \ldots, h_{i+k}) \\ &= z_i \cdot \ldots \cdot z_{i+k} \left[-\sigma_{k+1}(h_i, \ldots, h_{i+k}) + \frac{2 z_{i+1+k}}{z_i} \sigma_{k+1}(h_{i+1}, \ldots, h_{i+1+k}) \right]. \end{aligned} \tag{5.1.9}$$

Nun ist

$$\lim_{i\to\infty} \sigma_{k+1}(h_i, \ldots, h_{i+k}) = \lim_{i\to\infty} \sigma_{k+1}(h_{i+1}, \ldots, h_{i+1+k}) = (-1)^k a_{k+1}$$

und (in der Regel)

$$\left| \frac{2 z_{i+1+k}}{z_i} \right| = \left| \frac{2 h_{i+1+k}^\gamma}{h_i^\gamma} \right| \ll 1.$$

Ein Vergleich von (5.1.8) und (5.1.9) zeigt, daß für festes k und genügend großes i gilt:

$$T_{ik} - a(0) \sim -(U_{ik} - a(0)), \tag{5.1.10}$$

d. h.: Es ist näherungsweise (wegen der einseitigen Konvergenz $T_{ik} \to a(0)$)

$$T_{ik} < a(0) < U_{ik} \quad \text{oder} \quad U_{ik} < a(0) < T_{ik}, \tag{5.1.11}$$

und beide Seiten konvergieren gegen $a(0)$ für $i \to \infty$. Dieses Verhalten der Folgen $(T_{ik})_{i\in\mathbb{N}}, (U_{ik})_{i\in\mathbb{N}}$ kann zur Konstruktion eines Abbruchkriteriums verwendet werden:

$$|T_{ik} - U_{ik}| \le TOL \quad \Rightarrow \quad \text{STOP}. \tag{5.1.12}$$

Unter den Bedingungen

$$\inf_{i\ge 0} \frac{h_{i+1}}{h_i} > 0, \quad \sup_{i\ge 0} \frac{h_{i+1}}{h_i} < 1, \tag{5.1.13}$$

lässt sich sogar zeigen, dass die Diagonalfolge $(T_{ii})_{i\in\mathbb{N}}$ schneller gegen $a(0)$ konvergiert („superlineare" Konvergenz) als jede der Folgen $(T_{ik})_{i\in\mathbb{N}}$ für festes k.

Zur Berechnung der Werte T_{ik} des Extrapolationstableaus ist es natürlich nicht sinnvoll, dazu explizit die Koeffizienten der Polynome $T_{ik}(h)$ zu bestimmen. Stattdessen werden die T_{ik} rekursiv berechnet, ohne den Umweg über die Polynome $T_{ik}(h)$. Dazu beachtet man, dass das lineare Polynom $T_{i1}(z)$ welches die Werte $a(h_i)$, $a(h_{i+1})$ interpoliert, gegeben ist in der Determinantenform

$$T_{i1}(z) = \frac{1}{z_{i+1} - z_i} \begin{vmatrix} a(h_i) & z_i - z \\ a(h_{i+1}) & z_{i+1} - z \end{vmatrix}, \qquad z = h^\gamma .$$

Im nächsten Schritt schreibt man das Polynom $T_{i2}(z)$, welches die Werte $a(h_i)$, $a(h_{i+1})$, $a(h_{i+2})$ interpoliert, in der Form

$$T_{i2}(z) = \frac{1}{z_{i+2} - z_i} \begin{vmatrix} T_{i,1}(z) & z_i - z \\ T_{i+1,1}(z) & z_{i+2} - z \end{vmatrix}.$$

Durch vollständige Induktion findet man dann, dass das Polynom $T_{ik}(z)$, welches die Werte $a(h_i), \dots, a(h_{i+k})$ interpoliert, sich aus den vorausgehenden $T_{i,k-1}(z)$ rekursiv aufbaut als

$$T_{i,k}(z) = \frac{1}{z_{i+k} - z_i} \begin{vmatrix} T_{i,k-1}(z) & z_i - z \\ T_{i+1,k-1}(z) & z_{i+k} - z \end{vmatrix}. \tag{5.1.14}$$

Damit erhalten wir für die Werte T_{ik} die folgenden Rekursionsformeln:

$$T_{i0} = a(h_i), \quad T_{ik} = \frac{1}{z_{i+k} - z_i} \begin{vmatrix} T_{i,k-1} & z_i \\ T_{i+1,k-1} & z_{i+k} \end{vmatrix}. \tag{5.1.15}$$

Für praktische Auswertung geeigneter ist die Form

$$T_{ik} = T_{i,k-1} + \frac{T_{i,k-1} - T_{i-1,k-1}}{(h_{i-k}/h_i)^\gamma - 1}, \tag{5.1.16}$$

bei der nicht durch die möglicherweise kleinen Größen $h_{i+k} - h_i$ dividiert wird. Dies ist gerade der Neville-Algorithmus zur Auswertung des Lagrange-Interpolationspolynoms. Die Werte T_{ik} werden üblicherweise in einem sog. „Extrapolationstableau“ angeordnet:

$$\begin{array}{c|ccccccccc}
h_0 & T_{00} & & & & & & & \\
 & & \searrow & & & & & & \\
h_1 & T_{10} & \rightarrow & T_{11} & & & & & \\
 & & \searrow & & \searrow & & & & \\
h_2 & T_{20} & \rightarrow & T_{21} & \rightarrow & T_{22} & & & \\
\vdots & \vdots & & \vdots & & \vdots & \ddots & & \\
h_i & T_{i0} & \rightarrow & T_{i1} & \rightarrow & T_{i2} & \cdots & T_{ii} & \\
\vdots & \vdots & & \vdots & & \vdots & & \vdots & \ddots
\end{array} \qquad T_{i0} = a(h_i) .$$

5.2 Anwendung auf gewöhnliche Differentialgleichungen

Zur Anwendung der Extrapolationsmethode auf die numerische Lösung einer AWA müssen wir zunächst sicherstellen, dass der globale Diskretisierungsfehler $e_n = u(t_n) - y_n$ eine Entwicklung der Art (5.1.2) erlaubt. Wir betrachten wieder die Anfangswertaufgabe

$$u'(t) = f(t, u(t)), \quad t \in I = [t_0, t_0 + T], \quad u(t_0) = u^0. \tag{5.2.17}$$

Satz 5.2 (Allgemeine Fehlerentwicklung): *Die Funktion $f(t,x)$ sei $(N+1)$-mal stetig differenzierbar auf $I \times \mathbb{R}^d$. Dann gilt für die durch ein (Lipschitz-stetiges) Einschrittverfahren der Ordnung $m \geq 1$ für äquidistante Schrittweite h gelieferte Näherungslösung y_n, $y_0 = u_0$, die asymptotische Entwicklung*

$$y_n = u(t_n) + h^m e_m(t_n) + \ldots + h^N e_N(t_n) + h^{N+1} E_{N+1}(t_n; h), \tag{5.2.18}$$

wobei die Funktionen $e_i(t)$ unabhängig von h sind, und das Restglied $E_{N+1}(t_n; h)$ beschränkt ist.

Beweis: Wir geben den Beweis nur exemplarisch für die Polygonzugmethode und den Fall $N = 1, d = 1$. Für die Lösung $u \in C^3(I)$ gilt dann mit einem Zwischenwert $\xi_n \in (t_n, t_{n+1})$:

$$u(t_{n+1}) = u(t_n) + h\, f(t_n, u(t_n)) + \tfrac{1}{2}h^2 u''(t_n) + \tfrac{1}{6}h^3\, u'''(\xi_n).$$

Für den Fehler $e_n = y_n - u(t_n)$ folgt also

$$\begin{aligned} e_{n+1} &= e_n + h\{f(t_n, y_n) - f(t_n, u(t_n))\} - \tfrac{1}{2}h^2 u''(t_n) - \tfrac{1}{6}h^3 u'''(\xi_n) \\ &= e_n + h f'_x(t_n, u(t_n))\, e_n + \tfrac{1}{2}h f''_{xx}(t_n, \eta_n)\, e_n^2 - \\ &\quad - \tfrac{1}{2}h^2 u''(t_n) - \tfrac{1}{6}h^3 u'''(\xi_n), \quad \eta_n \in (u(t_n), y_n). \end{aligned}$$

Die Funktion $\bar{e}_n := \frac{1}{h} e_n$ genügt dann offensichtlich der Differenzengleichung

$$\bar{e}_{n+1} = \bar{e}_n + h\{f'_x(t_n, u(t_n))\bar{e}_n - \tfrac{1}{2}u''(t_n)\} + h^2 r_n \tag{5.2.19}$$

mit

$$r_n = \tfrac{1}{2} f''_{xx}(t_n, \eta_n)\, \bar{e}_n^2 - \tfrac{1}{6}u'''(\xi_n).$$

Der Konvergenzsatz 2.2 liefert die Abschätzung

$$|e_n| \leq e^{L(t_n - t_0)}\, h \sum_{\nu=1}^{n} |\tau_\nu^h| \leq \tfrac{1}{2} e^{LT}\, T\, h \max_{t \in I} |u''(t)| =: K_1 h,$$

und damit

$$|r_n| \leq \tfrac{1}{2} \max_{(t,x) \in I \times \mathbb{R}} |f''_{xx}(t,x)|\, K_1^2 + \tfrac{1}{6} \max_{t \in I} |u'''(t)| =: K_2.$$

Die Beziehung (5.2.19) kann nun als die Anwendung der Polygonzugmethode auf die lineare AWA

$$e'(t) = f_x(t, u(t)) e(t) - \tfrac{1}{2}u''(t), \quad t \in I, \quad e(t_0) = 0, \tag{5.2.20}$$

interpretiert werden, wobei in jedem Schritt noch ein zusätzlicher Fehler $h^2 r_n$ gemacht wird. Die Fehlerabschätzung aus Satz 2.2 besagen dann, dass

$$|\bar{e}_n - e(t_n)| \le e^{L(t_n - t_0)} \Big\{ \sum_{\nu=1}^{n} h|\tilde{\tau}_\nu^h| + \sum_{\nu=1}^{n} h^2 |r_\nu| \Big\} \le K_3 h, \tag{5.2.21}$$

mit dem zur AWA (5.2.20) gehörenden Abschneidefehler $\tilde{\tau}_\nu^h$. Also ist

$$e_n = h\, e(t_n) + h^2 E_2(t_n; h)\,, \qquad |E_2(t_n; h)| \le K_3,$$

was zu beweisen war. Q.E.D.

Dieses Resultat besagt, dass alle hier betrachteten Einschrittverfahren für die Extrapolation in Frage kommen, z. B. das explizite Euler-Verfahren

$$y_n = y_{n-1} + hf(t_{n-1}, y_{n-1}),$$

sein implizites Gegenstück

$$y_n = y_{n-1} + hf(t_n, y_n),$$

oder die Trapezregel

$$y_n = y_{n-1} + \tfrac{1}{2} h \,(f(t_n, y_n) + f(t_{n-1}, y_{n-1})).$$

Ersteres entspricht dem oben behandelten Beispiel des vorwärtsgenommenen Differenzenquotienten zur Approximation der Ableitung.

Satz 5.2 fordert die Verwendung einer äquidistanten Schrittweite bei der Erzeugung der Näherungswerte y_n, was eine adaptive Schrittweitenwahl ausschließt. Damit wird diese (zeitlich) „globale“ Extrapolation zur Verminderung des „globalen“ Diskretisierungsfehlers, bei der in jedem Schritt über das ganze Zeitintervall $[t_0, t_0 + T]$ gerechnet werden muss, für die Praxis unattraktiv. Stattdessen verwendet man „lokale“ Extrapolation in jedem einzelnen Zeitschritt $y_n \to y_{n+1}$ zur Erhöhung der „lokalen“ Approximationsordnung (Konsistenzordnung), d. h. zur Erzeugung einer Differenzenapproximation höherer Ordnung.

Bei der Wahl einer geeigneten „Basisformel“ für die Anwendung der Extrapolation sollten die folgenden Kriterien beachtet werden:

- Die Formel sollte möglichst „einfach“ sein, d. h. nur eine Funktionsauswertung pro Zeitschritt erfordern, denn die Konsistenzordnung kann ja durch Fortschreiten nach rechts im Extrapolationstableau beliebig erhöht werden. Damit kommen praktisch nur die obige explizite oder die implizite Euler-Formel, die Trapezregel oder die Mittelpunktsregel
  $$y_n = y_{n-2} + 2hf(t_{n-1}, y_{n-1})$$
  in Frage. Letztere ist allerdings eine Zweischrittformel, auf die Satz 5.2 nicht anwendbar ist.

- Da wir hier nur nicht-steife AWA betrachten, kommen „implizite" Formel aus Aufwandsgründen nicht in Frage. Damit scheiden die implizite Euler-Formel und die Trapezregel aus.

- Aus Effizienzgründen ist es wünschenswert, eine Basisformel zu verwenden, die eine asymptotische Fehlerentwicklung nach h^2-Potenzen zulässt. In Analogie zur numerischen Quadratur ist dies, wegen der symmetrischen Positionierung der Funktionsauswertungen im Integrationsintervall $[t_{n-1}, t_n]$ bzw. $[t_{n-2}, t_n]$, für die Trapezregel und die Mittelpunktsregel zu erwarten.

Bei Anlegung dieser drei Auswahlkriterien kommt also für die Anwendung der (lokalen) Extrapolation bei nicht-steifen AWA als Basisformel praktisch nur die Mittelpunktsregel in Frage. Diese erfordert als Zweischrittformel (2. Ordnung) eine geeignete Startprozedur (mindestens 1. Ordnung). Für die Mittelpunktsregel gilt das folgende Resultat von Gragg[2](1963):

Satz 5.3 (Satz von Gragg): *Die Funktion $f(t,x)$ sei $(2m+2)$-mal stetig differenzierbar auf $I \times \mathbb{R}^d$, und es sei y_n die durch die Mittelpunktsregel mit expliziter Euler-Formel als Startprozedur gelieferte Näherungslösung. Dann besteht die asymptotische Entwicklung*

$$y_n = u(t_n) + \sum_{k=1}^{m} h^{2k}\{a_k(t_n) + (-1)^n b_k(t_n)\} + h^{2m+2} E_{2m+2}(t_n; h), \tag{5.2.22}$$

wobei die Funktionen $a_k(t)$, $b_k(t)$ unabhängig von h sind, und das Restglied $E_{2m+2}(t;h)$ beschränkt ist.

Wegen des oszillierenden Terms $(-1)^n b_k(t_n)$ ist (5.2.22) nicht ganz eine Entwicklung der gewünschten Form (5.1.2). Die Verwendung der expliziten Euler-Formel als Startprozedur ist wesentlich; wird stattdessen etwa die Runge-Kutta-Formel 4. Ordnung genommen, so besteht nur noch eine Entwicklung der Form

$$y_n = u(t_n) + \sum_{k=2}^{2m+1} h^{k}\{\tilde{a}_k(t_n) + (-1)^n \tilde{b}_k(t_n)\} + h^{2m+2} \tilde{E}_{2m+2}(t_n; h).$$

Der oszillierende Term $(-1)^n\, b_1(t_n)$ im führenden Fehlerglied

$$y_n - u(t_n) = h^2\, [a_1(t_n) + (-1)^n\, b_1(t_n)] + O(h^4)$$

kann durch einen Trick beseitigt werden. Man bildet den Mittelwert

$$\tilde{y}_n = \tfrac{1}{4}\, y_{n+1} + \tfrac{1}{2}\, y_n + \tfrac{1}{4}\, y_{n-1}, \tag{5.2.23}$$

[2]William B. Gragg (1936–2016): US-Amerikanischer angewandter Mathematiker; Professor an der Naval Postgraduate School (Monterey, Californien); Schüler von P. Henrici; wichtige Beiträge zur numerischen linearen Algebra und zur Numerik von gew. Differentialgleichungen; das nach ihm benannte Extrapolationsverfahren war Gegenstand siner Dissertation 1964 an der University of California (UCLA, USA).

welcher die Entwicklung besitzt:

$$\begin{aligned}\tilde{y}_n = \tfrac{1}{2}\Big\{ & u(t_n) + \tfrac{1}{2}\{u(t_{n+1}) + u(t_{n-1})\} + \\ & + \sum_{k=1}^{m} h^{2k} \big[a_k(t_n) + \tfrac{1}{2}\{a_k(t_{n+1}) + a_k(t_{n-1})\} + \\ & + (-1)^n \{ b_k(t_n) - \tfrac{1}{2}\{b_k(t_{n+1}) + b_k(t_{n-1})\} \big] \Big\} + O(h^{2m+2}) .\end{aligned}$$

Entwickelt man $u(t_{n\pm1})$ und $a_k(t_{n\pm1})$, $b_k(t_{n\pm1})$ in Taylor-Reihen nach h, so erhält man eine Entwicklung der Form

$$\begin{aligned}\tilde{y}_n = u(t_n) + h^2 \,[\, a_1(t_n) + \tfrac{1}{2}\, u^{(2)}(t_n) \,] \, + \\ + \sum_{k=2}^{m} h^{2k} \,[\, \tilde{a}_k(t_n) + (-1)^n \tilde{b}_k(t_n) \,] + O(h^{2m+2}) ,\end{aligned} \tag{5.2.24}$$

deren führender Term kein Oszillationsglied mehr enthält.

Das Extrapolationsverfahren basierend auf der Mittelpunktregel kombiniert mit der Mittelung (5.2.23) ist eine der meist gebräuchlichen Methoden dieser Art. Aufgrund der Oszillationsterme in den Entwicklungen (5.2.22) und (5.2.24) muss man darauf achten, dass die Schrittweitenfolge

$$h_i = \frac{H}{n_i}, \qquad 1 \le n_0 < n_1 < n_2 < \ldots$$

nur mit geraden n_i oder nur mit ungeraden n_i gebildet wird, damit $(-1)^n$ stets von ein und demselben Vorzeichen ist. Eine populäre Folge ist (sog. „Bulirsch[3]-Folge")

$$\{2, 4, 6, 8, 12, 16, \ldots\} ,$$

wobei man gewöhnlich nicht mehr als 6-8 Extrapolationsschritte ausführt. Die ebenfalls geeignete „Romberg-Folge" $\{2, 4, 8, 16, \ldots\}$ ist wegen der sehr schnell kleiner werdenden Schrittweiten meist zu aufwendig, während die Folge $\{1, 2, 3, 4, \ldots\}$ wegen $h_i/h_{i+1} \to 1$ $(i \to \infty)$ ein instabiles Verhalten der T_{ik} bewirkt.

Basierend auf Satz 5.3 sieht das Extrapolationsverfahren nach Gragg-Stoer[4]-Bulirsch wie folgt aus:

[3]Roland Bulirsch (1932–): Deutscher Numeriker; 1967–1969 Assoc. Prof. an der University of California in San Diego, USA, 1969 Prof. an der Univ. Köln und ab 1973 Prof. an der TU München; Beiträge vor allem zur Numerik von gew. Differentialgleichungen und Optimierungsaufgaben; besonders bekannt durch die von ihm entwickelte „Mehrzielmethode (Mehrfachschießverfahren)" und sein Lehrbuch „Numerische Mathematik" zus. mit J. Stoer.

[4]Josef Stoer (1934–): Deutscher Numeriker; Professor an der Univ. Würzburg; Beiträge zur Approximationstheorie, Numerik gew. Differentialgleichungen und Optimierungsverfahren; bekannt durch sein Lehrbuch „Numerische Mathematik zus. mit R. Bulirsch" basierend auf Vorlesungen seines Doktorvaters Friedrich L. Bauer (Univ. Mainz).

(i) Wähle eine „Grundschrittweite“ H zur Berechnung der Näherungen

$$y_n \approx u(t_n) \quad (n = 0, 1, 2, \dots).$$

(ii) Sei y_n berechnet. Wähle ganze Zahlen $n_0 < n_1 < \dots < n_m$ und berechne die Näherungen

$$\eta(t_n + \nu h_i; h_i), \qquad h_i = H/n_i, \qquad \nu = 1, \dots, n_i + 1,$$

mit Hilfe der Mittelpunktregel gestartet durch die Polygonzgmethode,

$$\begin{aligned} \eta(t_n + h_i; h_i) &= y_n + h_i f(t_n, y_n) \\ \eta(t_n + (\nu+1)h_i; h_i) &= \eta(t_n + (\nu-1)h_i; h_i) + 2h_i f(t_n + \nu h_i, \eta(t_n + \nu h_i; h_i)), \end{aligned}$$

und setze

$$a(h_i) = \tilde{\eta}(t_{n+1}; h_i) = \frac{1}{4}\big\{\eta(t_{n+1} - h_i; h_i) + 2\eta(t_{n+1}; h_i) + \eta(t_{n+1} + h_i; h_i)\big\}.$$

(iii) Berechne die diagonalen Werte T_{ii} des Extrapolationstableaus mit Hilfe der Rekursionsformel (5.1.16). Setze $y_{n+1} := T_{mm}$, und beginne wieder bei (ii).

Durch Berechnung der Werte

$$U_{mm} := 2T_{m+1,m} - T_{mm}$$

lassen sich Schätzungen für den lokalen Fehler $T_{mm} - u(t_{n+1})$ und damit für den Abschneidefehler gewinnen:

$$|\tau_n| \sim H^{-1}|T_{mm} - U_{mm}|\,. \tag{5.2.25}$$

Das Graggsche Extrapolationsverfahren lässt sich offensichtlich als ein explizites Einschrittverfahren zur Basisschrittweite H auffassen. Seine lokale Genauigkeit (bei exaktem Startwert y_n) ist nach Satz 5.1 gerade $O(H^{2m+2})$, d. h.: Die Konsistenzordnung ist $2m+2$. Bei Verwendung der Folge $\{2, 4, 6, 8, 12, 16\}$ $(m = 5)$ erhält man also ein Verfahren der Ordnung 12.

Neben der Polynomextrapolation findet auch die Extrapolation mit rationalen Funktionen Verwendung. In der Tat sind die erzielten Ergebnise bei Verwendung rationaler Funktionen

$$T_{ik}(h) = \frac{P_{ik}(h)}{Q_{ik}(h)},$$

welche die Werte $a(h_i), \dots, a(h_{i+k})$ interpolieren, oft wesentlich besser als die durch Polynominterpolation erzielten. Für die Werte $T_{ik} = T_{ik}(0)$ des zugehörigen Extrapolationstableaus bestehen dann ähnliche Rekursionsformeln wie die oben angegebenen.

Die Anwendung der Extrapolationsmethode auf steife AWAn erfordert die Verwendung einer A-stabilen Basisformel. Hierfür kommen in Betracht die einfache implizierte Euler-Formel oder die Trapezregel, welche wieder eine asymptotische Fehlerentwicklung in h^2 erlaubt. Allerdings neigt die Trapezregel zu Instabilitäten gegenüber Störungen der Daten, so dass in der Praxis die robustere implizierte Euler-Formel vorgezogen wird.

5.2.1 Numerischer Test

Für die AWA

$$u'(t) = -200t\,u(t)^2\,,\quad t \geq -3,\qquad u(-3) = 1/901\,,$$

mit der Lösung $u(t) = (1+100t^2)^{-1}$ wurde der Wert $u(0) = 1$ mit dem Graggschen Extrapolationsverfahren approximiert: $(i = 0,\dots,m)$

$$\begin{aligned}\eta(t_n + h_i; h_i) &= y_n + h_i f(t_n, y_n)\\ \eta(t_n + (\nu+1)h_i; h_i) &= \eta(t_n + (\nu-1)h_i; h_i) + 2h_i f(t_n + \nu h_i, \eta(t_n + \nu h_i, h_i))\\ &\quad (\nu = 1,\dots,n_i+1)\\ a(h_i) &= \frac{1}{4}\left\{\eta(t_{n+1} - h_i; h_i) + 2\eta(t_{n+1}; h_i) + \eta(t_{n+1} + h_i; h_i)\right\}\end{aligned}$$

und weiter

$$T_{i0} := a(h_i)\,,\quad T_{ik} = T_{i,k-1} + \frac{T_{i,k-1} - T_{i-1,k-1}}{(h_i/h_{i+k})^2 - 1}\,,$$
$$(i = 0,\dots,m+1;\ k = 1,\dots,m)$$
$$y_{n+1} = T_{mm}\,,\quad U_{mm} = 2T_{m+1,m} - T_{mm}.$$

Die Schrittweitensteuerung erfolgte dabei gemäß dem Kriterium

$$H^{-1}\,|T_{mm} - U_{mm}| \sim \varepsilon = \text{eps}\,|y_n|/H\,.$$

Bei Verwendung der Bulirsch-Folge $\{H/2, H/4, H/6, H/8\}$ mit $H = 0.1$ ergaben sich mit 17-stelliger Rechnung die folgenden Resultate:

Ordnung	eps	h_{min}	h_{max}	Fehler	Auswertungen
$m = 10$	10^{-13}	$6\cdot 10^{-3}$	0.1	$2\cdot 10^{-12}$	~ 7.800
Rechnung mit konstanter (mittlerer) Schrittweite:					
		$2.5\cdot 10^{-2}$		$6\cdot 10^{-12}$	~ 4.400

Der durch die adaptive Schrittweitenwahl bedingte Mehraufwand an Funktionsauswertungen garantiert die Einhaltung der Fehlerschranke eps $\sim 10^{-12}$ ohne a priori-Kenntnis der „optimalen“ gleichmäßigen Schrittweite $h = 2.5\cdot 10^{-2}$.

5.3 Übungsaufgaben

Aufgabe 5.1: Für die AWA

$$u'(t) = f(t, u(t)),\ \ t \geq 0,\quad u(0) = u_0,$$

soll näherungsweise der Lösungswert $u(1)$ mit Hilfe des Graggschen Extrapolationsverfahrens zur Basisschrittweite h unter Verwendung der sog. „Bulirsch-Folge" $\{2,4,6,8,12,16\}$ berechnet werden.

a) Man beschreibe den Ablauf dieses Verfahrens. Welche Ordnung hat es, wenn die ganze gegebene Schrittweitenfolge verwnedet wird?

b) Wieviele Funktionsauswertungen sind in Abhängigkeit von h erforderlich?

Aufgabe 5.2: Die Anwendung der Extrapolationsmethode im Falle steifer AWAn erfordert die Verwendung eines einfachern A-stabilen Basisverfahrens, z. B. das implizite Euler-Verfahren (oder die Trapezregel):

$$y_n = y_{n-1} + h_n f(t_n, y_n), \quad n \geq 1, \quad y_0 = u_0.$$

a) Man beschreibe den Ablauf des Extrapolationsverfahrens mit der impliziten Euler-Formel als Basisverfahren. Welche Ordnung hat es, wenn die ganze „Bulirsch-Folge" $\{2,4,6,8,12,16\}$ verwendet wird?

b) Es stellt sich die Frage, ob das resultierende Extrapolationsverfahren ebenso wie das zugrunde liegende Basisverfahren wieder A-stabil ist. Man diskutiere diese Frage exemplarisch durch Betrachten eines Zeitschrittes des Extrapolationsverfahrens mit genau einem Extrapolationsschritt ($m = 1$):
Wie sieht der Verstärkungsfaktor $\omega(z)$ aus? Was kann man über sein Verhalten auf der reellen Achse aussagen; und in der Umgebung von 0 in der komplexen Ebene?

(*Bemerkung:* Die Trapezregel neigt beim Extrapolieren leicht zu numerisch instabilem Verhalten und erfordert daher in der Praxis, ähnlich wie die Mittelpunktsregel, die Zwischenschaltung einer zusätzliche Mittellungsprozedur zur Stabilisierung.)

Aufgabe 5.3: Man schreibe die modifizierte Mittelpunktsformel nach Gragg (mit einem expliziten Euler-Schritt als Startprozedur) zur Schrittweite h/N mit $N = 2$ als Runge-Kutta-Methode zur Schrittweite h.

a) Welche Ordnung hat diese Formel?

b) Die Mittelpunktsformel hat ein triviales Stabilitätsintervall. Man verifiziere, dass diese Runge-Kutta-Methode trotzdem das ungefähre Stabilitätsintervall SI $= [-3.1, 0]$ besitzt. Dies demonstriert den Stabilisierungseffekt der Graggschen Glättungsoperation.

Aufgabe 5.4 (Praktische Aufgabe): Man realisiere das Graggsche Extrapolationsverfahren für die AWA

$$u'(t) = -200\, t\, u(t)^2, \quad t \geq -3, \quad u(-3) = \frac{1}{901},$$

mit der exakten Lösung

$$u(t) = \frac{1}{1 + 100t^2}$$

auf dem Intervall $I = [-3, 1]$. Für die Basisschrittweiten $h = 2^{-k}, k = 3, 4, 5, 6$, überprüfe man die durch die Theorie vorhergesagten Konvergenzordnungen für $R = 1, 2, \dots, 6$ Extrapolationsschritte. Die Schrittweiten seien dabei ausgehend von der Basisschrittweite h gemäß der „Bulirsch-Folge"

$$\{h/n_i\}_{i=1,\dots,6}, \quad n_i \in \{2, 4, 6, 8, 12, 16\},$$

gewählt.

6 Differentiell-algebraische Gleichungen (DAE)

Wir haben bisher ausschließlich sog. „explizite“ AWA betrachtet:

$$u'(t) = f(t, u(t)), \quad t \geq t_0, \quad u(t_0) = u_0. \tag{6.0.1}$$

In der Praxis treten aber häufig auch *implizit* gestellte Aufgaben auf. Deren allgemeine Form ist

$$F(t, u(t), u'(t)) = 0, \quad t \geq t_0, \quad u(t_0) = u_0, \tag{6.0.2}$$

mit einer Vektorfunktion $F(t, x, \eta) : D \subset \mathbb{R}^{1+d+d} \to \mathbb{R}^d$. Unter der Annahme, dass die Ableitungsmatrix $F'_\eta(t, u, u')$ entlang einer Lösung (Existenz vorausgesetzt) regulär ist, kann (zumindest prinzipiell) das System lokal nach $u'(t)$ aufgelöst werden, und man erhält in diesem Fall wieder eine explizite AWA der Form (6.0.1). Ein Spezialfall ist die sog. „linear implizite“ Gleichung

$$M(t, u)u' = f(t, u), \tag{6.0.3}$$

mit einer Matrix $M(t, x) : \mathbb{R}^1 \times \mathbb{R}^d :\to \mathbb{R}^{d \times d}$. Für reguläres M ist dies äquivalent zur „normalen“ Gleichung $u' = M(t, u)^{-1} f(t, u)$.

Im Folgenden interessiert uns nun der Fall, dass $F'_\eta(t, u, u')$ bzw. $M(t, u)$ *nicht* regulär ist. Die linear implizite Gleichung zerfällt dann häufig in einen „differentiellen“ und einen „algebraischen“ Teil gemäß:

$$u = \begin{bmatrix} u_1 \\ u_2 \end{bmatrix}, \quad M = \begin{bmatrix} M_{11} & 0_{12} \\ 0_{21} & 0_{22} \end{bmatrix}, \qquad \begin{aligned} M_{11}u_1' &= f_1(t, u_1, u_2) \\ 0 &= f_2(t, u_1, u_2) \end{aligned} \; .$$

In diesem Fall spricht man von einem „differentiell-algebraischen System“ (engl. „DAE“), bei dem es für die Ableitungen gewisser Komponenten von $u(t)$ keine Bestimmungsgleichungen gibt.

Beispiel 6.1: Als Beispiel betrachten wir die lineare AWA (siehe auch Kapitel 3.1.1):

$$u'(t) = Au(t) + b\,, \quad u(0) = u_0,$$

$$u_0 = \begin{bmatrix} 1 \\ 0 \\ -1 \end{bmatrix}, \quad A = \begin{bmatrix} -21 & 19 & -20 \\ 19 & -21 & 20 \\ 40 & -40 & -40 \end{bmatrix}, \quad b = \begin{bmatrix} 1 \\ 1 \\ 1 \end{bmatrix}.$$

Die Eigenwerte von A sind $\lambda_i = -2\,, \lambda_{2,3} = -40 \pm 40i$, d. h.: Die lineare AWA ist *strikt monoton*. Nach Satz 1.7 ist seine eindeutige Lösung dann exponentiell stabil. Da die AWA auch *autonom ist*, folgt weiter aus Satz 1.8, dass diese Lösung exponentiell gegen die Lösung u_∞ der algebraischen Gleichung

$$Au_\infty = -b$$

konvergiert. Die Lösung $u^0(t)$ der homogenen Gleichung $u'(t) = Au(t)$ zu denselben Anfangsbedingungen $u^0(0) = u_0$ ist

$$\begin{aligned} u_1^0(t) &= \tfrac{1}{2}\{e^{-2t} + e^{-40t}\,[\cos 40t + \sin 40t]\} \\ u_2^0(t) &= \tfrac{1}{2}\{e^{-2t} - e^{-40t}\,[\cos 40t + \sin 40t]\} \\ u_3^0(t) &= -e^{-40t}\,[\cos 40t - \sin 40t]\,. \end{aligned}$$

Sie hat die in der Grafik 6.1 dargestellte Form.

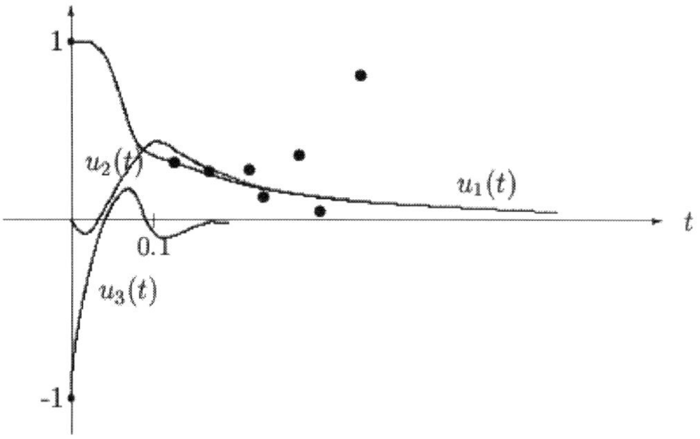

Abbildung 6.1: Komponenten der Lösung des homogenen Systems.

Die Funktion $\tilde{u}(t) := u^0(t) + u_\infty$ ist dann Lösung der AWA

$$\tilde{u}'(t) = u^{0\prime}(t) = Au^0(t) + Au_\infty - Au_\infty = A\tilde{u}(t) + b, \quad \tilde{u}(0) = u_0 + u_\infty, \tag{6.0.4}$$

und konvergiert exponentiell wie $u^0(t)$ gegen den Limes u_∞. Dabei konvergiert die dritte Komponente sehr viel schneller als die beiden anderen: $\tilde{u}_3(t) - u_{\infty,3} \sim e^{-40t}$. Nach einer kurzen Anfangsphase kann ihre zeitliche Variation vernachlässigt werden, so dass danach die dritte Gleichung durch die algebraische Beziehung

$$0 = 40\tilde{u}_1(t) - 40\tilde{u}_2(t) - 40\tilde{u}_3(t) + 1\,, \tag{6.0.5}$$

ersetzt werden kann. Über die ersten beiden Gleichungen beeinflußt $\tilde{u}_3(t)$ aber nach wie vor die Dynamik der Komponenten $\tilde{u}_1(t)$, $\tilde{u}_2(t)$. Offenbar lässt sich aber $\tilde{u}_3(t)$ ganz aus dem System eliminieren, was die Dimension um eins reduziert. Das nichtreduzierte System stellt eine Differentialgleichung auf der durch die lineare Zwangsbedingung (6.0.5) beschriebenen Mannigfaltigkeit dar.

In der Praxis treten häufig solche DAEs direkt auf, z. B. in der Mehrkörpermechanik. Ihre effiziente numerische Lösung macht einen zunehmend großen Teil der numerischen Forschung zu gewöhnlichen Differentialgleichungen aus.

6.1 Theorie differentiell-algebraischer Gleichungen

Wir betrachten eine allgemeine *implizite* AWA

$$F(t,u,u') = 0, \quad t \geq t_0, \quad u(t_0) = u_0, \tag{6.1.6}$$

für Funktionen $u = u(t)$, mit einer L-stetigen Vektorfunktion $F(t,x,\eta) : \mathbb{R}^{1+d+d} \to \mathbb{R}^d$. Wir nehmen an, dass $F'_\eta(t,u,u')$ nicht regulär ist, so dass ein differentiell-algebraisches System (DAE) vorliegt. Durch fortgesetztes Differenzieren dieser Gleichung nach der Zeit kann man unter Umständen in endlich vielen Schritten Gleichungen für die Ableitungen $u'_i(t)$ aller Komponenten herleiten, d. h. das System in eine normale AWA überführen.

Definition 6.1 (Index der DAE): *Der „(differentielle) Index" der DAE (6.1.6) ist die kleinste Zahl $k \in \mathbb{N}$, für die der Ableitungsvektor $u'(t)$ durch die $k+1$ Gleichungen*

$$F(t,u,u') = 0, \quad \frac{d^i}{dt^i} F(t,u,u') = 0, \quad i = 1,...,k, \tag{6.1.7}$$

eindeutig in Ausdrücken von $u(t)$ bestimmt ist.

Beispiel 6.2: Ein einfaches Beispiel einer DAE vom Index $d \geq 1$ ist das d-dimensionale System

$$Mu' = u - b$$

mit der $d \times d$-Matrix

$$M = \left.\begin{bmatrix} 0 & 1 & 0 & \cdots & 0 \\ 0 & 0 & 1 & \cdots & 0 \\ \vdots & \ddots & \ddots & \ddots & \vdots \\ 0 & \cdots & 0 & 0 & 1 \\ 0 & \cdots & 0 & 0 & 0 \end{bmatrix}\right\} d.$$

In diesem Fall fehlt im System eine Gleichung für die Ableitung der ersten Komponente u'_1. Diese kann durch sukzessives Differenzieren und eliminieren der erzeugten Ableitungen u'_l, $l = d,...,1$, aus den jeweils vorausgehenden Gleichungen erzeugt werden:

$$\begin{aligned}
u'_2 &= u_1 - b_1 &&\Rightarrow \quad u'_1 = b'_1 + u''_2 \\
u'_3 &= u_2 - b_2 &&\Rightarrow \quad u''_2 = b''_2 + u'''_3 \\
&&&\vdots \\
u'_d &= u_{d-1} - b_{d-1} &&\Rightarrow \quad u^{(d-1)}_{d-1} = b^{(d-1)}_{d-1} + u^{(d)}_d \\
0 &= u_d - b_d &&\Rightarrow \quad u^{(d)}_d = b^{(d)}_d \qquad \Rightarrow \quad u'_1 = b'_1 + b''_2 + ... + b^{(d)}_d
\end{aligned}$$

Nach Definition ist das System also vom Index d.

Beispiel 6.3: Ein wichtiger Spezialfall sind DAEs vom Index $k = 1$ in der sog. „(linear) expliziten" Form

$$\begin{aligned} M(t,u,v)u' &= f(t,u,v), \quad t \geq t_0, \quad u(t_0) = u_0, \\ 0 &= g(t,u,v). \end{aligned} \tag{6.1.8}$$

mit Vektorfunktionen $f(t,x,y), g(t,x,y) : \mathbb{R}^{1+d+d} \to \mathbb{R}^d$, und einer Matrixfunktion $M(t,x,y) : \mathbb{R}^{1+d+d} \to \mathbb{R}^{d\times d}$. Wir setzen im Folgenden generell voraus, dass die Funktionen $f(t,x,y)$, $g(t,x,y)$, $M(t,x,y)$ in allen Argumenten stetig und bzgl. der Argumente x, y Lipschitz-stetig sind. Die Matrix $M(t,x,y)$ sei regulär. Ferner sei $g(t,x,y)$ differenzierbar mit regulärer Ableitungsmatrix $g'_y(t,x,y)$. Diese Eigenschaften sollen der Einfachheit halber gleichmäßig für alle Argumente gelten. Dann kann man die differenzierte Beziehung

$$0 = g'_t(t,u,v) + g'_x(t,u,v)u' + g'_y(t,u,v)v'$$

nach v' auflösen, und man erhält das normale System

$$u' = M(t,u,v)^{-1}f(t,u,v), \quad t \geq t_0, \quad u(t_0) = u_0, \tag{6.1.9}$$

$$\begin{aligned} v' &= -g'_y(t,u,v)^{-1}\{g'_t(t,u,v) + g'_x(t,u,v)u'\} \\ &= -g'_y(t,u,v)^{-1}\{g'_t(t,u,v) + g'_x(t,u,v)M(t,u,v)^{-1}f(t,u,v)\}. \end{aligned} \tag{6.1.10}$$

Die DAE hat also den Index 1. Im Folgenden werden wir der Einfachheit halber nur DAE vom Index 1 betrachten, bei denen $M(t,x,y) \equiv I$ ist.

Beispiel 6.4: Ein weiterer typischer Fall ist die DAE

$$u' = f(t,u,v), \quad t \geq t_0, \quad u(t_0) = u_0, \tag{6.1.11}$$

$$0 = g(t,u), \tag{6.1.12}$$

in der die „algebraische" Variable $v(t)$ in der algebraischen Gleichung gar nicht vorkommt. Zeitliche Ableitung von (6.1.12) ergibt

$$0 = g'_t(t,u) + g'_x(t,u)u',$$

und nach Kombination mit der Differentialgleichung:

$$g'_x(t,u)u' = g'_x(t,u)f(t,u,v) = -g'_t(t,u).$$

Dies wird nun erneut differenziert, wodurch die Ableitung v' erscheint, aber noch mit u' verkoppelt. Drückt man hier nun u' mit Hilfe der ersten Differentialgleichung durch u, v aus, so erhält wieder ein Standardsystem für u, v, vorausgesetzt die Matrix

$$C := g'_x(t,u)f'_y(t,u,v)$$

ist regulär. Dann ist diese DAE also vom Index 2.

Im Folgenden betrachten wir nun ausschließlich DAE vom Index $k = 1$ in *expliziter* Form. Für diese gilt der folgende allgemeine Existenzsatz:

Satz 6.1 (Existenzsatz für DAE): *Die Funktionen $f(t,x,y)$ und $g(t,x,y)$ seien ausreichend differenzierbar. Ferner sei die Gleichung $g(t_0,x_0,y_0) = 0$ nach y_0 auflösbar. Ist dann $g'_y(t,x,y)$ in einer Umgebung von $\{t_0,x_0,y_0\}$ regulär, so besitzt die DAE (6.1.8) vom Index 1 eine eindeutig bestimmt lokale Lösung $\{u(t),v(t)\}$.*

Beweis: Der Beweis kann etwa analog zum Existenzsatz von Peano mit einem konstruktiven Argument direkt für die DAE oder auch durch Rückführung auf Resultate für normale AWA geführt werden. Letzterer Weg verwendet die vorausgesetzte Regularität der Ableitungsmatrix $g'_y(t,x,y)$, um die DAE in eine normale AWA zu überführen:

$$u' = f(t,u,v), \quad u(t_0) = u_0, \tag{6.1.13}$$

$$v' = -g'_y(t,u,v)^{-1}\{g'_t(t,u,v) + g'_x(t,u,v)f(t,u,v)\}. \tag{6.1.14}$$

Dabei wird der noch fehlende Anfangswert für v durch Lösung der algebraischen Gleichung $g(t_0,u_0,v(t_0)) = 0$ bestimmt. Auf diese AWA können nun die schon bekannten Existenz- und Eindeutigkeitsresultate angewendet werden. Die weiteren Details seien als Übungsaufgabe gestellt. Q.E.D.

6.2 Numerik differentiell-algebraischer Gleichungen

Ausgangspunkt ist eine DAE vom Index 1 der expliziten Form

$$u' = f(t,u,v), \quad t \in [t_0, t_0 + T], \quad u(t_0) = u_0, \tag{6.2.15}$$

$$0 = g(t,u,v), \tag{6.2.16}$$

wobei die Ableitungsmatrix $g'_y(t,u,v)$ wieder entlang der ganzen Lösungstrajektorie regulär sein soll. Die Lösung existiere auf dem ganzen Intervall $I = [t_0, t_0 + T]$. In der Praxis ist die Dimension der algebraischen Bedingung (6.2.16) meist deutlich kleiner als die der Differentialgleichung (6.2.15).

Bei einer DAE kann „Steifheit" in verschiedener Form auftreten. Zunächst kann der *differentielle* Anteil (6.2.15) im üblichen Sinne „steif" sein mit $\|f'_x(t,x,y)\| \gg 1$. Daneben kann aber auch der *algebraische* Anteil „steif" sein mit $\|g'_y(t,x,y)^{-1}\| \gg 1$. In beiden Fällen ist dann das abgeleitete System

$$u' = f(t,u,v)$$

$$v' = -g'_y(t,u,v)^{-1}\{g'_t(t,u,v) + g'_x(t,u,v)f(t,u,v)\}$$

„steif" im üblichen Sinne. Je nachdem, welcher Teil der DAE „steif" ist, müssen im numerischen Verfahren *implizite* Komponenten verwendet werden. Wir wollen dies zunächst anhand der einfachsten Einschrittverfahren diskutieren.

a) Der nicht-steife Fall:
Mit der Bezeichnung $y_n \approx u(t_n)$, $z_n \approx v(t_n)$ lautet die Polygonzugmethode angewandt auf das obige System:

$$y_n = y_{n-1} + hf(t_{n-1}, y_{n-1}, z_{n-1}), \quad n \geq 1, \quad y_0 = u_0, \tag{6.2.17}$$
$$0 = g(t_n, y_n, z_n). \tag{6.2.18}$$

Wir sehen, dass dieses Schema wegen der algebraische Gleichung (6.2.18) immer eine *implizite* Komponente enthält. Zur Bestimmung von z_n aus (6.2.18) kann im Fall einer moderat konditionierten Jacobi-Matrix $g'_y(t,x,y)$ die einfache Fixpunktiteration

$$z_n^{(j)} = z_n^{(j-1)} - Cg(t_n, y_n, z_n^{(j-1)}), \quad j = 1, 2, 3, \dots, \tag{6.2.19}$$

verwendet werden. Dabei ist C eine reguläre Matrix, die so zu wählen ist, dass

$$\|I - Cg'_y(t,x,y)\| < 1$$

garantiert ist (gemäß dem Konvergenzkriterium im Banachschen Fixpunktsatz). In diesem Fall konvergiert die Folge der Iterierten $z_n^{(j)}$ für jeden Startwert $z_n^{(0)}$ gegen die Lösung z_n der algebraischen Beziehung (6.2.18). Als Startwert mit guter Anfangsgenauigkeit dient meist $z_n^{(0)} := z_{n-1}$. Wir weisen auf die Ähnlichkeit der Iterationsvorschrift (6.2.19) mit dem Polygonzugschema (6.2.17) hin, wenn man $C = hI$ setzt. Die Folge $(z_n^{(j)})_{j=1,2,\dots}$ lässt sich dann interpretieren als Polygonzug-Approximation der AWA

$$z' = g(t,z), \quad t \geq t_n, \quad z(t_n) = z_{n-1}. \tag{6.2.20}$$

Deren Lösung konvergiert für $t \to \infty$ gegen einen Limes z_∞, wenn die Funktion $g(t,x,y)$ strikt monoton in y bzw. ihre Jacobi-Matrix $g'_y(t,x,y)$ strikt negativ definit ist.

b) Der semi-steife Fall:
Etwas kritischer ist die Situation, wenn die algebraische Gleichung (6.2.18) „steif" ist, d. h.: $g'_y(t,x,y)$ ist zwar regulär, aber die Norm der Inversen ist groß : $\|g'_y(t,x,y)^{-1}\| \gg 1$. Dann wird die Gleichung (6.2.18) mit Hilfe des Newton-Verfahrens gelöst:

$$g'_y(t_n, y_n, z_n^{(j-1)})z_n^{(j)} = g'_y(t_n, y_n, z_n^{(j-1)})z_n^{(j-1)} - g(t_n, y_n, z_n^{(j-1)}), \quad j = 1, 2, 3, \dots,$$

wobei wieder der Startwert $z_n^{(0)} = z_{n-1}$ verwendet wird. Die in jedem Iterationsschritt zu lösenden linearen Gleichungssysteme sind zwar meist schlecht konditioniert, aber auch von moderater Größe verglichen mit dem Polygonzugschritt (6.2.17).

c) Der steife Fall:
Wenn die differentielle Gleichung (6.2.15) steif ist, muss zu ihrer Integration ein *implizites* Verfahren verwendet werden. Das implizite Euler-Schema lautet hier wie folgt:

$$y_n = y_{n-1} + hf(t_n, y_n, z_n) \quad n \geq 1, \quad y_0 = u_0, \tag{6.2.21}$$
$$0 = g(t_n, y_n, z_n). \tag{6.2.22}$$

Der Startwert für die algebraische Variable z_0 wird wieder aus der Gleichung

$$g(t_0, y_0, z_0) = 0$$

bestimmt. Wenn auch die algebraische Gleichung „steif“ ist, $\|g'_y(t,x,y)^{-1}\| \gg 1$, so stellt die Bestimmung eines „konsistenten“ Anfangswerts z_0 ein sehr schwieriges Problem dar. Dies liegt daran, dass in diesem Fall für das nur lokal konvergierende Newton-Verfahren keine offensichtliche Anfangsnäherung $z_0^{(0)} \approx z_0$ zur Verfügung steht, sondern erst konstruiert werden muss. Dies ist in komplizierten Anwendungsfällen oft „teurer“ als die anschließende Zeititeration. In den nachfolgenden Zeitschritten stellt sich dieses Problem bei der Lösung von $g(t_n,y_n,z_n)=0$ nicht so scharf, da hier mit $z_n^{(0)} := z_{n-1}$ automatisch ein „guter“ Startwert verfügbar ist. In jedem Zeitschritt ist ein gekoppeltes Gleichungssystem der Form

$$y_n - hf(t_n,y_n,z_n) = y_{n-1}, \tag{6.2.23}$$

$$g(t_n,y_n,z_n) = 0, \tag{6.2.24}$$

zu lösen. Die zugehörige Newton-Matrix lautet

$$J_n = \begin{bmatrix} I - hf'_x(t_n,y_n,z_n) & -hf'_y(t_n,y_n,z_n) \\ g'_x(t_n,y_n,z_n) & g'_y(t_n,y_n,z_n) \end{bmatrix}.$$

Ihre Invertierung ist relativ leicht, wenn beide Diagonalblöcke $I - hf'_x(t_n,y_n,z_n)$ und $g'_y(t_n,y_n,z_n)$ positiv definit sind. Andernfalls ist die Gesamtmatrix streng *indefinit*, d. h.: Es liegt ein sog. „Sattelpunktproblem“ vor, zu dessen Lösung meist spezielle „Tricks“ erforderlich sind.

Zur Integration von steifen DAE können grundsätzlich alle für steife AWA geeignete Verfahren verwendet werden. Besonders naheliegend sind wegen ihrer einfachen Struktur die A(α)-stabilen BDF-Formeln („Rückwärtdifferenzen-Formeln“). Diese stehen zur Verfügung bis zur Ordnung $m = 6$, was für steife Probleme ausreichende Genauigkeit garantiert. Jeder Zeitschritt hat dann die Gestalt

$$y_n = -\sum_{r=1}^{R} \alpha_{R-r} y_{n-r} + h\beta_0 f(t_n,y_n,z_n), \quad n \ge R-1, \tag{6.2.25}$$

$$0 = g(t_n,y_n,z_n), \tag{6.2.26}$$

wobei die Startwerte y_r, $r = 0,\dots,R-1$, etwa mit Hilfe eines Einschrittverfahrens erzeugt werden. Für die Lösung der impliziten Gleichungssysteme in jedem Zeitschritt gilt dann dasselbe, was bereits zum impliziten Euler-Verfahren gesagt worden ist. In modernen ODE- oder DAE-Codes werden diese LMM mit variabler Ordnung auch direkt auf nichtäquidistanten Zeitgittern formuliert, was die Durchführung von Zeitschrittkontrolle stark vereinfacht. Dies führt allerdings auf kompliziertere Differenzenformeln mit zeitabhängigen Koeffizienten $\alpha_r(h_{n-1},\dots,h_{n-R})$. Die „Kunst“ besteht dann im Design einer effektiven Schrittweiten- und Ordnungssteuerung.

6.3 Übungsaufgaben

Aufgabe 6.1: Bei der Ortsdiskretisierung der „inkompressiblen“ Navier-Stokes-Gleichungen der Strömungsmechanik entsteht eine $(n+m)$-dimensionale DAE der Gestalt

$$\begin{aligned} Mu'(t) &= Au(t) + N(u(t))u(t) + Bp(t) + b, \\ B^T u(t) &= 0, \quad t \geq 0, \quad u(0) = u_0, \end{aligned}$$

für die Vektoren der approximierenden Punktwerte $u(t) \in \mathbb{R}^n$ des Geschwindigkeitsfeldes und $p(t) \in \mathbb{R}^m$ des skalaren Druckfeldes. (Bemerkung: Die lineare algebraische Nebenbedingung $B^T u = 0$ repräsentiert die „Inkompressibilität“ des betrachteten Fluids.) Aus numerischen Gründen ist stets $n > m$. Die Systemmatrizen $M, A, N(\cdot) \in \mathbb{R}^{n\times n}$ und $B \in \mathbb{R}^{n\times m}$ sind meist zeitlich konstant, wogegen der Vektor $b \in \mathbb{R}^n$ zeitabhängig sein kann. Ferner sind die Matrizen M und A regulär.

a) Von welchem Typ ist diese DAE?

b) Unter welcher Zusatzbedingung an die Systemmatrizen ist diese DAE lösbar?

Aufgabe 6.2 (Praktische Aufgabe): Man löse die 3-dimensionale steife DAE

$$Mu'(t) = Au(t) + b, \quad t \geq 0, \quad u(0) = (1, 0, \text{unbestimmt})^T,$$

$$M = \begin{bmatrix} 1 & 0 & 0 \\ 0 & 1 & 0 \\ 0 & 0 & 0 \end{bmatrix}, \quad A = \begin{bmatrix} -21 & 19 & -20 \\ 19 & -21 & 20 \\ 40 & -40 & -40 \end{bmatrix}, \quad b = \begin{bmatrix} 1 \\ 1 \\ 1 \end{bmatrix},$$

direkt, d. h. ohne Reduktion auf ein System der Dimension zwei, auf dem Intervall $I = [0, 10]$ mit Hilfe des impliziten Euler-Verfahrens und der Trapez-Regel. Die (äquidistante) Schrittweite werde so gewählt, dass der absolute Fehler kleiner als 10^{-3} ist. Man vergleiche die Ergebnisse mit denen der Lösung der zugehörigen normalen AWA mit der Matrix $M = I$ und der Anfangsbedingung $u(0) = (1, 0, -1)^T$.

Aufgabe 6.3: Man versuche die folgenden Fragen möglichst ohne Verwendung des Textes knapp zu beantworten:

a) Welche Bedingung sichert die Eindeutigkeit der Lösung der AWA

$$u'(t) = f(t, u(t)), \quad t \geq t_0, \quad u(t_0) = u^0\,?$$

b) Was ist die Struktur des Lösungsraums des linearen homogenen Systems

$$u'(t) = A(t)u(t)$$

mit einer stetigen Matrixfunktion $A : [t_0, \infty) \to \mathbb{R}^{d\times d}$?

c) Was besagt das Gronwallsche Lemma?

d) Hat die AWA

$$u'(t) = \sin(u(t)) + e^{-|u(t)|}, \quad t \geq t_0, \quad u(t_0) = u^0,$$

eine globale Lösung?

e) Wie sieht die allgemeine Einschrittmethode zur Approximation der AWA $u'(t) = f(t, u(t)), t \geq t_0, \; u(t_0) = u^0$ aus, und was ist ihr „Abschneidefehler“ (bzw. „lokaler Diskretisierungsfehler“)?

f) Wie lautet die Trapezregel als Differenzenverfahren zur Approximation der allgemeinen AWA und was ist ihre Ordnung?

g) Wie lautet die allgemeine LMM zur Approximation der allgemeimen AWA und wie lautet ihr „Stabilitätspolynom“?

h) Wann nennt man eine allgemeine AWA „steif“?

i) Was bedeuten für eine LMM die Begriffe „null-stabil“, „A-stabil“ und „A(0)-stabil“?

j) Was sind die Stabilitätsgebiete der expliziten Euler-Formel (Polygonzugmethode), der impliziten Euler-Formel und der Trapezregel?

k) Was ist der „Index“ einer DAE?

7 Galerkin-Verfahren

Bisher haben wir zur Lösung von AWA sog. „Differenzenverfahren“ betrachtet. In diesem Rahmen stehen mit den Runge-Kutta-Verfahren, den linearen Mehrschrittformeln sowie den durch lokale Extrapolation gewonnenen Formeln Methoden jeder gewünschten Ordnung zur Verfügung, wobei in jedem Zeitschritt lediglich Funktionsauswertungen der rechten Seite $f(t,x)$ erforderlich sind. Mit den A-stabilen impliziten Runge-Kutta-Schemata, den BDF-Verfahren und der extrapolierten impliziten Euler-Formel lassen sich auch *steife* Probleme behandeln. Die dabei in jedem Zeitschritt auftretenden, schlecht konditionierten, nichtlinearen Gleichungssysteme werden mit Hilfe des Newton-Verfahrens gelöst. Es ist daher wünschenswert, dass sich Monotonie-Eigenschaften der AWA auf entsprechende Eigenschaften der Verfahrensfunktion $F(h;t,x,y)$ übertragen. Dies ist bei allgemeinen impliziten Runge-Kutta-Verfahren aber nicht notwendigerweise der Fall. Bei allen betrachteten Differenzenverfahren kann die Zeitschrittweite auf der Basis von heuristischen Schätzungen des Abschneidefehlers gewählt werden. Dahinter steht als „Rechtfertigung“ die *a priori* Fehlerabschätzung mit einer allerdings unbestimmten Fehlerkontante, welche im schlimmsten Fall exponentiell mit der Zeit wachsen kann. Insbesondere bei *steifen* Problemen mit inhärent großen Lipschitz-Konstanten ist diese Begründung ungenügend. Wünschenswert wäre also eine Schrittweitenkontrolle auf der Basis auswertbarer *a posteriori* Fehlerabschätzungen. Dies führt auf die Frage nach der Konstruktion von Einschrittverfahren beliebig hoher Ordnung, welche

- nur Funktionsauswertungen der rechten Seite erfordern,
- zur Integration „steifer“ Probleme geeignet sind,
- dieselben Monotonie-Eigenschaften wie die gegebene AWA besitzen,
- eine *a posteriori* Fehleranalyse mit auswertbaren Fehlerabschätzungen zulässt,
- eine verlässliche Schrittweitenkontrolle erlaubt.

Wir werden im Folgenden mit den sog. „Galerkin[1]-Verfahren“ einen für AWA noch wenig gebräuchlichen Diskretisierungsansatz betrachten, welcher diesen Anforderungen wenigstens im Prinzip gerecht wird.

7.1 Variationelle Formulierung der Anfangswertaufgaben

Die bisher betrachteten Lösungsmethoden für AWA

$$u' = f(t,u)\,, \quad t \geq t_0\,, \quad u(t_0) = u_0\,, \tag{7.1.1}$$

waren alle *Differenzenverfahren*. Bei diesen wird typischerweise die linke Seite in (7.1.1) durch Differenzenquotienten approximiert und die zugehörige Näherungslösung $U_n \approx$

[1]Boris Grigorievich Galerkin (1871-1945): Russischer Bauingenieur und Mathematiker; Prof. in St. Petersburg; Beiträge zur Struktur-Mechanik, insbesondere zur Plattentheorie.

$u(t_n)$ in diskreten Zeitpunkten t_n bestimmt. Wir betrachten nun einen Ansatz, der eine mehr globale Sichtweise hat, das sog. „Galerkin-Verfahren". Die AWA wird der Einfachheit halber wieder als (global) Lipschitz-stetig angenommen, und die Notation ist so gehalten, dass auch allgemeine d-dimensionale Systeme von Gleichungen erfasst werden, d. h.: Auftretende Funktionen sind gegebenenfalls vektorwertig, und $(\cdot,\cdot)$ bedeutet dann wieder das zugehörige euklidische Skalarprodukt.

Ausgangspunkt ist eine integrale Formulierung der AWA über einem vorgegebenen Zeitintervall $I = [t_0, t_0 + T]$. Für eine Funktion $u \in C^1(I)^d$ mit $u(t_0) = u_0$ ist (7.1.1) äquivalent zu

$$\int_I (u' - f(t,u), \varphi)\, dt = 0 \quad \forall \varphi \in C(I)^d. \tag{7.1.2}$$

Jede (klassische) Lösung von (7.1.1) erfüllt offensichtlich (7.1.2). Die Umkehrung zeigt man etwa, indem für jeden festen Zeitpunkt $t \in I$ als „Testfunktionen" approximierende Dirac-Funktionen $\delta_\varepsilon(t;\cdot)$ zum Aufpunkt t eingesetzt werden und der Grenzübergang $\varepsilon \to 0$ durchgeführt wird (Fundamentalsatz der Variationsrechnung):

$$0 = \int_I (u_i' - f_i(s,u))\delta_\varepsilon(t;s)\, ds \quad \to_{\varepsilon\to 0} \quad u_i'(t) - f_i(t, u(t)). \tag{7.1.3}$$

Wir verzichten auf die Beweisdetails, da dies für das Folgende nicht wichtig ist. Wenn Missverständnisse ausgeschlossen sind, wird die explizite Erwähnung der t-Abhängigkeit von Funktionen unter dem Integral weggelassen.

Da die Funktionen φ in (7.1.2) beliebig variieren dürfen, nennt man dies auch eine „variationelle Formulierung" der AWA (7.1.1). Sie besagt geometrisch ausgedrückt, dass das sog. „Residuum" der Lösung u,

$$R(u) := u' - f(\cdot, u),$$

bzgl. des Skalarprodukts von $L^2(I)^d$ orthogonal zu allen Testfunktionen $\varphi \in C(I)^d$ ist.

7.2 Das „unstetige" Galerkin-Verfahren

Ein allgemeines Galerkin-Verfahren zur Approximation von (7.1.1) restringiert die Gleichung (7.1.2) auf geeignete, endlich dimensionale Ansatzräume, ganz analog zum Vorgehen etwa beim CG-Verfahren zur Lösung von allgemeinen linearen Gleichungssystemen. Wir betrachten solche Galerkin-Verfahren mit stückweise polynomialen Ansatzfunktionen. Dazu seien

$$t_0 < t_1 < \ldots < t_N = t_0 + T$$

eine Unterteilungen des Integrationsintervalls I in (hier nach links halboffene) Teilintervalle $I_n = (t_{n-1}, t_n]$. Wir setzen wieder

$$h_n = t_n - t_{n-1}, \quad h = \max_{n=1,\ldots,N} h_n.$$

Bzgl. einer solchen Unterteilung $\mathbf{T}_h = \{I_n,\, n=1,\dots,N\}$ wird zunächst der Raum $V(I)$ von stückweise glatten Funktionen definiert durch

$$V(I) = \big\{v : I \to \mathbb{R}^d : v(t_0) \in \mathbb{R}^d,\ v_{|I_n} \in C_c^1(I_n)^d\,,\ n=1,\dots,N\big\}\,.$$

Dabei bezeichnet $C_c^1(I_n)$ den Raum der auf dem (halb offenen) Intervall I_n stetig differenzierbaren und stetig zum linken Randpunkt t_{n-1} fortsetzbaren Funktionen. Wir wollen die variationelle Formulierung (7.1.2) der AWA (7.1.1) zu einer äquivalenten auf dem Raum $V(I)$ erweitern, welche dann als Grundlage eines Diskretisierungsansatzes auch mit unstetigen Ansatzfunktionen dienen kann. Für Funktionen $v \in V(I)$ werden die folgenden Bezeichnungen eingeführt:

$$v_n^+ = \lim\nolimits_{t\downarrow t_n} v\,, \qquad v_n^- = \lim\nolimits_{t\uparrow t_n} v\,, \qquad [v]_n = v_n^+ - v_n^-\,.$$

Gesucht ist nun eine Funktion $u \in V(I)$ mit den Eigenschaften $u(t_0) = u_0^- = u_0$ und

$$\sum_{n=1}^N \Big\{ \int_{I_n} (u' - f(t,u), \varphi)\,dt + ([u]_{n-1}, \varphi_{n-1}^+) \Big\} = 0, \tag{7.2.4}$$

für alle $\varphi \in V(I)$. Man überlegt sich leicht, dass diese Formulierung in der Tat äquivalent zu (7.1.2) bzw. zu (7.1.1) ist:
Beweisargument: Durch Wahl von φ_ε mit $\varphi_{\varepsilon,n}^+ = 1$ und $\varphi_\varepsilon(t) \to 0\,(\varepsilon \to 0)$ für $t \neq t_n$ folgt $[u]_n = 0$ für $n \geq 1$, d. h. die Stetigkeit von u bei t_n, sowie $u_0^+ = u_0$ für $n=0$. Analog folgt das Bestehen der Gleichung $u' = f(\cdot, u)$ auf I_n. Wegen der Stetigkeit von $f(t,x)$ ergibt sich damit wieder, dass u notwendig auch stetig differenzierbar auf I sein muss und folglich mit der Lösung von (7.1.1) übereinstimmt.

Wir gehen noch einen Schritt weiter und integrieren auch noch die Anfangsbedingung in die variationelle Formulierung. Dazu führen wir die folgende Semi-Linearform ein:

$$A(u;\varphi) := \sum_{n=1}^N \Big\{ \int_{I_n} (u' - f(t,u), \varphi)\,dt + ([u]_{n-1}, \varphi_{n-1}^+) \Big\} + (u_0^-, \varphi_0^-),$$

welche bzgl. des zweiten Arguments φ (Argument nach dem Semikolon) *linear* ist. Die AWA (7.1.1) ist dann äquivalent zur Bestimmung eines $u \in V(I)$ mit der Eigenschaft

$$A(u;\varphi) = (u_0, \varphi_0^-) \quad \forall \varphi \in V(I). \tag{7.2.5}$$

Zur Diskretisierung von (7.2.5) führen wir nun Teilräume $S_h^{(r)}(I) \subset V(I)$ $(r \in \mathbb{N}_0)$ von stückweise polynomialen Funktionen ein:

$$S_h^{(r)}(I) = \big\{\varphi \in V(I) : \varphi(t_0) \in \mathbb{R}^d,\ \varphi_{|I_n} \in P_r(I_n)^d\,,\ n=1,\dots,N\big\}\,.$$

Dabei bezeichnet $P_r(I_n)$ den Raum der Polynome vom Grad kleiner oder gleich r. Man beachte, dass die Ansatzfunktionen $\varphi \in S_h^{(r)}$ i. Allg. unstetig sind und im Anfangszeitpunkt t_0 einen Wert $\varphi(t_0) \neq \lim_{t\downarrow t_0} \varphi(t)$ annehmen können. Der Fall stetiger Ansatzfunktionen wird unten kurz diskutiert werden. Der Galerkin-Ansatz zur Lösung von (7.1.1) besteht nun darin, dass eine Funktion $U \in S_h^{(r)}(I)$ gesucht wird mit den Eigenschaften

$$A(U;\Phi) = (u_0, \Phi_0^-) \quad \forall \Phi \in S_h^{(r)}(I). \tag{7.2.6}$$

Aus offensichtlichem Grund wird dieses Verfahren „unstetiges Galerkin-Verfahren (mit Ansatzgrad r)“ oder kurz „dG(r)-Verfahren“ genannt. Die Lösbarkeit des (endlich dimensionalen) Problems (7.2.6) wird später diskutiert. Zunächst stellen wir fest, dass wegen der zugelassenen Unstetigkeit der Testfunktionen das *globale* Problem auch als ein sukzessives Zeitschrittverfahren geschrieben werden kann. Durch Wahl einer Testfunktion in der Form $\varphi \equiv 0$ auf allen $I_m \neq I_n$ erhält man aus (7.2.6)

$$\int_{I_n} (U', \varphi)\, dt + (U_{n-1}^+, \varphi_{n-1}^+) = \int_{I_n} (f(t, U), \varphi)\, dt + (U_{n-1}^-, \varphi_{n-1}^+), \tag{7.2.7}$$

für alle $\varphi \in P_r(I_n)$. Dabei spielt U_{n-1}^- die Rolle des Anfangswertes auf dem Intervall I_n. Der Anfangswert für $n = 1$ ist natürlich $U_0^- = u_0$. Man beachte, dass die *diskrete* Lösung U an den Stützstellen t_n nicht stetig zu sein braucht. Da die kontinuierliche Lösung u offensichtlich dieselbe variationelle Gleichung (7.2.6) erfüllt,

$$A(u; \Phi) = (u_0, \Phi_0^+) \quad \forall \Phi \in S_h^{(r)}(I),$$

ergibt sich durch Subtraktion die sog. „Galerkin-Orthogonalität“

$$A(u; \Phi) - A(U; \Phi) = 0 \quad \forall \Phi \in S_h^{(r)}(I). \tag{7.2.8}$$

7.2.1 Beispiele

Das scheinbar so andersartige dG(r)-Verfahren besitzt dennoch eine enge Verwandtschaft mit wohl bekannten Differenzenverfahren. Dazu betrachten wir den Fall $d = 1$.

(1) Fall $r=0$: Wir setzen $U_n := U_n^-$ auf $I_n = (t_{n-1}, t_n]$ und (7.2.7) reduziert sich auf

$$U_n - U_{n-1} = \int_{I_n} f(t, U_n)\, dt. \tag{7.2.9}$$

Dies ist eine Variante des impliziten Euler-Schemas, welches man durch Approximation des Integrals auf der rechten Seite mit der Boxregel erhält:

$$U_n = U_{n-1} + \int_{I_n} f(t, U_n)\, dt \approx U_{n-1} + h_n f(t_n, U_n).$$

(2) Fall $r=1$: Wir verwenden für $U(t)$ auf I_n die Lagrange-Darstellung

$$U(t) = h_n^{-1}(t - t_{n-1})U_n^- - h_n^{-1}(t - t_n)U_{n-1}^+.$$

Setzt man dies in (7.2.7) ein und testet nacheinander mit den Basispolynomen $\varphi \equiv 1$ und $\varphi = h_n^{-1}(t - t_{n-1})$, so ergibt sich für die Funktionswerte U_{n-1}^+ und U_n^- das System

$$U_n^- - U_{n-1}^- = \int_{I_n} f(t, U)\, dt, \quad U_n^- - U_{n-1}^+ = 2h_n^{-1} \int_{I_n} f(t, U)(t - t_{n-1})\, dt. \tag{7.2.10}$$

Wenn man die Integrale mit der Trapezregel approximiert,

$$\int_{I_n} f(t,U)\,dt \approx \tfrac{1}{2}h_n\{f(t_{n-1},U_{n-1}^+) + f(t_n,U_n^-)\},$$

$$2h_n^{-1}\int_{I_n} f(t,U)(t-t_{n-1})\,dt \approx h_n f(t_n,U_n^-),$$

ergibt sich das *implizite* Runge-Kutta-Verfahren

$$U_n^- = U_{n-1}^- + \tfrac{1}{2}h_n(k_1+k_2), \quad k_1 = f(t_{n-1},U_n^- - h_nk_2), \quad k_2 = f(t_n,U_n^-). \tag{7.2.11}$$

Dieses Differenzenverfahren ist von zweiter Ordnung (Nachrechnen als Übungsaufgabe). Wir werden später aber sehen, dass das exakte dG(1)-Verfahren in den diskreten Zeitpunkten t_n sogar von dritter Ordnung ist.

Beide Differenzenverfahren, (7.2.9) und (7.2.10), sind A-stabil. Sie gehören zur Klasse der sog. „subdiagonalen Padé[2] -Verfahren" und haben angewandt auf das übliche Modellproblem $u' = \lambda u$ die Verstärkungsfaktoren

$$\text{dG(0)-Verfahren:} \qquad \omega(\lambda h) = \frac{1}{1-h\lambda},$$

$$\text{dG(1)-Verfahren:} \qquad \omega(\lambda h) = \frac{1+\frac{1}{3}h\lambda}{1-\frac{2}{3}h\lambda+\frac{1}{6}h^2\lambda^2}.$$

Das Differenzenschema (7.2.11) hat den Verstärkungsfaktor $\omega(\lambda h) = (1-h\lambda+\frac{1}{2}h^2\lambda^2)^{-1}$ und ist folglich A-stabil.

7.2.2 Lösbarkeit der Galerkin-Gleichungen

Wir untersuchen zunächst die Wohlgestelltheit der Galerkin-Gleichungen im Fall von L-stetigen (nicht-steifen) AWA.

Satz 7.1 (dG-Verfahren für nicht-steife AWA): *Sei wieder L die globale Lipschitz-Konstante der Funktion $f(t,x)$. Für jedes $r \geq 0$ gibt es eine Konstante $\gamma > 0$, so dass die Galerkin-Gleichung (7.2.6) unter der Bedingung $h < \gamma/L$ eine eindeutige Lösung $U \in S_h^{(r)}(I)$ besitzt.*

Beweis: Sei U bis zum Zeitpunkt t_{n-1} berechnet. Der Schritt nach t_n erfordert die Bestimmung von $U_{|I_n}$ aus U_{n-1}^-. Die Lösung $U_{|I_n}$ ist bestimmt durch die Fixpunktgleichung

$$\int_{I_n}(U',\varphi)\,dt + (U_{n-1}^+,\varphi_{n-1}^+) = \int_{I_n}(f(t,U),\varphi)\,dt + (U_{n-1}^-,\varphi_{n-1}^+), \tag{7.2.12}$$

[2]Henri Eugène Padé (1785-1836): Französischer Mathematiker; Prof. in Poitiers und Bordeaux; entwickelte die sog. „Padé-Approximation", rationale Approximationen der Exponentialfunktion.

für alle $\varphi \in P_r(I_n)$. Wir werden zeigen, dass diese eine Fixpunktabbildung $g : P_r(I_n) \to P_r(I_n)$ definiert (zu festem U_{n-1}^-), welche für $h < \gamma/L$ eine Kontraktion ist. Seien dazu $U = g(\widetilde{U})$ und $V = g(\widetilde{V})$ für zwei beliebige $\widetilde{U}, \widetilde{V} \in P_r(I_n)$. Die Differenzen $W := U - V$ und $\widetilde{W} := \widetilde{U} - \widetilde{V}$ genügen dann der Relation

$$\int_{I_n} (W', \varphi)\, dt + (W_{n-1}^+, \varphi_{n-1}^+) \le L \int_{I_n} \|\widetilde{W}\| \|\varphi\|\, dt \qquad \forall \varphi \in P_r(I_n).$$

Wir setzen hier zunächst $\varphi = W$ und erhalten unter Verwendung der Identität $(W', W) = \frac{1}{2}\frac{d}{dt}\|W\|^2$ und anschließender Integration die Beziehung

$$\|W_n^-\|^2 + \|W_{n-1}^+\|^2 \le 2Lh_n \sup_{I_n} \|\widetilde{W}\| \sup_{I_n} \|W\|. \tag{7.2.13}$$

Als nächstes setzen wir $\varphi = (t - t_{n-1})W' \in P_r(I_n)$ und erhalten

$$\int_{I_n} \|W'\|^2 (t - t_{n-1})\, dt \le L \int_{I_n} \|\widetilde{W}\| \|W'\| (t - t_{n-1})\, dt$$

bzw. unter Verwendung der Ungleichung $ab \le \frac{1}{2}a^2 + \frac{1}{2}b^2$:

$$\int_{I_n} \|W'\|^2 (t - t_{n-1})\, dt \le L^2 \int_{I_n} \|\widetilde{W}\|^2 (t - t_{n-1})\, dt \le \tfrac{1}{2} L^2 h_n^2 \sup_{I_n} \|\widetilde{W}\|^2. \tag{7.2.14}$$

In Hilfssatz 7.1 werden wir für $W \in P_r(I_n)$ die folgende Abschätzung zeigen:

$$\sup_{I_n} \|W\|^2 \le \kappa^2 \Big\{ \int_{I_n} \|W'\|^2 (t - t_{n-1})\, dt + \|W_n^-\|^2 \Big\}, \tag{7.2.15}$$

mit einer von der Intervallbreite h_n unabhängigen Konstante $\kappa > 0$. Durch Kombination der vorausgehenden Abschätzungen (7.2.13) - (7.2.15) erhalten wir

$$\begin{aligned} \sup_{I_n} \|W\|^2 &\le \kappa^2 \Big\{ \int_{I_n} \|W'\|^2 (t - t_{n-1})\, dt + \|W_n^-\|^2 \Big\} \\ &\le \kappa^2 \Big\{ \tfrac{1}{2} L^2 h_n^2 \sup_{I_n} \|\widetilde{W}\|^2 + 2Lh_n \sup_{I_n} \|\widetilde{W}\| \sup_{I_n} \|W\| \Big\} \end{aligned}$$

und schließlich

$$\sup_{I_n} \|W\| \le \gamma^{-1} L h_n \sup_{I_n} \|\widetilde{W}\|,$$

mit einer festen Konstante $\gamma > 0$. Hieraus folgt zunächst, dass die Abbildung $g : P_r(I_n) \to P_r(I_n)$ wohl definiert ist, denn für $\widetilde{W} = 0$, d. h. für verschwindende rechte Seite in (7.2.12), ist notwendig $W = 0$, was wegen der Linearität der linken Seite in (7.2.12) aufgrund eines fundamentalen Satzes der linearen Algebra die Existenz von $g(\widetilde{U}) \in P_r(I_n)$ für jedes Argument $\widetilde{U} \in P_r(I_n)$ impliziert. Weiter ist die Abbildung $g(\cdot)$ wie behauptet für $h_n < \gamma/L$ eine Kontraktion. Der Banachsche Fixpunktsatz liefert dann die Existenz einer (eindeutig bestimmten) Lösung der Galerkin-Gleichung (7.2.12).

Q.E.D.

Hilfssatz 7.1 (Diskrete Sobolewsche Ungleichung): *Für Funktionen* $\varphi \in P_r(I_n)^d$ *gilt die diskrete „Sobolewsche*[3] *Ungleichung“*

$$\sup_{I_n} \|\varphi\| \le \kappa \Big(\int_{I_n} \|\varphi'\|^2 (t - t_{n-1})\, dt + \|\varphi_n^-\|^2 \Big)^{1/2}, \tag{7.2.16}$$

mit einer von der Intervallänge h_n *unabhängigen Konstante* $\kappa > 0$.

Beweis: Der Beweis verwendet ein sog. „Skalierungsargument“. Da derartige Argumente in der Analyse von Galerkin-Verfahren häufig vorkommen, wollen wir den Beweis hier vollständig durchführen. Wir betrachten nur den skalaren Fall $d = 1$; die Verallgemeinerung für $d \in \mathbb{N}$ ist dann offensichtlich. Ausgangspunkt ist die Feststellung, dass die Ungleichung (7.2.16) für Polynome $\hat\varphi \in P_r((0,1])$ auf dem Einheitsintervall gilt mit einer Konstante $\hat\kappa > 0$:

$$\sup_{(0,1]} |\hat\varphi| \le \hat\kappa \Big(\int_0^1 |\hat\varphi'|^2\, \hat t\, d\hat t + |\hat\varphi(1)|^2 \Big)^{1/2}. \tag{7.2.17}$$

Dies folgt direkt aufgrund der Äquivalenz aller Normen auf dem endlich dimensionalen Vektorraum $P_r((0,1])$. Man überzeugt sich leicht, dass die Ausdrücke auf der linken und rechten Seite in (7.2.17) in der Tat Normen sind. Wir führen nun eine (affin-lineare) Skalierungstransformation von $(0,1]$ auf I_n ein:

$$\chi : (0,1] \to I_n, \quad t = \chi(\hat t) := t_{n-1} + h_n \hat t, \quad \chi'(\hat t) = h_n.$$

Zu jedem Polynom $\varphi \in P_r(I_n)$ defieren wir damit ein zugehöriges Polynom $\hat\varphi \in P_r((0,1])$ durch

$$\hat\varphi(\hat t) := \varphi(\chi(\hat t)), \quad \hat t \in (0,1].$$

Dann gilt offenbar

$$\hat\varphi'(\hat t) = \varphi'(t)\chi'(\hat t) = \varphi'(t) h_n .$$

Mit diesen Bezeichnungen erhalten wir durch Koordinatentransformation die folgenden Beziehungen:

$$\begin{aligned} \sup_{I_n} |\varphi| = \sup_{(0,1]} |\hat\varphi| &\le \kappa \Big(\int_0^1 |\hat\varphi'|^2\, \hat t\, d\hat t + |\hat\varphi(1)|^2 \Big)^{1/2} \\ &= \kappa \Big(\int_{I_n} h_n^2 |\varphi'|^2 h_n^{-1} (t - t_{n-1})\, h_n^{-1} dt + |\varphi_n^-|^2 \Big)^{1/2}. \end{aligned}$$

Dies beweist die Gültigkeit der behaupteten Ungleichung mit derselben Konstante $\kappa = \hat\kappa$ auf dem Intervall I_n . Q.E.D.

[3]Sergei Lvovich Sobolew (1908-1989): Russischer Mathematiker; wirkte zunächst in Leningrad (St. Petersburg) und dann am berühmten Steklov-Institut für Mathematik der Akademie der Wissenschaften in Moskau; fundamentale Beiträge zur Theorie der partiellen Differentialgleichungen, Konzept der verallgemeinerten (distributionellen) Lösung, Sobolew-Räume; beschäftigte sich auch mit numerischen Methoden, numerische Quadratur.

Wir bemerken, dass es eine interessante Übungsaufgabe ist, die Abschätzung (7.2.16) direkt ohne Verwendung des Skalierungsarguments zu beweisen und dabei auch die „beste“ Konstante $\kappa = \kappa(r)$ zu bestimmen. Man beachte, dass (7.2.16) nicht gleichmäßig für $\varphi \in C^1(\bar{I}_n)$ gelten kann.

Als nächstes betrachten wir den Fall „steifer“ AWA unter der zusätzlichen Annahme, dass die rechte Seite $f(t,\cdot)$ L-stetig ist und die *strikte* Monotonieeigenschaft

$$-(f(t,x) - f(t,y), x-y) \geq \gamma \|x-y\|^2, \quad t \in I,\ x,y \in \mathbb{R}^d, \tag{7.2.18}$$

besitzt mit einer Konstante $\gamma > 0$. Dies ist z. B. der Fall für $f(t,x) = A(t)x + b(t)$ mit einer (gleichmäßig bzgl. t) negativ definiten Matrix $A(t)$.

Satz 7.2 (dG-Verfahren für steife AWA): *Die AWA habe eine L-stetige und strikt monotone rechte Seite $f(t,x)$. Die Galerkin-Gleichung (7.2.6) besitzt dann unabhängig von der Schrittweite eine eindeutige Lösung $U \in S_h^{(r)}(I)$, welche mit dem Newton-Verfahren berechnet werden kann.*

Beweis: Ausgangspunkt ist die lokale Galerkin-Gleichung

$$\int_{I_n} (U' - f(t,U), \varphi)\, dt + (U_{n-1}^+, \varphi_{n-1}^+) = (U_{n-1}^-, \varphi_{n-1}^+) \quad \forall \varphi \in P_r(I_n)^d. \tag{7.2.19}$$

Dies ist äquivalent zu einer nichtlinearen Gleichung für $U \in P_r(I_n)^d$. Wir wollen zeigen, dass die zugehörige Abbildung strikt monoton ist. Die (eindeutige) Lösbarkeit der Gleichung (7.2.19) für beliebigen Anfangswert U_{n-1}^- wird dann durch Korollar 1.7 garantiert. Für zwei Funktionen $U,\, V \in P_r(I_n)$ und ihre Differenz $W := U{-}V$ gilt unter Verwendung der Monotonieeigenschaft von $f(t,\cdot)$:

$$\begin{aligned}
\int_{I_n} (W' - f(t,U) + f(t,V), W)\, dt + \|W_{n-1}^+\|^2 \\
&\geq \int_{I_n} \Big\{ \frac{1}{2}\frac{d}{dt}\|W\|^2 + \gamma \|W\|^2 \Big\}\, dt + \|W_{n-1}^+\|^2 \\
&= \frac{1}{2}\|W_n^-\|^2 + \frac{1}{2}\|W_{n-1}^+\|^2 + \gamma \int_{I_n} \|W\|^2\, dt.
\end{aligned}$$

Da alle Normen auf dem endlich dimensionalen Vektorraum $P_r(I_n)^d$ äquivalent sind, bedeutet dies die behauptete starke Monotonie der Abbildung. Q.E.D.

Bemerkung: Wir bemerken, dass in Satz 7.2 für $r = 0$ und $r = 1$ als Voraussetzung die einfache *Semi-Monotonie* der Funktion $f(t,\cdot)$ ausreicht. In diesem Fall ist nämlich bereits

$$|||W||| := \big(\|W_n^-\|^2 + \|W_{n-1}^+\|^2\big)^{1/2}$$

eine Norm auf $P_r(I_n)^d$, so dass $\gamma = 0$ sein darf. Ob dies auch richtig ist für $r \geq 2$, ist eine (zum Zeitpunkt der Erstellung dieses Textes) noch offene Frage. Ein einfaches Beispiel für eine steife AWA mit nur semi-monotoner rechter Seite ist das 4×4-System

$$u'(t) = Au(t), \quad t \geq 0, \quad u(0) = (1,0,1,1)^T,$$

mit der Matrix

$$A = \begin{pmatrix} -100 & 0 & 0 & 0 \\ 0 & 0 & 1 & 0 \\ 0 & -1 & 0 & 0 \\ 0 & 0 & 0 & -1 \end{pmatrix}$$

und der Lösung

$$u_1(t) = e^{-100t}, \quad u_2(t) = \sin(t), \quad u_3(t) = \cos(t), \quad u_4(t) = e^{-t}.$$

7.2.3 Andere Arten von Galerkin-Verfahren

Neben dem impliziten Euler-Schema lassen sich auch einige der anderen bisher betrachteten einfachen Einschrittformeln als Varianten von Galerkin-Verfahren deuten.

a) Verwendet man bei der Herleitung der variationellen Formulierung (7.2.4) ein Punktgitter $\{t_0, ..., t_N\}$ mit nach *rechts* halboffenen Teilintervallen $I_n = [t_{n-1}, t_n)$, so erhält man

$$\sum_{n=1}^{N} \Big\{ \int_{I_n} (\tilde{u}' - f(t, \tilde{u}), \varphi)\, dt + ([\tilde{u}]_n, \varphi_n^-) \Big\} = 0\,.$$

Ein unstetiger Galerkin-Ansatz mit stückweise konstanten Funktionen ergibt dann die Rekursionsgleichungen

$$[U]_n = \int_{I_n} f(t, U)\, dt\,, \qquad 1 \le n \le N\,.$$

Diese entsprechen offensichtlich einem expliziten Einschrittverfahren für die Größen $U_n := U_n^+$, welches im autonomen Fall, $f(t,x) = f(x)$, oder nach numerischer Integration mit der *linksseitigen* Boxregel mit der Polygonzugmethode (explizites Euler-Verfahren)

$$U_n = U_{n-1} + h_n f(t_{n-1}, U_{n-1})$$

übereinstimmt.

b) Ausgehend von der variationellen Formulierung (7.2.4) kann man auf dem Gitter $\{t_0, ..., t_N\}$ stetige Ansätze für U machen. Damit dies aber wieder ein *Zeitschrittverfahren* liefert, welches rekursiv von Zeitlevel zu Zeitlevel abgearbeitet werden kann, müssen die Testfunktionen als *unstetig* gewählt werden. Dies ergibt dann ein sog. „Petrow[4]-Galerkin-Verfahren“ im Gegensatz zum „Galerkin-Verfahren“, bei dem Ansatz- und Testraum dieselben sind. Bei Wahl von stückweise linearen Ansätzen für U und stückweise konstanten Testfunktionen ergibt sich wegen $U_n := U_n^+ = U_n^-$ das Schema

$$\int_{I_n} \{U' - f(t, U)\}\, dt = 0$$

[4]Georgi Iwanowitsch Petrow (1912-1987): Russischer Ingenieur; 1965-1973 Direktor des Instituts für Raumfahrtforschung; Publ.: “Application of the Galerkin method and the problem of flow stability of a viscous liquid” (russ.), Prikl. Mat. Mekh. 4, 36-47 (1947)

bzw.

$$U_n - U_{n-1} + \int_{I_n} f(t, h_n^{-1}(t-t_{n-1})U_n + h_n^{-1}(t_n - t)U_{n-1})\, dt\,.$$

Dieses Schema stimmt für eine lineare, autonome AWA mit $f(t,x) = Ax + b$ oder bei Anwendung der Trapezregel auf das Integral offenbar mit der Trapezformel

$$U_n = U_{n-1} + \tfrac{1}{2}h_n \left\{ f(t_n, U_n) + f(t_{n-1}, U_{n-1}) \right\}\,.$$

überein. Die Resultate der folgenden Abschnitte zur *a priori* und *a posteriori* Fehleranalyse und Schrittweitensteuerung bei den *unstetigen* Galerkin-Verfahren gelten sinngemäß auch für diese *stetigen* Petrow-Galerkin-Verfahren.

7.3 A priori Fehleranalyse

Die dG(r)-Verfahren lassen a priori Fehlerabschätzungen zu, welche eine ähnliche Struktur wie diejenigen für Differenzenverfahren haben. Sie stellen aber etwas geringere Anforderungen an die Regularität der exakten Lösung. Wir wollen diesen wichtigen Punkt zunächst anhand eines ganz einfachen Spezialfalles diskutieren. Betrachtet werde die triviale skalare AWA

$$u'(t) = f(t)\,,\ t \in I = [0,1]\,, \quad u(0) = 0\,, \tag{7.3.20}$$

deren Lösung $u(t)$ gerade die Stammfunktion der rechten Seite $f(t)$ über dem jeweiligen Intervall $[0,t]$ ist. Die dG(0)-Verfahren nimmt angewendet auf diese AWA die folgende Gestalt an:

$$U_n^- = U_{n-1}^+ = \int_{I_n} f(t)\, dt + U_{n-1}^-\,. \tag{7.3.21}$$

Die exakte Lösung $u(t)$ erfüllt offenbar dieselbe Gleichung,

$$u_n = \int_{I_n} f(t)\, dt + u_{n-1},$$

so dass der Fehler $e = u - U$ zu den Zeiten t_n^- verschwindet: $e_0^- = e_1^- = \ldots = e_N^- = 0$. In den Zwischenpunkten $t \in I_n$ gilt

$$|e(t)| = \Big| \int_t^{t_n} e'\, dt \Big| = \Big| \int_t^{t_n} u'\, dt \Big| \le h_n \sup_{I_n} |u'|\,, \quad t \in I_n.$$

Dies impliziert die globale Fehlerabschätzung

$$\sup_I |e| \le \max_{1\le n\le N} \{ h_n \sup_{I_n} |u'| \}\,, \tag{7.3.22}$$

welche für stückweise konstante Approximation ($r = 0$) hinsichtlich der Konvergenzordnung und den Regularitätsanforderungen an die Lösung u sicherlich optimal ist. Vergleicht man dieses Resultat mit dem entsprechenden für das implizite Euler-Verfahren (für die vorliegende semi-monotone AWA),

$$\sup_I |e| \le \tfrac{1}{2} \sum_{n=1}^N h_n^2 \sup_{I_n} |u''| \le \tfrac{1}{2} T \max_{1\le n\le N} \{h_n \sup_{I_n} |u''|\}, \tag{7.3.23}$$

so fallen zwei Unterschiede auf:

- Der Fehler in (7.3.23) wächst linear mit der Zeit T.
- Die Abschätzung (7.3.23) erfordert eine Schranke für die zweite Ableitung u''.

Dieser Unterschied ist verfahrenstypisch und tritt auch im Fall allgemeinerer AWA auf. Im betrachteten trivialen Fall wäre die Folgerung für die dG(0)-Verfahren, dass die Auswertung der Integrale in (7.3.21) statt mit der Box-Regel (wie beim impliziten Euler-Verfahren) besser mit einer Quadraturformel 2. Ordnung, z. B. der Mittelpunktsregel, erfolgen sollte:

$$U_n = h_n f(t_{n-1/2}) + U_{n-1}, \quad t_{n-1/2} = \tfrac{1}{2}(t_n + t_{n-1}).$$

Für dieses Differenzenverfahren erhält man die Fehlerdarstellung

$$e_n = e_{n-1} + \int_{t_{n-1}}^{t_n} f(t)\,dt - h_n f(t_{n-1/2}) = e_{n-1} + \tfrac{1}{24} h_n^3 f''(\zeta_n).$$

Hieraus folgt die Abschätzung

$$\sup_I |e| \le \max_{1\le n\le N} \big\{h_n \sup_{I_n} |u'| + \tfrac{1}{24} T\, h_n^2 \sup_{I_n} |f''|\big\}. \tag{7.3.24}$$

Der bei Intergration über große Zeitintervalle dominante Zeitfaktor T kann hier durch die erhöhte Potenz der Schrittweite h_n kompensiert werden. Dies macht Sinn, wenn die höheren Ableitungen der Lösung nicht deutlich größer als die niedrigen sind. Dies ist natürlich im vorliegenden Spezialfall kein allzu großer Fortschritt, aber das zugrunde liegende Prinzip ist auch in viel allgemeineren Situationen wirksam und führt zu neuartigen Ansätzen bei der Kontrolle des Diskretisierungsfehlers. Insbesondere erscheint in der Abschätzung (7.3.24) der reine Verfahrensfehler (Approximation der Zeitableitung) separiert vom Quadraturfehler bei der Auswertung der rechten Seite $f(t,\cdot)$. Beim Differenzenverfahren werden dagegen beide Fehleranteile vermischt.

Wir geben nun a priori Abschätzungen für den Diskretisierungsfehler der dG(r)-Verfahren an.

Satz 7.3 (A priori Fehler - nicht-steif): *Im Fall einer allgemeinen L-stetigen AWA gilt für das dG(r)-Verfahren für hinreichend kleine Schrittweiten $h_n < \gamma/L$ (siehe Satz 7.1) die a priori Fehlerabschätzung*

$$\sup_I \|e\| \le K \max_{1\le n\le N} \big\{h_n^{r+1} \sup_{I_n} \|u^{(r+1)}\|\big\}, \tag{7.3.25}$$

mit einer im allg. exponentiell von L und T abhängigen Konstante $K = K(L,T)$.

Beweis: Wir führen den Beweis in mehreren Schritten.

(i) Wir betrachten als Übung zunächst den einfachsten Fall $r = 0$. Subtraktion der Gleichungen für u und U,

$$u_n = \int_{I_n} f(t, u(t))\,dt + u_{n-1},$$
$$U_n^- = U_{n-1}^+ = \int_{I_n} f(t, U(t))\,dt + U_{n-1}^-,$$

ergibt für die Differenz $e_n := u_n - U_n^-$:

$$\begin{aligned} e_n &= \int_{I_n} \{f(t, u(t)) - f(t, U(t))\}\,dt + e_{n-1} \\ &= \int_{I_n} \{f(t, u(t)) - f(t, u_n) + f(t, u_n) - f(t, U(t))\}\,dt + e_{n-1}. \end{aligned}$$

Damit folgt

$$\begin{aligned} \|e_n\| &= \int_{I_n} \|f(t, u(t)) - f(t, u_n)\|\,dt + \int_{I_n} \|f(t, u_n) - f(t, U_n^-)\|\,dt + \|e_{n-1}\| \\ &\le Lh_n \sup_{t\in I_n} \|u(t) - u(t_n)\| + Lh_n\|e_n\| + \|e_{n-1}\|, \end{aligned}$$

und weiter durch rekursive Anwendung dieser Ungleichung und Beachtung von $e_0 = 0$:

$$\|e_n\| \le L\sum_{m=1}^{n} h_m\|e_m\| + L\sum_{m=1}^{n} h_m \sup_{t\in I_m} \|u(t) - u(t_m)\|.$$

Die diskrete Gronwollsche Ungleichugn liefert dann die Abschätzung

$$\|e_n\| \le e^{\gamma L(t_n - t_0)} L \sum_{m=1}^{n} h_m \sup_{t\in I_m} \|u(t) - u(t_m)\|,$$

bzw.

$$\begin{aligned} \sup_{t\in I_n} \|e\| &\le \sup_{t\in I_n} \|u(t) - u_n\| + \|e_n\| \\ &\le \sup_{t\in I_n} \|u(t) - u_n\| + e^{\gamma L(t_n - t_0)} L \sum_{m=1}^{n} h_m \sup_{t\in I_m} \|u(t) - u(t_m)\|. \end{aligned}$$

Mit Hilfe der Abschätzung

$$\|u(t) - u(t_m)\| = \left\| \int_t^{t_m} u'(t)\,dt \right\| \le \int_t^{t_m} \|u'(t)\| \le h_m \sup_{I_m} \|u'\|.$$

erhalten wir also

$$\sup_{t\in I_n} \|e\| \le K(L, T) \max_{1\le m\le n} \big\{h_m \sup_{I_m} \|u'\|\big\}.$$

Dies impliziert die behauptete Fehlerabschätzung für $r = 0$.

(ii) Wir wenden uns jetzt dem allgemeinen Fall $r \geq 0$ zu. Der exakten Lösung u wird eine Approximierende $\bar{U} \in S_h^{(r)}(I)$ zugeordnet durch die Vorschrift

$$\bar{U}_n^- = u(t_n), \qquad \int_{I_n} (\bar{U} - u)q\,dt = 0 \quad \forall q \in P_{r-1}(I_n)^d, \qquad n = 1, ..., N.$$

Wir werden unten in Hilfssatz 7.2 zeigen, dass diese Approximierende lokal auf jedem Teilintervall I_n eindeutig bestimmt ist ($r+1$ Bestimmungsgleichungen für $r+1$ freie Parameter) und dass die Fehlerabschätzung gilt:

$$\sup_{I_n} \|u - \bar{U}\| \leq c_I\, h_n^{r+1} \sup_{I_n} \|u^{(r+1)}\|, \tag{7.3.26}$$

mit einer sog. „Interpolationskonstante" $c_I > 0$. Für diese Approximierende $\bar{U}$ gilt nach Konstruktion mit beliebigem $\varphi \in P_r(I_n)$ die folgende Beziehung (beachte $\varphi' \in P_{r-1}(I_n)$)

$$\begin{aligned}
\int_{I_n} (\bar{U}', \varphi)\,dt + (\bar{U}_{n-1}^+, \varphi_{n-1}^+) &= -\int_{I_n} (\bar{U}, \varphi')\,dt + (\bar{U}_n^-, \varphi_n^-) \\
&= -\int_{I_n} (u, \varphi')\,dt + (u_n, \varphi_n^-) \\
&= \int_{I_n} (u', \varphi)\,dt + (u_{n-1}, \varphi_{n-1}^+) \\
&= \int_{I_n} (f(t,u), \varphi)\,dt + (u_{n-1}, \varphi_{n-1}^+).
\end{aligned} \tag{7.3.27}$$

(iii) Wir wollen eine rekursive Abschätzung für den intervallweisen Fehlerterm $E_n := \sup_{I_n} \|e\|^2$ herleiten. Dazu wird aufgespalten $e := \bar{e} + \eta$ mit $\bar{e} := u - \bar{U}$ und $\eta := \bar{U} - U$. Im Hinblick auf (7.3.26) genügt es, die Fehlerkomponente η abzuschätzen. Wir bedienen uns dazu der „diskreten" Sobolewschen Ungleichung (7.2.16) für $\eta \in P_r(I_n)$:

$$\sup_{I_n} \|\eta\|^2 \leq \kappa^2 \Big\{ \int_{I_n} \|\eta'\|^2 (t - t_{n-1})\,dt + \|\eta_n^-\|^2 \Big\}. \tag{7.3.28}$$

Durch Subtraktion der Gleichungen (7.2.7) für U und (7.3.27) für $\bar{U}$ erhalten wir

$$\int_{I_n} (\eta', \varphi)\,dt + (\eta_{n-1}^+, \varphi_{n-1}^+) = \int_{I_n} (f(t,u) - f(t,U), \varphi)\,dt + (\eta_{n-1}^-, \varphi_{n-1}^+),$$

für beliebiges $\varphi \in P_r(I_n)$. Wir wählen nun $\varphi := \eta$ und erhalten

$$\int_{I_n} (\eta', \eta)\,dt + \|\eta_{n-1}^+\|^2 = \int_{I_n} (f(t,u) - f(t,U), \eta)\,dt + (\eta_{n-1}^-, \eta_{n-1}^+),$$

bzw. bei Beachtung von $(\eta', \eta) = \frac{1}{2}\frac{d}{dt}\|\eta\|^2$ und anschließender Integration über I_n:

$$\tfrac{1}{2}\|\eta_n^-\|^2 + \tfrac{1}{2}\|\eta_{n-1}^+\|^2 \leq L \int_{I_n} \|e\|\|\eta\|\,dt + \tfrac{1}{2}\|\eta_{n-1}^-\|^2 + \tfrac{1}{2}\|\eta_{n-1}^+\|^2.$$

Dies ergibt

$$\|\eta_n^-\|^2 \le 2L \int_{I_n} \|e\| \|\eta\| \, dt + \|\eta_{n-1}^-\|^2,$$

und nach rekursiver Anwendung für $n, n-1, ..., 1$ und Beachtung von $\eta_0^- = 0$:

$$\|\eta_n^-\|^2 \le 2L \sum_{\nu=1}^{n} \int_{I_\nu} \|e\| \|\eta\| \, dt \,. \tag{7.3.29}$$

Als nächstes setzen wir $\varphi := \eta'(t-t_{n-1}) \in P_r(I_{n-1})$ und erhalten

$$\begin{aligned}\int_{I_n} \|\eta'\|^2 (t-t_{n-1})\, dt &= \int_{I_n} (f(t,u) - f(t,U), \eta')(t-t_{n-1})\, dt \le L \int_{I_n} \|e\| \|\eta'\| (t-t_{n-1})\, dt \\ &\le L\Big(\int_{I_n} \|e\|^2 (t-t_{n-1})\, dt\Big)^{1/2} \Big(\int_{I_n} \|\eta'\|^2 (t-t_{n-1})\, dt\Big)^{1/2}\end{aligned}$$

bzw.

$$\int_{I_n} \|\eta'\|^2 (t-t_{n-1})\, dt \le L^2 \int_{I_n} \|e\|^2 (t-t_{n-1})\, dt \,. \tag{7.3.30}$$

Kombination der Abschätzungen (7.3.28), (7.3.29) und (7.3.30) ergibt

$$\sup_{I_n} \|\eta\|^2 \le \kappa^2 L^2 h_n^2 \sup_{I_n} \|e\|^2 + 2\kappa^2 L \sum_{\nu=1}^{n} h_\nu \sup_{I_\nu} \|e\| \|\eta\| \,.$$

Unter Verwendung der Abschätzung (7.3.26) für $\bar{e} = u - \bar{U}$ erschließen wir hieraus

$$\begin{aligned}\sup_{I_n} \|e\|^2 &\le 2\kappa^2 L^2 h_n^2 \sup_{I_n} \|e\|^2 + 2c_I h_n^{2r+2} \sup_{I_n} \|u^{(r+1)}\|^2 \\ &\quad + \kappa^2 L \sum_{\nu=1}^{n} h_\nu \big\{3 \sup_{I_\nu} \|e\|^2 + 2c_I h_\nu^{2r+2} \sup_{I_\nu} \|u^{(r+1)}\|^2\big\} \\ &\le 5\kappa^2 L \sum_{\nu=1}^{n} h_\nu \sup_{I_\nu} \|e\|^2 + 4\kappa^2 L c_I \sum_{\nu=1}^{n} h_\nu^{2r+3} \sup_{I_\nu} \|u^{(r+1)}\|^2,\end{aligned}$$

wobei o.B.d.A. $\kappa^2 L \ge 1$ und $Lh_n \le 1$ angenommen wurde. Auf der Basis dieser Beziehung liefert nun die *diskrete* Gronwallsche Ungleichung (2.1.11) unter der Voraussetzung $5\kappa^2 L h_\nu < 1$, dass

$$\sup_{I_n} \|e\|^2 \le \exp\Big(\sum_{\nu=0}^{n} \sigma_\nu 5\kappa^2 L h_\nu\Big) 4\kappa^2 L c_I \sum_{\nu=1}^{n} h_\nu^{2r+3} \sup_{I_\nu} \|u^{(r+1)}\|^2, \tag{7.3.31}$$

wobei $\sigma_\nu = (1 - 5\kappa^2 L h_\nu)^{-1}$. Dies impliziert die behauptete a priori Fehlerabschätzung mit der Konstante $\gamma_0 := 1/(5\kappa^2)$. Q.E.D.

Hilfssatz 7.2 (Interpolationssatz): *Einer Funktion $u \in C^{r+1}(\bar{I}_n)$ wird durch die Vorschrift*

$$\bar{U}_n^- = u(t_n), \qquad \int_{I_n} (\bar{U} - u) q \, dt = 0 \quad \forall q \in P_{r-1}(I_n)^d, \tag{7.3.32}$$

eindeutig eine Interpolierende $\bar{U} \in P_r(I_n)$ zugeordnet. Für diese gilt die Fehlerabschätzung

$$\sup_{I_n} \|u - \bar{U}\| \le c_I h_n^{r+1} \sup_{I_n} \|u^{(r+1)}\|, \tag{7.3.33}$$

mit einer von h_n unabhängigen sog. „Interpolationskonstante“ $c_I = c_I(r)$.

Beweis: (i) Auf dem Intervall I_n haben wir $r+1$ lineare Bedingungen (7.3.32) zur Bestimmung der ebenfalls $r+1$ freien Parameter in $\bar{U} \in P_r(I_n)$. Das resultierende lineare Gleichungssystem besitzt eine eindeutige Lösung, da jedes Polynom $p \in P_r(I_n)$ mit den Eigenschaften

$$p_n^- = 0, \qquad \int_{I_n} pq \, dt = 0 \quad \forall q \in P_{r-1}(I_n)^d.$$

notwendig das Nullpolynom $p \equiv 0$ ist. Um dies einzusehen, nehmen wir an, dass $p \not\equiv 0$ ist. Seien $\{\tau_i, i = 1, ..., m\}$ die Nullstellen von p im Innern von I_n mit *ungerader* Vielfachheit. Dann gilt

$$\int_{I_n} p(t) \prod_{i=1}^{m} (t - \tau_i) \, dt = \int_{I_n} \tilde{p}(t) \prod_{i=1}^{m} (t - \tau_i)^{2s} \, dt > 0$$

mit einem Polynom $\tilde{p}$ ohne Nullstelle in I_n. Da nun p orthogonal zu allen Polynomen in P_{r-1} ist, muss also zwangsläufig $m \ge r$ sein. Zusammen mit $\tau_{r+1} := t_n$ hat also p genau $r+1$ (dann notwendig einfache) Nullstellen, und es ergibt sich der Widerspruch $p \equiv 0$.
(ii) Mit demselben Argument wie unter (i) erhalten wir, dass die Fehlerfunktion $u - \bar{U} \in C^{r+1}(I_n)$ in I_n mindestens $r+1$ (einfache) Nullstellen besitzt. Betrachten wir nun das Nullpolynom $p \equiv 0$ als Lagrange-Interpolierende in $P_r(I_n)$ von $u - \bar{U}$ in diesen Punkten, so liefert die allgemeine Fehlerabschätzung für die Lagrange-Interpolation die folgende Abschätzung:

$$\sup_{I_n} \|u - \bar{U}\| \le \frac{1}{(r+1)!} h_n^{r+1} \sup_{I_n} \|(u - \bar{U})^{(r+1)}\| = \frac{1}{(r+1)!} h_n^{r+1} \sup_{I_n} \|u^{(r+1)}\| .$$

Dies impliziert die Behauptung mit der Konstante $c_I := \frac{1}{(r+1)!}$. Q.E.D.

Für das dG(r)-Verfahren lässt sich mit einer ganz anderen als der in Satz 7.3 verwendeten Beweistechnik zeigen, dass der Fehler in den diskreten Zeitpunkten t_n sogar mit der besseren Ordnung $O(h^{r+2})$ konvergiert. Dieser sog. „Superapproximationseffekt“ kann natürlich nicht auf dem ganzen Intervall I gelten, da allgemeine Funktionen durch Polynome vom Grad r global höchstens mit der Ordnung $O(h^{r+1})$ approximiert werden können.

Satz 7.4 (Superkonvergenz): *Das $dG(r)$-Verfahren ist „superkonvergent“ in den Stützpunkten t_n, d. h.: Für den Fehler $e := u - U$ gilt:*

$$\max_{1\le n\le N} \|e(t_n)\| \le K \max_{1\le n\le N} \big\{ h_n^{r+2} \sup_{I_n} \|u^{(r+1)}\| \big\} + K \max_{I} \|e\|^2, \tag{7.3.34}$$

mit einer i. Allg. exponentiell von L und T abhängigen Konstante $K = K(L,T)$.

Beweis: Zum Beweis bedienen wir uns eines sog. „(diskreten) Dualitätsarguments“. Sei wieder $e := u - U$ gesetzt.

(i) Zunächst schreiben wir

$$f(t,u) - f(t,U) = \int_0^1 \frac{d}{ds} f(t, U+se)\, ds = \int_0^1 f_x(t, U+se) e\, ds =: B(t)e .$$

Für die Semi-Linearform $A(\cdot;\cdot)$ von oben gilt damit

$$\begin{aligned} A(u;V) - A(U;V) &= \sum_{n=1}^N \int_{I_n} \big\{ (e', V) - (f(t,u) - f(t,U), V)\, ds \big\}\, dt \\ &\quad + \sum_{n=2}^N ([e]_{n-1}, V_{n-1}^+) + (e_0^+, V_0^+) \\ &= \sum_{n=1}^N \int_{I_n} \big\{ (e', V) - (B(t)e, V) \big\}\, dt + \sum_{n=2}^N ([e]_{n-1}, V_{n-1}^+) + (e_0^+, V_0^+) . \end{aligned}$$

Die rechte Seite definiert nun offenbar eine von u und U abhängige Bilinearform

$$L(u,U)(W,V) := \sum_{n=1}^N \int_{I_n} \big\{ (W', V) - (B(t)W, V) \big\}\, dt + \sum_{n=2}^N ([W]_{n-1}, V_{n-1}^+) + (W_0^+, V_0^+).$$

Mit dieser gilt wegen der Galerkin-Orthogonalität:

$$L(u,U)(e,V) = A(u;V) - A(U;V) = 0, \quad V \in S_h^{(r)}(I).$$

Für die Form $L(u,u)(W,V)$ erhalten wir mit

$$\int_0^1 f_x(t, u+se)\, ds = f_x(t,u)$$

durch partielle Integration und Umordnung von Termen:

$$\begin{aligned} L(u,u)(W,V) &= \sum_{n=1}^N \int_{I_n} (W' - f_x(t,u)W, V)\, dt + \sum_{n=2}^N ([W]_{n-1}, V_{n-1}^+) + (W_0^+, V_0^+) \\ &= \sum_{n=1}^N \int_{I_n} -(W, V' - f_x(t,u)^* V)\, dt - \sum_{n=1}^{N-1} (W_{n-1}^-, [V]_{n-1}) + (W_N^-, V_N^-). \end{aligned}$$

(ii) Sei nun $Z \in S_h^{(r)}(I)$ die Lösung des diskreten variationellen Problems

$$L(u,u)(V,Z) = (V_N^-, e_N^-) \quad \forall V \in S_h^{(r)}(I). \tag{7.3.35}$$

Dies ist die dG(r)-Approximation des linearen „dualen Problems" („Rückwärtsproblem")

$$z' + f_x(t,u)^* z = 0, \quad t_N \ge t \ge 0, \quad z(t_N) = e_N^-. \tag{7.3.36}$$

Diese AWA ist wohl-gestellt, da sie nach der Transformation $s = t_N - t$ und $\tilde z(s) := z(t)$ in die wohl-gestellte „Vorwärtsaufgabe"

$$\tilde z' - f_x(s,u)^* \tilde z = 0, \quad 0 \le s \le t_N, \quad \tilde z(0) = e_N^-,$$

übergeht. Für die diskrete „duale Lösung" Z gilt die a priori Abschätzung

$$\sup_I \|Z\| + \int_I \|Z'\|\,dt \le c_{S,h}\|e_N^-\|. \tag{7.3.37}$$

mit einer sog. „Stabilitätskonstante" $c_{S,h}$, die i. Allg. exponentiell von Schranken für $f_x(t,x)$, d. h. L, und T abhängt.

(iii) Wir setzen $\eta := \bar U - U$, wobei $\bar U \in S_h^{(r)}(I)$ wieder die oben eingeführte Approximation der exakten Lösung u ist. Mit dieser gilt konstruktionsgemäß $e_N^- = \eta_N^-$. Wir setzen nun $V := \eta := \bar U - U$ in (7.3.35) und $\bar e := u - \bar U$. Dann ergibt sich mit Hilfe der Definitionsgleichung von Z und der Galerkin-Orthogonalität für U:

$$\begin{aligned}
\|e_N^-\|^2 &= L(u,u)(\eta,Z)\\
&= L(u,U)(\eta,Z) - (L(u,U) - L(u,u))(\eta,Z)\\
&= L(u,U)(e,Z) - L(u,U)(\bar e,Z) - (L(u,U) - L(u,u))(\eta,Z)\\
&= -L(u,U)(\bar e,Z) - (L(u,U) - L(u,u))(\eta,Z)\\
&= -L(u,u)(\bar e,Z) + (L(u,U) - L(u,u))(\bar U - u,Z) - (L(u,U) - L(u,u))(\eta,Z)\\
&= -L(u,u)(\bar e,Z) - (L(u,U) - L(u,u))(e,Z).
\end{aligned}$$

Den zweiten Term auf der rechten Seite schätzen wir nun wie folgt ab:

$$\begin{aligned}
|(L(u,U) - L(u,u))(e,Z)| &\le \sum_{n=1}^N \int_{I_n} \Big| \int_0^1 (f_x(t,U+se)e,Z)\,ds - (f_x(t,u)e,Z)\Big|\,dt\\
&\le LT \sup_I \|e\|^2 \sup_I \|Z\| \le c_{S,h} LT \sup_I \|e\|^2 \|e_N^-\|.
\end{aligned}$$

Zur weiteren Behandlung des ersten Terms auf der rechten Seite verwenden wir die Projektionseigenschaften von $\bar e$ wie folgt:

$$\begin{aligned}
L(u,u)(\bar e,Z) &= \sum_{n=1}^N \int_{I_n} -(\bar e, Z' - f_x(t,u)^* Z)\,dt - \sum_{n=1}^{N-1} (\bar e_{n-1}^-, [Z]_{n-1}) + (\bar e_N^-, Z_N^-)\\
&= \sum_{n=1}^N \int_{I_n} (\bar e, f_x(t,u)^* Z - P_0 f_x(t,u)^* Z)\,dt.
\end{aligned}$$

Hieraus folgt dann mit Hilfe der üblichen Fehlerabschätzungen für $\bar{e}$ und P_0:

$$
\begin{aligned}
|L(u,u)(\bar{e},Z)| &\leq \sum_{n=1}^{N} \int_{I_n} \|\bar{e}\| \|f_x(t,u)^*Z - P_0 f_x(t,u)^*Z\| \, dt \\
&\leq c_I \sum_{n=1}^{N} h_n^{r+1} \sup_{I_n} \|u^{(r+1)}\| \, h_n \int_{I_n} \|(f_x(t,u)^*Z)'\| \, dt \\
&\leq c_I \max_{1\leq n\leq N} \{h_n^{r+1} \sup_{I_n} \|u^{(r+2)}\|\} \sum_{n=1}^{N} \int_{I_n} \|(f_x(t,u)^*Z)'\| \, dt.
\end{aligned}
$$

Durch Ausdifferenzieren sehen wir, dass auf jedem Zeilintervall I_n gilt:

$$
\|(f_x(t,u)^*Z)'(t)\| \ \leq \ c(u)\{\|Z(t)\| + \|Z'(t)\|\}.
$$

Mit der obigen a priori Abschätzung für Z folgt daher

$$
|L(u,u)(\bar{e},Z)| \ \leq \ c_I c_{S,h} \max_{1\leq n\leq N} \{h_n^{r+2} \sup_{I_n} \|u^{(r+1)}\|\} \, \|e_N^-\|.
$$

Kombination der bis hierhin abgeleiteten Abschätzungen ergibt nun

$$
\|e_N^-\| \ \leq \ c_I c_{S,h} \max_{1\leq n\leq N} \{h_n^{r+2} \sup_{I_n} \|u^{(r+1)}\|\} + c_{S,h} LT \sup_{I} \|e\|^2.
$$

Q.E.D.

Bemerkung 7.1: Mit Hilfe einer Verfeinerung des vorangehenden Beweises lässt sich zeigen, dass das dG(r)-Verfahren in den diskreten Zeitpunkten sogar eine noch höhere Konvergenzordnung besitzt:

$$
\max_{1\leq n\leq N} \|e(t_n)\| \leq K \max_{1\leq n\leq N} \{h_n^{2r+1} \sup_{I_n} \|u^{(r+1)}\|\} + K \max_{I} \|e\|^2, \tag{7.3.38}
$$

Dies bedeutet für das dG(0)-Verfahren (implizites Euler-Verfahren) noch keine Verbesserung gegenüber der Konvergenzordnung $m = 1$, doch beim dG(1)-Verfahren ergibt sich bereits die Ordnung $m = 3$.

7.4 A posteriori Fehlerschätzung und Schrittweitensteuerung

7.4.1 Allgemeines zur a posteriori Fehleranalyse

Wir wollen die allgemeine Vorgehensweise bei der a posteriori Fehleranalyse für Galerkin-Verfahren zunächst in dem einfacheren Rahmen algebraischer Gleichungssysteme herleiten. Wir beginnen mit der approximativen Lösung linearer Probleme. Mit (regulären) Matrizen $A,\, A_h \in \mathbb{R}^{n\times n}$ und Vektoren $b,\, b_h \in \mathbb{R}^n$ seien die Gleichungssysteme

$$
Ax = b, \qquad A_h x_h = b_h
$$

betrachtet. Zur Abschätzung des Fehlers $e_h := x - x_h$ kann man sich des „Abschneidefehlers“ $\tau_h := A_h x - b_h$ oder des „Residuums“ $\rho_h := b - Ax_h$ bedienen. Für ersteres gilt

$$A_h e_h = A_h x - A_h x_h = A_h x - b_h = \tau_h$$

und folglich

$$\|e_h\| \le \|A_h^{-1}\|\,\|\tau_h\|. \tag{7.4.39}$$

Dies entspricht der typischen Vorgehensweise bei der *a priori* Fehleranalyse von Differenzenverfahren für AWA. Die resultierende Fehlerschranke basiert auf Abschätzungen für den (unbekannten) Abschneidefehler τ_h sowie der Stabilität des „diskreten“ Operators A_h, d. h. auf Schranken der Form $\|A_h^{-1}\| \le c_{S,h}$ mit gleichmäßig bzgl. des Parameters h beschränkten Konstanten $c_{S,h}$. Diese Beziehung kann zum Nachweis der Konvergenz $\|e_h\| \to 0$ $(h \to 0)$ verwendet werden. Sie erlaubt aber nur mit starken Einschränkungen eine *a posteriori* Fehlerschätzung.

Mit dem Residuum ρ_h gilt

$$Ae_h = Ax - Ax_h = b - Ax_h = \rho_h$$

und folglich

$$\|e_h\| \le \|A^{-1}\|\,\|\rho_h\|. \tag{7.4.40}$$

In diesem Fall ist der Fehler abgeschätzt durch das auswertbare Residuum mit der Stabilitätskonstante $c_S := \|A^{-1}\|$ des ungestörten Operators A. Hieraus lässt sich meist keine *a priori* Information über die Konvergenz der Approximation für $h \to 0$ ableiten, wohl aber eine *a posteriori* Fehlerabschätzung für die berechnete Näherung x_h. Dazu ist eine Schätzung für die Stabilitätskonstante c_S erforderlich, welche i. Allg. kaum mit brauchbarer Genauigkeit analytisch zur Verfügung steht. Die Bestimmung der Stabilitätskonstante c_S kann aber numerisch vorgenommen werden. Dazu nehmen wir an, dass die Abschätzung einer Fehlerkomponente $|e_{h,i}|$ oder allgemeiner eines linearen Funktionalwerts

$$J(e_h) = (e_h, j)$$

mit einem Vektor $j \in \mathbb{R}^n$ gewünscht ist. Die Abschätzung der Norm $\|e_h\|$, lässt sich mit der Setzung $j := \|e_h\|^{-1} e_h$ in diesen Rahmen einordnen. Mit der Lösung $z \in \mathbb{R}^n$ des sog. „dualen“ Problems

$$A^* z = j, \tag{7.4.41}$$

gebildet mit der „Adjungierten“ (hier der Transponierten) A^* von A, gilt dann

$$J(e_h) = (e_h, j) = (e_h, A^* z) = (Ae_h, z) = (\rho_h, z)$$

und folglich die „gewichtete“ Fehlerabschätzung

$$|J(e_h)| \le \sum_{i=1}^{n} |z_i|\,|\rho_{h,i}|. \tag{7.4.42}$$

In dieser Beziehung beschreiben die Gewichte $\omega_i := |z_i|$ die Auswirkung einer Reduzierung der einzelnen Residuenkomponenten ρ_i (durch Verbesserung der Approximation) auf die Zielgröße $J(e_h)$. Zur Auswertung dieser Abschätzung muss die „duale" Lösung z aus (7.4.41) bestimmt werden. Der dazu erforderliche Aufwand entspricht etwa dem der Lösung des eigentlichen Problems, d. h.: Zielorientierte *a posteriori* Fehlerschätzung ist kostspielig.

Wir wollen nun die eben beschriebene Vorgehensweise zur Ableitung von *a posteriori* Fehlerabschätzungen für lineare Funktionale des Fehlers für *nichtlineare* Gleichungssysteme verallgemeinern. Mit zwei stetig differenzierbaren Abbildungen $A(\cdot),\, A_h(\cdot) : \mathbb{R}^n \to \mathbb{R}^n$ und Vektoren $b,\, b_h \in \mathbb{R}^n$ seien die Systeme

$$A(x) = b, \qquad A_h(x_h) = b_h, \tag{7.4.43}$$

betrachtet. Die Abbildung $A(\cdot)$ sei differenzierbar mit Jacobi-Matrix $A'(x)$. Wir nehmen an, dass die beiden Probleme in (7.4.43) eindeutige Lösungen haben. Wir wollen wieder den Approximationsfehler $e_h := x - x_h$ mit Hilfe des berechenbaren Residuums $\rho_h := b - A(x_h)$ abschätzen. Nach dem Fundamentalsatz der Differential- und Integralrechnung gilt für beliebiges $y \in \mathbb{R}^n$:

$$\begin{aligned}(\rho_h, y) = (A(x) - A(x_h), y) &= \int_0^1 \frac{d}{ds}(A(x_h + se_h), y)\, ds \\ &= \int_0^1 (A'(x_h + se_h)e_h, y)\, ds = (B_h e_h, y),\end{aligned}$$

mit der von x und x_h abhängigen Matrix

$$B_h = B(x, x_h) := \int_0^1 A'(x_h + se_h)\, ds\,.$$

Ist wieder ein Funktionalwert $J(e_h) = (e_h, j)$ abzuschätzen, wird nun das *linearisierte* duale Problem

$$B_h^* z = j \tag{7.4.44}$$

verwendet. Mit seiner Lösung z gilt dann nach Konstruktion:

$$J(e_h) = (e_h, j) = (e_h, B_h^* z) = (B_h e_h, z) = (\rho, z),$$

bzw. genau wie im linearen Fall:

$$|J(e_h)| \le \eta := \sum_{i=1}^n |z_i|\, |\rho_i|. \tag{7.4.45}$$

Zur Auswertung dieser Abschätzung wäre nun wieder das duale Problem zu lösen. Dies ist aber nicht ohne weiteres möglich, da die Matrix B_h von der unbekannten Lösung x abhängt. Es liegt nahe, hier pragmatisch einfach x durch die berechnete Approximation x_h zu ersetzen. Dies führt wegen

$$B_h \approx \tilde{B}_h := B(x_h, x_h) = \int_0^1 A'(x_h)\, ds = A'(x_h).$$

auf das approximative duale Problem

$$A'(x_h)^* \tilde{z} = j \,.$$

Um den Lösungsaufwand weiter zu reduzieren wird auch nur eine Approximation dazu gelöst:

$$A'_h(x_h)^* \tilde{z}_h = j_h. \tag{7.4.46}$$

Mit der resultierenden approximativen dualen Lösung $\tilde{z}_h$ wird dann die Fehlerschätzung verwendet:

$$|J(e_h)| \approx \tilde{\eta} := |(\rho_h, \tilde{z}_h)| = \sum_{i=1}^{n} \tilde{\omega}_i |\rho_i|, \quad \tilde{\omega}_i := |\tilde{z}_{h,i}|. \tag{7.4.47}$$

Die Frage nach der Verlässlichkeit der Approximation $\tilde{\eta} \approx \eta$ kann i. Allg. nur heuristisch beantwortet werden. Zunächst gilt die gestörte Fehleridentität

$$\begin{aligned} J(e_h) &= (e, j) = (e_h, \tilde{B}_h^* \tilde{z}) = (\tilde{B}_h e_h, \tilde{z}) \\ &= ((\tilde{B}_h - B_h) e_h, \tilde{z}) + (B_h e_h, \tilde{z}) \\ &= ((\tilde{B}_h - B_h) e_h, \tilde{z}) + (\rho_h, \tilde{z}) \\ &= ((\tilde{B}_h - B_h) e_h, \tilde{z}) + (\rho_h, \tilde{z} - \tilde{z}_h) + (\rho_h, \tilde{z}_h). \end{aligned}$$

Mit der Lipschitz-Konstante L' von $A'(\cdot)$ gilt

$$\|\tilde{B}_h - B_h\| = \| \int_0^1 \{A'(x_h) - A'(x_h + s e_h)\} \, ds \| \le \tfrac{1}{2} L' \|e_h\|.$$

Dies ergibt die Abschätzung

$$|J(e_h)| \le \tfrac{1}{2} L' \|e_h\|^2 + \|\rho_h\| \|\tilde{z} - \tilde{z}_h\| + \tilde{\eta}.$$

Die beiden ersten, quadratischen Terme können bei „gutartigen“ Problemen als klein gegenüber dem zu schätzenden Fehler angenommen werden, so dass $\tilde{\eta}$ den wesentlichen Anteil des Schätzers darstellt.

7.4.2 Realisierung für das dG-Verfahren

Die a posteriori Fehleranalyse beim dG(r)-Verfahren bedient sich des eben für algebraische Gleichungssysteme skizzierten Ansatzes. Dieser wird im Folgenden Schritt für Schritt entwickelt werden. Wir verwenden wieder die abkürzende Bezeichnung U für die approximierende Lösung der AWA, welche bestimmt ist durch $U_0^- = u_0$ und

$$\sum_{n=1}^{N} \Big\{ \int_{I_n} (U' - f(t,U), \varphi) \, dt + ([U]_{n-1}, \varphi_{n-1}^+) \Big\} = 0 \qquad \forall \varphi \in S_h^{(r)}(I) \,. \tag{7.4.48}$$

Bei Verwendung der *Semilinearform*

$$A(U)(V) := \sum_{n=1}^{N} \int_{I_n} (U' - f(t,U), V)\, dt + \sum_{n=2}^{N} ([U]_{n-1}, V_{n-1}^+) + (U_0^+, V_0^+)$$

erhält dies die kompakte Gestalt

$$A(U)(\varphi) = (u_0, V_0^+) \quad \forall \varphi \in S_h^{(r)}(I). \tag{7.4.49}$$

Durch Vergleich mit der entsprechenden Gleichung für die exakte Lösung u erhält man die Beziehung (Galerkin-Orthogonalität)

$$A(u)(\varphi) - A(U)(\varphi) = 0 \quad \forall \varphi \in S_h^{(r)}(I). \tag{7.4.50}$$

Wir wollen eine a posteriori Abschätzung für den Fehler $e = u - U$ zum Zeitpunkt t_N herleiten. Die Rolle des *Residuums* der diskreten Lösung U übernimmt das Funktional $\rho(U)(\cdot)$, welches durch folgende Relation definiert ist:

$$\rho(U)(\varphi) := (u_0, \varphi_0^+) - A(U)(\varphi), \quad \varphi \in V(I).$$

Offenbar ist $\rho(U)(\varphi) = 0 \ \forall \varphi \in S_h^{(r)}(I)$, d. h.: Das Residuum ist in einem gewissen Sinne *orthogonal* zum diskreten Ansatzraum.

Wir wollen als nächstes das duale Problem zur Abschätzung des Endzeitfehlers e_N^- herleiten. Die Beziehungen

$$\begin{aligned} A(u)(\varphi) - A(U)(\varphi) &= \sum_{n=1}^{N} \int_{I_n} (e' - \{f(t,u) - f(t,U)\}, \varphi)\, dt \\ &+ \sum_{n=2}^{N} ([e]_{n-1}, \varphi_{n-1}^+) + (e_0^+, \varphi_0^+) \end{aligned}$$

und (f_x bezeichnet wieder die Jacobi-Matrix von $f(t,x)$ bzgl. der Variablen x.)

$$f(t,u) - f(t,U) = \int_0^1 f_x(t, U + se)e\, ds =: B(t)e$$

legen die Verwendung der folgenden Bilinearform nahe:

$$L(u,U)(v,\varphi) := \sum_{n=1}^{N} \int_{I_n} (v' - Bv, \varphi)\, dt + \sum_{n=2}^{N} ([v]_{n-1}, \varphi_{n-1}^+) + (v_0^+, \varphi_0^+).$$

Die zugehörige adjungierte Form $L^*(u,U;v,\varphi) := L(u,U;\varphi,v)$ erhält man durch partielle Integration in der Form

$$L^*(u,U)(v,\varphi) = \sum_{n=1}^{N} \int_{I_n} (-v' - B^*v, \varphi)\, dt - \sum_{n=1}^{N-1} ([v]_n, \varphi_n^-) + (v_N^-, \varphi_N^-)$$

mit der adjungierten Matrix B^* von B. Im Rahmen des Dualitätsarguments wird nun eine Funktion $z \in V(I)$ gesucht mit den Eigenschaften $z_N^+ = \|e_N^-\|^{-1} e_N^-$ und

$$L^*(u,U)(z,\varphi) = (z_N^+, \varphi_N^-) \quad \forall \varphi \in V(I). \tag{7.4.51}$$

Dieses in der Zeit rückwärts laufende Problem ist linear und von derselben Struktur wie die bisher betrachteten Standardprobleme. Die zugehörige AWA lautet

$$z'(t) + B^*(t)z(t) = 0, \quad t_0 \le t \le t_N, \quad z(t_N) = \|e_N^-\|^{-1} e_N^-, \tag{7.4.52}$$

und kann durch die einfache Variablentransformation $t \to t_N + t_0 - t$ in eine vorwärtslaufende überführt werden. Ihre eindeutige Lösbarkeit folgt daher aus dem allgemeinen Existenzssatz für lineare AWA.

Mit der *dualen* Lösung z erhält man nun durch Wahl der Testfunktion $\varphi := e$ in (7.4.51) die Fehlerdarstellung

$$\|e_N^-\| = L^*(u,U;z,e) = L(u,U)(e,z) = A(u)(z) - A(U)(z) = \rho(U)(z).$$

Die Orthogonalitätsbeziehung (7.4.50) erlaubt es nun, auf der rechten Seite eine beliebige Approximation $Z \in S_h^{(r)}(I)$ von z einzuschieben. Wir erhalten damit

$$\|e_N^-\| = \rho(U)(z-Z), \quad Z \in S_h^{(r)}(I). \tag{7.4.53}$$

Das Residuum auf der rechten Seite muss nun explizit ausgewertet werden. Wir haben i. Allg. die Darstellung (beachte $U_0^- := u_0$)

$$\begin{aligned}\rho(U)(z-Z) &= (u_0 - U_0^+, (z-Z)_0^+) - \sum_{n=1}^N \int_{I_n} (R(U), z-Z)\,dt - \sum_{n=2}^N ([U]_{n-1}, (z-Z)_{n-1}^+)\\ &= -\sum_{n=1}^N \Big\{ \int_{I_n} (R(U), z-Z)\,dt + ([U]_{n-1}, (z-Z)_{n-1}^+)\Big\},\end{aligned}$$

mit dem punktweisen Residuum $R(U) := U' - f(t,U)$. Wir wollen nun geeignete Kandidaten für die Approximierenden $Z \in S_h^{(r)}(I)$ diskutieren.

(i) Eine natürliche Wahl ist die orthogonale Projektion $P_r z \in S_h^{(r)}(I)$ von z auf $S_h^{(r)}(I)$ bzgl. des L^2-Skalarprodukts (sog. „L^2-Projektion"). Diese ist (eindeutig) bestimmt durch die intervallweise Orthogonalitätseigenschaft

$$\int_{I_n} (z - P_r z, q)\,dt = 0 \quad \forall q \in P_r(I_n)^d. \tag{7.4.54}$$

Wir werden unten in Hilfssatz 7.3 Fehlerabschätzungen für die L^2-Projektion herleiten. Damit erhält man unter Ausnutzung der Orthogonalitätseigenschaften von $Z = P_r z$:

$$\begin{aligned}\rho(U)(z-P_r z) = -\sum_{n=1}^N \Big\{ &\int_{I_n} (R(U) - P_r R(U), z - P_r z)\,dt \\ &+ ([U]_{n-1}, (z-P_r z)_{n-1}^+)\Big\}.\end{aligned} \tag{7.4.55}$$

(ii) Eine naheliegende Alternative zur Wahl $Z = P_r z$ ist die modifizierte L^2-Projektion $Z = \tilde{P}_r z \in S_h^{(r)}$, welche für $r \geq 1$ durch

$$(\tilde{P}_r z)_{n-1}^+ = z(t_{n-1}), \qquad \int_{I_n} (z - \tilde{P}_r z, q)\, dt = 0 \quad \forall q \in P_{r-1}(I_n)^d.$$

definiert ist. Im Fall $r = 0$ wird nur die Interpolationsbedingung bei t_{n-1} wirksam. Für diese Projektion haben wir bereits Fehlerabschätzungen in Hilfssatz 7.2 hergeleitet (Tatsächlich wird in Hilfssatz 7.2 eine Variante dieser Projektion mit der Interpolationsvorschrift $(\tilde{P}_r z)_n^- = z(t_n)$ betrachtet.). Unter Verwendung der Projektionseigenschaften von $Z = \tilde{P}_r z$ und Beachtung von $(z - \tilde{P}_r z)_{n-1}^+ = 0$ erhalten wir nun:

$$\rho(U)(z - \tilde{P}_r z) = -\sum_{n=1}^{N} \int_{I_n} (R(U) - P_{r-1} R(U), z - \tilde{P}_r z)\, dt. \tag{7.4.56}$$

Die beiden Residuumsdarstellungen (7.4.55) und (7.4.56) sind natürlich im Hinblick auf die Identität (7.4.53) äquivalent.

Aus den Residumsdarstellungen (7.4.55) bzw. (7.4.56) gewinnt man nun unmittelbar eine a posteriori Fehlerabschätzung für $\|e_N^-\|$. Wir fassen dieses Resultat ausgehend von der einfacheren Darstellung (7.4.56) in einem Satz zusammen.

Satz 7.5 (A posteriori Fehler): *Die AWA (7.1.1) sei (global) Lipschitz-stetig. Dann gilt für das dG(r)-Verfahren die lokale a posteriori Fehlerabschätzung*

$$\|e_N^-\| \leq \sum_{n=1}^{N} \Big\{ \sup_{I_n} \|R(U) - P_{r-1} R(U)\| \int_{I_n} \|z - \tilde{P}_r z\|\, dt \Big\} \tag{7.4.57}$$

mit der modifizierten L^2-Projektion $Z = \tilde{P}_r z$ und der L^2-Projektion P_{r-1} auf den Ansatzraum $S_h^{(r-1)}$. Hieraus folgt die etwas gröbere globale a posteriori Fehlerabschätzung

$$\|e_N^-\| \leq c_S c_I \max_{1 \leq n \leq N} \big\{ h_n^{r+1} \sup_{I_n} \|R(U) - P_{r-1} R(U)\| \big\} \tag{7.4.58}$$

mit der Interpolationskonstante c_I aus der Abschätzung

$$\int_{I_n} \|z - \tilde{P}_r z\|\, dt \leq c_I h_n^{r+1} \int_{I_n} \|z^{(r+1)}\|\, dt \tag{7.4.59}$$

und der Stabilitätskonstante c_S aus der Abschätzung

$$\int_I \|z^{(r+1)}\|\, dt \leq c_S. \tag{7.4.60}$$

Ausgehend von der ersten Fehlerdarstellung (7.4.55) erhalten wir die zu (7.4.57) analoge Fehlerabschätzung

$$\|e_N^-\| \leq c_S c_I \max_{1 \leq n \leq N} \big\{ h_n^{r+1} \sup_{I_n} \|R(U) - P_r R(U)\| + h_n^r \|[U]_{n-1}\| \big\} \tag{7.4.61}$$

mit der Interpolationskonstante c_I aus der Abschätzung

$$\max\Big\{\int_{I_n}\|z-P_rz\|\,dt,\,h_n\|(z-P_rz)^+_{n-1}\|\Big\}\le c_Ih_n^{r+1}\int_{I_n}\|z^{(r+1)}\|\,dt \tag{7.4.62}$$

und derselben Stabilitätskonstante c_S wie in (7.4.60). Eine überschlagsweise Analyse zeigt, dass der Term $h_n^{r+1}\|R(U)-P_rR(U)\|$ im Allgemeinen um mindestens eine h_n-Potenz kleiner ist als der Term $h_n^r\|[U]_{n-1}\|$. Dies legt es nahe, aus Kostengründen die folgene vereinfachte Fehlerschätzung zu verwenden:

$$\|e_N^-\|\;\approx\;c_Sc_I\max_{1\le n\le N}\big\{h_n^r\|[U]_{n-1}\|\big\}. \tag{7.4.63}$$

Zur Auswertung der Fehlerschranken (7.4.57) bzw. (7.4.61) benötigen wir möglichst gute Abschätzungen für die Interpolationen P_rz sowie $\tilde P_rz$, d. h. für die Interpolationskonstanten c_I.

Hilfssatz 7.3 (Interpolation): *Für die Projektionen $P_rz\in P_r(I_n)$ sowie $\tilde P_rz\in P_r(I_n)$ gelten die Abschätzungen*

$$\max\Big\{\int_{I_n}\|z-P_rz\|\,dt,h_n\|(z-P_r)^+_{n-1}\|\Big\}\le c_Ih_n^{r+1}\int_{I_n}\|z^{(r+1)}\|\,dt, \tag{7.4.64}$$

bzw.

$$\int_{I_n}\|z-\tilde P_rz\|\,dt\le c_Ih_n^{r+1}\int_{I_n}\|z^{(r+1)}\|\,dt, \tag{7.4.65}$$

mit der Interpolationskonstante $c_I=\frac{1}{(r+1)!}$.

Beweis: Wir führen den Beweis konstruktiv, um eine explizite Schranke für die Interpolationskonstante c_I zu erhalten. Offenbar genügt es, die Behauptung im skalaren Fall $d=1$ zu zeigen. Wir verwenden zunächst die Orthogonalitätseigenschaften von $z-P_rz$, um zu begründen, dass $z-P_rz$ im Innern von I_n mindenstens $r+1$ paarweise verschiedene Nullstellen haben muss. Die Argumentation verläuft dabei analog zu der im Beweis von Hilfssatz 7.2. In diesen Nullstellen $\{\tau_0,...,\tau_r\}$ wird also z durch das Polynom $P_rz\in P_r(I_n)$ interpoliert. Die allgemeine Fehlerdarstellung für die Lagrange-Interpolation lautet

$$(z-P_rz)(t)=z[s_0,\cdots,s_n,t]\prod_{i=0}^r(t-s_i),$$

mit der „dividierten Differenz“ $z[s_0,\cdots,s_r,t]$ in integraler Darstellung

$$z[s_0,\cdots,s_r,t]=\int_0^1\int_0^{\tau_1}\cdots\int_0^{\tau_{r-1}}\int_0^{\tau_r}z^{(r+1)}(s_0+\tau_1(s_1-s_0)+\cdots$$
$$+\tau_r(s_r-s_{r-1})+\tau(t-s_r))\,d\tau d\tau_r\cdots d\tau_2d\tau_1.$$

Integration über I_n ergibt dann

$$\int_{I_n} |(z - P_r z)(t)|\, dt \le h_n^{r+1} \int_{I_n} |z[s_0, \cdots, s_r, t]|\, dt \le \frac{1}{(r+1)!} h_n^{r+1} \int_{I_n} |z^{r+1}|\, dt\,.$$

Dies sieht man wie folgt. Vertauschung der Integrationsreihenfolge ergibt zunächst

$$\int_{I_n} |z[s_0, \cdots, s_r, t]|\, dt \le \int_0^1 \int_0^{\tau_1} \cdots \int_0^{\tau_{r-1}} \int_0^{\tau_r} \Big(\int_{I_n} |z^{(r+1)}(s_0 + \tau_1(s_1 - s_0) + \cdots$$
$$+ \tau_r(s_r - s_{r-1}) + \tau(t - s_r))|\, dt\Big)\, d\tau d\tau_r \cdots d\tau_2 d\tau_1\,.$$

Wir setzen nun

$$\xi := s_0 + \tau_1(s_1 - s_0) + \cdots + \tau_r(s_r - s_{r-1}) + \tau(t - s_r)$$

und finden wegen $d\xi = \tau dt$:

$$\int_{I_n} |z^{(r+1)}(s_0 + \tau_1(s_1 - s_0) + \cdots + \tau_r(s_r - s_{r-1}) + \tau(t - s_r))|\, dt \le \tau \int_{I_n} |z^{(r+1)}(\xi)|\, d\xi\,.$$

Dies impliziert

$$\int_{I_n} |z[s_0, \cdots, s_r, t]|\, dt \le \int_0^1 \int_0^{\tau_1} \cdots \int_0^{\tau_{r-1}} \int_0^{\tau_r} \tau\, d\tau d\tau_r \cdots d\tau_2 d\tau_1 \int_{I_n} |z^{(r+1)}(\xi)|\, d\xi$$
$$\le \frac{1}{(r+1)!} h_n^{r+1} \int_{I_n} |z^{r+1}|\, dt\,.$$

Das Argumentation für die Projektion $\tilde{P}_r z$ verläuft ganz analog. Q.E.D.

Die Abschätzung (7.4.57) bezieht sich auf den Fehler zum Endzeitpunkt $t_N = t_0 + T$. Natürlich folgt hieraus auch eine entsprechende Abschätzung über das ganze Integrationsintervall I, wenn man den jeweiligen Zeitpunkt t_n als Endpunkt des Intervalls $[t_0, t_n]$ betrachtet und (7.4.57) sinngemäß anwendet.

7.4.3 Auswertung der a posteriori Fehlerabschätzung

Während die Interpolationskonstante c_I sehr präzise angegeben werden kann, ist die Bestimmung der Stabilitätskonstante c_S i. Allg. schwierig. Dies hat im Wesentlichen drei Ursachen:

- Die Koeffizientenmatrix B^* des dualen Problems hängt explizit von der (unbekannten) exakten Lösung u ab.

- Die Inhomogenität des dualen Problems ist gerade der (unbekannte) Fehler $z_N^- = e_N^- \|e_N^-\|^{-1}$.

- Selbst bei Kenntnis der exakten Matrix B^* sowie der rechten Seite e_N^- würde eine direkte Abschätzung mit Hilfe der Struktureigenschaften des Problems, d. h. der Funktion f_x, in der Regel eine zu grobe Schranke für c_S liefern.

Wir wollen nun die Aussage von Satz 7.5 zunächst für den einfachsten Fall mit $r = 0$, d. h. das dG(0)-Verfahren, konkretisieren. Dazu notieren wir zunächst als Spezialfall von Hilfssatz 7.3 die folgende Interpolationsabschätzung:

$$\|(z - P_0 z)_{n-1}^+\| \le h_n \int_{I_n} \|z'\| \, dt , \tag{7.4.66}$$

d. h.: Die Interpolationskonstante ist in diesem Fall $c_I = 1$. Zur Bestimmung der zugehörigen Stabilitätskonstante c_S stellen wir folgenden Hilfssatz bereit.

Hilfssatz 7.4 (Duale Stabilität): *Für die duale lineare AWA (7.4.51) gilt die a priori Abschätzung*

$$\int_I \|z'\| \, dt \le \beta e^\beta , \quad \beta = \int_I \|B^*(t)\| \, dt . \tag{7.4.67}$$

Ist die Funktion $f(t,x)$ strikt monoton,

$$-(f(t,x) - f(t,x'), x - x) \ge \gamma \|x - x'\|^2 , \quad x, x' \in \mathbb{R}^d ,$$

so gilt

$$\int_I \|z'\| \, dt \le \min\{T, 2/\gamma\} \sup_I \|B^*\| . \tag{7.4.68}$$

Beweis: Zunächst gilt offensichtlich

$$\int_I \|z'\| \, dt = \int_I \|B^* z\| \, dt \le \beta \sup_I \|z\| . \tag{7.4.69}$$

Zur weiteren Abschätzung der rechten Seite schreiben wir

$$z(t) = v(t_N) + \int_t^{t_N} B^* z \, ds$$

und erhalten

$$\|z(t)\| \le \|z(t_N)\| + \int_t^{t_N} \|B^*\| \, \|z\| \, ds .$$

Anwendung des Gronwallschen Lemmas (diesmal rückwärts in der Zeit) ergibt

$$\|z(t)\| \le \exp\Big(\int_t^{t_N} \|B^*\| \, ds \Big) \|z(t_N)\|$$

bzw.

$$\sup_I \|z(t)\| \le e^\beta \|z(t_N)\| .$$

Kombiniert mit (7.4.69) ergibt dies die erste Behauptung. Sei nun die Funktion $f(t,x)$ als monoton angenommen. Damit wird auch die Matrix B^* definit im Sinne

$$-(B^*y,y) = \int_0^1 -(y, f_x(t, U+se)y)\,ds \ \geq\ \gamma\|y\|^2 .$$

Multiplikation von (7.4.52) mit $-e^{\gamma(t_N-t)}z$ ergibt

$$-\frac{1}{2}\frac{d}{dt}\{e^{\gamma(t_N-t)}z^2\} - \frac{1}{2}\gamma e^{\gamma(t_N-t)}z^2 - e^{\gamma(t_N-t)}(B^*z,z) = 0$$

und folglich nach Integration von t nach t_N

$$\|z(t)\| \leq e^{-\gamma(t_N-t)/2}\|z(t_N)\| .$$

Wir kombinieren dies mit (7.4.69) und finden

$$\int_I \|z'\|\,dt \leq \sup_I \|B^*\| \int_I e^{-\gamma(t_N-t)/2}\,dt\,\|z(t_N)\| \leq \min\{T, 2/\gamma\}\sup_I \|B^*\|\,\|z(t_N)\| ,$$

was den Beweis vervollständigt. Q.E.D.

Die Schranken $c_S = \beta e^\beta$ bzw. $c_S = \min\{T,2/\gamma\}\sup_I \|B^*\|$ aus den a priori Abschätzungen (7.4.67) bzw. (7.4.68) sind i. Allg. für praktische Zwecke viel zu grob. Zur Auswertung der a posteriori Abschätzung

$$\|e_N^-\| \leq c_S \max_{1\leq n\leq N} h_n \|[U]_{n-1}\| \tag{7.4.70}$$

sollte man daher c_S numerisch zu schätzen suchen. Dies könnte etwa nach folgender Strategie geschehen:

1. Die Koeffizientenmatrix $B(t)$ wird approximiert durch

$$B(t) = \int_0^1 f_x(t, U+se)\,ds \ \approx\ f_x(t,U) . \tag{7.4.71}$$

   Dies ist gerechtfertigt, da bei zunehmender Approximationsgenauigkeit in Folge der Gitteranpassung der Fehler e immer kleiner wird (garantiert durch die a priori Fehlerabschätzung).

2. Der Fehler e_N^- wird durch die Differenz der Lösungen zu zwei aufeinander folgenden Gittern approximiert:

$$e_N^- \ \approx\ \tilde{e}_N^- \ :=\ U^{h'} - U^h , \quad \tilde{z}_N := \|\tilde{e}_N^-\|^{-1}\tilde{e}_N^- . \tag{7.4.72}$$

   Dies ist gerechtfertigt, wenn das h'-Gitter bereits sehr fein ist und somit nur heuristisch (und gegebenenfalls durch den Erfolg) begründbar. Im Fall, dass man nur an einer einzelnen Fehlerkomponente $e_{N,i}^-$ interessiert ist, kann dagegen mit dem festen Anfangswert $z_N := (\delta_j^{(i)})_{j=1}^N$ gearbeitet werden.

3. Das duale Hilfsproblem

$$\tilde{z}'(t) + f_x(t,U)^*\tilde{z}(t) = 0, \quad t_0 \le t \le t_N, \quad \tilde{z}(t_N) = z_N^+, \tag{7.4.73}$$

wird numerisch auf dem aktuellen (oder aus Sparsamkeitsgründen möglicherweise auch auf einem gröberen) Gitter gelöst. Aus der resultierenden approximierenden Lösung $Z \in S_h^{(r)}(I)$ wird dann der duale Fehler $z - Z$ oder direkt die globale Stabilitätskonstante c_S geschätzt:

$$\int_I \|z'\|\,dt \;\approx\; \sum_{n=1}^{N} h_n\|[Z]_{n-1}\| \;=:\; \tilde{c}_S\,. \tag{7.4.74}$$

Für die dG(r)-Verfahren höherer Ordnung, $r \ge 1$, werden zur Auswertung der höheren Ableitungen $z^{(r+1)}$ der dualen Lösung diese direkt mit Hilfe von entsprechenden Differenzenquotienten oder (bei nicht zu komplizierten Differentialgleichungen) unter Ausnutzung der Rekursion $z' = -B^*z$ aus der gerechneten Näherung Z geschätzt. Für das dG(1)-Verfahren ergibt sich somit z. B. die approximative Fehlerschätzung

$$\|e_N^-\| \approx \frac{1}{2}\sum_{n=1}^{N} h_n^2\|[U]_{n-1}\|\,\|B^*[Z]_{n-1} + B^{*\prime}Z_n^-\|\,. \tag{7.4.75}$$

Dieser ganze Prozess sollte während der fortschreitenden Gitterverfeinerung (und damit einhergehender Fehlerreduktion) iteriert werden. Den Einfluss der unter (1) - (3) beschriebenen Approximationsschritte kann man prinzipiell auch *a posteriori* kontrollieren. Dies wird jedoch im Detail sehr kompliziert, so dass man sich meist mit einer einfachen „ad-hoc-Kontrolle" der Entwicklung des Schätzers bei fortschreitender Gitterverfeinerung begnügt. Wir wollen zum Abschluss dieser Diskussion noch eine *a priori* Abschätzung für den Fehler durch den Linearisierungsschritt (1) angeben.

Satz 7.6 (Linearisierung im dualen Problem): *Sei $\tilde{z} \in V(I)$ die (eindeutige) Lösung des linearisierten dualen Problems*

$$\tilde{z}'(t) + f_x(t,U)^*\tilde{z}(t) = 0, \quad t_0 \le t \le t_N, \quad \tilde{z}(t_N) = z_N^+, \tag{7.4.76}$$

wobei etwa $z_N^+ := \|e_N^-\|^{-1}e_N^-$ zur Abschätzung des Endzeitfehlers gewählt ist. Damit gilt die gestörte a posteriori Fehlerdarstellung

$$\|e_N^-\| = R(U;\tilde{z} - Z) + \mathcal{O}(\sup_I \|e\|^2)\,, \tag{7.4.77}$$

mit dem Residuum $R(U;\cdot)$ von U wie oben und einem beliebigen $Z \in S_h^{(r)}(I)$.

Beweis: Die variationelle Formulierung des gestörten dualen Problems (7.4.76) lautet

$$A'(U;\varphi,\tilde{z}) = (\varphi_N^+, \tilde{z}_N^+) \quad \forall \varphi \in V(I), \tag{7.4.78}$$

mit der 1. Ableitung von $A(\cdot;\cdot)$ bei U:

$$A'(U;\varphi,v) := -\sum_{n=1}^{N}\int_{I_n}(\varphi, v' + f_x(t,U)^* v)\,dt - \sum_{n=1}^{N-1}(\varphi_n^-, [v]_n,) + (\varphi_N^-, v_N^-)\,.$$

Die 2. Ableitung von $A(\cdot;\cdot)$ am Argument η hat die Form

$$A''(\eta;\psi,\varphi,v) := -\sum_{n=1}^{N}\int_{I_n}(\varphi, f_{xx}(t,\eta)^*\psi v)\,dt$$

mit der 2. Ableitung f_{xx} von f nach dem Argument x:

$$f_{xx} := \Big(\frac{\partial^2 f_i(t,x)}{\partial x_j \partial x_k}\Big)_{i,j,k=1}^{d}.$$

Durch Taylor-Entwicklung bis zum Restglied 2. Stufe erhalten wir

$$A(u;\tilde{z}) = A(U;\tilde{z}) - A'(U;e,\tilde{z}) - \int_0^1 A''(U+se;e,e,\tilde{z})(s-1)\,ds$$

bzw.

$$A'(U;e,\tilde{z}) = R(U;\tilde{z}) + \int_0^1 A''(U+se;e,e,\tilde{z})(s-1)\,ds$$

mit dem Fehler $e := u - U$. Wählen wir in der variationellen Formulierung des dualen Problems(7.4.78) als Testfunktion $\varphi := e$, so ergibt sich

$$\|e_N^-\| = A'(U;e,\tilde{z}) = R(U;\tilde{z}) + \int_0^1 A''(U+se;e,e,\tilde{z})(s-1)\,ds.$$

Hieraus folgt mit Hilfe der Galerkin-Orthogonalität die Behauptung. Q.E.D.

Bemerkung: Eine verfeinerte Schrittweitenwahl ist auf Basis der „gewichteten" a posteriori Fehlerabschätzung

$$\|e_N^-\| \le \sum_{n=1}^{N}\Big\{\sup_{I_n}\|R(U)-P_{r-1}R(U)\|\int_{I_n}\|z-\tilde{P}_r z\|\,dt\Big\} \tag{7.4.79}$$

möglich. Dabei sind die „Residuen" $\rho_n := \|R(U)-P_{r-1}R(U)\|$ direkt auswertbar, während die „Gewichte"

$$\omega_n := \int_{I_n}\|z-\tilde{P}_r z\|\,dt$$

aus einer numerisch berechneten diskreten dualen Lösung approximiert werden müssen.

7.4.4 Adaptive Schrittweitenwahl beim dG(0)-Verfahren

Die Strategie zur adaptiven Schrittweitensteuerung beim dG(0)-Verfahren sieht dann wie folgt aus. Sei eine Fehlertoleranz $\mathrm{TOL} \gg \varepsilon$ (Maschinengenauigkeit) vorgegeben. Beginnend mit einem (möglicherweise äquidistanten) Gitter T_0 mit Schrittweitenvektor $(h_n^{(0)})_{n=1}^{N_0}$ werden auf einer Folge von sukzessiv verfeinerten Gittern T_k, $k = 0, 1, 2, \dots$, mit Schrittweitenfolgen $(h_n^{(k)})_{n=1}^{N_k}$ Näherungslösungen $U^{(k)} \in S_k^{(r)}(I)$ erzeugt, so dass nach K Schritten gilt

$$\|u(t_N) - U_N^{(K)}\| \le \mathrm{TOL}\,. \tag{7.4.80}$$

Im k-ten Verfeinerungsschritt wird mit der erreichten Lösung $U = U^{(k)}$ auf dem Gitter T_k zunächst das duale Problem (7.4.51) näherungsweise gelöst, wobei als Startwert die Differenz $Z_N^+ = \|(U^{(k-1)} - U^{(k)})_N^-\|^{-1}(U^{(k-1)} - U^{(k)})_N^-$ genommen wird. Mit der (diskreten) dualen Lösung Z wird eine approximative Stabilitätskonstante c_S bestimmt zu

$$c_S := \sum_{n=1}^{N} \|[Z]_{n-1}\|\,. \tag{7.4.81}$$

Die Interpolationskonstante, in diesem Fall $c_I = 1$, wird als im Voraus bestimmt angenommen. Damit wird dann der aktuelle Fehler geschätzt etwa durch die a posteriori Abschätzung (7.4.63):

$$\|e_N^-\| \approx c_S c_I \max_{1\le n\le N} \big\{h_n^r \|[U]_{n-1}\|\big\}\,. \tag{7.4.82}$$

Um eine gesicherte Abschätzung für $\sup_I \|u - U\|$ zu erhalten, muss dieser *lokale* Prozess für jeden Zwischenzeitpunkt $t_n \in I$ separat durchgeführt werden, was sehr aufwendig werden kann.

Das Kriterium zur lokalen Verfeinerung der Gitterweite ist nun, inwieweit die lokalen Beiträge der Intervalle I_n zum Gesamtfehler jeweils noch über der gegebenen Toleranz liegen. Dazu setzt man

$$\rho_n := \|h_n^{-1}[U]_{n-1}\|$$

und fragt bei den Zeitschritten $t_{n-1} \to t_n$ jeweils ab, ob

$$\begin{aligned}
&(a) \quad c_S c_I h_n \rho_n > \mathrm{TOL}\,,\\
&(b) \quad \tfrac14 \mathrm{TOL} < c_S c_I h_n \rho_n \le \mathrm{TOL}\,,\\
&(c) \quad c_S c_I h_n \rho_n \le \tfrac14 \mathrm{TOL}\,.
\end{aligned}$$

Im Fall (a) wird die Schrittweite h_n halbiert, im Fall (b) beibehalten und im Fall (c) verdoppelt. Nach Erreichen des Endzeitpunkts $t_0 + T$ wird mit der gerade berechneten Näherung U erneut das duale Problem gelöst und eine verbesserter Wert für die Stabilitätskonstante c_S bestimmt. Mit diesem wird der ganze Gitteranpassungszyklus dann wiederholt. Dieser Prozess führt nach endlich vielen Schritten zu einer Äquilibrierung der lokalen Fehlerindikatoren $c_S c_I h_n \rho_n$ über dem Intervall I und zur Reduzierung des Gesamtfehlers unter die Toleranz TOL:

$$c_S c_I \min_n \{h_n \rho_n\} \cong \|u(t_N) - U_N\| \cong c_S c_I \max_n \{h_n \rho_n\} \cong \mathrm{TOL}\,,$$

wobei das erreichte Endgitter dann in gewissem Sinne „optimal", d. h. sparsamst ist.

7.4.5 Vergleich zwischen dG- und Differenzen-Verfahren

Wir wollen die wesentlichen Unterschiede der beschriebenen residuen-basierten Fehler- und Schrittweitenkontrolle beim Galerkin- Verfahren zur traditionellen Schrittweitensteuerung bei Differenzen- Verfahren diskutieren. Dazu beschränken wir uns wieder auf den einfachsten Fall, nämlich das dG(0)-Verfahren angewendet für eine autonome AWA

$$u'(t) = f(u), \quad t \geq 0, \quad u(0) = u_0.$$

Wir betrachten das skalare Beispiel $f(x) = x^2$ mit $u_0 = 1$, wobei die exakte Lösung

$$u(t) = \frac{1}{1-t}$$

für $t \to 1$ singulär wird. Die Lipschitz-Konstante von $f(\cdot)$ entlang dieser Lösung verhält sich für $0 \leq t_n < 1$ wie $L(t_n) = 2(1-t_n)^{-1}$:

$$|f(x) - f(y)| = |x+y||x-y| \leq 2\max\{|x|,|y|\}|x-y|\,.$$

Für diesen Fall ist das dG(0)-Verfahren

$$([U]_{n-1}, \varphi) = \int_{I_n} (f(U), \varphi)\,dt \quad \forall \varphi \in P_0(I_n), \quad n \geq 1, \quad U_0^- = u_0,$$

äquivalent zum impliziten Euler-Verfahren

$$U_n = U_{n-1} + h_n f(U_n), \quad n \geq 1, \quad U_0 = u_0,$$

wenn man jeweils $U_n := U_n^-$ setzt und berücksichtigt, dass $U_n^- = U_{n-1}^+$.

dG(0)-Verfahren: Die Schrittweitenkontrolle beim dG(0)-Verfahren basiert in diesem einfachen Fall auf der a posteriori Fehlerschätzung

$$|e_N^-| \approx c_S c_I \max_{1\leq n\leq N} \{|[U]_{n-1}|\}$$

mit der Interpolationskonstante $c_I = 1$ und der Stabilitätskonstante c_S aus der a priori Abschätzung für das duale Problem

$$\int_{t_0}^{t_N} |z'|\,dt \leq c_S\,.$$

Das Kriterium für die Wahl der lokalen Schrittweite ist

$$h_n = \frac{\mathrm{TOL}}{c_I c_S \rho_n}, \qquad \rho_n = h_n^{-1}|[U]_{n-1}|. \tag{7.4.83}$$

Nehmen wir an, dass die verwendeten Schrittweiten bereits klein genug sind, so dass

$$h_n^{-1}|[U]_n| \approx h_n^{-1}|u_n - u_{n-1}| \approx \sup_{I_n} |u'|,$$

so wird

$$h_n \approx \big(c_S \sup_{I_n} |u'|\big)^{-1}\mathrm{TOL}.$$

Bei dem Testbeispiel ist die Stabilitätskonstante bestimmt durch das duale Problem (nach Linearisierung um die exakte Lösung u)

$$z'(t) = -\frac{2}{1-t} z(t), \quad 1 > t_n \geq 0, \quad z(t_N) = 1,$$

mit der Lösung

$$z(t) = \exp\left(2\int_t^{t_n} \frac{ds}{1-s}\right) z(t_N) = \left(\frac{1-t}{1-t_n}\right)^2 z(t_N),$$

so dass

$$c_S \leq (1-t_N)^{-2}.$$

Dies ergibt unter Beachtung der Beziehung $\sup_{I_n} |u'| \approx (1-t_n)^{-2}$ und der Schrittweitenformel

$$h_n \approx (1-t_n)^2(1-t_N)^2\,\mathrm{TOL}, \tag{7.4.84}$$

als Konsequenz ein gleichmäßiges Fehlerverhalten

$$\sup_{[0,t_N]} |e| \approx \mathrm{TOL}, \quad 0 \leq t_N < 1.$$

Zur Abschätzung des Rechenaufwands zur Erzielung dieser Genauigkeit (ohne Berücksichtigung des zusätzlichen Aufwands zur Fehlerkontrolle) bestimmen wir die Anzahl N von Zeitschritten zur Erreichung des Endzeitpunkts t_N aus der Formel

$$N = \sum_{n=1}^N h_n h_n^{-1} \approx \frac{1}{\mathrm{TOL}}\frac{1}{(1-t_N)^2}\sum_{n=1}^N \frac{h_n}{(1-t_n)^2} \approx \frac{1}{(1-t_N)^3}\frac{1}{\mathrm{TOL}}. \tag{7.4.85}$$

Bei Annäherung an die Singularität erhöht sich der Aufwand für feste Fehlertoleranz TOL also kubisch mit dem reziproken Abstand zu $t=1$.

Euler-Verfahren: Die übliche Schrittweitenkontrolle beim (impliziten) Euler-Verfahren basiert auf der a priori Fehlerabschätzung ($e_n = u(t_n) - U_n$, $e_0 = 0$)

$$|e_N| \leq K(t_N)\sum_{n=1}^N h_n|\tau_n(u)| \tag{7.4.86}$$

mit dem lokalen Abschneidefehler

$$|\tau_n(u)| = |h_n^{-1}(u_n - u_{n-1}) - f(u_n)| \le \tfrac{1}{2}h_n \sup_{I_n} |u''|,$$

und einer Konstanten $K(t_N)$, die sich im allgemeinen Fall wie

$$K(t_N) \approx \exp\Big(\int_0^{t_N} L(t)\,dt\Big) \approx \exp\Big(2\int_0^{t_N} \frac{dt}{1-t}\Big) \approx \frac{1}{(1-t_N)^2}$$

verhält, wobei $L(t)$ wieder die Lipschitz-Konstante von $f(\cdot)$ entlang der exakten Lösung $u(t)$ ist. Sei TOL die zu garantierende Fehlertoleranz. Der lokale Abschneidefehler $|\tau_n|$ wird mit Hilfe eines Extrapolationsschritts über das Intervall I_n geschätzt. Nimmt man an, dass diese Schätzung exakt ist, so ergibt sich die neue Schrittweite dann gemäß

$$h_n \approx \frac{\text{TOL}}{K(t_N)\sup_{I_n}|u''|}. \tag{7.4.87}$$

Hier muss die stark wachsende Stabilitätskonstante $K(t_n)$ auf jeden Fall mit berücksichtigt werden, um eine krasse Unterschätzung des Fehlers zu verhindern. Wegen $\sup_{I_n}|u''| \approx (1-t_n)^{-3}$ führt diese Schrittweitenkontrolle auf

$$h_n \approx (1-t_N)^2(1-t_n)^3\,\text{TOL}. \tag{7.4.88}$$

Wir wollen aber nicht vergessen, dass i. Allg. diese Konstante nicht bekannt ist, und man üblicherweise rein heuristisch $K(t_N) = 1$ setzen würde. Vergleich der Schrittweitenformel (7.4.88) mit der entsprechenden Formel (7.4.84) für das dG(0)-Verfahren zeigt, dass erstere bei Annäherung von $t_n \to 1$ eine stärkere Reduzierung von h_n erzeugt, was sich natürlich auch in einem deutlich höheren numerischen Aufwand niederschlägt:

$$N \approx \frac{1}{(1-t_N)^2}\sum_{n=1}^{N} h_n \frac{1}{(1-t_n)^3}\frac{1}{\text{TOL}^1} \approx \frac{1}{(1-t_N)^4}\frac{1}{\text{TOL}}.$$

Im Gegensatz zur residuen-basierten Fehlerkontrolle des Galerkin-Verfahrens wächst hier der Aufwand mit der vierten Potenz des reziproken Abstandes zu $t = 1$. Dieser Effekt ließe sich durch eine Verfeinerung der Schrittweitenstrategie, die aber in den üblichen ODE-Codes nicht üblich ist, vermeiden. Dazu bestimmt man die lokale Schrittweite anstatt aus (7.4.87) gemäß der Formel

$$h_n^2 \approx \frac{\text{TOL}}{N\,K(t_N)\sup_{I_n}|u''|}. \tag{7.4.89}$$

Dies ist wegen der Verwendung der (am Zeitpunkt t_n noch unbekannten) Gesamtanzahl N der Gitterpunkte eine *implizite* Strategie, die eigentlich keine vorwärtsschreitende Wahl der lokalen Schrittweiten h_n erlaubt und in jedem (globalen) Verfeinerungsschritt hinsichtlich der tatsächlichen Größe von N nachiteriert werden müsste. In der Praxis würde man aber, wenn die Verfeinerung in jedem Schritt nicht zu abrupt erfolgt, einfach den

Wert für N von der vorausgehenden Verfeinerungsstufe verwenden. Nach dieser Strategie ergibt sich die Schrittweitenformel

$$h_n \approx \Big(\frac{\text{TOL}}{N\,K(t_N)\,\sup_{I_n}|u''|}\Big)^{1/2} \approx \Big(\frac{\text{TOL}}{N}\Big)^{1/2}(1-t_N)(1-t_n)^{3/2},$$

sowie die zugehörige Schrittzahl

$$N \approx \Big(\frac{N}{\text{TOL}}\Big)^{1/2}\frac{1}{1-t_N}\sum_{n=1}^{N} h_n\frac{1}{(1-t_n)^{3/2}} \approx \Big(\frac{N}{\text{TOL}}\Big)^{1/2}\frac{1}{(1-t_N)^{3/2}}.$$

bzw.

$$N \approx \frac{1}{\text{TOL}}\frac{1}{(1-t_N)^3}.$$

Es ergibt sich nunmehr die gleiche Aufwandschätzung wie beim Galerkin-Verfahren. Dazu ist aber beim Differenzenverfahren eine hinreichend genaue Schätzung (durch Zusatzrechnung) der Abschneidefehler τ_n erforderlich, während beim Galerkin-Verfahren nur die leicht berechenbaren Residuen ρ_n eingehen.

Bemerkung: Ein alternativer Zugang zur a posteriori Fehlerschätzung beim Differenzenverfahren verwendet ein „diskretes“ Dualitätsargument ähnlich dem „kontinuierlichen“ Dualitätsargument beim Galerkin-Verfahren. Ausgangspunkt ist wieder die linearisierte Fehlergleichung

$$e_n = e_{n-1} + h_n f'(U_n)e_n + h_n\tau_n(u) + h_n O(e_n^2). \tag{7.4.90}$$

Sei Z_n die Lösung des rückwärts laufenden Euler-Schemas

$$Z_{n-1} = Z_n + h_n f'(U_n)Z_{n-1}, \quad 0 \le t_n < t_N, \tag{7.4.91}$$

mit Startwert Z_N. Damit gilt

$$\begin{aligned}(e_n, Z_n) &= (e_n, Z_n - Z_{n-1}) + (e_n - e_{n-1}, Z_{n-1}) + (e_{n-1}, Z_{n-1})\\ &= -h_n(e_n, f'(U_n)Z_{n-1}) + h_n(f'(U_n)e_n, Z_{n-1})\\ &\quad + h_n(\tau_n(u) + \mathcal{O}(e_n^2), Z_{n-1}) + (e_{n-1}, Z_{n-1}),\end{aligned}$$

and nach Summation für $1 \le n \le N$:

$$(e_N, Z_N) = (e_0, Z_0) + \sum_{n=1}^{N} h_n(\tau_n(u) + \mathcal{O}(e_n^2), Z_{n-1}).$$

Für $Z_N := e_N\|e_N\|^{-1}$ und $e_0 = 0$ erhalten wir

$$\|e_N\| \le c_{S,k}\sum_{n=1}^{N} h_n\big\{\|\tau_n(u)\| + \mathcal{O}(\|e_n\|^2)\big\}, \tag{7.4.92}$$

mit der *diskreten* Stabilitätskonstante $c_{S,k} := \max_{0\le n\le N-1} \|Z_n\|$. Vernachlässigung des quadratischen Fehlerterms ergibt dann

$$\|e_N\| \approx c_{S,k} \sum_{n=1}^{N} h_n \|\tau_n(U_n)\|, \tag{7.4.93}$$

mit der Approximation $\tau_n(U_n) \approx \tau_n(u)$ für den Abschneidefehler. Hier ist die i. Allg. zu pessimistische *a priori* Fehlerkonstante $K(t_N)$ ersetzt durch die *a posteriori* Stabilitätskonstante $c_{S,k}$. Die letztere wird in der Praxis aus der berechneten dualen Lösung Z_n zu einer Approximation des Startwerts $Z_N = e_N\|e_N\|^{-1}$ berechnet. Die auf der Abschätzung (7.4.93) basierende Schrittweitenkontrolle ist wieder *implizit* wie die für das Galerkin-Verfahren, liefert aber brauchbare Fehlerabschätzungen.

Für beide Verfahrensvarianten, Differenzen- oder Galerkin-Verfahren, kann die Effizienz der Rechnung durch Verwendung einer stärker lokalisierten Adaptionsstrategie noch weiter verbessert werden. Ausgangspunkt ist die „gewichtete" a posteriori Fehlerabschätzung (7.4.79)

$$\|e_N^-\| \le \sum_{n=1}^{N} h_n^2 \rho_n \omega_n$$

mit den „Residuen" und „Gewichten"

$$\rho_n := \sup_{I_n} |R(U)|, \quad \omega_n := h_n^{-1} \int_{I_n} |z - \tilde{P}_0 z|\, dt,$$

oder

$$\rho_n := h_n^{-1} |[U]_{n-1}|, \quad \omega_n := \frac{1}{2} \int_{I_n} |z'|\, dt.$$

Wie schon vorher berechnen wir $\rho_n \approx \sup_{I_n} |u'| \approx (1-t_n)^{-2}$ und

$$\omega_n = \frac{1}{2(1-T)^2} \int_{I_n} (1-t)\, dt \approx h_n \frac{1-t_n}{(1-T)^2}.$$

Basierend auf der obigen „gewichteten" a posteriori Fehlerabschätzung ergibt sich die Schrittweitenwahl

$$h_n = \Big(\frac{\mathrm{TOL}}{N\rho_n\omega_n}\Big)^{1/2} \approx (1-t_n)^{1/2}(1-T)\frac{\mathrm{TOL}^{1/2}}{N^{1/2}}$$

Folglich wird

$$N = \sum_{n=1}^{N} h_n h_n^{-1} \approx \frac{N^{1/2}}{(1-T)\mathrm{TOL}^{1/2}} \sum_{n=1}^{N} \frac{h_n}{(1-t_n)^{1/2}} \approx \frac{N^{1/2}}{(1-T)\mathrm{TOL}^{1/2}},$$

und schließlich

$$N \approx \frac{1}{(1-T)^2} \frac{1}{\mathrm{TOL}}.$$

Dieses Beispiel zeigt deutlich, dass selbst bei sehr einfachen AWA nur durch sehr sorgfältige Berücksichtigung der Regularitäts- und Stabilitätseigenschaften des zugrunde liegenden Problems eine zuverlässige und effiziente Fehlerschätzung und Schrittweitensteuerung möglich ist. Der Galerkin-Ansatz hat dabei klare konzeptionelle Vorteile gegenüber dem Differenzenverfahren, auch wenn beide hier bei diesen extrem einfachen Beispielen bei richtiger Anwendung der Theorie auf ähnliche Ergebnisse führen.

7.5 Übungsaufgaben

Aufgabe 7.1: Das dG(1)-Verfahren nimmt angewendet auf die AWA

$$u'(t) = f(t, u(t)), \quad t \geq t_0, \quad u(t_0) = u_0, ,$$

die folgende Gestalt an:

$$U_n^- = \int_{I_n} f(t, U)\, dt + U_{n-1}^-, \quad U_n^- - U_{n-1}^+ = \frac{2}{h_n} \int_{I_n} f(t, U)(t - t_{n-1})\, dt,$$

für $n = 1, \dots, N$. Dabei ist für $n \geq 2$ der Wert U_{n-1}^- vom vorausgehenden Intervall $I_{n-1} = (t_{n-2}, t_{n-1}]$ her bekannt, und U_n^-, U_{n-1}^+ sind die beiden zu bestimmenden Werte auf dem Intervall $I_n = (t_{n-1}, t_n]$. Für $n = 1$ ist $U_0^- := u^0$ der gegebene Anfangswert der Anfangswertaufgabe bei t_0.

i) Man konkretisiere dieses Verfahren mit der Setzung $y_n := U_n^-$ als implizites Einschrittverfahren für eine lineare, *autonome* AWA mit $f(t, x) = Ax + b$.

ii) Welche Ordnung hat dieses Verfahren?

iii) Wie sieht das zugehörige Stabilitätsintervall aus?

Aufgabe 7.2: Im Text wurde für Funktionen $v \in P_r(I_n), I_n = (t_{n-1}, t_n]$, mit Hilfe eines Transformationsarguments die diskrete „Sobolewsche Ungleichung“

$$\sup_{t \in I_n} |v(t)| \leq \kappa \Big(\int_{I_n} |v'(t)|^2 (t - t_{n-1})\, dt + |v_n^-|^2 \Big)^{1/2}$$

bewiesen. Man zeige mit derselben Argumentation die Variante

$$\sup_{t \in I_n} |v(t)| \leq \kappa \left(\int_{I_n} |v'(t)|\, dt + h_n^{-1} \Big| \int_{I_n} v(t)\, dt \Big| \right).$$

Welche von den beiden Abschätzungen gilt auch gleichmäßig für Funktionen $v \in C^1(\bar{I}_n)$? Man gebe eine Begründung.

Aufgabe 7.3: Im Text wurde gezeigt, wie auch das explizite Euler-Verfahren (Polygonzugmethode) über einen „unstetigen“ Galerkin-Ansatz gewonnen werden kann.

a) Man reproduziere die Herleitung des betreffenden expliziten unstetigen Galerkin-Verfahrens $\mathrm{dG_{exp}}(0)$.

b) Man zeige, dass dieses dG_{exp}-Verfahren eine ähnliche a priori Fehlerabschätzung zulässt wie sein implizites Gegenstück dG(0):

$$\sup_{t\in I} |(u-U)(t)| \le \big(1+L_f T e^{L_f T}\big) \max_{1\le n\le N} \big\{h_n \sup_{t\in I_n} |u'(t)|\big\}.$$

c) Man stelle das entsprechende $dG_{exp}(1)$-Verfahren auf. Lässt sich hieraus durch Einsatz geeigneter Quadraturformeln ein explizites Differenzenschema zweiter Ordnung ableiten?

Aufgabe 7.4: Sei I_n eines der (halboffenen) Teilintervalle von $I=[t_0,t_0+T]$ mit Länge $h_n = t_n - t_{n-1}$. Die sog. L^2-Projektion $\pi_r u \in P_r(I_n)$ einer Funktion $u\in C(\bar I_n)$ auf den Polynomraum $P_r(I_n)$ ist definiert durch

$$\int_{I_n} \big\{u(t) - \pi_r u(t)\big\}\varphi(t)\,dt = 0 \quad \forall \varphi\in P_r(I_n).$$

Für $u\in C^{r+1}(\bar I_n)$ gilt hierbei die Fehlerabschätzung

$$\sup_{t\in I_n} |(u-\pi_r u)(t)| \le \frac{1}{(r+1)!} h_n^{(r+1)} \sup_{t\in I_n} |u^{(r+1)}(t)|.$$

(i) Man beweise diese Aussage für die Spezialfälle $r=0,1$.

(ii) Man zeige, dass Funktionen $f\in C(\bar I_n)$ mit der Eigenschaft

$$\int_{I_n} f(t)\varphi(t)\,dt = 0 \quad \forall \varphi\in P_r(I_n),$$

mindestens $r+1$ reellwertige Nullstellen besitzen, und beweise damit die obige Fehlerabschätzung für alle $r\in\mathbb{N}_0$.

Aufgabe 7.5 (praktische Aufgabe): Man approximiere die AWA

$$u'(t) = u(t)^2, \quad 0\le t<1, \quad u(0)=1,$$

mit der (singulären) Lösung $u(t) = (1-t)^{-1}$ mit Hilfe des „unstetigen“ dG(1)- sowie des „stetigen“ cG(1)-Verfahrens. Die a priori Fehlerabschätzungen aus dem Text garantieren für beide Verfahren das Konvergenzverhalten $\max_I |U-u| = \mathcal{O}(h^2)$. Man überprüfe die Vorhersage, dass für das dG(1)-Verfahren in den diskreten Zeitgitterpunkten t_n die höhere Konvergenzordnung $|(U-u)(t_n)| = \mathcal{O}(h^3)$ besteht.

Aufgabe 7.6: Betrachtet werde die AWA

$$u'(t) = u(t)^2, \quad 0\le t\le T<1, \quad u(0)=1,$$

mit der (singulären) Lösung $u(t) = (1-t)^{-1}$. Man konkretisiere hierfür die im Text angegebene a priori Fehlerabschätzung für das DG(0)-Verfahren und vergleiche sie mit dem entsprechenden Resultat für das implizite Euler-Verfahren. Wie wächst in beiden Fällen der Aufwand (gemessen in der Anzahl der Auswertungen von f) in Abhängigkeit von der vorgegebenen Toleranz bei Annäherung an die kritische Stelle $T\to 1$?

Aufgabe 7.7 (Praktische Aufgabe): Man approximiere die 3-d, steife AWA

$$u'(t) = Au(t), \quad t \geq 0, \quad u(0) = (1, 0, -1)^T,$$

mit der Systemmatrix

$$A = \begin{pmatrix} -21 & 19 & -20 \\ 19 & -21 & 20 \\ 40 & -40 & -40 \end{pmatrix}$$

und der Lösung

$$\begin{aligned} u_1(t) &= \frac{1}{2}e^{-2t} + \frac{1}{2}e^{-40t}\{\cos(40t) + \sin(40t)\}, \\ u_2(t) &= \frac{1}{2}e^{-2t} - \frac{1}{2}e^{-40t}\{\cos(40t) + \sin(40t)\}, \\ u_3(t) &= -\frac{1}{2}e^{-40t}\{\cos(40t) - \sin(40t)\} \end{aligned}$$

mit Hilfe (a) der Trapezregel und (b) des cG(1)-Verfahrens. Zu berechnen ist der Wert $u(2)$ auf 6 wesentliche Dezimalstellen. Man versuche, in beiden Fällen möglichst sparsam zu arbeiten. Mit welchem Verfahren lässt sich diese Aufgabe am effizientesten, d. h. in geringster Zeit, lösen?

Aufgabe 7.8: Das cG(1)-Verfahren verwendet auf einer Zerlegung des Lösungsintervalls $I = [t_0, t_0 + T]$ stetige, stückweise lineare Ansatzfunktionen und unstetige, stückweise konstante Testfunktionen.

Man führe mit Hilfe der Vorgehensweise aus dem Text eine a posteriori Fehleranalyse für das cG(1)-Verfahren durch. Abgeschätzt werden soll der Endzeitfehler $\|U_N - u(t_N)\|$. Zur Vereinfachung konzentriere man sich auf den Fall einer linearen autonomen AWA,

$$u'(t) = Au(t) + b, \quad t \geq 0, \quad u(0) = u_0,$$

für welche das cG(1)-Verfahren äquivalent zur „Trapezregel" ist.

Aufgabe 7.9: Man betrachte die approximative Lösung der autonomen AWA

$$u'(t) = u(t)^2, \quad 0 \leq t \leq T < 1, \quad u(0) = 1,$$

mit der (singulären) Lösung $u(t) = (1-t)^{-1}$ mit Hilfe a) des impliziten Euler-Verfahrens und b) des dG(0)-Verfahrens. Es soll der Wert $u(T)$, $T = t_N$, berechnet werden unter Verwendung einer adaptiven Schrittweitensteuerung. Was ist der asymptotische Aufwand $N = N(\mathrm{TOL}, T)$ der beiden Verfahren in Abhängigkeit von der vorgegebenen Fehlertoleranz bei Annäherung $T \to 1$?

a) Für das implizite Euler-Verfahren

$$U_n = U_{n-1} + h_n U_n^2, \quad n \geq 1, \quad U_0 = 1.$$

folgt aus der für allgemeine Einschrittverfahreb im Text hergeleiteten a priori Fehlerabschätzung die Fehlerschranke

$$|e_N| \leq K(T) \sum_{n=1}^{N} h_n \tau_n(u), \qquad \tau_n(u) = h_n \tau_n^0(u) + \mathcal{O}(h_n^2),$$

Dies induziert die (implizite) Schrittweitenstrategie

$$h_n \approx \left(\frac{\mathrm{TOL}}{N\, K(T) |\tau_n^0(u)|} \right)^{1/2}.$$

b) Die Schrittweitenwahl in der dG(0)-Methode basiert auf der „gewichteten" a posterori Fehlerabschätzung

$$|e_N| \leq c_I \sum_{n=1}^{N} h_n \rho_n \omega_n,$$

und folgt der (impliziten) Strategie

$$h_n \approx \frac{\mathrm{TOL}}{N \rho_n \omega_n}.$$

Aufgabe 7.10 (Praktische Aufgabe): Man löse die AWA

$$u'(t) = u(t)^2, \quad 0 \leq < 1, \quad u(0) = 1,$$

mit der (singulären) Lösung $u(t) = (1-t)^{-1}$ mit Hilfe des dG(0)- und des impliziten Euler-Verfahrens bei Verwendung der jeweiligen Strategien zur Schrittweitensteuerung aus Augabe 7.9. Die einzuhaltende Fehlertoleranz ist $\varepsilon = 10^{-3}$. Man versuche, möglichst weit an die singuläre Stelle $t = 1$ heranzurechnen. Wie entwickeln sich bei den beiden Verfahren die Schrittweiten für $t \to 1$?

8 Aus der Theorie der Randwertaufgaben

8.1 Existenz- und Eindeutigkeitssätze

8.1.1 Allgemeine Randwertaufgaben

Die in Kapitel 1 betrachteten Anfangswertaufgaben können als Spezialfall der allgemeinen „Randwertaufgabe" (abgekürzt: „RWA")

$$u'(t) = f(t, u(t)), \quad t \in I = [a, b], \qquad r(u(a), u(b)) = 0, \tag{8.1.1}$$

aufgefaßt werden. Dabei sind $f : I \times \mathbb{R}^d \to \mathbb{R}^d$ und $r : \mathbb{R}^d \times \mathbb{R}^d \to \mathbb{R}^d$ gegebene, i. Allg. vektorwertige Funktionen, welche im Folgenden stets als mindestens zweimal stetig differenzierbar bzgl. aller ihrer Argumente vorausgesetzt sind, und gesucht ist eine stetig differenzierbare Funktion $u : I \to \mathbb{R}^d$. In der Literatur findet sich für (8.1.1) auch die Bezeichnung „Zweipunkt-Randwertaufgabe" zur Abgrenzung von allgemeineren Problemen mit mehrpunktigen Nebenbedingungen der Form $r(u(t_1), \dots, u(t_k)) = 0$. Im Gegensatz zu den AWA existiert für RWAn keine allgemeine Existenztheorie; nur unter sehr einschränkenden Voraussetzungen lässt sich für nichtlineare Probleme die Existenz von Lösungen a priori garantieren. Da diese Voraussetzungen bei den in der Praxis auftretenden Problemen meist nicht erfüllt sind, wird hier auf die Darstellung solcher Resultate verzichtet. Für das Folgende begnügen wir uns mit der Annahme, dass die Aufgabe (8.1.1) eine Lösung $u(t)$ besitzt, welche wenigstens *lokal* eindeutig (bzw. *isoliert*) ist, d. h.: Es existiert keine zweite Lösung $\tilde{u} \neq u$, welche u im Intervall I beliebig nahe kommt. Bezeichnen

$$f'_x(t, x) = (\partial_j f_i(t, x))_{i,j=1}^d,$$

$$r'_x(x, y) = (\partial_j r_i(x, y))_{i,j=1}^d, \qquad r'_y(x, y) = (\partial_j r_i(x, y))_{i,j=1}^d$$

wieder die Jacobi-Matrizen der Vektorfunktionen $f(t, \cdot)$ und $r(\cdot, \cdot)$, so haben wir für die lokale Eindeutigkeit einer Lösung u von (8.1.1) die folgende Charakterisierung:

Satz 8.1 (Lokale Eindeutigkeit): *Eine Lösung $u(t)$ von Problem (8.1.1) ist genau dann lokal eindeutig, wenn die lineare, homogene RWA*

$$\begin{aligned} v'(t) - f'_x(t, u(t))\, v(t) &= 0, \quad t \in I \\ r'_x(u(a), u(b))\, v(a) + r'_y(u(a), u(b))\, v(b) &= 0 \end{aligned} \tag{8.1.2}$$

nur die triviale Lösung $v \equiv 0$ besitzt.

Zum Beweis von Satz 8.1 müssen wir uns zunächst mit der Lösbarkeit der linearen Aufgabe (8.1.2) beschäftigen; dafür existiert glücklicherweise eine vollständige Theorie. Wir betrachten die allgemeine inhomogene, lineare RWA

$$\begin{aligned} u'(t) - A(t)u(t) &= f(t), \quad t \in I, \\ B_a u(a) + B_b u(b) &= g \end{aligned} \tag{8.1.3}$$

mit Matrizen $B_a, B_b \in \mathbb{R}^{d\times d}$, einer stetigen Matrix-Funktion $A : I \to \mathbb{R}^{d\times d}$ sowie einer stetigen Vektor-Funktion $f : [a,b] \to \mathbb{R}^d$ und einem Vektor $g \in \mathbb{R}^d$. Der RWA (8.1.1) werden die $d+1$ AWA

$$\begin{aligned} y_0'(t) - A(t)y_0(t) &= f(t)\,, \quad t \geq a\,, \quad y_0(a) = 0\,, \\ y_i'(t) - A(t)y_i(t) &= 0\,, \quad t \geq a\,, \quad y_i(a) = e_i\,, \quad i = 1,\dots,d\,, \end{aligned} \tag{8.1.4}$$

zugeordnet mit den kartesischen Einheitsvektoren $e_i \in \mathbb{R}^d$. Mit den eindeutigen Lösungen y_0 und $y_1,\dots,y_d$ von (8.1.4) wird dann die sog. „Fundamentalmatrix“

$$Y(t) := \begin{bmatrix} y_{11}(t) & \dots & y_{d1}(t) \\ \vdots & & \vdots \\ y_{1d}(t) & \dots & y_{dd}(t) \end{bmatrix}$$

des Systems (8.1.3) gebildet und der Lösungsansatz

$$u(t;s) = y_0(t) + \sum_{i=1}^{d} s_i y_i(t) = y_0(t) + Y(t)s$$

gemacht. Offensichtlich genügt dieser Ansatz der Differentialgleichung

$$u'(t;s) - A(t)u(t;s) = f(t)\,, \quad t \geq a\,.$$

Es bleibt also, den Vektor $s \in \mathbb{R}^d$ so zu bestimmen, dass gilt:

$$B_a u(a;s) + B_b u(b;s) = g\,. \tag{8.1.5}$$

dass dies nicht immer möglich ist, zeigt das folgende Beispiel.

Beispiel 8.1: Die Differentialgleichung

$$u''(t) + u(t) = 0, \quad t \in [0,\pi] \quad \Leftrightarrow \quad u_1'(t) - u_2(t) = 0, \quad u_2'(t) + u_1(t) = 0,$$

hat die allgemeine Lösung: $u(t) = c_1 \sin t + c_2 \cos t$. Für verschiedene Randbedingungen ergibt sich ein qualitativ unterschiedliches Lösbarkeitsverhalten.

i) $u(0) = u(\pi)$, $u'(0) = u'(\pi)$: $u(t) = 0$ (eindeutig bestimmt),

ii) $u(0) = u(\pi) = 0$: $u(t) = c_1 \sin t$ (unendlich viele Lösungen),

iii) $u(0) = 0$, $u(\pi) = 1$: keine Lösung.

Die Randbedingung (8.1.5) kann durch Einsetzen des Ansatzes für $u(t)$ umgeschrieben werden in ein lineares Gleichungssystem für s:

$$B_a \underbrace{y_0(a)}_{=0} + B_a \underbrace{Y(a)}_{=I} s + B_b y_0(b) + B_b Y(b)s = g\,,$$

d. h.

$$[B_a + B_b Y(b)]s = g - B_b y_0(b)\,. \tag{8.1.6}$$

Damit erhalten wir das folgende Resultat:

Satz 8.2 (Existenzsatz für lineare RWA): *Die lineare RWA (8.1.3) besitzt für beliebige Daten* $f(t)$ *und* g *genau dann eine eindeutige Lösung* $u(t)$, *wenn die Matrix*

$$B_a + B_b Y(b) \in \mathbb{R}^{d\times d}$$

regulär ist.

Beweis: Ist die Matrix $B_a + B_b Y(b)$ regulär, so ist das System (8.1.6) eindeutig lösbar, und die zugehörige Funktion $u(t;s)$ löst dann nach unserer Konstruktion die RWA (8.1.3). Umgekehrt lässt sich aber jede Lösung $u(t)$ von (8.1.3) in der Form

$$u(t) = y_0(t) + Y(t)s$$

mit einem $s \in \mathbb{R}^d$ darstellen, da die Lösungsmannigfaltigkeit von (8.1.3) die Dimension d hat. d. h.: Die Regularität von $B_a + B_b Y(b)$ ist notwendig und hinreichend für die Eindeutigkeit möglicher Lösungen von (8.1.3). Q.E.D.

Bemerkung 8.1: Die eigentliche Bedeutung von Satz 8.2 liegt darin, dass er eine starke Analogie zwischen *linearen* RWA und *linearen* (quadratischen) Gleichungssystemen aufzeigt. Bei beiden Problemtypen genügt es zum Nachweis der Existenz von Lösungen zu zeigen, dass eventuell existierende Lösungen notwendig eindeutig sind.

Nach diesen Vorbereitungen können wir nun den Beweis von Satz 8.1 führen.

Beweis von Satz 8.1:
Die Funktion $f(t,x)$ ist gleichmäßig L-stetig auf einer Umgebung U_R des Graphen von $u(t)$. Daher gibt es ein $\rho > 0$, so dass für jede Lösung $v(t)$ der AWA

$$v'(t) = f(t, v(t)), \quad t \in I, \quad v(t_0) = v_0\,,$$

mit $t_0 \in I$, $\|v_0 - u(t_0)\| \le \rho$, notwendig gilt (Folgerung aus dem Stabilitätssatz 1.4):

$$\max_{t\in I} \|u(t) - v(t)\| \le R\,.$$

d. h.: Jede zweite Lösung $v(t)$ der RWA, deren Graph dem von $u(t)$ um weniger als ρ nahekommt, verläuft ganz in U_R. Sei nun $v(t)$ eine zweite Lösung der RWA mit $\mathrm{Graph}(v) \subset U_R$. Dann gilt für $w := u - v$:

$$\begin{aligned} w'(t) &= f(t,u) - f(t,v) = \int_0^1 f_x'(t, v + s(u-v)w\,ds \\ &= f_x'(t,u)w + \underbrace{\Big(\int_0^1 \big\{f_x'(t, v + sw) - f_x'(t,u)\big\}\,ds\Big)}_{=:\,\alpha(t)} w, \end{aligned}$$

und analog

$$
\begin{aligned}
0 &= r(u(a),u(b)) - r(v(a),v(b)) \\
&= r(u(a),u(b)) - r(v(a),u(b)) + r(v(a),u(b)) - r(v(a),v(b)) \\
&= \int_0^1 r'_x\big(v(a)+sw(a),u(b)\big)w(a)\,ds + \int_0^1 r'_y\big(v(a),v(b)+sw(b)\big)w(b)\,ds \\
&= r'_x(u(a),u(b))\,w(a) + r'_y(u(a),u(b))w(b) \\
&\quad + \underbrace{\Big(\int_0^1 r'_x\big(v(a)+sw(a),u(b)\big) - r'_x(u(a),u(b))\,ds\Big)}_{=:\,\beta_a} w(a) \\
&\quad + \underbrace{\Big(\int_0^1 \big(r'_y(v(a),v(b)+sw(b)\big) - r'_y(u(a),u(b))\,ds\Big)}_{=:\,\beta_b} w(b).
\end{aligned}
$$

Die Funktion w löst also die homogene lineare RWA

$$
\begin{aligned}
w' - [f'_x(t,u) + \alpha(t)]\,w = 0\,, \quad t \in I, \\
[r'_x(u(a),u(b)) + \beta_a]\,w(a) + \big[r'_y(u(a),u(b)) + \beta_b\big]\,w(b) = 0.
\end{aligned}
\tag{8.1.7}
$$

Wegen der angenommenen L-Stetigkeit von $f'_x(t,\cdot), r'_x(\cdot,y)$ und $r'_y(x,\cdot)$ kann man die Matrizen $\alpha(t), \beta_a$ und β_b normmäßig beliebig klein machen durch hineichend kleine Wahl von R:

$$
\begin{aligned}
\|\alpha(t)\| &= \Big\| \int_0^1 \big\{f'_x(t,v+sw) - f'_x(t,u)\big\}\,ds \Big\| \\
&\le L_{f'_x} \int_0^1 \|v+sw-u\|\,ds \le L_{f'_x} \max_{t\in I} \|w\| \le L_{f'_x} R,
\end{aligned}
$$

und analog

$$
\begin{aligned}
\|\beta_a\| &= \Big\| \int_0^1 r'_x\big(v(a)+sw(a),u(b)\big) - r'_x(u(a),u(b))\,ds \Big\| \\
&\le L_{r'_x} \int_0^1 \|v(a)+sw(a)-u(a)\|\,ds \le L_{r'_x}\|w(a)\| \le L_{r'_x} R,
\end{aligned}
$$

sowie $\|\beta_b\| \le L_{r'_y} R$. Im Hinblick auf den Stabilitätssatz 1.4 für AWAn kann damit auch die Abweichung der Matrix $\tilde{B}_a + \tilde{B}_b \tilde{Y}(b)$ von der zum System (8.1.2) gehörenden Matrix $B_a + B_b Y(b)$ klein gemacht werden. Da dieses System nur die triviale Lösung haben soll, ist nach Satz 8.2 notwendig $B_a + B_b Y(b)$ regulär. Für hinreichend kleines R ist dann auch $\tilde{B}_a + \tilde{B}_b \tilde{Y}(b)$ regulär und folglich wieder nach Satz 8.1 $w \equiv 0$ die einzige Lösung von (8.1.7).

Der Beweis der Umkehrung dieser Aussage kann hier nicht gebracht werden (siehe die angegebene Literatur zur Theorie von RWA).

Bemerkung 8.2: Hinsichtlich der Regularität von Lösungen von RWA gilr dasselbe wie bei AWA, denn allgemein ist eine Lösung der Differentialgleichung

$$u'(u) = f(t, u(t)), \quad t \in I \subset \mathbb{R}^1,$$

mit r-mal stetig differenzierbarem $f(\cdot, \cdot)$ wegen des Fundamentalsatzes der Analysis automatisch in $C^{r+1}(I)$.

8.1.2 Sturm-Liouville-Probleme

Wir wollen nun Satz 8.2 anwenden auf die für die Praxis wichtige Klasse der sog. „(regulären) Sturm[1]-Liouville[2]-Probleme“:

$$\begin{aligned} &-[p\,u']'(t) + q(t)u'(t) + r(t)u(t) = f(t)\,, \quad t \in I = [a,b]\,, \\ &\alpha_1 u'(a) + \alpha_0 u(a) = g_a\,, \quad \beta_1 u'(b) + \beta_0 u(b) = g_b\,. \end{aligned} \tag{8.1.8}$$

Dabei seien $p \in C^1(I)$, $q, r, f \in C(I)$ und $\alpha_0, \alpha_1, \beta_0, \beta_1, g_a, g_b \in \mathbb{R}$. Die Bezeichnung „regulär“ bezieht sich auf die Tatsache, dass die Koeffizienten p, q, r nicht singulär und das Intervall I als beschränkt vorausgesetzt sind.

Die RWA (8.1.8) ist von zweiter Ordnung und muss zunächst in ein System erster Ordnung umgeschrieben werden. Wir setzen dazu $u_1 := u$ und $u_2 := u'$ und erhalten:

$$\begin{aligned} &u_1' = u_2, \quad -[pu_2]' + qu_2 + ru_1 = f, \,, \quad t \in I\,, \\ &\alpha_1 u_2(a) + \alpha_0 u_1(a) = g_a\,, \quad \beta_1 u_2(b) + \beta_0 u_1(b) = g_b\,. \end{aligned}$$

Unter der Voraussetzung $p(t) \geq \rho > 0$ ist dies äquivalent zu dem System

$$\begin{aligned} &\begin{bmatrix} u_1' \\ u_2' \end{bmatrix} - \begin{bmatrix} 0 & 1 \\ r/p & (q-p')/p \end{bmatrix} \begin{bmatrix} u_1 \\ u_2 \end{bmatrix} = \begin{bmatrix} 0 \\ -f/p \end{bmatrix}, \quad t \in [a,b]\,, \\ &\begin{bmatrix} \alpha_0 & \alpha_1 \\ 0 & 0 \end{bmatrix} \begin{bmatrix} u_1(a) \\ u_2(a) \end{bmatrix} + \begin{bmatrix} 0 & 0 \\ \beta_0 & \beta_1 \end{bmatrix} \begin{bmatrix} u_1(b) \\ u_2(b) \end{bmatrix} = \begin{bmatrix} g_a \\ g_b \end{bmatrix} \end{aligned} \tag{8.1.9}$$

in der Standardform (8.1.3). Für diese RWA lassen sich sehr allgemeine Existenzsätze beweisen. Wir beschränken uns hier auf den Spezialfall sog. „Dirichlet[3]-Randbedingungen“

$$u(a) = g_a\,, \quad u(b) = g_b\,. \tag{8.1.10}$$

[1]Jacques Charles Franois Sturm (1803–1855): Französisch-Schweizer Mathematiker; Professor an der École Polytechnique in Paris seit 1840; Beiträge zur Mathematischen Physik, Differentialgleichungen, („Sturm-Liouville-Problem“) und Differentialgeometrie.

[2]Joseph Liouville (1809–1882): Französischer Mathematiker; Prof. an der École Polytechnique und später am Collége de France in Paris; Beiträge zur Zahlentheore, Funktionentheorie, Differentialgeometrie und Topologie, aber auch zur Mathematischen Physik.

[3]Johann Peter Gustav Lejeune Dirichlet (1805-1859): Französisch-Deutscher Mathematiker; geb. in Düren (damals bei Frankreich); wirkte in Berlin und als Prof. in Göttingen (Nachfolger von Gauß); wichtige Beiträge zur Zahlentheorie, Analysis und Differentialgleichungen („Dirichletsches Prinzip“).

Satz 8.3 (Sturm-Liouville-Probleme): *Es sei $p(t) \geq \rho > 0$. Dann besitzt das Sturm-Liouville-Problem (8.1.8) mit Dirichletschen Randbedingungen (8.1.10) unter der Bedingung*

$$\rho + (b-a)^2 \min_{t \in I}\{r(t) - \tfrac{1}{2}q'(t)\} > 0 \tag{8.1.11}$$

eine eindeutige Lösung $u(t) \in C^2(I)$.

Beweis: Wegen der Äquivalenz des Sturm-Liouville-Problems (8.1.8) mit der RWA (8.1.9) genügt es, im Hinblick auf Satz (8.2) zu zeigen, dass das homogene Problem (8.1.8) mit $f(t) = 0$, $g_a = g_b = 0$ nur die triviale Lösung $u(t) = 0$ besitzt. Sei also $u(t)$ Lösung von

$$-[pu']' + qu' + ru = 0\,, \quad t \in I\,, \quad u(a) = u(b) = 0.$$

Multiplikation mit u und Integration über I ergibt

$$-\int_I [pu']'u\,dt + \tfrac{1}{2}\int_I q(u^2)'\,dt + \int_I ru^2\,dt = 0\,.$$

Durch partielle Integration folgt also bei Berücksichtigung der Randbedingungen

$$\int_I p(u')^2\,dt - \underbrace{pu'u}_{=0}\Big|_a^b + \int_I\{r - \tfrac{1}{2}q'\}u^2\,dt + \underbrace{\tfrac{1}{2}qu^2}_{=0}\Big|_a^b = 0\,.$$

Also ist

$$\rho\int_I (u')^2\,dt + \min_{t \in I}\{r - \tfrac{q'}{2}\}\int_I u^2\,dt \leq 0\,.$$

Aus der Identität

$$u(t) = \underbrace{u(a)}_{=0} + \int_a^t u'(s)\,ds$$

erschließt man die sog. „Poincarésche[4] Ungleichung“

$$\int_I u^2\,dt \leq \int_I\Big(\int_a^t u'\,ds\Big)^2 dt \leq (b-a)^2\int_I |u'|^2\,dt\,.$$

Damit erhalten wir

$$(b-a)^{-2}\rho\int_I u^2\,dt + \min_{a \leq t \leq b}\{r - \tfrac{1}{2}q'\}\int_I u^2\,dt \leq 0\,.$$

Unter der Voraussetzung (8.1.11) folgt

$$\int_I u^2\,dt \leq 0$$

bzw. $u \equiv 0$. Q.E.D.

[4]Jules Henri Poincaré (1854-1912): französischer Mathematiker; Prof. an der École Polytechnique und der Sorbonne in Paris; eins der letzten mathematischen Universalgenies; fundamentale Beiträge zu allen Bereichen der Mathematik, zur Himmelsmechanik, Strömungsmechanik und Wissenschaftsphilosophie.

8.2 Übungsaufgaben

Aufgabe 8.1: Die lineare Differentialgleichung $u''(t) + u(t) = 1$ zweiter Ordnung hat die allgemeine Lösung

$$u(t) = A\sin(t) + B\cos(t) + 1.$$

a) Man verifiziere, dass zu den Randbedingungen $u(0) = u(\pi/2) = 0$ genau eine, zu $u(0) = u(\pi) = 0$ keine und zu $u(0) = 1$, $u(\pi) = 1$ unendlich viele Lösungen dieser Gestalt existieren. Dies demonstriert die Schwierigkeiten einer einheitlichen Existenztheorie für RWA selbst im linearen Fall.

b) Man schreibe die obige Differentialgleichung zweiter Ordnung in Form eines Systems erster Ordnung und überprüfe anhand der drei zugehörigen Randwertaufgaben die Richtigkeit des Lösbarkeitskriteriums aus dem Text, d. h.: die Regularität der zugehörigen Matrix

Aufgabe 8.2: Man betrachte das (reguläre) Sturm-Liouville-Problem

$$-u''(t) + q(t)u'(t) + r(t)u(t) = f(t), \quad t \in [a, b],$$

mit sog. „Neumann-Randbedingungen"

$$u'(a) = g_a, \quad u'(b) = g_b.$$

Man formuliere eine Bedingung an die Koeffizienten q und r, unter der diese RWA für beliebige stetige rechte Seite f und Randdaten g_a, g_b eine eindeutige Lösung besitzt.

Aufgabe 8.3: a) Man beweise für Funktionen $v \in C^1([a, b])$, die *kontinuierliche* „Sobolewsche Ungleichung"

$$\max_{t\in[a,b]} |v(t)| \le \int_a^b |v'(t)|\, dt + |v(a)|.$$

b) Man beweise weiter die Ungleichung

$$\max_{t\in[a,b]} |v(t)| \le \int_a^b |v'(t)|\, dt + \frac{1}{b-a}\Big| \int_a^b v(t)\, dt\Big|.$$

(Hinweis: Fundamentalsatz und Mittelwertsatz der Differential- und Integralrechnung)

9 Schießverfahren

9.1 Lineare Randwertaufgaben

Der konstruktive Beweis von Satz 8.2 zur Lösbarkeit der linearen RWA

$$\begin{aligned} u'(t) - A(t)u(t) &= f(t)\,, \quad t \in I = [a,b], \\ B_a u(a) + B_b u(b) &= g, \end{aligned} \tag{9.1.1}$$

legt auch ein Verfahren zu deren numerischen Approximation nahe, das sog. „Schießverfahren“. Die kontinuierliche Lösung ist gegeben in der Form

$$u(t;\hat{s}) = y_0(t) + Y(t)\hat{s}$$

mit den Lösungen $y_0 : I \to \mathbb{R}^d$ und $Y : I \to \mathbb{R}^{d\times d}$ der AWA

$$\begin{aligned} y_0'(t) - A(t)y_0(t) &= f(t)\,, \qquad t \in I\,, \qquad y_0(a) = 0\,, \\ Y'(t) - A(t)Y(t) &= 0\,, \qquad t \in I\,, \qquad Y(a) = I\,. \end{aligned} \tag{9.1.2}$$

sowie der Lösung $\hat{s} \in \mathbb{R}^d$ des linearen Gleichungssystems

$$Qs := (B_a + B_b Y(b))s = g - B_b y_0(b),$$

vorausgesetzt $B_a + B_b Y(b)$ ist regulär. Dabei ist $u(t;\hat{s})$ die Lösung der AWA

$$u'(t;\hat{s}) - A(t)u(t;\hat{s}) = f(t), \quad t \in I, \quad u(a;\hat{s}) = \hat{s}\,, \tag{9.1.3}$$

für die gerade die Randbedingung $B_a u(a;\hat{s}) + B_b u(b;\hat{s}) = g$ erfüllt ist. Dies begründet die Bezeichnung *Schießverfahren* für das folgende Vorgehen:

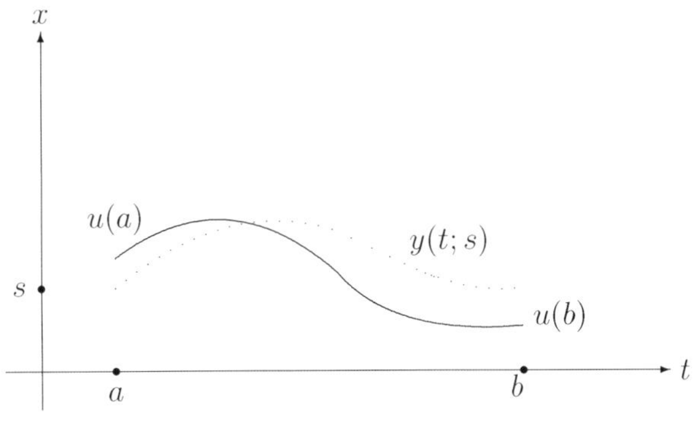

Abbildung 9.1: Konzept des (einfachen) Schießverfahrens.

Das Intervall I wird unterteilt,

$$a = t_0 < t_1 < \ldots < t_N = b\,,$$

in Teilintervalle der Länge $h_n = t_n - t_{n-1}$, wobei

$$h := \max_{1\le n\le N} h_n \le \theta \min_{1\le n\le N} h_n ,$$

mit einer Konstante $\theta \ge 1$. Auf diesem Punktgitter werden dann mit Hilfe eines konvergenten Differenzenverfahrens (Einschrittverfahren, Prädiktor-Korrektor-Verfahren, Extrapolationsverfahren, etc.) Näherungen $(y^h_{i,n})^N_{n=1}$, $i = 0,\dots,d$, zu den Lösungen y_i, $i = 0,\dots,d$, der AWAn (9.1.2) berechnet; dazu sind $d+1$ Systeme zu lösen. Ist das verwendete Verfahren von der Ordnung m, und sind die Funktionen $A(t)$, $f(t)$ hinreichend glatt, so verhält sich nach den Resultaten der Kapitel 1.2, 1.4 und 1.5 der Diskretisierungsfehler wie

$$\|y^h_{i,N} - y_i(b)\| \le Ke^{L(b-a)}h^m , \tag{9.1.4}$$

wobei die Konstante K im Wesentlichen nur von den gegebenen Daten $A(t)$, $f(t)$ abhängt, und $L = \max_{t\in I}\|A(t)\|$ die Lipschitz-Konstante des Systems repräsentiert. Mit der diskreten Fundamentalmatrix $Y^h_n = [y^h_{1,n},\dots,y^h_{d,n}]$ wird dann die Matrix

$$Q^h := B_a + B_bY^h_N$$

gebildet. Ist diese nun ebenfalls regulär, so besitzt das Gleichungssystem

$$Q^hs^h = g - B_by^h_{0,N} \tag{9.1.5}$$

eine eindeutige Lösung $\hat s^h \in \mathbb{R}^d$, mit der durch

$$u^h_n := y^h_{0,n} + Y^h_n\hat s^h , \quad n = 0,\dots,N ,$$

eine Näherung zu $u(t)$ definiert ist.

Satz 9.1 (Konvergenz des Schießverfahrens): *Für hinreichend kleines $h > 0$ ist die Matrix Q^h regulär, und das Schießverfahren konvergiert mit der Ordnung m:*

$$\max_{t_n\in I}\|u^h_n - u(t_n)\| = \mathcal{O}(h^m) \quad (h\to 0).$$

Beweis: Die Fehlerabschätzung (9.1.4) impliziert

$$\|Q - Q^h\| = \|B_bY(b) - B_bY^h_N\| \le c\|B_b\| \max_{i=1,\dots,d}\|y_i(b) - y^h_{i,N}\| = \mathcal{O}(h^m), \tag{9.1.6}$$

mit einer dimensions-abhängigen Konstante c. Für hinreichend kleines h ist also

$$\|Q - Q^h\| < \frac{1}{\|Q^{-1}\|} \quad \text{bzw.} \quad \|Q^{-1}(Q^h - Q)\| < 1.$$

Im Hinblick auf die angenommene Regularität von Q impliziert dies auch die Regularität von $Q^h = Q(I + Q^{-1}(Q^h - Q))$ sowie die Abschätzung (Übungsaufgabe)

$$\|(Q^h)^{-1}\| \le \frac{\|Q^{-1}\|}{1 - \|Q^{-1}\|\|Q^h - Q\|}.$$

Über die Beziehung

$$Q^{-1}-(Q^h)^{-1} = Q^{-1}(Q^h-Q)(Q^h)^{-1},$$

folgt weiter die Abschätzung

$$\|Q^{-1} - (Q^h)^{-1}\| \le \frac{\|Q^{-1}\|^2}{1 - \|Q^{-1}\|\,\|Q - Q^h\|}\,\|Q - Q^h\|\,.$$

Mit (9.1.6) folgt damit

$$\|Q^{-1} - (Q^h)^{-1}\| = \mathcal{O}(h^m)\,.$$

Damit erschließen wir weiter

$$\begin{aligned}\|s - s^h\| &= \|Q^{-1}[g - B_b y_0(b)] - (Q^h)^{-1}[g - B_b\, y^h_{0,N}]\,\| \\ &\le \|Q^{-1} - (Q^h)^{-1}\|\,\|g\| + \|Q^{-1} - (Q^h)^{-1}\|\,\|B_b\|\,\|y_0(b)\| \\ &\quad + \|(Q^h)^{-1}\|\,\|B_b\|\,\|y_0(b) - y^h_{0,N}\| = \mathcal{O}(h^m)\,.\end{aligned}$$

und hiermit

$$\begin{aligned}\|u^h_n - u(t_n)\| &= \|y^h_{0,n} + Y^h_n s^h - y_0(t_n) - Y(t_n)s\| \\ &\le \|y^h_{0,n} - y_0(t_n)\| + \|Y^h_n - Y(t_n)\|\,\|s^h\| + \\ &\quad + \|Y(t_n)\|\,\|s^h - s\| = \mathcal{O}(h^m),\end{aligned}$$

was zu zeigen war. Q.E.D.

Bei der praktischen Durchführung des Schießverfahrens hat man zunächst die $d+1$ AWA (9.1.2) zu lösen. Da zur Aufstellung des Gleichungssystems (9.1.5) aber nur die Endwerte $y^h_{i,N}$, $i = 0,\dots,d$, benötigt werden, ist die Anwendung eines Extrapolationsverfahrens mit Basisschrittweite $H = b - a$ zu empfehlen. Die diskrete Lösung u^h wird dann statt aus der Darstellung $u^h_n = y^h_{0,n} + Y^h_n \hat{s}^h$, wozu ja $y^h_{i,n}$ für alle $n = 0,\dots,N$ berechnet werden müssten, durch nochmalige Lösung der einzelnen AWA

$$u'(t) - A(t)u(t) = f(t)\,, \quad t \in I\,, \quad u(a) = \hat{s}^h\,,$$

bestimmt. Je nachdem, mit welcher Methode dies geschieht, erhält man natürlich möglicherweise eine leicht veränderte Approximation $\tilde{u}^h_n$.

Das Hauptproblem bei der Durchführung des oben beschriebenen sog. „einfachen“ Schießverfahrens ist das der Stabilität bei Integration über längere Intervalle I. Der Wert der Lösung $y(t;s)$ der AWA (9.1.3) am rechten Intervallpunkt b kann bei etwas instabileren Problemen sehr empfindlich gegenüber Störungen im Anfangswert s sein. Unter Umständen muss $\hat{s}$ zur Kompensation dieser Instabilität mit solcher Genauigkeit berechnet werden, dass der dazu erforderliche numerische Aufwand bei der Diskretisierung der AWA (9.1.2) nicht mehr realisierbar ist.

Beispiel 9.1:

$$y_1'(t) = y_2(t)\,, \quad y_2'(t) = 110y_1(t) + y_2(t)\,.$$

Die allgemeine Lösung ist (mit beliebigen Zahlen c_1, c_2)

$$y(t) = \begin{bmatrix} y_1(t) \\ y_2(t) \end{bmatrix} = c_1\, e^{-10t} \begin{bmatrix} 1 \\ -10 \end{bmatrix} + c_2\, e^{11t} \begin{bmatrix} 1 \\ 11 \end{bmatrix}.$$

Für die Anfangswerte $y(0) = (s_1, s_2)^T$ erhalten wir also

$$y(t; s) = \frac{11 s_1 - s_2}{21}\, e^{-10t} \begin{bmatrix} 1 \\ -10 \end{bmatrix} + \frac{10 s_1 + s_2}{21}\, e^{11t} \begin{bmatrix} 1 \\ 11 \end{bmatrix}.$$

Den Randbedingungen $y_1(0) = 1$, $y_1(10) = 1$ genügt die Lösung

$$y(t) = \frac{e^{110} - 1}{e^{110} - e^{-100}}\, e^{-10t} \begin{bmatrix} 1 \\ -10 \end{bmatrix} + \frac{1 - e^{-100}}{e^{110} - e^{-100}}\, e^{11t} \begin{bmatrix} 1 \\ 11 \end{bmatrix}.$$

Insbesondere ist

$$y_2(0) = -10 + \frac{21 - e^{-100}}{e^{110} - e^{-100}} \sim -10 + 3.5 \cdot 10^{-47}.$$

Eine Rechnung mit zehn Stellen Genauigkeit ergibt für den leicht gestörten Startwert

$$\tilde{s} = \begin{bmatrix} 1 \\ -10 + 10^{-9} \end{bmatrix}.$$

den zugehörigen Endwert $y_1(10; \tilde{s}) \sim 10^{37}$ anstelle des exakten Wertes $y_1(10; \bar{s}) = 1$. Bei diesem hochgradig instabilen Problem versagt die Schießverfahren also völlig.

Bei dem eben betrachteten Beispiel liegt offensichtlich ein exponentielles Wachstum in der Abhängigkeit der Lösung $y(x; s)$ vom Anfangswert s vor:

$$\|y(t; s_1) - y(t; s_2)\| = O(e^{11t})\, \|s_1 - s_2\|.$$

Diese Beobachtung ist in Übereinstimmung mit dem Resultat des Stabilitätssatzes aus Kapitel 1

$$\|y(t; s_1) - y(t; s_2)\| \le e^{L|t-a|}\, \|s_1 - s_2\|,$$

wobei L die Lipschitz-Konstante des Systems repräsentiert. Um dieses Instabilitätsproblem zu überwinden, wird das einfache Schießverfahren zum sog. „Mehrfachschießverfahren" („multiple shooting method" nach R. Bulirsch) erweitert. Dazu teilen wir das Intervall $[a, b]$ so in Teilintervalle auf,

$$a = t_1 < \cdots < t_k < \cdots < t_{R+1} = b,$$

dass die kritische Größe

$$e^{L(t_{k+1} - t_k)}$$

nicht zu groß wird. Dann wird die *Schießprozedur* auf jedes der Teilintervalle $[t_k, t_{k+1}]$ angewendet und die dabei gewonnenen Teilstücke der Lösung zu einer globalen Lösung zusammengesetzt.

Für gegebene Vektoren $s_k \in \mathbb{R}^d, k = 1, \dots, R$, seien $y(t; t_k, s_k)$ die Lösungen der AWA

$$y'(t) - A(t)y(t) = f(t), \quad t \in [t_k, t_{k+1}], \quad y(t_k) = s_k : \tag{9.1.7}$$

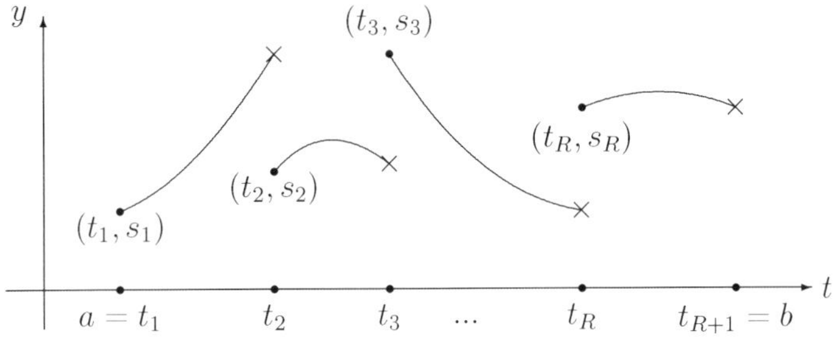

Abbildung 9.2: Konzept des Mehrfachschießverfahrens

Das Problem besteht dann darin, die R Vektoren s_k so zu bestimmen, dass die zusammengesetzte Funktion $y(t) : [a, b] \to R$,

$$y(t) := y(t; t_k, s_k), \quad t \in [t_k, t_{k+1}], \quad k = 1, \dots, R,$$

stetig auf ganz $[a, b]$ wird und der Randbedingung

$$B_a y(a) + B_b y(b) = g$$

genügt. Für $t \in [t_k, t_{k+1})$ gilt dann

$$\begin{aligned} y(t) &= y(t) - y(t_k) + \sum_{l=1}^{k-1} \{y(t_{l+1}) - y(t_l)\} + y(a) \\ &= \int_{t_k}^{t} y'(\tau)\, d\tau + \sum_{l=1}^{k-1} \int_{t_l}^{t_{l+1}} y'(\tau)\, d\tau + y(a) \\ &= \int_a^t \{A(\tau)y(\tau) + f(\tau)\}\, d\tau + y(a), \end{aligned}$$

d. h.: $y(t)$ ist auf I sogar stetig differenzierbar und somit Lösung der RWA (9.1.1). Die obigen Forderungen an $y(t)$ ergeben folgende Bestimmungsgleichungen für die Vektoren $s_k \in \mathbb{R}^d$:

$$y(t_{k+1}; t_k, s_k) = s_{k+1}, \quad k = 1, \dots, R-1, \tag{9.1.8}$$

$$B_a s_1 + B_b y(b; t_R, s_R) = g. \tag{9.1.9}$$

Seien wieder $y_k(t), Y_k(t)$, $(k = 1, \dots, R)$ die eindeutig bestimmten Lösungen der AWA

$$y_k'(t) - A(t)y_k(t) = f(t), \quad t \in [t_k, t_{k+1}], \quad y_k(t_k) = 0, \tag{9.1.10}$$

$$Y_k'(t) - A(t)Y_k(t) = 0, \quad t \in [t_k, t_{k+1}], \quad Y_k(t_k) = I. \tag{9.1.11}$$

Die Gleichungen (9.1.8) führen dann über die lokalen Lösungsdarstellungen

$$y(t;t_k,s_k) = y_k(t) + Y_k(t)\cdot s_k\,, \quad k=1,\dots,R\,,$$

auf

$$\begin{aligned} y_k(t_{k+1}) + Y_k(t_{k+1})s_k &= s_{k+1}\,, \quad k=1,\dots,R-1\,,\\ B_a s_1 + B_b\{y_R(b) + Y_R(b)s_R\} &= g\,. \end{aligned}$$

Die Parametervektoren $s_1,\dots,s_R$ sind also bestimmt durch ein lineares $Rd\times Rd$-Gleichungssystem

$$A_R s = \beta \tag{9.1.12}$$

mit $s=(s_1,\dots,s_R)^T$, $\beta = \big(g - B_b y_R(b), y_1(t_2),\dots,y_{R-1}(t_R)\big)^T$ und der Koeffizientenmatrix

$$A_R = \begin{bmatrix} B_a & & & & B_bY_R(b)\\ -Y_1(t_2) & I & & & \\ & \ddots & \ddots & & \\ & & \ddots & \ddots & \\ 0 & & & -Y_{R-1}(t_R) & I \end{bmatrix}$$

Die mit dem eventuellen Lösungsvektor $\hat{s}$ gebildete Funktion $u\in C(I)$ ist dann konstruktionsgemäß die Lösung der RWA (9.1.1). Zur Untersuchung der Regularität der Matrix A nehmen wir folgende Dreieckszerlegung vor:

$$A_R = \underbrace{\begin{bmatrix} Q_1 & \dots & Q_R\\ & I & \\ & & \ddots & \\ 0 & & I \end{bmatrix}}_{=:\,\mathcal{R}} \cdot \underbrace{\begin{bmatrix} I & & & 0\\ -Y_1(t_2) & \ddots & & \\ & \ddots & \ddots & \\ 0 & & Y_{R-1}(t_R) & I \end{bmatrix}}_{=:\,\mathcal{L}}$$

mit den rekursiv bestimmten $d\times d$-Matrizen

$$\begin{aligned} Q_R &= B_b\,Y_R(b)\\ &\ \vdots\\ Q_k &= Q_{k+1}\,Y_k(t_{k+1})\,, \quad k=R-1,\dots,2,\\ &\ \vdots\\ Q_1 &= B_a + Q_2\,Y_1(t_2)\\ &= B_a + B_bY_R(b)Y_{R-1}(t_R)\dots Y_1(t_2)\,. \end{aligned}$$

Offensichtlich ist die Matrix A regulär, wenn es die Matrix $Q_1 = B_a + B_bY_R(t_{R-1})\dots Y_1(t_2)$ ist.

Hilfssatz 9.1 („Schießmatrix"): *Mit der Matrix* $Q = B_a + B_b Y(b)$ *des einfachen Schießverfahrens gilt* $Q_1 = Q$.

Beweis: Die Fundamentalmatrizen $Y(t)$ und $Y_k(t)$ sind definiert als Lösungen der AWAn:

$$Y'(t) - A(t)Y(t) = 0\,, \quad t \in I\,, \quad Y(a) = I\,,$$

$$Y_k'(t) - A(t)Y_k(t) = 0\,, \quad t \in [t_k, t_{k+1}]\,, \quad Y_k(t_k) = I\,, \quad k = 1, \dots, R\,.$$

Die Lösung der AWA

$$y_k'(t) - A(t)y(t) = 0\,, \quad t \in I\,, \quad y(a) = \alpha = \sum_{i=1}^{d} \alpha_i e_i\,,$$

ist gerade $y(t) = Y(t)\alpha$ bzw. $y(t) = Y_1(t)\alpha$. Also ist

$$Y_1(t_2)\alpha = Y(t_2)\alpha \qquad \forall\, \alpha \in \mathbb{R}^d\,.$$

Analog gilt allgemein

$$Y_k(t_{k+1})[Y_{k-1}(t_k)\alpha] = Y_{k-1}(t_{k+1})\alpha\,,$$

und durch Rekursion folgt daraus

$$Y_R(t_{R+1}) \dots Y_1(t_2)\alpha = Y(t_{R+1})\alpha \qquad \forall\, \alpha \in \mathbb{R}^d\,.$$

Q.E.D.

Das Mehrfachschießverfahren ist also durchführbar, wenn die gegebene RWA eine eindeutige Lösung besitzt, d. h. wenn $B_a + B_b Y(b)$ regulär ist.

Die Dreieckszerlegung $A_R = \mathcal{RL}$ könnte natürlich direkt zur Berechnung des Parametervektors $\hat{s}$ verwendet werden. Durch Rückwärtseinsetzen wäre zunächst $\mathcal{R}\sigma = \beta$ nach σ aufzulösen, wozu es im Wesentlichen nur der Lösung des $d \times d$-Systems

$$Q_1 \sigma_1 = \sum_{i=2}^{d} Q_i \beta_i \tag{9.1.13}$$

bedarf. Durch sukzessives Vorwärtseinsetzen erhält man dann $\hat{s}$ aus $\mathcal{L}\hat{s} = \sigma$. Die Matrix $Q_1 = Q$ wird aber meist sehr schlecht konditioniert sein, wie wir ja schon im Zusammenhang mit dem einfachen Schießverfahren festgestellt haben:

$$\|Q_1^{-1}\| \gg 1\,.$$

Statt der obigen $\mathcal{RL}$-Zerlegung von $\mathcal{A}$ verwendet man daher besser das Gaußsche Eliminationsverfahren mit partieller Pivotierung direkt am System $\mathcal{A}s = \beta$. Bei der praktischen Durchführung des Mehrfachschießverfahrens berechnet man analog zum einfachen Schießverfahren wieder mit Hilfe eines „AWA-Lösers" diskrete Näherungen $y_{i,n}^h$ und $Y_{i,n}^h$ zu den Funktionen $y_i(t)$ und $Y_i(t)$ und erhält damit eine Approximation

$$\mathcal{A}^h \hat{s}^h = \beta^h$$

zum System (9.1.12). Die daraus bestimmten Parametervektoren $\hat{s}_1^h, \dots, \hat{s}_R^h$ ergeben dann durch

$$y_n^h := y_{k,n}^h + Y_{k,n}^h \hat{s}_k^h, \quad t_n \in [t_k, t_{k+1}], \quad k = 1, \dots, R,$$

eine Näherungslösung y_n^h für die RWA (9.1.1). Analog wie in Satz 9.1 zeigt man auch hier die Konvergenz

$$\max_{t_n \in I} \|u(t_n) - y_n^h\| = O(h^m) \quad (h \to 0)$$

mit der Ordnung m des AWA-Lösers. (Dabei sind natürlich die *Schießpunkte* t_k als Gitterpunkte angenommen!) Darüber hinaus lässt sich noch zeigen, dass i. Allg. die Matrix Q_1^h eine wesentlich bessere Approximation von Q_1 ist als Q^h von Q.

9.2 Nichtlineares Schießverfahren

Wir betrachten nun die allgemeine RWA

$$u'(t) = f(t, u(t)), \quad t \in I, \quad r(u(a), u(b)) = 0, \tag{9.2.14}$$

unter den Bedingungen von Abschnitt 8.1.1 und nehmen an, dass eine lokal eindeutige Lösung $u(t)$ existiert. Das einfache Schießverfahren zur Berechnung von $u(t)$ geht aus von der AWA

$$y'(t) = f(t, y(t)), \quad t \in I, \quad y(a) = s, \tag{9.2.15}$$

und versucht den Parameter $\hat{s} \in \mathbb{R}^d$ so zu bestimmen, dass die Lösung $y(t; \hat{s})$ der Randbedingung genügt:

$$r(y(a; \hat{s}), y(b; \hat{s})) = r(\hat{s}, y(b; \hat{s})) = 0.$$

Unter der Annahme, dass (9.2.15) wenigstens für ein gewisses Intervall $[s_1, s_2]$ eindeutige Lösungen $y(x; s)$ auf I besitzt, ist dieses Vorgehen äquivalent zur Suche nach einer Nullstelle $\hat{s} \in [s_1, s_2]$ der implizit definierten Funktion

$$F(s) := r(s, y(b; s)).$$

Zur Auswertung von $F(s)$ für ein $s \in [s_1, s_2]$ muss zunächst der Wert $y(b; s)$ der zugehörigen Lösung der AWA (9.2.15) berechnet werden. Zur Berechnung einer Nullstelle $\hat{s}$ von $F(s)$ bietet sich etwa eine Fixpunktiteration der Form

$$s^{(i)} = s^{(i-1)} - CF(s^{(i-1)}), \quad i \in \mathbb{N}, \tag{9.2.16}$$

an, mit einer geeigneten regulären Matrix $C \in \mathbb{R}^{d \times d}$. Wir wissen, dass die Lösung $y(b; s)$ der AWA (9.2.15) Lipschitz-stetig vom Anfangswert $y(a; s) = s$ abhängt; dies ist eine Konsequenz des allgemeinen Stabilitätssatzes 1.4. Damit wird auch die Funktion $F(s)$ Lipschitz-stetig, und die Fixpunktiteration (9.2.16) kann durch geschickte Wahl von C zur Konvergenz gebracht werden. Diese ist allerdings in der Regel zu langsam, so dass man besser das wesentlich schnellere Newton-Verfahren verwendet. Dazu benötigen wir aber die Ableitung (Jacobi-Matrix) der Funktion $F(s)$ bzw. die Ableitung des Wertes $y(b; s)$

nach dem Anfangswert s. Letztere ist eine Matrixfunktion $G(t;s) := \partial_s y(t;s)$ und nach Satz 1.6 als Lösung einer linearen Matrix-AWA gegeben, vorausgesetzt alle Daten des Problems sind hinreichend „glatt“:

$$G(t;s)'(t) = f_x(t, y(t;s))G(t;s)(t), \quad t \in I, \quad G(a;s) = I. \qquad (9.2.17)$$

Ist auch die Funktion $r(.,.)$ stetig differenzierbar (In der Praxis ist r meist sogar linear.), so wird die Funktion $F(s)$ stetig differenzierbar mit der Ableitung

$$F'(s) = r_x(s, y(b;s)) + r_y(s, y(b;s))G(b;s).$$

Damit lautet das Newton-Verfahren formal wie folgt:

$$s^{(i+1)} = s^{(i)} - F'(s^{(i)})^{-1}F(s^{(i)}), \quad i = 0, 1, 2, \dots, \qquad (9.2.18)$$

wobei $s^{(0)}$ ein geeigneter Startwert ist. Um $s^{(i+1)}$ aus $s^{(i)}$ zu berechnen, sind dann folgende Schritte nötig:

i) Lösung der AWA

$$y'(t) = f(t, y(t)), \quad t \in I, \quad y(a) = s^{(i)},$$

und Auswertung der Funktion

$$F(s^{(i)}) = r(s^{(i)}, y(b; s^{(i)}));$$

ii) Lösung der linearen (Matrix)-AWA

$$G'(t; s^{(i)}) = f'_x(t, y(t; s^{(i)}))G(t; s^{(i)}), \quad t \in I, \quad G(a; s^{(i)}) = I,$$

und Auswertung der Matrixfunktion

$$F'(s^{(i)}) = r_x(s^{(i)}, y(b; s^{(i)})) + r_y(s^{(i)}, y(b; s^{(i)}))G(b; s^{(i)});$$

iii) Lösung des linearen Gleichungssystems (Newton-Schritt)

$$F'(s^{(i)})\delta s^{(i)} = -F(s^{(i)}), \quad s^{(i+1)} = s^{(i)} + \delta s^{(i)}.$$

Beispiel 9.2:

$$w''(t) = \tfrac{3}{2}w(t)^2, \quad t \in [0,1], \quad w(0) = 4, \quad w(1) = 1,$$

bzw.

$$\begin{aligned} y_1'(t) &= y_2(t) \\ y_2'(t) &= \tfrac{3}{2}y_1(t)^2, \quad t \in [0,1], \quad y_1(0) = 4, \quad y_1(1) = 1. \end{aligned}$$

Die zugehörige AWA ist hier problemangepasst:

$$\begin{aligned} y_1'(t) &= y_2(t) \\ y_2'(t) &= \tfrac{3}{2}y_1(t)^2, \quad t \in [0,1], \quad y_1(0) = 4, \quad y_2(0) = s. \end{aligned}$$

Die daraus resultierende Funktion $F(s)$ zeigt Abb. 9.3.

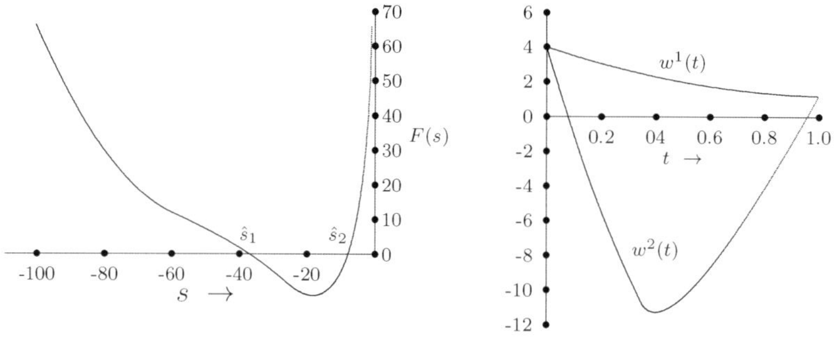

Abbildung 9.3: Verlauf der Funktion $F(s)$.

Offensichtlich hat die Funktion $F(s)$ zwei Nullstellen, welche zu zwei verschiedenen Lösungen w^i $(i = 1, 2)$ der RWA gehören. Obwohl diese dieselben Randwerte haben, besteht aber kein Widerspruch zum Eindeutigkeitssatz 8.1, da es sich hier um eine RWA 2-ter Ordnung handelt. Die oben beschriebene Newton-Iteration liefert die folgenden Näherungswerte für die Nullstellen:

$$\hat{s}_1 = -8\,, \quad \hat{s}_2 = -35.8585487278\,.$$

Ein Vergleich mit der bekannten exakten Lösung zeigt, dass die Schießmethode in diesem Fall eine auf mindestens 10 Stellen genaue Näherung liefert.

Die Berechnung der Ableitungsmatrix $F'(s^{(i)})$ in Schritt (ii) erfordert die Lösung eines $d \times d$-Systems von linearen gewöhnlichen Differentialgleichungen. Dies kann in der Praxis zu aufwendig sein. Stattdessen kann man die Ableitung F' durch einen Differenzenquotienten approximieren

$$\Delta F(s) = (\Delta_1 F(s), \ldots, \Delta_d F(s))\,,$$

wobei

$$\Delta_j F(s) = \frac{F(s_1, \ldots s_j + \Delta s_j, \ldots, s_d) - F(s_1, \ldots, s_d)}{\Delta s_j}\,.$$

Die Werte $F(s_1, \ldots, s_j + \Delta s_j, \ldots, s_d)$ und $F(s_1, \ldots, , s_d)$ werden gemäß Schritt i) berechnet.

Zur Rechtfertigung des Schießverfahrens für die RWA (9.2.14) und insbesondere der Verwendung des Newton-Verfahrens zur Berechnung der Nullstelle $\hat{s}$ der impliziten Funktion $F(s)$ sei nun folgendes angenommen:

Auf einer ρ-Umgebung $(\rho > 0)$

$$U_\rho = \{\, (t, x) \in I \times \mathbb{R}^d |\ \|x - u(t)\| \le \rho,\ t \in I\}$$

der isolierten Lösung $u(t)$ der RWA (9.2.14) ist $f \in C^2(U_\rho)$ und besitzt bzgl. des Arguments x die Lipschitz-Konstante L. Auf einer ρ-Umgebung

$$Q_\rho = \{\, (x, y) \in \mathbb{R}^d \times \mathbb{R}^d \,|\ \|x - u(a)\| \le \rho\,,\ \|y - u(b)\| \le \rho\}$$

der Randwerte ist $r \in C^2(Q_\rho)$. In Analogie zu Satz 1.1.7 des Kapitels 1.1.2 gilt dann:

Hilfssatz 9.2 (Nichtlineares Schießverfahren): *Für jeden Vektor*

$$s \in K = \{ \sigma \in \mathbb{R}^d \,|\, \|u(a) - \sigma\| < \rho\, e^{-L(b-a)} \}$$

besitzt die AWA

$$y'(t) = f(t, y(t)), \quad t \in I, \quad y(a) = s,$$

eine eindeutige Lösung $y(t; s)$, *welche ganz in* U_ρ *verläuft. Weiter ist* $u(b; s) \in C^2(K)$, *und die Ableitungsmatrix* $\partial_s y(t; s) = G(t; s)$ *erfüllt*

$$G'(t; s) = f_x(t, y(t; s))G(t; s), \quad t \in I, \quad G(a; s) = I.$$

Beweis: Siehe: E.A. Coddington und N. Levinson: Theory of Ordinary Differential Equations, McGraw-Hill, 1955. Q.E.D.

Mit Hilfe dieses Resultates erhalten wir nun leicht folgenden Satz.

Satz 9.2 (Newton-Bedingungen): *Unter den obigen Bedingungen gilt* $F(s) \in C^2(K)$, $F(u(a)) = 0$, *und* $F'(u(a))$ *ist regulär.*

Beweis: i) ist eine unmittelbare Folge der Glattheitsvoraussetzungen an $f(t, x)$ und $r(x, y)$ und Hilfsatz 9.2. ii) ist offensichtlich. Zur Verifikation von iii) schreiben wir

$$F'(s) = r_x(s, y(b; s)) + r_y(s, y(b; s))G(b; s).$$

Offenbar ist $G(t; s) = Y(t)$ gerade die Fundamentalmatrix der linearen Gleichung (für festes s)

$$Y'(t) - f_x(t, y(t; s)Y(t) = 0, \quad t \geq a, \quad Y(a) = I.$$

Also ist

$$F'(u(a)) = r_x(u(a), y(b; u(a))) + r_y(u(a), y(b; u(a)))Y(b).$$

Diese Matrix ist aber gemäß Satz 8.2 notwendig regulär, wenn $u(t)$ isolierte Lösung ist, da dann das linearisierte System (8.1.2) aus Satz 8.1 nur die triviale Lösung haben kann. Q.E.D.

Satz 9.2 enthält gerade die wesentlichen Bedingungen, unter denen das Newton-Verfahren lokal quadratisch konvergiert:

$$\|s^{(k)} - \hat{s}\| \leq c\|s^{(k-1)} - \hat{s}\|^2, \quad k = 1, 2, \ldots;$$

auf die wichtige Frage der Bestimmung eines geeigneten Startvektors $s^{(0)} \in K$ kann hier nicht eingegangen werden (siehe dazu z. B. [Stoer/Bulirsch] im Literaturverzeichnis).

Wir skizzieren nun noch die kontinuierliche Version des Mehrfachschießverfahrens zur Lösung der RWA (9.2.14).

Für gegebene Vektoren s_k $(k = 1, \dots, R)$ seien $y(t; t_k, s_k)$ die Lösungen der AWA

$$y'(t) = f(t, y(t)), \quad t \in [t_k, t_{k+1}], \quad y(t_k) = s_k. \tag{9.2.19}$$

Das Problem besteht nun darin, die Vektoren s_k so zu bestimmen, dass die zusammengesetzte Funktion

$$\begin{aligned} y(t) &:= y(t; t_k, s_k), \quad t \in [t_k, t_{k+1}], \quad k = 1, \dots, R-1, \\ y(b) &= s_{R+1}, \end{aligned} \tag{9.2.20}$$

stetig (und damit natürlich notwendig auch stetig differenzierbar) auf dem ganzen Intervall $[a, b]$ wird und der Randbedingung genügt:

$$r(y(a), y(b)) = r(s_1, s_{R+1}) = 0.$$

Dann ist $y(t)$ die gesuchte Lösung der RWA (8.1.11).

Dies sind $d \cdot R$ Bestimmungsgleichungen für s_k:

$$\begin{aligned} y(t_{k+1}; t_k, s_k) &= s_{k+1}, \quad k = 1, \dots, R-1, \\ r(s_1, s_{R+1}) &= 0, \end{aligned} \tag{9.2.21}$$

die auch in der Form geschrieben werden können:

$$F(s) := \begin{bmatrix} F_1(s_1, s_2) \\ \vdots \\ F_{R-1}(s_{R-1}, s_R) \\ F_R(s_1, s_{R+1}) \end{bmatrix} = \begin{bmatrix} y(t_2; t_1, s_1) - s_2 \\ \vdots \\ y(t_R; t_{R-1}, s_{R-1}) - s_R \\ r(s_1, s_{R+1}) \end{bmatrix} = 0.$$

Eine Nullstelle $\bar{s} \in \mathbb{R}^{d \times R}$ der Funktion $F(s)$ kann wieder mit Hilfe des Newton-Verfahrens bestimmt werden. Ausgehend von einem geeigneten Startwert $s^{(0)}$ lautet die Iteration dann

$$s^{(i+1)} = s^{(i)} - F'(s^{(i)})^{-1} F(s^{(i)}), \quad i = 0, 1, 2, \dots. \tag{9.2.22}$$

Jeder Iterationsschritt erfordert nun die Lösung der R AWAn

$$\begin{aligned} y'(t) &= f(t, y(t)), \quad t \in [t_k, t_{k+1}] \\ y(t_k) &= s_k^{(i)} \to y(t_{k+1}; t_k, s_k^{(i)}), \end{aligned}$$

für $k = 1, \dots, R$, und die Berechnung der Jacobi-Matrix

$$F'(s^{(i)}) = \left(\frac{\partial}{\partial s_j} F_k(s^{(i)}) \right)_{i,j=1,\dots,R} = \begin{bmatrix} G_1 & -I & 0 & \dots & 0 \\ 0 & G_2 & -I & & \vdots \\ \vdots & & \ddots & \ddots & 0 \\ 0 & & 0 & G_{R-1} & -I \\ A & 0 & \dots & 0 & B \end{bmatrix},$$

wobei die folgenden Abkürzungen verwendet wurden:

$$\begin{aligned} G_k &= \frac{\partial}{\partial s_k} y(t_{k+1}; t_k, s_k), \quad k = 1, \dots, R, \\ B &= \frac{\partial}{\partial s_R} r(s_1, s_{R+1}), \quad A = \frac{\partial}{\partial s_1} r(s_1, s_{R+1}). \end{aligned}$$

Normalerweise ist die direkte Berechnung von $F'(s^{(i)})$ aus seiner Darstellung als Lösung einer linearen AWA viel zu aufwendig. Da die Koeffizienten dieses Systems von der Lösung $y(t)$ abhängen, müßte man diese dazu mit großer Genauigkeit auf dem „ganzen" Intervall I berechnen, obwohl sie eigentlich nur in den Gitterpunkten t_k benötigt wird! Man ersetzt daher die Ableitung $F'(s^{(i)})$ wieder durch einen Differenzenquotienten

$$\Delta F(s^{(i)}) = (\, \Delta_{jk} F(s^{(i)})\,)_{j,k=1,\dots,R},$$

wobei

$$\Delta_{jk} F(s^{(i)}) = \frac{F(\dots, s_{jk}^{(i)} + \Delta s_{jk}, \dots) - F(\dots, s_{jk}^{(i)}, \dots)}{\Delta s_{jk}}.$$

Zur Berechnung der Iterierten $s^{(i+1)}$ aus $s^{(i)}$ schreiben wir das lineare Gleichungssystem (9.2.22) in der Form

$$\begin{aligned} G_1 \Delta s_1 - \Delta s_2 &= -F_1 \\ &\vdots \\ G_{R-1} \Delta s_{R-1} - \Delta s_R &= -F_{R-1} \\ A \Delta s_1 + B \Delta s_r &= -F_R \end{aligned}$$

mit den Abkürzungen $\Delta s_k := s_k^{(i+1)} - s_k^{(i)}$ und $F_k := F_k(s_k, s_{k+1})$. Durch Kombination dieser Gleichung erhält man dann:

$$\begin{aligned} \Delta s_2 &= G_1 \Delta s_1 + F_1 \\ &\vdots \\ \Delta s_R &= G_{R-1} \dots G_1 \Delta s_1 + \textstyle\sum_{j=1}^{R-1} (\Pi_{l=j+1}^{R-1} G_l) F_j, \end{aligned} \tag{9.2.23}$$

und aus der letzten Gleichung:

$$[A + B G_{R-1} \dots G_1] \Delta s_1 = w \tag{9.2.24}$$

mit $\quad w = -[F_R + B F_{R-1} + B G_{R-1} F_{R-2} + \dots + B G_{R-1} \dots G_2 F_1]$.

Das lineare Gleichungssystem (9.2.24) für Δs_1 kann nun etwa mit Hilfe der Gauß-Elimination gelöst werden. Die anderen Unbekannten Δs_k, $k = 2, \dots, R$ erhält man dann aus den Rekursionsgleichungen (9.2.23).

9.3 Übungsaufgaben

Aufgabe 9.1: Es sei $A \in \mathbb{R}^{d\times d}$ eine reguläre Matrix. Man zeige, dass für jede Matrix $B \in \mathbb{R}^{d\times d}$ mit der Eigenschaft $\|B\| < \|A^{-1}\|^{-1}$ bzgl. irgend einer natürlichen Matrizennorm $\|\cdot\|$ auch die Matrix $A+B$ regulär ist und dass dann gilt:

$$\|(A+B)^{-1}\| \le \frac{\|A^{-1}\|}{1-\|A^{-1}\|\|B\|}.$$

Aufgabe 9.2: Für eine d-dimensionale lineare RWA mit „separierten" Randbedingungen

$$u'(t) = Au(t) + f(t), \quad t \in [a,b],$$
$$u_i(a) = \alpha_i,\ i = 1,\dots,r, \quad u_i(b) = \beta_i,\ i = r+1,\dots,d,$$

kann die Dimension der im Zuge des Mehrfachschießverfahrens zu lösenden Gleichungssysteme reduziert werden. Für den Fall $d = 2$ (und somit $r = 1$), sowie $a = x_1 < x_2 < x_3 = b$ stelle man das Gleichungssystem für die Parametervektoren s_1 und s_2 auf. Dabei soll entsprechend der Separation der Randbedingungen von $a = x_1$ nach x_2 und rückwärts von $b = x_3$ nach x_2 integriert werden (sog. „Gegenschießen").

Aufgabe 9.3: Die Randwertaufgabe

$$u''(t) = 100u(t), \quad 0 \le t \le 3, \quad u(0) = 1,\ u(3) = e^{-30},$$

soll mit dem einfachen Schießverfahren gelöst werden. Dazu berechnet man die Lösung $u(t;s)$ der Anfangswertaufgabe

$$u''(t) = 100u(t), \quad t \ge 0, \quad u(0) = 1,\ u'(0) = s,$$

und bestime $s = s^*$ so, dass $u(3;s^*) = e^{-30}$ wird. Wie groß ist der relative Fehler in $u(3;s^*)$, wenn s^* mit einem relativen Fehler ε behaftet ist? (Hinweis: man forme die RWA in ein System erster Ordnung um und bestimme dessen allgemeine Lösung durch Berechnung der Eigenwerte und Eigenvektoren der 2×2 Koeffizientenmatrix.)

Aufgabe 9.4 (Praktische Aufgabe): Man löse die skalare Randwertaufgabe

$$-u''(t) - 4u'(t) + \sin(t)u(t) = \cos(t), \quad 0 \le t \le \pi,$$
$$u(0) = u(\pi),\ u'(0) = u'(\pi),$$

mit Hilfe des Einfachschießverfahrens. Als Integrator für die AWA verwende man alternativ das Heunsche Verfahren 2-ter Ordnung und das klassische Runge-Kutta-Verfahren 4-ter Ordnung.

10 Differenzenverfahren

10.1 Systeme erster Ordnung

Wir konzentrieren uns im Folgenden auf die Betrachtung *linearer* RWA im $\mathbb{R}^d$, obwohl die meisten Aussagen sinngemäß auch für die Approximation isolierter Lösungen nichtlinearer Probleme übertragen werden können. Zur Abkürzung der Notation führen wir Operatoren $L : C^1(I) \to C(I)$ und $R : C(I) \to \mathbb{R}$ ein:

$$\begin{aligned} (Lu)(t) &:= u'(t) - A(t)u(t) = f(t)\,, \quad t \in I = [a,b], \\ Ru &:= B_a u(a) + B_b u(b) = g, \end{aligned} \tag{10.1.1}$$

Wir nehmen an, dass diese RWA eine eindeutige Lösung besitzt, bzw. dass die zugehörige Matrix $B_a + B_b Y(b)$ regulär ist.

Grundsätzlich kann jedes Differenzenverfahren zur Lösung von AWA,

$$u'(t) - A(t)u(t) = f(t)\,, \quad t \ge a\,, \quad u(a) = \alpha\,, \tag{10.1.2}$$

auch zur Lösung der RWA (10.1.1) verwendet werden. Dazu wählt man etwa ein äquidistantes Gitter auf $[a,b]$,

$$t_n = a + nh\,, \quad 0 \le n \le N\,, \quad h = (b-a)/N\,,$$

auf dem Approximationen y_n zu $u(t_n)$ bestimmt werden sollen. Anwendung der Differenzenformeln auf eine Gitterfunktion $y^h := (y_n)_{n=0}^N$ ergibt dann ein System von N Differenzengleichungen

$$(L_h y^h)_n := \sum_{j=0}^{N} C_{nj}(h) y_j = F_n(h;f)\,, \quad n = 1,\dots,N\,. \tag{10.1.3}$$

Eine $(N+1)$-te Gleichung erhält man durch exakte Übernahme der Randbedingung

$$R_h y^h := B_a y_0 + B_b y_N = g\,. \tag{10.1.4}$$

Das diskrete Operatorpaar $\{L_h, R_h\}$ wird als Approximation von $\{L, R\}$ betrachtet. Durch die Beziehungen (10.1.3), (10.1.4) mit der Koeffizientenmatrix $(C_{nj}(h))_{n,j=1}^N$ und dem inhomogenen Vektor $(F_n(h;f))_{n=1}^N$ wird eine sehr allgemeine Klasse von Differenzenapproximationen der RWA (10.1.1) erfasst; alle im ersten Teil des Textes beschriebenen Einschritt-, Mehrschritt- und Extrapolationsverfahren fallen darunter. Man erhält so ein lineares Gleichungssystem

$$\mathcal{A}_h y^h = \beta^h \tag{10.1.5}$$

für den diskreten Lösungsvektor $y^h = (y_0, \dots, y_N)^T \in \mathbb{R}^{(N+1)d}$ mit

$$\mathcal{A}_h = \begin{bmatrix} B_a & 0 & \dots & B_b \\ C_{10}(h) & C_{11}(h) & \dots & C_{1N}(h) \\ \vdots & \vdots & \ddots & \vdots \\ C_{N0}(h) & C_{N1}(h) & \dots & C_{NN}(h) \end{bmatrix}, \quad \beta_h = \begin{bmatrix} g \\ F_1(h;f) \\ \vdots \\ F_N(h;f) \end{bmatrix}.$$

Dies ist eine $(N+1)\times(N+1)$-Blockmatrix, deren Blockelemente wir mit $\mathcal{A}_{h;nm}$ bezeichnen. Im Folgenden wird die einheitliche Bezeichnung y^h sowohl für die diskrete Gitterfunktion $y^h:\{t_0,...,t_N\}\to\mathbb{R}^d$ wie für den zugehörigen Block-Vektor der Gitterwerte $y^h:=(y_0,...,y_N)^T$ verwenden. Verwechslungen sollten ausgeschlossen sein.

Beispiel 10.1: Eins der einfachsten Differenzenverfahren ist das sog. „Box-Schema", welches auf der Trapezregel als AWA-Löser basiert:

$$L_h y_n = h^{-1}(y_n-y_{n-1}) - \tfrac{1}{2}A_{n-1/2}(y_n+y_{n-1}) = f_{n-1/2}\,,$$

wobei $t_{n-1/2}:=\frac{1}{2}(t_n+t_{n-1})$ und $A_{n-1/2}:=A(t_{n-1/2})$ gesetzt ist. Das zugehörige Gleichungssystem (10.1.5) hat hier die Gestalt

$$\begin{bmatrix} B_a & 0 & B_b \\ -I-\frac{1}{2}hA_{1/2} & I-\frac{1}{2}hA_{1/2} & 0 \\ \ddots & \ddots & \\ 0 & -I-\frac{1}{2}hA_{N-1/2} & I-\frac{1}{2}hA_{N-1/2} \end{bmatrix} \begin{bmatrix} y_0 \\ y_1 \\ \vdots \\ y_N \end{bmatrix} = \begin{bmatrix} g \\ hf_{1/2} \\ \vdots \\ hf_{N-1/2} \end{bmatrix}.$$

Die eindeutige Lösbarkeit dieses Systems (für hinreichend kleines h) wird unten im Rahmen eines sehr viel allgemeineren Resultats gezeigt werden.

Zur Untersuchung der Konvergenz der Differenzenapproximation (10.1.3), (10.1.4) führen wir wieder den Abschneidefehler τ^h als Gitterfunktion ein durch

$$\tau^h := L_h u^h - F^h(h;f)\,.$$

Dabei bezeichnet u^h die durch Restriktion der Lösung u auf das Punktgitter $\{t_o,...,t_N\}$ gewonnene Gitterfunktion. Im Falle einer AWA hatten wir gesehen, dass hinreichend für die Konvergenz der Differenzenapproximation ihre *Konsistenz* (mit Ordnung $m\ge 1$),

$$\|y_0-u_0\| + \max_{1\le n\le N}\|\tau_n\| = O(h^m)\,, \tag{10.1.6}$$

und ihre *Stabilität*,

$$\max_{0\le n\le N}\|y_n\| \le K\big\{\|y_0\| + \max_{1\le n\le N}\|(L_h y^h)_n\|\big\}, \tag{10.1.7}$$

für Gitterfunktionen $y^h=(y_n)_{0\le n\le N}$ ist. Die Stabilitätsbedingung (10.1.7) ist lediglich eine Umformulierung der Aussagen der Stabilitätssätze 2.2 und 4.2 für Einschritt- bzw. für lineare Mehrschrittverfahren, wobei $K\sim e^{L(b-a)}$ ist. Wird nun das Differenzenverfahren zur Lösung der RWA (10.1.1) angewendet, so definiert man sinngemäß *Konsistenz* (mit der Ordnung m) durch

$$\|R_h u^h - g\| + \max_{1\le n\le N}\|(L_h u^h)_n - F_n(h;f)\| = O(h^m) \tag{10.1.8}$$

und *Stabilität* durch

$$\max_{0\le n\le N} \|y_n\| \le K\big\{\|R_h y^h\| + \max_{1\le n\le N} \|(L_h y^h)_n\|\big\} \qquad (10.1.9)$$

für Gitterfunktionen $y^h = (y_n)_{0\le n\le N}$ und hinreichend kleines h.

Die Stabilitätseigenschaft (10.1.9) des Differenzenoperators $\{L_h, R_h\}$ lässt sich äquivalent durch eine Stabilitätseigenschaft der zugehörigen Matrix $\mathcal{A}_h$ ausdrücken. Dazu führen wir die von der Vektornorm

$$\|y^h\|_\infty := \max_{0\le n\le N} \|y_n\|, \quad y^h \in \mathbb{R}^{(N+1)d},$$

erzeugte natürliche Matrizennorm ein:

$$\|\mathcal{A}_h\|_\infty := \sup_{y^h\in\mathbb{R}^{(N+1)d}} \frac{\|\mathcal{A}_h y^h\|_\infty}{\|y^h\|_\infty}, \quad \mathcal{A}_h \in \mathbb{R}^{(N+1)d\times(N+1)d}.$$

Diese Matrizennorm ist gerade die sog. „Maximale-Blockzeilensummen-Norm"

$$\|\mathcal{A}_h\|_\infty = \max_{n=0,\dots,N} \sum_{m=0}^{N} \|\mathcal{A}_{h;n,m}\|,$$

wobei wiederum $\|\mathcal{A}_{h;n,m}\|$ die von der euklidischen Vektornorm des $\mathbb{R}^d$ erzeugte natürliche Matrizennorm des $\mathbb{R}^{d\times d}$ ist.

Hilfssatz 10.1 (Stabilität linearer Differenzenverfahren): *Die Stabilität des Differenzenschemas (10.1.3), (10.1.4) ist äquivalent dazu, dass die zugehörigen Matrizen* $\mathcal{A}_h$ *regulär sind mit*

$$\sup_{h>0} \|\mathcal{A}_h^{-1}\|_\infty < \infty. \qquad (10.1.10)$$

Beweis: Für eine Gitterfunktion $y^h = \{y_n\}_{0\le n\le N}$ bzw. Gitterwertvektor $y^h = (y_n)_{n=0}^N$ ist $\mathcal{A}_h y^h = 0$ äquivalent mit $(L_h y^h)_n = 0\,(1\le n\le N)$ und $R_h y^h = 0$. Aus (10.1.9) folgt also notwendig die Regularität von $\mathcal{A}_h$ sowie $\|\mathcal{A}_h^{-1}\|_\infty \le c$ (gleichmäßig bzgl. h) und umgekehrt:

$$\|\mathcal{A}_h^{-1}\|_\infty := \sup_{y^h\in\mathbb{R}^{(N+1)d}} \frac{\|y^h\|_\infty}{\|\mathcal{A}_h y^h\|_\infty} \le cK.$$

Q.E.D.

In Analogie zu den Konvergenzsätzen für Diskretisierungen von AWA haben wir nun den folgenden

Satz 10.1 (Konvergenzsatz): *Ist das Differenzenschema (10.1.3), (10.1.4) konsistent mit der Ordnung* $m\ge 1$ *und stabil, so ist es auch konvergent mit der Ordnung* m:

$$\max_{t_n\in I} \|y_n - u(t_n)\| = O(h^m) \quad (h\to 0).$$

Beweis: Für die Fehlerfunktion $e^h := y^h - u^h$ gilt

$$L_h e^h = L_h y^h - L_h u^h = F^h(h;f) - L_h u^h = -\tau^h .$$

Aufgrund der Konsistenz folgt

$$\|R_h e^h\| + \max_{1\le n\le N} \|\tau_n\| = O(h^m),$$

so dass die Stabilität direkt die gewünschte Konvergenzaussage impliziert. Q.E.D.

Das Hauptproblem bei der Analyse von Differenzendiskretisierungen der RWA (10.1.1) besteht also im Nachweis der Stabilität. Überraschenderweise gibt es aber dafür ein sehr allgemeines Kriterium:

Satz 10.2 (Äquivalenzsatz): *Das Differenzenschema (10.1.3), (10.1.4) ist konsistent (mit Ordnung m) und stabil für die RWA (10.1.1) genau dann, wenn es konsistent (mit Ordnung m) und stabil für die AWA (10.1.2) ist.*

Beweis: (i) Die Äquivalenz der Konsistenz mit Ordnung m ist klar, da die Randbedingung bzw. Anfangsbedingung exakt erfüllt werden. Die AWA kann als spezielle RWA mit $B_a = I$ und $B_b = 0$ aufgefasst werden. Zum Beweis des Satzes betrachten wir nun zwei beliebige Randwertaufgaben RWA(0) bzw. RWA(1) für das System

$$Lu(t) = u'(t) - A(t)u(t) = f(t), \quad t \in I, \tag{10.1.11}$$

zu den Randbedingungen

$$R^{(i)}u = B_a^{(i)}u(a) + B_b^{(i)}u(b) = g, \quad i = 0, 1, \tag{10.1.12}$$

und nehmen an, dass beide eindeutig lösbar sind. Dies ist gleichbedeutend damit, dass die zugehörigen Matrizen $B_a^{(i)} + B_b^{(i)}Y(b)$ beide regulär sind. Hierbei bezeichnet $Y(t)$ wieder die Fundamentalmatrix des Systems (10.1.11), d. h. die Lösung der Matrix-AWA $Y'(t) - A(t)Y(t) = 0$, $t \in [a,b]$, $Y(a) = I$. Es ist dann zu zeigen, dass die Stabilität des Differenzenschemas für RWA(0) auch die für RWA(1) impliziert. Die zugehörigen Verfahrensmatrizen sind

$$\mathcal{A}_h^{(i)} = \begin{bmatrix} B_a^{(i)} & 0 & \dots & 0 & B_b^{(i)} \\ C_{10}(h) & & \dots & & C_{1N}(h) \\ \vdots & & & & \vdots \\ C_{N0}(h) & & \dots & & C_{NN}(h) \end{bmatrix}, \quad i = 0, 1 .$$

Sei nun das Schema stabil für RWA(0), d. h.: Nach Hilfssatz 10.1 ist $\mathcal{A}_h^{(0)}$ regulär und $\sup_{h>0} \|A_h^{(0)-1}\|_\infty < \infty$. Mit der Differenz

$$D_h := A_h^{(1)} - A_h^{(0)} = \begin{bmatrix} B_a^{(1)} - B_a^{(0)} & 0 & \dots & 0 & B_b^{(1)} - B_b^{(0)} \\ 0 & & \dots & & 0 \\ \vdots & & & & \vdots \\ 0 & & \dots & & 0 \end{bmatrix}$$

schreiben wir

$$\mathcal{A}_h^{(1)} = (I + D_h\,\mathcal{A}_h^{(0)-1})\,\mathcal{A}_h^{(0)}\,. \tag{10.1.13}$$

Im Hinblick auf die angenommene Regularität der Matrizen $\mathcal{A}_h^{(0)}$ und der gleichmäßigen beschränktheit ihrer Inversen muss jetzt die Matrix $I + D_h\,\mathcal{A}_h^{(0)-1}$ untersucht werden.

(ii) Wir wollen jetzt zeigen, dass die Matrix $I + D_h\,\mathcal{A}_h^{(0)-1}$ regulär und ihre Inverse gleichmäßig in h beschränkt ist. Dazu schreiben wir die Inverse von $\mathcal{A}_h^{(0)}$ in der Blockform

$$\mathcal{A}_h^{(0)-1} = \begin{bmatrix} Z_{00}^{(0)} & \dots & Z_{0N}^{(0)} \\ \vdots & & \vdots \\ Z_{N0}^{(0)} & \dots & Z_{NN}^{(0)} \end{bmatrix}, \qquad Z_{jk}^{(0)} \in \mathbb{R}^{d\times d}.$$

Durch zeilenweise Auswertung der Beziehung $\mathcal{A}_h^{(0)}\mathcal{A}_h^{(0)-1} = I$ ergeben sich dann die Beziehungen

$$B_a^{(0)} Z_{00}^{(0)} + B_b^{(0)} Z_{N0}^{(0)} = I \tag{10.1.14}$$

$$B_a^{(0)} Z_{0k}^{(0)} + B_b^{(0)} Z_{Nk}^{(0)} = 0\,, \quad k = 1, ..., N\,, \tag{10.1.15}$$

und

$$\sum_{l=0}^{N} C_{nl} Z_{l0}^{(0)} = 0\,, \quad n = 1, ..., N\,. \tag{10.1.16}$$

Mit diesen Bezeichnungen können wir schreiben:

$$\begin{aligned} I + D_h A_h^{(0)-1} &= \begin{bmatrix} I & & \\ & \ddots & \\ & & I \end{bmatrix} + \begin{bmatrix} B_a^{(1)} - B_a^{(0)} & \dots & B_b^{(1)} - B_b^{(0)} \\ & & \\ 0 & \dots & 0 \end{bmatrix} \begin{bmatrix} Z_{00}^{(0)} & \dots & Z_{0N}^{(0)} \\ \vdots & & \vdots \\ Z_{N0}^{(0)} & \dots & Z_{NN}^{(0)} \end{bmatrix} \\ &= \begin{bmatrix} \mathbf{Q_{h,0}} & Q_{h,1} & \dots & Q_{h,N} \\ & I & & \\ & & \ddots & \\ & & & I \end{bmatrix}, \end{aligned}$$

mit den Matrizen

$$\begin{aligned} Q_{h,0} &:= I + [B_a^{(1)} - B_a^{(0)}]\, Z_{00}^{(0)} + [B_b^{(1)} - B_b^{(0)}] Z_{N0}^{(0)} \\ &= I + [B_a^{(1)} Z_{00}^{(0)} + B_b^{(1)} Z_{N0}^{(0)}] - \underbrace{[B_a^{(0)} Z_{00}^{(0)} + B_b^{(0)} Z_{N0}^{(0)}]}_{=I}, \\ Q_{h,k} &:= [B_a^{(1)} - B_a^{(0)}]\, Z_{0k}^{(0)} + [B_b^{(1)} - B_b^{(0)}] Z_{Nk}^{(0)} \\ &= [B_a^{(1)} Z_{0k}^{(0)} + B_b^{(1)} Z_{Nk}^{(0)}] - \underbrace{[B_a^{(0)} Z_{0k}^{(0)} + B_b^{(0)} Z_{Nk}^{(0)}]}_{=0}. \end{aligned}$$

(iii) Als nächstes wollen wir zeigen, dass der erste Diagonalblock $Q_{h,0} = B_a^{(1)} Z_{00}^{(0)} + B_b^{(1)} Z_{N0}^{(0)}$ regulär ist. Aus (10.1.14) und (10.1.16) entnehmen wir, dass der „Blockvektor“ $Z_0^{(0)} := (Z_{k0}^{(0)})_{k=0,\dots,N}$ die Beziehungen $L_h Z_0^{(0)} = 0$ und $R_h^{(0)} Z_0^{(0)} = I$ erfüllt. Er ist somit die Differenzenapproximation zur Lösung $Z^{(0)}(t)$ der Matrix-RWA

$$Z'(t) - A(t)Z(t) = 0\,, \quad t \in [a,b]\,, \quad R^{(0)}Z = I. \tag{10.1.17}$$

Nach dem Konvergenzsatz 10.1 gilt dabei für den Fehler

$$\max_{0\le n\le N} \|Z_{n0}^{(0)} - Z^{(0)}(t_n)\| = O(h^m) \quad (h \to 0)\,,$$

und folglich

$$\| \underbrace{B_a^{(1)} Z_{00}^{(0)} + B_b^{(1)} Z_{N0}^{(0)}}_{= Q_{h,0}} - \underbrace{\{B_a^{(1)} Z^{(0)}(a) + B_b^{(1)} Z^{(0)}(b)\}}_{= R^{(1)} Z^0} \| = O(h^m)\,. \tag{10.1.18}$$

Die mit der Fundamentallösung $Y(t) \in \mathbb{R}^{d\times d}$ des Systems (10.1.11) gebildete Matrix $Q^{(0)} := R^{(0)}Y = B_a^{(0)} + B_b^{(0)}Y(b)$ ist nach Voraussetzung regulär. Wegen

$$\begin{aligned} [YQ^{(0)-1}]'(t) - A(t)[Y(t)Q^{(0)-1}] &= [Y'(t) - A(t)Y(t)]Q^{(0)-1} = 0, \quad t \in [a,b], \\ R^{(0)}[Y(t)Q^{(0)-1}] &= R^{(0)}Y(t)Q^{(0)-1} = Q^{(0)}Q^{(0)-1} = I, \end{aligned}$$

ist dann auch die Matrixfunktion $Y(t)\,Q^{(0)-1}$ Lösung der RWA (10.1.17). Wegen der Eindeutigkeit dieser Lösung folgt die Gleichung

$$Z^{(0)}(t) = Y(t)\,Q^{(0)-1}.$$

Aufgrund der vorausgesetzten Lösbarkeit der Randwertaufgabe RWA(1) ist die Matrix $Q^{(1)} := R^{(1)}Y = B_a^{(1)} + B_b^{(1)}Y(b)$ und damit auch die Matrix

$$R^{(1)}Z^{(0)} = R^{(1)}Y\,Q^{(0)-1} = Q^{(1)}Q^{(0)-1}$$

regulär. Wegen (10.1.18) gibt es für ein beliebiges, aber festes $\rho \in (0,1)$ ein $h_\rho > 0$, so dass gilt:

$$\|Q_{h,0} - Q^{(1)}Q^{(0)-1}\| \le \frac{\rho}{\|Q^{(0)}Q^{(1)-1}\|}\,, \quad 0 < h \le h_\rho\,.$$

Für solche h ist dann auch $Q_{h,0}$ regulär (Übungsaufgabe), und es gilt

$$\|Q_{h,0}^{-1}\| \le \frac{\|Q^{(0)}Q^{(1)-1}\|}{1 - \|Q^{(0)}Q^{(1)-1}\|\,\|Q_{h,0} - Q^{(1)}Q^{(0)-1}\|}\,,$$

d. h.: $\sup_{0<h\le h_0} \|Q_{h,0}^{-1}\| < \infty$.

(iv) Mit $Q_{h,0}$ ist nun auch $I + D_h\,\mathcal{A}_h^{(0)-1}$ und schließlich auch $\mathcal{A}_h^{(1)}$ regulär. Man verifiziert leicht, dass

$$(I - D_h\,\mathcal{A}_h^{(0)-1})^{-1} = \begin{bmatrix} Q_{h,0}^{-1} & -Q_{h,0}^{-1}Q_{h,1} & \dots & -Q_{h,0}^{-1}Q_{h,N} \\ & I & & \\ & & \ddots & \\ & & & I \end{bmatrix}.$$

Damit folgt die Abschätzung

$$\|\mathcal{A}_h^{(1)-1}\|_\infty = \|\mathcal{A}_h^{(0)-1}(I + D_h\mathcal{A}_h^{(0)-1})^{-1}\|_\infty \leq \|\mathcal{A}_h^{(0)-1}\|_\infty \, \|(I + D_h\mathcal{A}_h^{(0)-1})^{-1}\|_\infty$$
$$\leq c\|\mathcal{A}_h^{(0)-1}\|_\infty \max\Big\{1, \|Q_{h,0}^{-1}\|\Big\{1 + \sum_{k=1}^{N}\|Q_{h,k}\|\Big\}\Big\} \leq K.$$

Die Beschränktheit von $\sum_{k=1}^{N}\|Q_{h,k}\|$ erschließen wir wie folgt: Aus der (angenommenen) Beschränktheit der Normen (maximale Block-Zeilensumme) $\|\mathcal{A}_h^{(0)-1}\|_\infty$ folgt insbesondere die Beschränktheit der Blocksummen $\sum_{k=0}^{N}\|Z_{0k}^{(0)}\|$ und $\sum_{k=0}^{N}\|Z_{Nk}^{(0)}\|$, und damit schließlich auch die von

$$\sum_{k=1}^{N}\|Q_{h,k}\| = \sum_{k=1}^{N}\|B_a^{(1)}Z_{0k}^{(0)} + B_b^{(1)}Z_{Nk}^{(0)}\| \leq \|B_a^{(1)}\|\sum_{k=1}^{N}\|Z_{0k}^{(0)}\| + \|B_b^{(1)}\|\sum_{k=1}^{N}\|Z_{Nk}^{(0)}\|.$$

Das Differenzenschema ist also auch stabil für AWA(1). Q.E.D.

Als Konsequenz des fundamentalen Satzes 10.2 sehen wir, dass alle bisher betrachteten konvergenten Differenzenverfahren für AWA auch zur Lösung von RWA verwendet werden können, und hier auch dieselbe Konvergenzordnung besitzen.

Beispiel 10.2: Das oben eingeführte Box-Schema hat als Abkömmling der Trapezregel die Konsistenzenordnung $m = 2$ und ist stabil für die AWA (10.1.2). Gemäß Satz 10.2 impliziert dies also die Regularität der zugehörigen Matrizen $\mathcal{A}_h$ für hinreichend kleines h und die Konvergenz der diskreten Lösungen

$$\max_{t_n\in I}\|y_n - u(t_n)\| = O(h^2) \quad (h \to 0).$$

Für den Diskretisierungsfehler lassen sich auch wieder asymptotische Entwicklungen nach Potenzen von h^2 (wegen der Symmetrie der Differenzenformel) nachweisen:

$$y_n - u(t_n) = \sum_{i=1}^{R} h^{2i}e_i(t_n) + O(h^{2R+2}).$$

Dabei ist wieder $u \in C^{2R+2}(I)$ angenommen, und die Fehlerfunktionen $e_i(t)$ sind unabhängig von h. Auf der Basis dieser Entwicklung lässt sich für das Box-Schema die Richardson-Extrapolation auf $h = 0$ anwenden. Durch $(R+1)$-malige Auswertung des Gleichungssystems $\mathcal{A}_h y^h = \beta^h$ mit den Gitterweiten $2^{-p}h, p = 0, 1, 2, \ldots, R$, erhält man so eine Näherung $\bar{y}^h$ $(2R+2)$-ter Ordnung:

$$\max_{t_n\in I}\|\bar{y}_n - u(t_n)\| = O(h^{2R+2}).$$

10.2 Sturm-Liouville-Probleme

Für die in der Praxis häufig auftretenden Sturm-Liouville-Probleme (skalare RWA 2-ter Ordnung) verwendet man meist spezielle Differenzenverfahren, welche nicht den Umweg über die Transformation auf ein System 1-ter Ordnung gehen. Wir wollen das hier anhand des Spezialfalls mit *Dirichlet*-Randbedingungen

$$\begin{aligned} Lu(t) &:= -[pu']'(t) + q(t)u'(t) + r(t)u(t) = f(t)\,, \quad t \in I = [a,b], \\ u(a) &= \alpha\,, \quad u(b) = \beta, \end{aligned} \tag{10.2.19}$$

studieren. Dieses Problem stellt einen eindimensionalen Modellfall für eine große Klasse von höherdimensionalen Differentialgleichungsproblemen dar. Obwohl die im Folgenden betrachtete Diskretisierung von (10.2.19) i. Allg. praktisch nicht konkurrenzfähig (da nur von zweiter Ordnung) ist, erlaubt ihre Analyse doch schon Rückschlüsse auf das Verhalten analoger Verfahren für die sehr viel schwierigeren mehrdimensionalen Probleme. Dieser sowie der nächste Abschnitt über Variationsmethoden sind also im wesentlichen als Vorbereitung für die Untersuchung von Diskretisierungsverfahren bei *partiellen* Differentialgleichungen zu sehen.

Unter den Standardvoraussetzungen

$$p, q \in C^1(I)\,, \quad r, f \in C(I)\,, \quad p(t) \ge \rho > 0\,, \quad t \in I\,,$$

und zusätzlich

$$\rho + (b-a)^2 \min_{t \in I} \{r(t) - \tfrac{1}{2} q'(t)\} > 0 \tag{10.2.20}$$

besitzt Problem (10.2.19) nach Satz 8.3 eine eindeutige Lösung $u \in C^2(I)$. Im Falle $p \in C^3(I)$, $q, r, f \in C^2(I)$ ist sogar $u \in C^4(I)$.

Zur Diskretisierung von (10.2.19) sei (zur Vereinfachung) ein äquidistantes Punktgitter

$$a = t_0 < \dots t_n < \dots < t_{N+1} = b, \quad I_n := [t_{n-1}, t_n], \quad t_n - t_{n-1} = h = \frac{b-a}{N+1},$$

zugrunde gelegt. Das Differenzenanalogon von Problem (10.2.19) lautet dann

$$\begin{aligned} L_h y_n &:= -\Delta_{h/2}[p_n \Delta_{h/2} y_n] + q_n \Delta_h y_n + r_n y_n = f_n\,, \quad 1 \le n \le N\,, \\ y_0 &= \alpha\,, \quad y_{N+1} = \beta, \end{aligned} \tag{10.2.21}$$

mit dem *zentralen* Differenzenquotienten 2-ter Ordnung

$$\Delta_h y(t) = \frac{y(t+h) - y(t-h)}{2h}$$

und der Schreibweise $g_n = g(t_n)$ für die Gitterwerte einer stetigen Funktion.

Dies ist äquivalent zu einem linearen $(N+2) \times (N+2)$-Gleichungssystem für den Gittervektor $\bar{y}^h = (y_0, y_1, \dots, y_N, y_{N+1})^T$,

$$\bar{A}_h \bar{y}^h = \bar{b}^h, \tag{10.2.22}$$

wobei die Matrix $\bar{A}_h$ und die rechte Seite $\bar{b}_h$ aus den Gleichungen $y_0 = \alpha$, $y_{N+1} = \beta$ und

$$-[p_{n-1/2}y_{n-1} - (p_{n-1/2} + p_{n+1/2})y_n + p_{n+1/2}y_{n+1}] + \tfrac{1}{2}hq_n(y_{n+1} - y_{n-1}) + \\ + h^2 r_n y_n = h^2 f_n\,, \quad 1 \le n \le N\,,$$

abgelesen werden können. Durch Elimination der bekannten Randwerte $y_0 = \alpha$, $y_{N+1} = \beta$ wird dieses System auf ein $N \times N$-System

$$A_h y_h = b_h \tag{10.2.23}$$

für den Vektor $y^h = (y_1, \dots, y_N)^T$ reduziert mit der $N \times N$-Matrix

$$A_h = \frac{1}{h^2} \begin{bmatrix} p_{1/2} + p_{3/2} + h^2 r_1 & -p_{3/2} + \frac{1}{2}hq_1 & & \\ \ddots & \ddots & \ddots & \\ -p_{n-1/2} - \frac{1}{2}hq_n & p_{n-1/2} + p_{n+1/2} + h^2 r_n & -p_{n+1/2} + \frac{1}{2}hq_n & \\ & \ddots & \ddots & \ddots \\ & -p_{N-1/2} - \frac{1}{2}hq_N & p_{N-1/2} + p_{N+1/2} + h^2 r_N & \end{bmatrix}$$

und dem N-Vektor

$$b^h = (f_1 + h^{-2}p_{1/2}\alpha + \tfrac{1}{2}h^{-1}q_1\alpha,\ f_2, \dots, f_{N-1}, f_N + h^{-2}p_{N+1/2}\beta - \tfrac{1}{2}h^{-1}q_N\beta)^T.$$

Die Genauigkeit dieser Differenzenapproximation wird wieder mit Hilfe des Abschneidefehlers

$$\tau_n := (L_h u^h)_n - f_n, \quad 1 \le n \le N,$$

für die Gitterfunktion $u^h := (u_0, \dots, u_{N+1})^T$ beschrieben. Für den zentralen Differenzenquotienten einer Funktion $z \in C^3(I)$ gilt

$$\Delta_h z(t) = z'(t) + \tfrac{1}{6}h^2 z'''(\xi_t), \quad \xi_t \in [t-h, t+h].$$

Damit folgt für $u \in C^4(I)$:

$$\begin{aligned} (L_h u^h)_n - f_n &= -\Delta_{h/2}[p_n \Delta_{h/2} u_n] + q_n \Delta_h u_n + r_n u_n - f_n \\ &= -\Delta_{h/2}[p_n u_n' + \tfrac{1}{24}h^2 p_n u'''(\xi_n)] + q_n u_n' + \tfrac{1}{6}h^2 q_n u'''(\eta_n) + r_n u_n - f_n \\ &= -[pu']_n' - \tfrac{1}{24}h^2 (pu')'''(\zeta_n) - \tfrac{1}{24}h^2 \Delta_{h/2}[p_n u'''(\xi_n)] \\ &\quad + \tfrac{1}{6}h^2 q_n u'''(\eta_n) + r_n u_n - f_n \\ &= \underbrace{-[pu']_n' + q_n u_n' + r_n u_n - f_n}_{=0} + h^2 O\big(\max_{I_n}|u^{(iv)}| + \max_{I_n}|u'''|\big), \end{aligned}$$

d. h.: Die obige Differenzenapproximation ist von *2. Ordnung* in h. Aus der Darstellung des Abschneidefehlers folgt, dass die Differenzenapproximation *exakt* ist für quadratische Polynome (im Fall $q \equiv 0$ sogar für kubische Polynome). Dies wird im Folgenden an entscheidender Stelle für den Nachweis der Konvergenz des Verfahrens verwendet werden.

Der Nachweis der Konvergenz erfolgt nun auf analogem Wege wie vorher bei den Differenzenapproximationen von Systemen 1. Ordnung. Grundlage ist der Nachweis der Stabilität der Differenzenapproximation im Sinne, dass

$$\max_{1\le n\le N} |y_n^h| \le K\big\{|y_0^h| + |y_{N+1}^h| + \max_{1\le n\le N} |(L_h y^h)_n|\big\}, \tag{10.2.24}$$

für jede Gitterfunktion $y^h = (y_n^h)_{0\le n\le N+1}$ mit einer h-unabhängigen Konstante K. Für die Fehlerfunktion $e^h := y^h - u^h$ gilt nun definitionsgemäß

$$L_h e_n^h = f_n - L_h u_n^h = -\tau_n^h, \quad n = 1,\dots,N, \qquad e_0 = e_{N+1} = 0,$$

woraus mit der Stabilitätsungleichung (10.2.24) direkt die Konvergenz des Verfahrens sowie eine optimale a priori Fehlerabschätzung folgen:

$$\max_{1\le n\le N} |e_n^h| \le K \max_{1\le n\le N} |\tau_n^h| = O(h^2). \tag{10.2.25}$$

Der schwierige Teil der Analyse ist also wieder der Nachweis der Stabilität. Diese könnte z. B. durch Rückführung auf den allgemeinen Stabilitätssatz für Systeme erster Ordnung gewonnen werden. Wir werden aber hier einen anderen Weg beschreiten, der die speziellen algebraischen Eigenschaften der Diskretisierung ausnutzt und sich auch bei partiellen Differentialgleichungen anwenden lässt.

a) Der symmetrische Fall ($q \equiv 0$):

Wir wollen einige spezielle Eigenschaften der tridiagonalen Matrix $A_h = (a_{ij})_{i,j=1}^N$ ableiten. Zunächst wird der Fall betrachtet, dass auf I gilt: $p > 0,\ q \equiv 0,\ r \ge 0$. Dann ist A_h offensichtlich symmetrisch und hat zusätzlich die Eigenschaften

- *stark diagonal dominant*: Es gilt für mindestens ein $s \in \{1,\dots,N\}$:

$$\sum_{j\ne i} |a_{ij}| \le |a_{ii}|, \quad 1 \le i \le N, \quad \sum_{j\ne s} |a_{sj}| < |a_{ss}|.$$

- *irreduzibel*: Zu je zwei Indizes $i,k \in \{1,\dots,n\}$ gibt es eine Folge von Indizes $j_1,\dots,j_m$, so dass $a_{j_1 i} \ne 0, a_{j_2 j_1} \ne 0,\dots, a_{j_m j_{m-1}} \ne 0, a_{j j_m} \ne 0$.

Diese Eigenschaften bedeuten, dass die Matrix A_h dem sog. „schwachen Zeilensummenkriterium“ genügt (hinreichend für die Konvergenz des Jacobi-Verfahrens). Die Lösbarkeit des Gleichungssystems (10.2.22) wird dann durch folgenden Hilfssatz sichergestellt:

Hilfssatz 10.2 (Diagonal-dominante Matrizen): *Für eine stark diagonal-dominante, irreduzible Matrix $A \in R^{N\times N}$ gilt:*

i) A ist regulär.

ii) Im Falle $A = A^T$ und $a_{ii} > 0\ (i = 1,\dots,N)$ ist A positiv definit.

iii) Im Falle $a_{ii} > 0$ und $a_{ij} \le 0$ für $i \ne j\ (i,j = 1,\dots,N)$ ist A eine sog. M-Matrix, d. h.: $A^{-1} \ge 0$ (elementweise).

Beweis: Wir benötigen einige Vorbereitungen. Die Irreduzibilität von A bedingt

$$\sum_{j=1}^{N} |a_{ij}| > 0\,, \quad i = 1, \dots, N\,,$$

und die Diagonaldominanz dann auch $|a_{ii}| > 0$, $i = 1, \dots, N$. Wir zerlegen A gemäß

$$A = \underbrace{\begin{bmatrix} a_{11} & & \\ & \ddots & \\ & & a_{N,N} \end{bmatrix}}_{=:\,D} + \underbrace{\begin{bmatrix} 0 & & 0 \\ & \ddots & \\ a_{ij} & & 0 \end{bmatrix}}_{=:\,L} + \underbrace{\begin{bmatrix} 0 & & a_{ij} \\ & \ddots & \\ 0 & & 0 \end{bmatrix}}_{=:\,R}$$

und bilden die sog. *Jacobi-Matrix* $J := -D^{-1}(L+R)$. Wir wollen zunächst zeigen, dass $\mathrm{spr}(J) < 1$ ist. Seien $\mu \in \mathbb{C}$ irgendein Eigenwert von J und $w \in \mathbb{C}^{N-1}$ ein zugehöriger Eigenvektor mit

$$|w_r| = \max_{1 \le i \le N} |w_i| := \|w\|_\infty = 1\,.$$

Es gilt dann

$$\mu w_i = a_{ii}^{-1} \sum_{j \ne i} a_{ij} w_j, \quad 1 \le i \le N. \tag{10.2.26}$$

Hieraus folgt zunächst mit Hilfe der Diagonaldominanz

$$|\mu| = |\mu w_r| \le |a_{rr}|^{-1} \sum_{j \ne r} |a_{rj}|\, \|w\|_\infty \le 1\,.$$

Angenommen, es ist $|\mu| = 1$. Wegen der Irreduzibilität existieren Indizes $i_1, \dots, i_m$, so dass $a_{i_1 s} \ne 0, \dots, a_{r i_m} \ne 0$. Durch sukzessive Anwendung von (10.2.26) folgt damit der Widerspruch

$$\begin{aligned}
|w_s| &= |\mu w_s| \le |a_{ss}|^{-1} \sum_{j \ne s} |a_{sj}|\, \|w\|_\infty < \|w\|_\infty \\
|w_{i_1}| &= |\mu w_{i_1}| \le |a_{i_1 i_1}|^{-1} \Big\{ \sum_{j \ne i_1, s} |a_{i_1 j}|\, \|w\|_\infty + \underbrace{|a_{i_1 s}|}_{\ne 0} |w_s| \Big\} < \|w\|_\infty \\
&\;\;\vdots \\
|w_{i_m}| &= |\mu w_{i_m}| \le |a_{i_m i_m}|^{-1} \Big\{ \sum_{j \ne i_m, i_{m-1}} |a_{i_m j}|\, \|w\|_\infty + \underbrace{|a_{i_m i_{m-1}}|}_{\ne 0} |w_{i_{m-1}}| \Big\} < \|w\|_\infty \\
\|w\|_\infty = |w_r| &= |\mu w_r| \le |a_{rr}|^{-1} \Big\{ \sum_{j \ne r, i_m} |a_{rj}|\, \|w\|_\infty + \underbrace{|a_{r i_m}|}_{\ne 0} |w_{i_m}| \Big\} < \|w\|_\infty\,.
\end{aligned}$$

Also ist $\mathrm{spr}(J) < 1$.

i) Wäre A irregulär, so gäbe es ein $w \in \mathbb{R}^N$ mit $w \neq 0$ und $Aw = 0$. Aus der Identität

$$0 = Aw = Dw + (L + R)w = D(w - Jw)$$

folgte dann, dass $\mu = 1$ Eigenwert von J wäre im Widerspruch zu $\mathrm{spr}(J) < 1$.

ii) Seien $\lambda \in \mathbb{C}$ irgendein Eigenwert von A und $w \in C^N$ ein zugehöriger Eigenvektor mit $|w_r| = \|w\|_\infty = 1$. Dann gilt

$$\lambda w_r = \sum_{j=1}^{N} a_{rj} w_j = \sum_{j \neq r}^{N} a_{rj} w_j + a_{rr} w_r$$

bzw.

$$|\lambda - a_{rr}| \underbrace{|w_r|}_{=1} \leq \sum_{j \neq r}^{N} |a_{rj}| \underbrace{|w_j|}_{\leq 1} \leq |a_{rr}| .$$

Im Falle $a_{rr} > 0$ folgt hieraus zunächst $Re\lambda \geq 0$ und dann wegen der Regularität von A auch $Re\lambda > 0$. Für symmetrisches A ist $\lambda \in \mathbb{R}$ und somit $\lambda > 0$, d. h.: A ist positiv definit.

iii) Im Falle $a_{ii} > 0$ und $a_{ij} \leq 0, i \neq j$ $(i, j = 1, \dots, N)$ ist $D \geq 0$ und $L + R \leq 0$, d. h.: $J \geq 0$ (elementweise). Wegen $\mathrm{spr}(J) < 1$ konvergiert die Reihe

$$0 \leq \sum_{k=0}^{\infty} J^k = (I - J)^{-1}.$$

Hieraus folgt schließlich wegen

$$(I - J)^{-1} = (I + D^{-1}[L + R])^{-1} = (D^{-1}[D + L + R])^{-1} = A^{-1} D$$

und $D \geq 0$ notwendig $A^{-1} \geq 0$. Q.E.D.

Stark diagonal dominante und irreduzible Matrizen haben besonders angenehme Eigenschaften. Zum einen besitzen sie stets Darstellungen $A = LR$ als das Produkt von Dreiecksmatrizen, welche sich mit Hilfe des Gaußschen Eliminationsverfahrens (ohne Pivotierung!) berechnen lassen, zum anderen konvergieren für sie die einfachen Iterationsverfahren wie z. B. das Jacobi-Verfahren, das Gauß-Seidel-Verfahren oder das SOR-Verfahren. Die zusätzliche Eigenschaft von A_h, M-Matrix zu sein, erlaubt es schließlich, die angestrebte Stabilität der Differenzenapproximation zu zeigen.

Satz 10.3 (Stabilität von Differenzenverfahren): *Im Falle $q = 0$, $r \geq 0$ auf I ist die Differenzenapproximation stabil, d. h.: Für jede Gitterfunktion $z^h = (z_n^h)_{0 \leq n \leq N+1}$ gilt die Stabilitätsabschätzung*

$$\max_{1 \leq n \leq N} |z_n^h| \leq K \left\{ |z_0^h| + |z_{N+1}^h| + \max_{1 \leq n \leq N} |L_h z_n^h| \right\},$$

mit einer h-unabhängigen Konstante K. Ferner gilt die Konvergenzaussage

$$\max_{t_n \in I} |u(t_n) - y_n^h| = O(h^2) \quad (h \to 0) .$$

Beweis: Wir betrachten der Übersichtlichkeit halber nur den Spezialfall $p = 1$. Sei $(z_n^h)_{0\le n\le N+1}$ eine beliebige Gitterfunktion. Die mit der linearen Funktion

$$l(t) = \frac{(b-t)z_0^h + (t-a)z_{N+1}^h}{b-a},$$

gebildete Gitterfunktion $\tilde{z}^h = z^h - l^h$ hat dann homogene Randwerte $\tilde{z}_0^h = \tilde{z}_{N+1}^h = 0$. Sei

$$M_h := \max_{1\le n\le N} |L_h \tilde{z}_n^h|.$$

Für die quadratische Funktionen $w(t) := \frac{1}{2}M_h(b-t)(t-a) > 0$ gilt dann wegen der Exaktheit der Differenzenapproximation für quadratische Polynome

$$(L_h w^h)_n = Lw(t_n) = M_h + r_n w_n^h \ge M_h, \quad 1 \le n \le N,$$

bzw. $A_h w^h \ge M_h$ komponentenweise mit $w^h := (w_n)_{0\le n\le N+1}$. Damit ist ebenfalls komponentenweise

$$A_h[\pm\tilde{z}^h - w^h]_n = \pm A_h \tilde{z}_n^h - A_h w_n^h \le M_h - M_h = 0.$$

Wegen $A_h^{-1} \ge 0$ ergibt sich dann $\pm\tilde{z}^h - w^h \le 0$ bzw.

$$\max_{1\le n\le N} |\tilde{z}_n^h| \le \max_{1\le n\le N} |w_n^h| \le \tfrac{1}{2}(b-a)^2 M_h .$$

Mit der Definition von $\tilde{z}_n^h$ und M_h folgt mit $K_0 = \frac{1}{2}(b-a)^2$:

$$\begin{aligned}\max_{1\le n\le N} |z_n^h| &\le \max_{1\le n\le N} |l_n^h| + K_0 \max_{1\le n\le N} |(L_h \tilde{z}^h)_n| \\ &\le |z_0^h| + |z_N^h| + K_0 \max_{1\le n\le N} |(L_h z^h)_n| + K_0 \max_{1\le n\le N} |(L_h l^h)_n|\end{aligned}$$

und weiter wegen $|L_h l_n^h| = |Ll_n| = |r_n l_n| \le \max_{1\le n\le N} |r_n| \{|z_0^h| + |z_N^h|\}$:

$$\max_{1\le n\le N} |z_n^h| \le K\big\{|z_0^h| + |z_N^h| + \max_{1\le n\le N} |(L_h z^h)_n|\big\}$$

mit $K := K_0(1 + \max_{1\le n\le N} |r_n|)$. Q.E.D.

b) Der unsymmetrische Fall ($q \not\equiv 0$):

Wir betrachten nun den Fall $q \not\equiv 0$. Die Systemmatrix A_h erhält dann die Gestalt

$$A_h = \frac{1}{h^2}\begin{bmatrix} p_{1/2} + p_{3/2} + h^2 r_1 & -p_{3/2} + \frac{1}{2}hq_1 & \\ \ddots & \ddots & \ddots \\ -p_{n-1/2} - \frac{1}{2}hq_n & p_{n-1/2} + p_{n+1/2} + h^2 r_n & -p_{n+1/2} + \frac{1}{2}hq_n \\ \ddots & \ddots & \ddots \\ & -p_{N-1/2} - \frac{1}{2}hq_N & p_{N-1/2} + p_{N+1/2} + h^2 r_N \end{bmatrix}.$$

Diese Matrix ist offensichtlich unsymmetrisch und nur unter der Bedingung

$$h \le 2 \min_{1\le n\le N} \left\{ \frac{\min\{p_{n-1/2}, p_{n+1/2}\}}{|q_n|} \right\} \qquad (10.2.27)$$

diagonal dominant. In diesem Fall genügt A_h auch der Vorzeichenbedingung und ist damit eine M-Matrix. Die auf dieser Eigenschaft aufbauende obige Konvergenzanalyse kann mit etwas mehr Aufwand hierfür übertragen werden, und wir erhalten wieder die Lösbarkeit der Differenzengleichungen sowie die Konvergenz des Verfahrens mit der Fehlerordnung $O(h^2)$. Der Fall $|q_n| \gg |p_n|$ ist aber kritisch, da oft die Gitterweite h aus Kapazitätsgründen nicht gemäß (10.2.27) klein genug gewählt werden kann. Die in diesem Zusammenhang auftretenden Phänomene wollen wir zunächst anhand eines einfachen Modellproblems diskutieren.

Beispiel 10.3: Wir setzen $I = [0,1]$ sowie $f \equiv 0$, $q \equiv 1$, $r \equiv 0$ und $0 < p \equiv: \epsilon << 1$. Die *singulär gestörte* RWA

$$L^\epsilon u(t) := -\epsilon u''(t) + u'(t) = 0\,, \quad x \in I, \qquad u(0) = 1,\ u(1) = 0\,,$$

hat die (eindeutige) Lösung

$$u^\epsilon(t) = \frac{e^{1/\epsilon} - e^{t/\epsilon}}{e^{1/\epsilon} - 1}.$$

Im betrachteten Fall $\epsilon \ll 1$ nennt man dies eine *Grenzschichtlösung* (s. Bild), denn für $t = 1 - \delta$ und $\delta > \epsilon$ ist

$$u^\epsilon(1-\delta) = \frac{e^{1/\epsilon}}{e^{1/\epsilon} - 1}\left(1 - e^{-\delta/\epsilon}\right) \approx 1\,, \qquad \max_I |u^{\epsilon\prime\prime}| \approx \epsilon^{-2}\,.$$

Für $\epsilon = 0$ ergibt sich die Grenzlösung $u^0 \equiv 1$, welche die Randbedingung bei $t = 1$ nicht erfüllt.

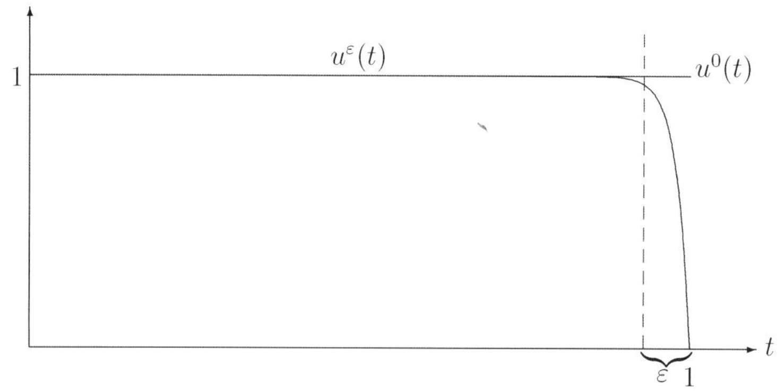

Abbildung 10.1: Lösung des singulär gestörten Problems für $\epsilon = .1$

Die Approximation dieses Problems mit dem obigen Differenzenverfahren zur (äquidistanten) Schrittweite $h = 1/(N+1)$ ergibt

$$-(\epsilon + \tfrac{1}{2}h)y_{n-1} + 2\epsilon y_n - (\epsilon - \tfrac{1}{2}h)y_{n+1} = 0\,, \quad 1 \le n \le N\,, \qquad y_0 = 1,\ y_{N+1} = 0\,.$$

Die zugehörige Systemmatrix ist offensichtlich diagonal dominant und von nicht-negativen Typ für $h \le 2\varepsilon$. Diese Bedingung ist aber für sehr kleines $\varepsilon \ll 1$ in der Praxis nur schwer erfüllbar.

Für die Lösung dieser Differenzengleichungen machen wir wieder einen Ansatz der Form $y_n = \lambda^n$. Die möglichen Werte für λ sind gerade die Wurzeln $\lambda_\pm$ der quadratischen Gleichung

$$\lambda^2 + \frac{2\epsilon}{\frac{1}{2}h - \epsilon}\lambda - \frac{\frac{1}{2}h + \epsilon}{\frac{1}{2}h - \epsilon} = 0\,.$$

Berücksichtigung der Randbedingungen $y_0 = 1$ und $y_N = 0$ in dem Ansatz

$$y_n = c_+\lambda_+^n + c_-\lambda_-^n$$

ergibt für die Koeffizienten die Beziehungen $c_+ + c_- = 1$, $c_+\lambda_+^{N+1} + c_-\lambda_-^{N+1} = 0$ und folglich

$$c_- = \frac{\lambda_+^{N+1}}{\lambda_+^{N+1} - \lambda_-^{N+1}}\,, \qquad c_+ = 1 - \frac{\lambda_+^{N+1}}{\lambda_+^{N+1} - \lambda_-^{N+1}} = -\frac{\lambda_-^{N+1}}{\lambda_+^{N+1} - \lambda_-^{N+1}}\,.$$

Die Lösung hat also die Gestalt

$$y_n = \frac{\lambda_+^{N+1}\lambda_-^n - \lambda_-^{N+1}\lambda_+^n}{\lambda_+^{N+1} - \lambda_-^{N+1}}\,. \tag{10.2.28}$$

Im vorliegenden Fall sind die Wurzeln gegeben durch

$$\lambda_{+,-} = \frac{-\epsilon \pm \sqrt{\epsilon^2 + (\frac{1}{2}h + \epsilon)(\frac{1}{2}h - \epsilon)}}{\frac{1}{2}h - \epsilon} = \frac{\epsilon \mp \frac{1}{2}h}{\epsilon - \frac{1}{2}h}\,, \qquad \lambda_+ = 1,\ \ \lambda_- = \frac{\epsilon + \frac{1}{2}h}{\epsilon - \frac{1}{2}h}\,.$$

Für $\varepsilon \ll \frac{1}{2}h$ ist $\lambda_- \sim -1$. In diesem Fall wird also eine oszillierende Lösung erzeugt,

$$y_n = \frac{\lambda_-^n - \lambda_-^{N+1}}{1 - \lambda_-^{N+1}}\,,$$

welche qualitativ nicht den richtigen Lösungsverlauf wiedergibt.

Zur Unterdrückung dieses Defekts gibt es verschiedene Strategien, die im Folgenden skizziert werden.

i) Upwind-Diskretisierung: Zunächst kann der Term erster Ordnung $u'(t)$ in der Differentialgleichung statt mit dem zentralen mit einem der einseitigen Differenzenquotienten

$$\Delta_h^+ u(t) = \frac{u(t+h) - u(t)}{h}\,, \quad \Delta_h^- u(t) = \frac{u(t) - u(t-h)}{h}$$

approximiert werden. Bei Wahl des *rückwärtigen* Differenzenquotienten Δ_h^- wird dem physikalischen Vorgang eines Informationstransports in positive t-Richtung Rechnung getragen (vergl. die Form der Grenzlösung $u^0(t)$). Dies führt auf die Differenzengleichungen

$$(-\epsilon + h)y_{n-1} + (2\epsilon + h)y_n - \epsilon y_{n+1} = 0\,.$$

Die zugehörige Matrix A_h ist dann für beliebiges $h > 0$ wieder diagonal dominant und genügt der Vorzeichenbedingung, d. h.: Sie ist eine M-Matrix. Der Lösungsansatz $y_n = \lambda^n$ führt in diesem Fall auf die Gleichung

$$\lambda^2 - \frac{2\epsilon + h}{\epsilon}\lambda + \frac{\epsilon + h}{\epsilon} = 0\,,$$

mit den Wurzeln

$$\lambda_{+,-} = \frac{2\varepsilon + h}{2\varepsilon} \pm \sqrt{(2\varepsilon + h)^2 - 4\varepsilon(\varepsilon + h)} = \frac{2\varepsilon + h \pm h}{2\epsilon}, \qquad \lambda_+ = \frac{\varepsilon + h}{\varepsilon}, \ \lambda_- = 1\,.$$

Die kritische Wurzel λ_+ ist hier stets positiv, so dass in der diskreten Lösung gemäß (10.2.28),

$$y_n = \frac{\lambda_+^{N+1} - \lambda_+^n}{\lambda_+^{N+1} - 1},$$

keine ungewollten Oszillationen in der Näherungslösung entstehen. Diese spezielle Art der einseitigen Diskretisierung des Terms $u'(t)$ nennt man „Rückwärtsdiskretisierung“ oder auch englisch „upwind discretization“. Da der verwendete einseitige Differenzenquotienten aber nur die Approximationsordnung $O(h)$ hat, ist auch das Gesamtverfahren nur von erster Ordnung genau. Dies limitiert die Approximationsgenauigkeit in Bereichen, in denen die Lösung glatt ist, selbst wenn die Gitterweite in der Grenzschicht ausreichend fein gemäß $h \approx \epsilon$ gewählt wird.

ii) Künstliche (numerische) Diffusion: Unter Beibehaltung der zentralen Diskretisierung des Terms $u'(t)$ wird der *Diffusionskoeffizient* ϵ für feste Schrittweite h auf einen größeren Wert $\hat\epsilon := \epsilon + \delta h$ gesetzt. Dies führt auf die Differenzengleichungen

$$-(\hat\epsilon + h/2)y_{n-1} + 2\hat\epsilon y_n - (\hat\epsilon - h/2)y_{n+1} = 0\,, \quad 1 \le n \le N\,.$$

Für die zugehörige Lösung erhält man wieder durch einen Potenzansatz die Darstellung

$$y_n = \frac{\lambda_+^{N+1} - \lambda_+^n}{\lambda_+^{N+1} - 1}, \qquad \lambda_+ = \frac{\hat\epsilon + h/2}{\hat\epsilon - h/2}\,.$$

Offenbar ist in diesem Fall $\lambda_+ > 0$ für $\epsilon + \delta h > h/2$, d. h. für die Wahl $\delta \ge 1/2$. Mit diesem Ansatz erhält man also ebenfalls wieder eine M-Matrix und somit eine stabile Diskretisierung. Allerdings wird nun die Grenzschicht stark verschmiert auf das Intervall $[1 - \hat\epsilon, 1] \approx [1 - h, 1]$, und die globale Approximationsgüte ist aufgrund der Störung des Differentialoperators ebenfalls lediglich $O(h)$.

Beim allgemeinen Sturm-Liouville-Problem mit variablem $q(t)$ muss das „Upwinding“ abhängig vom Vorzeichen von q_n angesetzt werden. Die einseitigen Differenzenquotienten werden gemäß der folgenden Schaltvorschrift angesetzt:

$$\operatorname{sgn}(q_n) = \begin{cases} +1 & : \ \Delta_h^- \\ -1 & : \ \Delta_h^+\,. \end{cases}$$

Dies führt dann wieder auf eine für alle $h > 0$ diagonal dominante Matrix A_h.

Anhand des obigen einfachen Beispiels haben wir gesehen, dass bei *singulär gestörten* Problemen die einfachen Dämpfungsstrategien *Rückwärtsdiskretisierung* oder *künstliche Diffusion* zwar auf stabile Diskretisierungen führen, die Approximationsordnung aber auf $O(h)$ reduzieren. Die Frage nach einer sicheren Dämpfungsstrategie höherer Ordnung zur Diskretisierung von *Transporttermen* ist noch nicht vollständig geklärt. Versuche in diese Richtung bedienen sich z. B. einseitiger Differenzenquotienten höherer Ordnung (beim *Upwinding*) oder künstlicher Diffusionsterme der Form $\delta h^2 u^{(iv)}$. Allerdings kann die starke M-Matrixeigenschaft nur mit Diskretisierungen erster Ordnung erreicht werden. Einen anderen Ansatz werden wir im nächsten Abschnitt im Zusammenhang mit Galerkin-Verfahren für Sturm-Liouville-Probleme kennenlernen.

10.2.1 Konditionierung

Zum Abschluss dieses Abschnittes wollen wir noch die Konditionierung der Systemmatrizen A_h in Abhängigkeit von der Gitterweite h untersuchen. Dazu betrachten wir den einfachen Modellfall $p \equiv 1, q \equiv 0, r \equiv 0$, d. h.:

$$A_h = \frac{1}{h^2} \begin{bmatrix} 2 & -1 & & & \\ -1 & 2 & -1 & & \\ & \ddots & \ddots & \ddots & \\ & & -1 & 2 & -1 \\ & & & -1 & 2 \end{bmatrix}, \qquad h = \frac{1}{N+1}.$$

Die Eigenwerte und zugehörigen Eigenvektoren dieser Matrix sind, wie man leicht nachrechnet:

$$\lambda_k = \frac{1}{h^2}\{2 - 2\cos(kh\pi)\}, \quad w^k = \big(\sin(ikh\pi)\big)_{i=1}^N, \quad k = 1, \dots, N.$$

Also ist

$$\lambda_{\max} = \frac{1}{h^2}\{2 - 2\cos((1-h)\pi)\} = \frac{4}{h^2} + \mathcal{O}(1),$$
$$\lambda_{\min} = \frac{1}{h^2}\{2 - 2\cos(h\pi)\} = \frac{1}{h^2}\{2 - 2(1 - \tfrac{1}{2}h^2\pi^2) + \mathcal{O}(h^4)\} = \pi^2 + \mathcal{O}(h^2),$$

und folglich

$$\operatorname{cond}_2(A_h) = \frac{\lambda_{\max}}{\lambda_{\min}} = \frac{4}{\pi^2 h^2} + \mathcal{O}(1).$$

Die Konditionierung der Systemmatrix A_h wird also mit kleiner werdender Gitterweite, d. h. mit zunehmender Diskretisierungsgenauigkeit, wie $\mathcal{O}(h^{-2})$ schlechter. Dabei wird der Exponent -2 offensichtlich durch die Ordnung des Differentialoperators L bestimmt (und nicht etwa durch die Ordnung der Differenzenapproximation!).

10.3 Übungsaufgaben

Aufgabe 10.1: Zur Lösung der d-dimensionalen linearen RWA 1. Ordnung

$$u'(t) - A(t)u(t) = f(t), \quad t \in [a,b], \qquad B_a u(a) + B_b u(b) = g,$$

kann die Polygonzugmethode verwendet werden (a) als direktes Differenzenschema, oder (b) als AWA-Löser im Zuge des Schießverfahrens. Beide Ansätze liefern Näherungen der Ordnung $\mathcal{O}(h)$. Man vergleiche den jeweiligen numerischen Aufwand, d. h. die Anzahl der Auswertungen von $A(t)$ und $f(t)$, bei gleicher Gitterweite h, sowie den Aufwand zur Lösung der auftretenden Gleichungssysteme.

Aufgabe 10.2: Man betrachte die Trapezregel zur Diskretisierung der RWA 2. Ordnung

$$-u''(t) + u'(t) = 1, \quad t \in [0,1], \quad u(0) = u(1) = 0,$$

auf einem äquidistanten Gitter mit Gitterweite $h = 1/N$. Ist die RWA überhaupt eindeutig lösbar? Wie lautet das zugehörige Gleichungssystem und von welcher Ordnung ist dieses Differenzenschema?

Aufgabe 10.3: Man betrachte das Sturm-Liouville-Problem

$$-u''(t) + 100u'(t) = 1, \quad t \in [0,1], \quad u(0) = u(1) = 0.$$

a) Ist die RWA eindeutig lösbar?

b) Man approximiere die RWA auf einem äquidistanten Gitter mit Gitterweite $h = 1/N$ unter Verwendung des zentralen Differenzenquotienten zweiter Ordnung

$$u''(t) \approx h^{-2}\big\{u(t+h) - 2u(t) + u(t-h)\big\},$$

für die zweiten Ableitungen und des zentralen Differenzenquotienten erster Ordnung

$$u'(t) \approx (2h)^{-1}\big\{u(t+h) - u(t-h)\big\}.$$

für die erste Ableitung. Wie lauten die zugehörigen Gleichungssysteme? Unter welcher Bedingung an die Gitterweite h sind die Systemmatrizen (strikt) diagonal dominant?

c) Man verwende zur Approximation der ersten Ableitung anstelle des zentralen den rückwärtsgenommenen Differenzenquotienten erster Ordnung

$$u'(t) \approx h^{-1}\big\{u(t) - u(t-h)\big\}$$

Unter welcher Bedingung an die Gitterweite h ist die zugehörige Systemmatrix (strikt) diagonal dominant?

Aufgabe 10.4: Man betrachte das „singulär gestörte“ Strurm-Liouville-Problem

$$L^\epsilon u(t) := -\epsilon u''(t) + u'(t) = 0\,, \quad t \in [0,1], \qquad u(0) = 1,\; u(1) = 0\,,$$

mit einem $\epsilon \ll 1$. Ein zum „upwinding“ alternativer Ansatz zur Umgehung der Schrittweitenbedingung $h \le 2\epsilon$ ist die Verwendung „künstlicher Diffusion“, d. h. die Ersetzung von ϵ durch $\hat\epsilon := \epsilon + \frac{1}{2}h$ unter Beibehaltung der Approximation des Ableitungsterms $u'(t)$ durch den zentralen Differenzenquotienten zweiter Ordnung. Dies führt auf die Differenzengleichung

$$-(\hat\epsilon + \tfrac{1}{2}h)y_{n-1} + 2\hat\epsilon y_n - (\hat\epsilon - \tfrac{1}{2}h)y_{n+1} = 0\,, \quad 1 \le n \le N\,.$$

Mit Hilfe des Potenzansatzes aus der Vorlesung bestimme man deren Lösung und zeige, dass diese wie beim „upwinding“ keine oszillierende Komponente besitzt. Mit diesem Ansatz erhält man ebenfalls wieder eine M-Matrix und somit eine stabile Diskretisierung. Allerdings ist deren Konvergenzordnung aufgrund der Störung des Differentialoperators ebenfalls lediglich $O(h)$.

11 Variationsmethoden

11.1 Allgemeines Ritz-Galerkin-Verfahren

Wir betrachten wieder das Sturm-Liouville-Problem

$$\begin{aligned} Lu(t) &:= -[pu']'(t) + q(t)u'(t) + r(t)u(t) = f(t)\,, \quad t \in I = [a,b]\,, \\ u(a) &= \alpha\,, \quad u(b) = \beta\,, \end{aligned} \tag{11.1.1}$$

mit Dirichlet-Randbedingungen unter den Voraussetzungen $p \in C^1(I)$, $p(t) \geq \rho > 0$ und $q, r, f \in C(I)$, $r(t) \geq 0$.

Die sog. „Variationsmethoden", speziell die sog. „Ritz[1] -Galerkin-Verfahren" zur Lösung der RWA (11.1.1) basieren auf entsprechenden variationellen Formulierungen. Zu deren Herleitung ist es praktisch, das Problem zunächst in ein äquivalentes mit homogenen Randdaten zu transformiert. Dazu verwenden wir die lineare Funktion

$$l(t) := \frac{(b-t)\alpha + (t-a)\beta}{b-a}.$$

Ist dann $u(t)$ die Lösung von (11.1.1), so löst $v(t) := u(t) - l(t)$ die RWA

$$\begin{aligned} Lv(t) &= f(t) - [pl']'(t) + q(t)l'(t) + r(t)l(t)\,, \quad t \in I\,, \\ v(a) &= v(b) = 0\,. \end{aligned} \tag{11.1.2}$$

O.B.d.A. können wir uns also auf den Fall homogener Randbedingungen $u(a) = u(b) = 0$ beschränken. Die rechte Seite wird dabei weiter mit $f(t)$ bezeichnet.

Zur Gewinnung einer sog. „variationellen" Formulierung der RWA (11.1.2) multiplizieren wir die Differentialgleichung mit einer beliebigen (stetigen) „Testfunktion" φ und integrieren über das Intervall I:

$$\int_I Lu(t)\varphi(t)\,dt = \int_I f(t)\varphi(t)\,dt\,. \tag{11.1.3}$$

Für differenzierbare Testfunktionen φ, welche den Randbedingungen $\varphi(a) = \varphi(b) = 0$ genügen, können wir im ersten Term von Lu partiell integrieren und erhalten

$$\int_I \{p(t)u'(t)\varphi'(t) + q(t)u'(t)\varphi(t) + r(t)u(t)\varphi(t)\}\,dt = \int_I f(t)\varphi(t)\,dt\,. \tag{11.1.4}$$

Diese Formulierung ist wohl definiert für Ansatzfunktionen u und Testfunktionen φ, welche stückweise stetig differenzierbar sind auf dem Intervall I. Dabei nennen wir eine Funktion $v \in C(I)$ *stückweise stetig differenzierbar*, wenn es eine endliche Unterteilung $a = t_0 < ... < t_i < ... < t_{N+1} = b$ gibt, so dass u auf jedem der Teilintervalle (t_{i-1}, t_i) stetig differenzierbar ist und ebenso auf $[t_{i-1}, t_i]$ fortgesetzt werden kann. Derartige Funktionen, welche zusätzlich noch den homogenen Dirichlet-Randbedingungen genügen, bilden den Funktionenraum

$$\tilde{C}_0^1(I) := \{v \in C(I)\,|\, v \text{ stückweise stetig differenzierbar},\ v(a) = v(b) = 0\}\,.$$

[1]Walter Ritz (1878-1909): Schweizer Physiker; Prof. in Zürich und Göttingen; Beiträge zu Spektraltheorie in der Kernphysik und Elektro-Magnetismus.

Mit Hilfe eines „Dirac-Folgenarguments“ kann man zeigen (hier nicht ausgeführt), dass für eine Funktion $u \in \tilde{C}_0^1(I)$ aus der Gültigkeit von (11.1.4) notwendig folgt, dass sie auch Lösung der Randwertaufgabe (11.1.1) ist, d. h.: Die beiden Problemformulierungen (11.1.1) und (11.1.4) sind äquivalent.

Auf dem Raum $V := \tilde{C}_0^1(I)$ sind das $L^2(I)$-Skalarprodukt, die zugehörige $L^2(I)$-Norm

$$(u,v) := \int_I u(t)v(t)\,dt, \qquad \|v\| := (v,v)^{1/2}$$

sowie die sog. „Energieform“ und das „Lastfunktional“

$$a(u,v) := \int_I \big\{p(t)u'(t)v'(t) + q(t)u'(t)v(t) + r(t)u(t)v(t)\big\}\,dt,$$
$$l(v) := \int_I f(t)v(t)\,dt.$$

definiert. (Diese Notation ist der strukturmechanischen Anwendung des Sturm-Liouville-Problems entlehnt.) Mit diesen Abkürzungen schreibt sich die Variationsgleichung (11.1.4) in der kompakten Form

$$u \in V: \quad a(u,\varphi) = l(\varphi) \quad \forall \varphi \in V. \tag{11.1.5}$$

Wir betrachten nun zunächst den Sonderfall, dass $q = 0$. Dann ist der Differentialoperator L auf dem Raum $V \cap C^2(I)$ bzgl. des $L^2(I)$-Skalarprodukts symmetrisch und positiv definit, und die Lösung $u(t)$ von (11.1.1) kann als Minimum des sog. „Energiefunktionals“ charakterisiert werden:

$$E(v) := \tfrac{1}{2}a(v,v) - l(v).$$

Dies ist die Grundlage des klassischen „Ritzschen Projektionsverfahrens“. Die Bilinearform $a(\cdot,\cdot)$ ist symmetrisch und aufgrund der Poincaréschen Ungleichung

$$\|v\| \le (b-a)\|v'\|, \tag{11.1.6}$$

positiv definit; folglich definiert sie auf dem Raum V ein Skalarprodukt. Die Vervollständigung des so entstehenden „prähilbertschen“ Raumes ist gerade der sog. „Sobolew-Raum“ $H_0^1(I)$ der auf I absolutstetigen Funktionen mit (im Lebesgueschen Sinne) quadratintegrablen ersten Ableitungen und Randwerten $v(a) = v(b) = 0$. Dies ist in gewissem Sinne der größte Funktionenraum, auf dem sich das Energie-Funktional $E(\cdot)$ noch definieren lässt. Für unsere Zwecke genügt es jedoch, $E(\cdot)$ auf dem Raum V von (stückweise) klassisch differenzierbaren Funktionen zu betrachten.

Satz 11.1 (Variationsprinzip): *Im Fall $q = 0$ gilt für die eindeutige Lösung $u \in V \cap C^2(I)$ der RWA (11.1.1) die Minimalitätsbeziehung*

$$E(u) < E(v) \qquad \forall v \in V \setminus \{u\}. \tag{11.1.7}$$

Umgekehrt gilt für jedes $v \in V$ mit der Eigenschaft (11.1.7) notwendig $v = u$.

Beweis: i) Sei $u \in V \cap C^2(I)$ Lösung von (11.1.1). Durch partielle Integration folgt

$$(Lu, \varphi) = a(u, \varphi) - pu'\varphi\big|_a^b = a(u, \varphi),$$

für $\varphi \in V$, d. h.:

$$a(u, \varphi) = (f, \varphi) \qquad \forall \varphi \in V. \tag{11.1.8}$$

Damit folgt weiter mit beliebigem $v \in V$:

$$\begin{aligned} E(v) - E(u) &= \tfrac{1}{2}a(v,v) - (f,v) - \tfrac{1}{2}a(u,u) + (f,u) \\ &= \tfrac{1}{2}a(v,v) - a(u,v) + \tfrac{1}{2}a(u,u) = \tfrac{1}{2}a(v-u, v-u). \end{aligned}$$

Für $w = u - v$ gilt $a(w,w) \geq 0$, und im Falle $a(w,w) = 0$ folgt notwendig $w \equiv 0$. Also ist wie behauptet $E(v) > E(u)$ für $v \neq u$.

ii) Gilt umgekehrt (11.1.7) für ein $v \in V$, so folgt notwendig

$$\frac{d}{d\varepsilon} E(v + \varepsilon\varphi)\big|_{\varepsilon=0} = 0 \qquad \forall \varphi \in V.$$

Auswertung dieser Beziehung ergibt

$$a(v, \varphi) = (f, \varphi) \qquad \forall \varphi \in V.$$

Also ist speziell $a(v-u, v-u) = 0$, woraus nach dem oben Gesagten $v = u$ folgt. Q.E.D.

Die Extremaleigenschaft (11.1.7) der Lösung u der RWA (11.1.1) suggeriert die folgende Approximationsmethode (sog. „Ritz-Verfahren").

Verfahren von Ritz: Man wähle geeignete endlich dimensionale Teilräume $V_h \subset V$ und minimiere das Energie-Funktional $E(\cdot)$ über V_h:

$$u_h \in V_h: \quad E(u_h) \leq E(v_h) \qquad \forall v_h \in V_h.$$

Die Funktion $u_h \in V_h$ wird dann als Approximation zur Lösung u von (11.1.1) betrachtet. Das Minimum $u_h \in V_h$ ist charakterisiert durch

$$\frac{d}{d\varepsilon} E(u_h + \varepsilon\varphi_h)\big|_{\varepsilon=0} = 0 \qquad \forall \varphi_h \in V_h,$$

woraus man die Gleichung

$$a(u_h, \varphi_h) = (f, \varphi_h) \qquad \forall \varphi_h \in V_h \tag{11.1.9}$$

erhält. Dies ist offensichtlich gerade das diskrete Analogon der „Variationsgleichung" (11.1.8).

Sei nun $\{\varphi_h^{(i)},\ i = 1, \ldots, N = N(h)\}$ eine Basis von V_h. Setzt man dann den Ansatz

$$u_h = \sum_{i=1}^{N} y_i \varphi_h^{(i)}$$

in die Beziehung (11.1.9) und lässt φ_h alle Basisfunktionen $\varphi_h^{(j)}$ durchlaufen, so ergibt sich ein lineares Gleichungssystem

$$\sum_{i=1}^N y_i a(\varphi_h^{(i)}, \varphi_h^{(j)}) = (f, \varphi_h^{(j)}), \quad j = 1, \ldots, N,$$

bzw.

$$A_h y^h = b^h \tag{11.1.10}$$

für den Koeffizientenvektor $y^h = (y_1, \ldots, y_N)^T$ mit

$$A_h = (a_{ij})_{i,j=1}^N, \quad a_{ij} := a(\varphi_h^{(j)}, \varphi_h^{(i)}),$$
$$b^h = (b_j)_{j=1}^N, \quad b_j := (f, \varphi_h^{(j)}).$$

Die Matrix A_h ist symmetrisch, positiv definit und folglich regulär. Die Symmetrie von A_h folgt direkt aus der Symmetrie der Bilinearform $a(\cdot, \cdot)$. Einem Vektor $y = (y_1, \ldots, y_N) \in \mathbb{R}^N$ sei die Funktion $v_h = \sum_{i=1}^N y_i \varphi_h^{(i)} \in V_h$ zugeordnet. Nach Konstruktion gilt dann

$$y^T A_h y = \sum_{i,j=1}^N a(\varphi_h^{(i)}, \varphi_h^{(j)}) y_i y_j = a\Big(\sum_{i=1}^N y_i \varphi_h^{(i)}, \sum_{j=1}^N y_j \varphi_h^{(j)}\Big) = a(v_h, v_h) > 0$$

für $y \neq 0$, d. h.: A_h ist positiv definit.

Wir untersuchen nun die Frage nach der Konvergenz der Näherungslösungen $u_h \to u$ für eine Folge von Ansatzräumen $V_h \subset V$ mit $\dim V_h = N(h) \to \infty$. Durch Kombination der Variationsgleichungen (11.1.5) für u und (11.1.9) für u_h ergibt sich die sog. „Galerkin-Orthogonalität" für den Fehler $e = u - u_h$:

$$a(e, \varphi_h) = 0, \quad \varphi_h \in V_h. \tag{11.1.11}$$

Die geometrische Interpretation dieser Beziehung ist, dass der Fehler e bzgl. des Skalarprodukts $a(\cdot, \cdot)$ *orthogonal* auf dem Teilraum $V_h \subset V$ steht, bzw. dass u_h die orthogonale Projektion von u auf V_h ist. Dies rechtfertigt die häufig gebrauchte Bezeichnung „Projektionsmethode" für das Ritz-Verfahren.

Als einfache Konsequenz der Orthogonalitätsbeziehung (11.1.11) haben wir den folgenden Hilfssatz.

Hilfssatz 11.1 (Bestapproximationseigenschaft): *Für den Fehler $e = u - u_h$ beim Ritz-Verfahren gilt*

$$a(e, e) = \min_{v_h \in V_h} a(u - v_h, u - v_h). \tag{11.1.12}$$

Beweis: Mit beliebigem $v_h \in V_h$ gilt

$$\begin{aligned} a(e,e) &= a(e,u-v_h) + \underbrace{a(e,v_h-u_h)}_{=0} \\ &\le a(e,e)^{1/2}\, a(u-v_h,u-v_h)^{1/2}, \end{aligned}$$

da $a(\cdot,\cdot)$ Skalarprodukt auf V ist. Nimmt man auf der rechten Seite nun das Infimum (tätsächlich das Minimum) über $v_h \in V_h$, so ergibt sich die Behauptung. Q.E.D.

Mit (11.1.12) ist die Frage nach der Konvergenz $u_h \to u$ zurückgeführt auf das Problem der Approximierbarkeit von Funktionen $u \in V \cap C^2(I)$ durch Elemente der Ansatzräume V_h. Bei Berücksichtigung der Annahmen über p und r ergibt sich aus (11.1.12) die Fehlerabschätzung

$$\|e'\| \le K \min_{v_h \in V_h} \|(u-v_h)'\| \tag{11.1.13}$$

mit $K^2 = \rho^{-1}(1+(b-a)^2)\max_I\{p+r\}$. Dies ist ein einfach zu handhabendes Konvergenzkriterium. Darüber hinaus erhält man mit Hilfe der Identität

$$v(t) = \int_a^t v'(s)\,ds\,, \quad t \in I\,,$$

für $v \in V$ aus (11.1.13) die punktweise Abschätzung

$$\max_{t\in I} |e(t)| \le K\sqrt{b-a} \min_{v_h \in V_h} \|(u-v_h)'\|\,. \tag{11.1.14}$$

Bemerkung: Es sei darauf hingewiesen, dass die Abschätzung (11.1.14) in dieser Form nur in *einer* Raumdimension gilt, während die integrale Abschätzung (11.1.13) natürliche Analoga bei partiellen Differentialgleichungen besitzt.

Wenn der „Transportterm" qu' im Sturm-Liouville-Operator Lu präsent ist, stellt die Energieform $a(\cdot,\cdot)$ kein Skalarprodukt dar, und die Lösung der Randwertaufgabe (11.1.1) lässt sich nicht mehr als Minimum eines Energiefunktionals charakterisieren. In diesem Fall basiert das sog. „Galerkin-Verfahren" zur Approximation von (11.1.1) direkt auf der Variationsgleichung (11.1.5):

$$u_h \in V_h: \quad a(u_h,\varphi_h) = l(\varphi_h) \quad \forall \varphi_h \in V_h. \tag{11.1.15}$$

Unter der Bedingung $\rho + (b-a)^2 \min_I\{r - \frac{1}{2}q'\} > 0$, welche in diesem Fall die eindeutige Lösbarkeit von (11.1.1) sichert, ist offensichtlich auch das endlich dimensionale Problem (11.1.15) eindeutig lösbar, d. h. ist die zugehörige Systemmatrix A_h regulär. Dies folgt aus der sog. „Koerzivitätsrelation"

$$a(v,v) \ge \gamma\|v'\|^2\,, \quad v \in V\,, \quad \gamma > 0\,, \tag{11.1.16}$$

welche man wieder mit Hilfe der Poincarésche Ungleichung gewinnt. Ferner ist die Energieform $a(\cdot,\cdot)$ beschränkt auf V:

$$|a(v,w)| \le \alpha\|v'\|\,\|w'\|, \quad v,w \in V\,. \tag{11.1.17}$$

Mit Hilfe der Galerkin-Orthogonalität erschließt man dann auch in diesem Fall für das Galerkin-Verfahren die allgemeine Konvergenzabschätzung

$$\|e'\| \le c \min_{\varphi_h \in V_h} \|(u-\varphi_h)'\|\,. \tag{11.1.18}$$

11.2 Methode der finiten Elemente

Für die praktische Realisierung der Ritzschen (bzw. der Galerkinschen Methode) wäre es sicher am günstigsten, wenn man *Orthogonalbasen* von V_h bzgl. des Energieskalarprodukts $a(\cdot,\cdot)$ verwenden würde, denn dann reduziert sich die Matrix A_h zu einer Diagonalmatrix. Dies lässt sich aber meist nicht verwirklichen, so dass man darauf angewiesen ist, mit Basen $\{\varphi_h^{(i)}\}$ von V_h zu arbeiten, die nur *fast* orthogonal sind. Solche Basen lassen sich leicht konstruieren, wenn der Raum V_h aus stückweise polynomialen Funktionen besteht. Dieser Spezialfall der Ritz-Methode ist unter dem Namen „Methode der finiten Elemente“ (kurz „FEM“) bekannt.

11.2.1 „Lineare“ finite Elemente

Sei $a = t_0 < ... < t_i < ... < t_{N+1} = b$ wieder eine Unterteilung des Intervalls I mit Teilintervallen $I_i = [t_{i-1}, t_i]$ der Länge $h_n = t_i - t_{i-1}$, und $h = \max_{1\le i\le N} h_n$. Bzgl. dieser Unterteilung wird der folgende *Finite-Elemente-Ansatzraum* definiert:

$$S_h^{(1)} := \{ v_h \in C(I) : v_{h|I_i} \in P_1(I_i), i = 1, ..., N+1, v_h(a) = v_h(b) = 0 \}.$$

Offensichtlich ist $S_h^{(1)} \subset V$ ein endlich dimensionaler Teilraum. Eine Basis von $S_h^{(1)}$ erhält man durch die Vorschrift

$$\varphi_h^{(i)} \in S_h^{(1)} : \quad \varphi_h^{(i)}(t_j) = \delta_{ij}, \quad i,j = 1,\dots,N .$$

Wegen ihrer stückweisen Linearität und Stetigkeit sind die Funktionen $\varphi_h^{(i)}$ dadurch eindeutig bestimmt. Das System $\{\varphi_h^{(i)}, i = 1,\dots,N\}$ ist in der Tat eine Basis („Lagrange-Basis“), denn aus der Beziehung

$$0 = \sum_{i=1}^{N} \alpha_i \varphi_h^{(i)}(t_j) = \alpha_j , \quad i,j = 1,\dots,N ,$$

für irgendwelche Zahlen α_i folgt notwendig $\alpha_i = 0$. Andererseits besitzt jede Funktion $v_h \in S_h^{(1)}$ eine Darstellung

$$v_h(t) = \sum_{i=1}^{N} v_h(t_i)\varphi_h^{(i)}(t) , \quad t \in I ,$$

was man durch Einsetzen von $t = t_j$ sieht. Diese Basis von $S_h^{(1)}$ wird “(lokale) Knotenbasis“ genannt. Sie ist fast orthogonal, da jedes $\varphi_h^{(i)}$ nur auf einer Umgebung $I_i \cup I_{i+1}$ des Gitterpunktes t_i von Null verschieden ist (s. Abb. 11.1). Für die zugehörigen Matrixelemente gilt daher

$$a(\varphi_h^{(i)}, \varphi_h^{(j)}) = 0, \quad |i-j| \ge 2 ,$$

d. h.: Die Matrix A_h des Systems (11.1.10) ist tridiagonal.

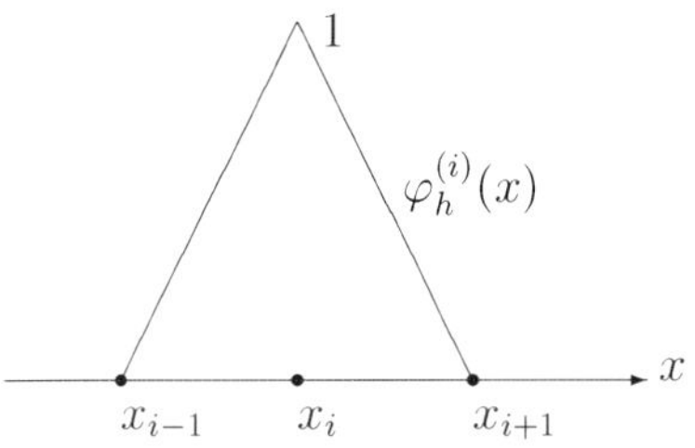

Abbildung 11.1: Lagrange-Basisfunktion linearer finiter Elemente

Die von Null verschiedenen Elemente von A_h und die Elemente des Vektors b_h haben für $q \equiv 0$, $r \equiv 0$ folgende Gestalt:

$$\begin{aligned}
a_{ii} &= a(\varphi_h^{(i)}, \varphi_h^{(i)}) = \int_I p(t)|\varphi_h^{(i)\prime}(t)|^2\,dt = h_i^{-2}\int_{I_i} p(t)\,dt + h_{i+1}^{-2}\int_{I_{i+1}} p(t)\,dt \\
a_{i,i+1} &= a(\varphi_h^{(i+1)}, \varphi_h^{(i)}) = \int_I p(t)\varphi_h^{(i+1)\prime}(t)\varphi_h^{(i)\prime}(t)\,dt = -h_{i+1}^{-2}\int_{I_{i+1}} p(t)\,dt \\
a_{i,i-1} &= a(\varphi_h^{(i-1)}, \varphi_h^{(i)}) = \ldots = -h_i^{-2}\int_{I_i} p(t)\,dt \\
b_i &= (f, \varphi_h^{(i)}) = \int_{I_i \cup I_{i+1}} f(t)\varphi_h^{(i)}(t)\,dt\,.
\end{aligned}$$

Wenn das Gitter $\{t_0, \ldots t_{N+1}\}$ äquidistant ist, d. h. $h = h_i$, $i = 1, \ldots, N$, so erhält man durch Auswertung dieser Integrale etwa mit der Mittelpunktsregel die Beziehungen

$$a_{ii} = h^{-1}(p_{i-1/2} + p_{i+1/2}) + O(h)\,, \quad a_{i,i\pm 1} = -h^{-1}p_{i\pm 1/2} + O(h)\,, \quad b_i = h\,f_i + O(h)\,.$$

Es ergibt sich also (bis auf Terme höherer Ordnung in h) dasselbe Gleichungssystem wie bei der Diskretisierung von (11.1.1) mit Hilfe zentraler Differenzenquotienten. Zwischen dem Ritz-Verfahren und dem Differenzenverfahren besteht also ein enger Zusammenhang.

Zur Abschätzung des Diskretisierungsfehlers sei für $v \in C(I)$ durch

$$I_h v(t_i) := v(t_i)\,, \quad i = 0, \ldots, N+1\,,$$

die stückweise lineare „Knoteninterpolierende" $I_h v \in S_h^{(1)}$ erklärt. Für ein Teilintervall $I' \subset I$ schreiben wir im Folgenden $\|\cdot\|_{I'}$ für die L^2-Norm sowie $\|\cdot\|_{\infty;I'}$ für die Maximumnorm über I'. Im Spezialfall $I' = I$ wird der Index I weiterhin weggelassen.

Hilfssatz 11.2 (Interpolationsabschätzungen): *Für die Knoteninterpolierende $I_h u \in S_h^{(1)}$ von $u \in V \cap C^2(I)$ gilt auf jedem Teilintervall I_i:*

$$\|u - I_h u\|_{I_i} + h_i\|(u - I_h u)'\|_{I_i} \le h_i^2\,\|u''\|_{I_i}\,, \tag{11.2.19}$$

$$\|u - I_h u\|_{\infty;I_i} \le \tfrac{1}{2}h^2\|u''\|_{\infty;I_i}\,. \tag{11.2.20}$$

Beweis: In jedem Intervall I_i gibt es sicher einen Punkt ξ mit $(u - I_h u)'(\xi) = 0$ (s. Abb. 11.2).

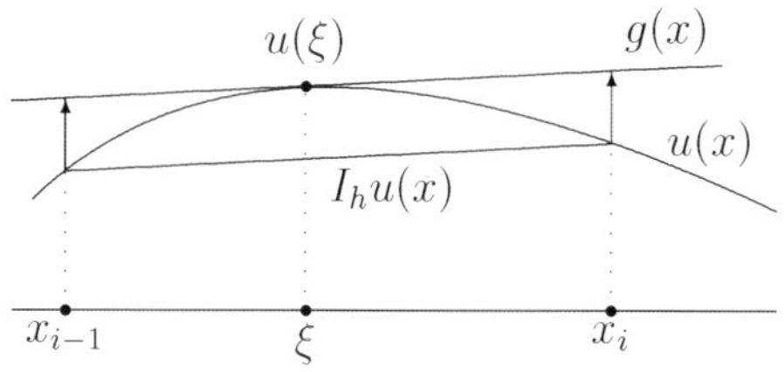

Abbildung 11.2: Lineare Approximation

Mit Hilfe der Identität

$$(u - I_h u)'(t) = \int_\xi^t (u - I_h u)''(s)\, ds = \int_\xi^t u''(s)\, ds$$

erhält man durch Anwendung der Hölderschen Ungleichung

$$|(u - I_h u)'(t)|^2 \le h \int_{I_i} |u''(s)|^2\, ds\,,$$

und dann durch Integration über $t \in I_i$

$$\int_{I_i} |(u - I_h u)'(t)|^2\, dt \le h^2 \int_{I_i} |u''(s)|^2\, ds\,.$$

Zum Beweis von (11.2.20) betrachten wir die Funktion $v := u - g \in C^2(I_i)$ (s. Abb. 11.2) mit $v(\xi) = v'(\xi) = 0$. Taylor-Entwicklung um ξ ergibt dann für $t \in I_i$:

$$v(t) = \tfrac{1}{2}(t - \xi)^2\, v''(\eta_t) = \tfrac{1}{2}(t - \xi)^2 u''(\eta_t)$$

mit einem Zwischenpunkt $\eta_t \in I_i$. Hieraus folgt

$$\|u - I_h u\|_{\infty;I_i} \le \|v\|_{\infty;I_i} \le \tfrac{1}{2} h^2 \|u''\|_{\infty;I_i}\,.$$

Der Beweis der entsprechenden L^2-Fehlerabschätzung (11.2.19) folgt demselben Muster aber mit einer Modifikation. Diese zu finden, sei als Übungsaufgabe gestellt. Q.E.D.

Hilfssatz 11.3 (A priori Regularitätsabschätzungen): *Die Lösung $u \in V \cap C^2(I)$ der RWA (11.1.1) genügt den folgenden a-priori Abschätzungen*

$$\max_{k=0,1,2} \|u^{(k)}\| \le c\,\|f\|\,, \tag{11.2.21}$$

$$\max_{k=0,1,2} \|u^{(k)}\|_\infty \le c\,\|f\|_\infty\,, \tag{11.2.22}$$

mit von u und f unabhängigen Konstanten c.

Beweis: Aus der Variationsgleichung für u,

$$a(u,\varphi) = (f,\varphi) \quad \forall\, \varphi \in V\,,$$

erhält man für $\varphi = u$ die Abschätzung

$$\rho\|u'\|^2 \le a(u,u) = (f,u) \le \|f\|\,\|u\|\,.$$

Hieraus folgt dann mit Hilfe der Poincaréschen Ungleichung

$$\|u\| \le (b-a)\|u'\| \le \rho^{-1}(b-a)^2\|f\|\,.$$

Die Identität

$$u'' = \frac{1}{p}\{f + p'u' - ru\}$$

führt damit auf die gewünschte Abschätzung (11.2.21). Der Beweis von (11.2.22) sei als Übungsaufgabe gestellt. Q.E.D.

Nach diesen Vorbereitung können wir den folgenden Konvergenzsatz für die Methode der finiten Elemente formulieren:

Satz 11.2 (A priori Fehlerabschätzungen): *Für den Fehler $e = u - u_h$ beim Ritz-Galerkin-Verfahren mit stückweise linearen Ansatzfunktionen gelten die Energieabschätzung*

$$\|e'\| \le c\,h\,\|f\|, \tag{11.2.23}$$

und die verbesserte L^2-Abschätzung

$$\|e\| \le c\,h^2\,\|f\|, \tag{11.2.24}$$

mit von u, f und h unabhängigen Konstanten c.

Beweis: Die Abschätzung (11.2.23) folgt direkt durch Kombination von (11.1.13) mit (11.2.19) und (11.2.21). Zum Beweis von (11.2.24) verwenden wir ein Argument, welches in der Literatur als „Aubin-Nitsche-Trick“ oder allgemeiner als „Dualitätsargument“ bezeichnet wird. Der Fehler e wird dabei als rechte Seite eines sog. „dualen Problems“

$$Lv(t) = e(t)\,, \quad t \in I, \quad v(a) = v(b) = 0, \tag{11.2.25}$$

genommen. Dessen eindeutige Lösung $v \in V \cap C^2(I)$ genügt dann nach Hilfssatz 11.3 der a priori Abschätzung

$$\|v''\| \le c\,\|e\|, \tag{11.2.26}$$

mit einer von u und h unabhängigen Konstante c. Damit folgt dann mit Hilfe der Galerkin-Orthogonalität

$$\begin{aligned}\|e\|^2 &= (e, Lv) = a(e,v) = a(e, v - I_h v)\\ &\le c\,\|e'\|\,\|(v - I_h v)'\|.\end{aligned}$$

Anwendung von (11.2.19), (11.2.21) und (11.2.26) ergibt also

$$\|e\| \leq c\,h\,\|e'\|.$$

Hieraus folgt dann mit der schon gezeigten Energienorm-Fehlerabschätzung (11.2.23) die verbesserte L^2-Abschätzung (11.2.24). Q.E.D.

Die Energienorm-Fehlerabschätzung (11.2.23) impliziert zusammen mit der Sobolewschen Ungleichung (11.1.14) die punktweise Fehlerabschätzung

$$\|e\|_\infty \leq c\,h\|f\|.$$

Mit etwas mehr als dem bisher betriebenen Aufwand lässt auch das folgende punktweise Analogon zu der L^2-Fehlerabschätzung (11.2.24) zeigen:

$$\|e\|_\infty \leq c\,h^2\,\|f\|_\infty. \tag{11.2.27}$$

Damit erweist sich das Ritz-Verfahren mit stückweise linearen finiten Elementen asymptotisch als genauso gut wie das im vorigen Abschnitt behandelte Differenzenverfahren.

11.2.2 Finite Elemente höherer Ordnung

i) „Quadratische“ finite Elemente: Der Ansatzraum ist nun

$$S_h^{(2)} = \{\, v_h \in C(I)|\ v_{h|I_i} \in P_2(I_i),\ i = 1,...,N+1,\ v_h(a) = v_h(b) = 0\,\}.$$

Offenbar ist $\dim S_h^{(2)} = 2N+1$, und die natürliche Knotenbasis ist bestimmt durch

$$\varphi_h^{(i)} \in S_h^{(2)}\ :\quad \varphi_h^{(i)}(t_j) = \delta_{ij}\,,\quad i,j = \tfrac{1}{2}, 1, \dots, N, N+\tfrac{1}{2}\,.$$

Mit analogen Argumenten wie oben für den stückweise linearen Ansatz erhält man nun die a priori L^2-Fehlerabschätzungen

$$\|e\| + h\|e'\| \leq c\,h^3 \max\{\|f\|, \|f'\|\}$$

sowie die Maximumnorm-Abschätzung

$$\|e\|_\infty \leq c\,h^3 \max\{\|f\|_\infty, \|f'\|_\infty\}\,. \tag{11.2.28}$$

ii) „Kubische“ finite Elemente (Splines): Der Ansatzraum ist nun

$$S_h^{(3)} = \{\, v_h \in C^1(I)|\ v_{h|I_i} \in P_3(I_i),\ i = 1,...,N+1,\ v_h(a) = v_h(b) = 0\,\}.$$

Offenbar ist $\dim S_h^{(3)} = 2N+2$, und die natürliche Knotenbasis ist bestimmt durch

$$\varphi_h^{(i)} \in S_h^{(3)}\ :\quad \varphi_h^{(i)}(t_j) = \delta_{ij}\,,\quad \varphi_h^{(i)\prime}(t_j) = 0,\quad i = 1,...,N,\ j = 0,...,N+1\,,$$
$$\psi_h^{(k)} \in S_h^{(3)}\ :\quad \psi_h^{(k)}(t_l) = 0\,,\quad \psi_h^{(k)\prime}(t_l) = \delta_{kl},\quad k,l = 0,...,N+1\,,$$

d. h.: Jeder Gitterpunkt t_i ist *doppelter* Knoten. Mit analogen Argumenten wie für den stückweise linearen Ansatz erhält man nun die a-priori L^2-Fehlerabschätzung

$$\|e\| + h\|e'\| \le c\,h^4 \max_{k=0,1,2} \|f^{(k)}\|$$

sowie die Maximum-Abschätzung

$$\|e\|_\infty \le c\,h^4 \max_{k=0,1,2} \|f^{(k)}\|_\infty . \tag{11.2.29}$$

Wir bemerken, dass man auch einen größeren Ansatzraum von kubischen finiten Elementen $\bar{S}_h^{(3)} \subset C(I)$ auf der Basis der Lagrange-Interpolation definieren kann. Dazu wird jedes Polynomstück auf einem Intervall I_i durch Vorgabe der Funktionswerte in den Endpunkten t_{i-1}, t_i sowie in zwei (beliebigen) weiteren inneren Punkten $t_{i-2/3}, t_{i-1/3}$ festgelegt. Der so definierte Ansatzraum hat die Dimension $\dim \bar{S}_h^{(3)} = 3N + 2$ und ist eine echte Obermenge des Raumes $S_h^{(3)}$.

Das Beispiel der kubischen Splines zeigt, dass sich durch Hinzunahme von Ableitungsknoten, d. h. durch Erzwingen von höherer Regularität von S_h, die Konvergenzordnung des Ritzschen Verfahrens erhöhen lässt, ohne gleichzeitig die Anzahl der Freiheitsgrade wesentlich zu vergrößern. Dies wirkt sich natürlich nur dann aus, wenn die Lösung u der RWA (11.1.1) auch entsprechende Regularität besitzt. Diese Beobachtung lässt sich zu folgender Regel zusammenfassen: *Ist die zu approximierende Lösung von (11.1.1) glatt, so sind in der Methode der finiten Elemente die Polynomansätze hoher Ordnung und Regularität auf grobem Gitter günstiger als solche niedriger Ordnung und Regularität auf feinem Gitter.*

11.2.3 Der transport-dominante Fall

Wir betrachten jetzt wieder das allgemeine Sturm-Liouville-Problem mit nicht verschwindendem Transportterm, d. h. $q \not\equiv 0$. Insbesondere sind wir wieder an folgendem *singulär gestörten* Modellfall interessiert:

$$Lu := -\epsilon u'' + u' + u = f, \quad t \in I = [0,1], \tag{11.2.30}$$

für $\epsilon \ll 1$, mit den üblichen Randbedingungen $u(0) = 0$, $u(1) = 0$. Im Modellfall $f \equiv 1$ ist die Grenzlösung für $\epsilon = 0$ gerade $u^0(t) = e^{-t}$, so dass die Randbedingung $u(1) = 0$ bei $t = 1$ wieder ein Grenzschichtverhalten bedingt. Für Gitterweiten $h > \epsilon$ weist dann die normale Finite-Elemente-Lösung analog wie die entsprechende Finite-Differenzen-Lösung ein unphysikalisches, oszillatorisches Verhalten auf. Zur Unterdrückung dieser Oszillationen kann bei der FEM mit einer verfeinerten Variante der Methode der künstlichen Diffusion gearbeitet werden, der sog. *Stromliniendiffusion.* Zu diesem Zweck ergänzen wir die normale variationelle Formulierung des Problems um transport-orientierte Dämpfungsterme wie folgt:

$$\epsilon(u', \varphi') + (u' + u, \varphi + \delta\varphi') = (f, \varphi + \delta\varphi'), \quad \varphi \in V, \tag{11.2.31}$$

mit einer Parameterfunktion δ, die noch geeignet an die Gitterweite h gekoppelt wird. Die resultierende Bilinearform

$$a_\delta(u,v) := \epsilon(u',v') + (u'+u, v+\delta v')$$

ist dann bzgl. der modifizierten Energie-Norm

$$\|v\|_\delta := \left(\epsilon\|v'\|^2 + \|\delta^{1/2}v'\|^2 + \|v\|^2\right)^{1/2}$$

koerzitiv gemäß

$$a_\delta(v,v) \geq \|v\|_\delta^2, \quad v \in V. \tag{11.2.32}$$

Zum Nachweis dieser Beziehung nutzt man die Identität

$$(v',v) = \tfrac{1}{2}((v^2)',1) = 0\,.$$

Es sei betont, dass der Parameter $\delta = \delta(t)$ i. Allg. eine Funktion von t ist (stückweise konstant auf der Zerlegung $0 = t_0 < ... < t_{N+1} = 1$) und folglich innerhalb der Norm $\|\delta^{1/2}v'\|_I$ stehen muss. Analog verwenden wir im Folgenden auch das Symbol $h = h(t)$ für eine stückweise konstante Gitterweitenfunktion mit $h_{|I_n} \equiv h_n$ $(n = 1, m..., N+1)$. Das zugehörige Finite-Elemente-Verfahren (mit linearen Ansatzfunktionen) lautet nun

$$u_h \in S_h^{(1)}: \quad a_\delta(u_h,\varphi_h) = l_\delta(\varphi_h) \quad \forall \varphi_h \in S_h^{(1)}, \tag{11.2.33}$$

mit dem modifizierten Lastfunktional

$$l_\delta(v) := (f, v+\delta v').$$

Durch Kombination der Variationsgleichungen für u und u_h erhalten wir die folgende gestörte Orthogonalitätsbeziehung für den Fehler $e = u - u_h$:

$$a_\delta(e,\varphi_h) = (u'+u-f, \delta\varphi_h') = \epsilon(u'', \delta\varphi_h')\,. \tag{11.2.34}$$

Für die Finite-Elemente-Diskretisierung mit Stromliniendiffusion (kurz „SDFEM“) hat man dann das folgende Resultat:

Satz 11.3 (Konvergenzsatz für SDFEM): *Es sei $\epsilon \leq h_{min}$, und der Stabilisierungsparameter in der Stromliniendiffusion sei auf jedem Teilinterval I_n wie $\delta_n = h_n$ gewählt. Dann gilt für den Fehler $e = u - u_h$ bzgl. der modifizierten Energienorm die a priori Abschätzung*

$$\|e\|_\delta \leq c\,\|h^{3/2}u''\|\,, \tag{11.2.35}$$

mit einer von h (und δ) unabhängigen Konstante c.

Beweis: Mit Hilfe der Koerzitivitätsungleichung (11.2.32) und der Orthogonalitätsrelation (11.2.34) erhalten wir mit beliebigem $\varphi_h \in S_h^{(1)}$:

$$\|e\|_\delta^2 \le a_\delta(e, u - \varphi_h) + \epsilon(u'', \delta(\varphi_h - u_h)') \,. \tag{11.2.36}$$

Der erste Term rechts wird weiter abgeschätzt durch

$$\begin{aligned}|a_\delta(e, u - \varphi_h)| &\le \epsilon|(e', (u - \varphi_h)')| + |(e' + e, u - \varphi_h + \delta(u - \varphi_h)')| \\ &\le \epsilon\|e'\| \, \|(u - \varphi_h)'\| + \{\|e'\| + \|e\|\} \, \|u - \varphi_h\| \\ &\quad + \big\{\|\delta^{1/2}e'\| + \|\delta^{1/2}e\|\big\} \, \|\delta^{1/2}(u - \varphi_h)'\| \,.\end{aligned}$$

Für die Wahl $\varphi_h = I_h u$ folgt mit Hilfe der lokalen Interpolationsabschätzungen (11.2.19) bei Beachtung von $\delta \equiv h \le 1$ und $\epsilon \le h_{min}$:

$$\begin{aligned}|a_\delta(e, u - I_h u)| &\le c\epsilon\|e'\| \, \|hu''\| + c\big\{\|\delta^{1/2}e'\| + \|e\|\big\} \, \|\delta^{-1/2}h^2u''\| \\ &\quad + c\big\{\|\delta^{1/2}e'\| + \|e\|\big\} \, \|\delta^{1/2}hu''\| \\ &\le \frac{1}{4}\|e\|_\delta^2 + c\,\|h^{3/2}u''\|^2 \,.\end{aligned}$$

Für den zweiten Term rechts in (11.2.36) folgt für $\varphi_h = I_h u$ mit analogen Argumenten

$$\begin{aligned}\epsilon|(u'', \delta(I_h u - u_h)')| &\le \epsilon\|\delta^{1/2}u''\| \, \big\{\|\delta^{1/2}(I_h u - u)'\| + \|\delta^{1/2}e'\|\big\} \\ &\le \frac{1}{4}\|e\|_\delta^2 + c\,\|h^{3/2}u''\|^2 \,.\end{aligned}$$

Kombination der bisher gezeigten Abschätzungen ergibt das gewünschte Resultat. Q.E.D.

Die Fehlerabschätzung (11.2.35) besagt insbesondere, dass im Fall einer glatten Lösung u (ohne Grenzschicht), oder wenn die Gitterweite in der Grenzschicht hinreichend klein gewählt wird, das Verfahren bzgl. der L^2-Norm mit der Ordnung $\|e\| = O(h^{3/2})$ konvergiert. Damit ist das einfachste Finite-Elemente-Verfahren mit Stromliniendiffusion im transport-dominanten Fall von höherer Ordnung als das durch *Upwinding* stabilisierte Differenzenverfahren. Allerdings muss bemerkt werden, dass die zugehörige Systemmatrix A_h^δ zwar definit ist, aber keine M-Matrix-Eigenschaft hat; insbesondere liegt in der Regel keine Diagonaldominanz vor.

11.2.4 A posteriori Fehleranalyse

Zum Abschluß wollen wir noch kurz die a posteriori Fehleranalyse bei FE-Diskretisierungen diskutieren. Wir beschränken uns dabei auf den linearen Ansatz $S_h^{(1)}$ und auf Fehlerkontrolle in der Energie- und der L^2-Norm. Die Herleitung von a posteriori Fehlerabschätzungen bedient sich wieder eines Dualitätsarguments und der Galerkin-Orthogonalität.

Sei $J(\cdot)$ irgend ein lineares Funktional, welches auf dem Raum V definiert ist und $z \in V$ die zugehörige Lösung des *dualen Problems*

$$a(\varphi, z) = J(\varphi) \quad \forall \varphi \in V \,. \tag{11.2.37}$$

Für $\varphi = e$ gilt mit einem beliebigen $z_h \in S_h^{(1)}$:

$$a(e,z) = a(e, z - z_h) = (f, z - z_h) - a(u_h, z - z_h)\,,$$

und nach partieller Integration

$$a(e,z) = \sum_{i=1}^{N} \Big\{ \int_{I_i} (f - Lu_h)(t)(z - z_h)(t)\, dt - pu_h(z - z_h)|_{t_{i-1}}^{t_i} \Big\}.$$

Bei Wahl von $z_h = I_h z$ verschwinden die Randterme und es folgt

$$\begin{aligned} |a(e,z)| &\le \sum_{i=1}^{N} (f - Lu_h, z - I_h z)_{I_i} \\ &\le \Big(\sum_{i=1}^{N} h_i^{2k} \|f - Lu_h\|_{I_i}^2 \Big)^{1/2} \Big(\sum_{i=1}^{N} h_i^{-2k} \|z - I_h z\|_{I_i}^2 \Big)^{1/2}, \end{aligned}$$

für irgend ein $k \in \mathbb{N}$. Mit Hilfe der Interpolationsabschätzung

$$\|z - I_h z\|_{I_i} \le C_i\, h_i^k \|z^{(k)}\|_{I_i}, \quad k = 1, 2,$$

mit einer „Interpolationskonstante“ C_i erhalten wir dann

$$\frac{|a(e,z)|}{\|z^{(k)}\|_I} \le C_i \Big(\sum_{i=1}^{N} h_i^{2k} \|f - Lu_h\|_{I_i}^2 \Big)^{1/2}, \quad k = 1, 2. \tag{11.2.38}$$

Zur Herleitung einer a posteriori Fehlerabschätzung in der Energienorm wählen wir nun

$$J(\varphi) := a(e,e)^{-1/2}\, a(\varphi, e)\,.$$

Die Lösung des dualen Problems (11.2.37) ist dann offensichtlich gerade der normierte Fehler selbst, d. h.: $z = a(e,e)^{-1/2} e$, und es gilt

$$\|z'\|_I \le C_s a(z,z)^{1/2} = C_s\,.$$

Die Ungleichung (11.2.38) ergibt damit bei der Wahl $k = 1$:

$$a(e,e)^{1/2} \le C_s C_i \Big(\sum_{i=1}^{N} h_i^2 \|f - Lu_h\|_{I_i}^2 \Big)^{1/2}. \tag{11.2.39}$$

Zur Gewinnung einer a posteriori Fehlerabschätzung in der L^2-Norm setzen wir

$$J(\varphi) := \|e\|_I^{-1}\, (\varphi, e)\,.$$

Die Lösung z des dualen Problems (11.2.37) ist dann in $C^2(I)$ und genügt der a priori Abschätzung

$$\|z''\|_I \le C_s\,,$$

mit einer „Stabilitätskonstante“ C_s. Die Ungleichung (11.2.38) ergibt damit mit der Wahl $k=2$ die gewünschte L^2-Abschätzung:

$$\|e\|_I \leq C_s C_i \Big(\sum_{i=1}^N h_i^4 \|f - Lu_h\|_{I_i}^2 \Big)^{1/2}. \qquad (11.2.40)$$

Auf der Basis dieser a posteriori Fehlerabschätzungen lassen sich nun wieder Strategien zur adaptiven Steuerung des Diskretisierungsgitters und Fehlerkontrolle angeben. Dies erfolgt in Anlehnung an die Vorgehensweise beim Galerkin-Verfahren für AWA und sei als Übung gestellt.

11.3 Übungsaufgaben (zur Überprüfung des Kenntnisstandes)

Aufgabe 11.1: Man gebe möglichst kurze Antworten auf die folgenden Fragen:

1. Was ist der wesentliche Unterschied in den Aussagen der Existenzsätze von Peano und Picard-Lindelöf?
2. Wie lautet die Lösung der AWA $u'(t) = u(t)^2,\ t \geq 0,\ u(0) = 1$?
3. Was besagt der „Fortsetzungssatz“ für lokale Lösungen von AWA?
4. Sind Lösungen linearer AWAn mit stetigen Koeffizienten eindeutig?
5. Was ist der Abschneidefehler einer Einschrittmethode?
6. Wann nennt man eine AWA $u'(t) = f(t, u(t)),\ t \geq 0,\ u(0) = u_0$, „steif“?
7. Unter welchen Bedingungen konvergiert eine lineare Mehrschrittmethode?
8. Was ist das Stabilitätspolynom einer linearen Mehrschrittmethode?
9. Welche Ordnungen haben die Mittelpunktsregel und die Trapezregel?
10. Warum sind die Mittelpunkts- und die Simpson-Methode unbrauchbar als eigenständige Lösungsmethoden?
11. Warum verwendet man zur Integration nicht-steifer AWA mit Hilfe der Extrapolation als Basisformel die Mittelpunktsregel?
12. Was bedeutet „Extrapolation zur Schrittweite $h = 0$“?
13. Warum sollte beim Extrapolationsverfahren die Schrittweitenfolge $h_i = h/i$ $(i \in \mathbb{N})$ nicht verwendet werden?
14. Was bedeutet für eine Differenzenformel „A-stabil“ bzw. „A(α)-stabil“?
15. Was ist der Vorteil der Mehrfachschieß- gegenüber der Einfachschießmethode?

16. Woran sieht man, ob eine DAE den Index eins hat?
17. Was ist die „Fundamentalmatrix“ einer linearen RWA?
18. Was ist ein „reguläres“ Sturm-Liouville-Problem?
19. Was sind „Dirichletsche Randbedingungen“ beim Sturm-Liouville-Problem?
20. Wie sieht die „Trapezregel“ zur Diskretisierung einer linearen RWA 1. Ordnung aus?

Aufgabe 11.2: Eine der leistungsfähigsten Methoden zur Lösung von AWA basiert auf dem Prinzip der Extrapolation zum Limes. Man skizziere die Vorgehensweise des Graggschen Extrapolationsverfahrens für eine nicht-steife AWA.

Aufgabe 11.3: Eins der Hauptprobleme bei der Realisierung von Lösungsverfahren für AWA ist die geeignete Wahl der Schrittweiten h_n. Man skizziere die Vorgehensweise zur adaptiven Schrittweitenwahl bei expliziten Einschrittverfahren

$$y_n = y_{n-1} + h_n F(h_n; t_n, y_{n-1})$$

basierend auf dem Abschneidefehler.

Aufgabe 11.4: a) Wann wird eine allgemeine AWA

$$u'(t) = f(t, u(t), \quad t \geq t_0, \quad u(t_0) = u_0,$$

„steif“ genannt.?

b) Wann wird eine LMM „A-stabl“ bzw. „A(0)-stabil“ genannt? Was bedeutet dies für die Schrittweitenwahl bei der Integration steifer AWAn?

c) Man betrachte die lineare, 2-dimensionale AWA

$$u'(t) = Au(t), \quad t \geq t_0, \quad u(t_0) = u_0,$$

mit einer (diagonalisierbaren) Matrix $A \in \mathbb{R}^{2\times 2}$ mit den Eigenwerten $\lambda_1 = -1$ und $\lambda_2 = -399$. Unter welcher Schrittweitenbedingung wird dieses System von (i) der expliziten Polygonzugmethode und (ii) der impliziten Trapezregel stabil integriert?

Aufgabe 11.5: Man skizziere die Vorgehensweise beim einfachen Schießverfahren zur Lösung einer allgemeinen nichtlinearen RWA

$$u'(t) = f(t, u(t)), \quad t \in [a, b], \quad r(u(a), u(b)) = 0.$$

Aufgabe 11.6 (Praktische Aufgabe zum Abschluss): Der Mathematiker und Meteorologe E.N. Lorenz hat 1963 das folgende System von gewöhnlichen Differentialgleichungen angegeben, um die Unmöglichkeit einer Langzeitwettervorhersage zu illustrieren:

$$\begin{aligned} x'(t) &= -\sigma x(t) + \sigma y(t), \\ y'(t) &= rx(t) - y(t) - x(t)z(t), \\ z'(t) &= x(t)y(t) - bz(t), \end{aligned} \tag{11.3.41}$$

mit den Anfangswerten $x_0 = 1$, $y_0 = 0$, $z_0 = 0$. Tatsächlich hat er dieses System durch mehrere stark vereinfachende Annahmen aus den Grundgleichungen der Strömungsmechanik, den sog. Navier-Stokes-Gleichungen, welche u. a. auch die Luftströmungen in der Erdatmosphäre beschreiben, abgeleitet. Für die Parameterwerte

$$\sigma = 10, \quad b = 8/3, \quad r = 28,$$

ist dieses sog. „Lorenz-System" nicht steif und besitzt eine eindeutige Lösung, die aber extrem sensitiv gegenüber Störungen der Anfangsdaten ist. Kleine Störungen in diesen werden z. B. über das verhältnismäßig kurze Zeitintervall $I = [0, 25]$ bereits mit einem Faktor $\approx 10^8$ verstärkt. Die zuverlässige numerische Lösung dieses Problems für Zeiten $t > 25$ erschien daher seinerzeit praktisch unmöglich und stellt auch heute noch ein hartes Problem dar.

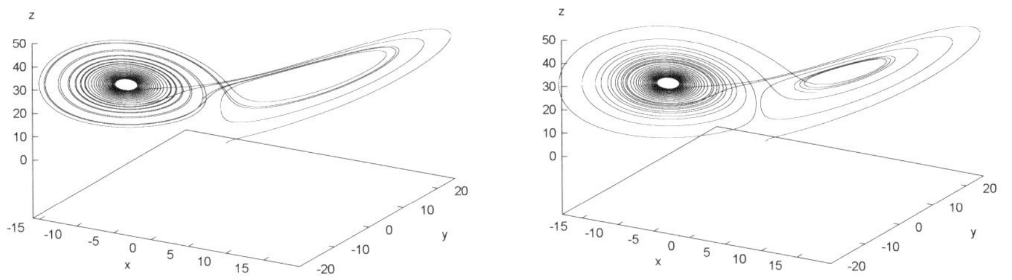

Abbildung 11.3: Numerisch berechnete Lösungstrajektorien für das Lorenz-System; links: korrektes Ergebnis; rechts: falsches Ergebnis

Im Phasenbild sind zwei Approximationen der Lösungstrajektorie über das Zeitintervall $I = [0, 25]$ dargestellt, wie sie mit verschiedenen Verfahren berechnet worden sind. Das linke Ergebnis ist das korrekte. Man erkennt zwei Zentren im $\mathbb{R}^3$, um welche der Lösungspunkt $(x(t), y(t), z(t))$ mit fortlaufender Zeit kreist, wobei gelegentlich ein Wechsel von dem einen Orbit in den anderen erfolgt. Die genaue numerische Erfassung dieser Umschläge ist äußerst schwierig.

Aufgabe: Man versuche mit Verfahren eigener Wahl, das Lorenz-Problem über ein möglichst großes Zeitintervall zu lösen. Dabei kann mit konstanter Schrittweite gerechnet werden. Zur Ergebnisauswertung können neben dem Phasenbild im $\mathbb{R}^3$ auch einfache Diagramme der zeitlichen Entwicklung der einzelnen Komponenten $x(t)$, $y(t)$ und $z(t)$ dienen. Man verwende zur Verlässlichkeitskontrolle auf jeden Fall mehr als ein Verfahren und mehr als eine Schrittweite.

12 Ausblick auf partielle Differentialgleichungen

12.1 Transportgleichung (hyperbolisches Problem)

Instationäre Transportvorgänge führen auf lineare partielle Differentialgleichungen erster Ordnung der Form

$$\partial_t u + c\partial_x u = 0\,. \tag{12.1.1}$$

Dabei ist $u = u(x,t)$ im einfachsten Fall eine skalare Funktion von Ort und Zeit, welche z. B. die Fortpflanzung einer Störung (Welle) entlang der x-Achse mit Fortpflanzungsgeschwindigkeit c beschreibt. Ein Anwendungsbeispiel ist etwa die Beschreibung von Wellenbewegungen auf der Wasseroberfläche. Die partiellen Ableitungen nach x sowie t werden im Folgenden abgekürzt als $\partial_t u := \partial u/\partial t$, $\partial_x u := \partial u/\partial x$ geschrieben. Analoge Bezeichnungen werden auch für höhere Ableitungen verwendet. Die allgemeine Lösung dieser Transportgleichung hat die Form

$$u(x,t) = \varphi(x - ct)$$

mit einer Funktion $\varphi(\cdot)$, welche zum Zeitpunkt $t = 0$ die Anfangsverteilung $u^0(x) = \varphi(x)$ beschreibt. In konkreten Anwendungen treten Modelle dieser Art in der Regel als nichtlineare (skalare) „Erhaltungsgleichungen",

$$\partial_t u + \partial_x f(u) = 0\,, \tag{12.1.2}$$

mit konvexen Funktionen $f(\cdot)$ (z. B.: $f(u) = \frac{1}{2}u^2$), sowie als Systeme der Gestalt

$$\partial_t u - c\partial_x v = 0\,, \quad \partial_t v - c\partial_x u = 0\,,$$

auf. Kombination dieser Gleichungen erster Ordnung führt auf eine skalare Gleichung zweiter Ordnung,

$$\partial_t^2 \psi - c^2\partial_x^2 \psi = 0\,, \tag{12.1.3}$$

der sog. „Wellengleichung" für eine Funktion $\psi = \psi(x,t)$ mit $u = \partial_t\psi$, $v = \partial_x\psi$. Dies ist der Prototyp einer sog. „hyperbolischen" Differentialgleichung. Bei einem (linearen) Transportproblem ist die Lösung offenbar durch Vorgabe von *Anfangswerten* zum Zeitpunkt $t = 0$ eindeutig festgelegt. Diese Werte werden entlang der sog. „Charakteristiken" in der (x,t)-Ebene, $\{(x,t)|\, x - ct = \mathit{konst.}\}$, fortgepflanzt.

Wir unterscheiden die folgenden beiden Problemstellungen:

i) Anfangswertaufgabe (sog. „Cauchy-Problem"):

$$u(x,0) = u^0(x)\,,\ -\infty < x < \infty;$$

ii) Anfangs-Randwertaufgabe:

$$u(x,0) = u^0(x)\,,\ 0 \le x < \infty, \quad u(0,t) = u^1(t)\,,\ 0 \le t < \infty\,.$$

12.1.1 Differenzenverfahren

Wir überdecken die (x,t)-Ebene mit einem äquidistanten Punktgitter mit den Gitterweiten h in x-Richtung und k in t-Richtung. In den Gitterpunkten mit den Koordinaten $x_n := nh$ und $t_m := mk$ werden Näherungen $U_n^m \approx u_n^m := u(x_n, t_m)$ als Lösungen von Differenzengleichungen gesucht.

Zur Diskretisierung des reinen Anfangswertproblems kommen nur *explizite* Differenzenformeln in Frage.

i) Differenzenapproximation erster Ordnung:

$$\frac{1}{k}(U_n^m - U_n^{m-1}) + \frac{c}{h}(U_n^{m-1} - U_{n-1}^{m-1}) = 0\,, \tag{12.1.4}$$

mit Anfangswerten $U_n^0 := u^0(x_n)$. Der Abschneidefehler dieses Differenzenschemas hat für eine glatte Lösung (genauer: $u \in C^2(\mathbb{R}^n)$) die Ordnung

$$\tau_n^m := \frac{1}{k}(u_n^m - u_n^{m-1}) + \frac{c}{h}(u_n^{m-1} - u_{n-1}^{m-1}) = O(h+k)\,.$$

Zur Untersuchung der Stabilität dieses Schemas schreiben wir es in der Form

$$U_n^m = (1-c\sigma)U_n^{m-1} + c\sigma U_{n-1}^{m-1}\,, \quad \sigma := \frac{k}{h}\,.$$

Genau unter der Bedingung $1 - c\sigma \geq 0$ gilt dann

$$\max_n |U_n^m| \leq \max_n |U_n^{m-1}| \leq \ldots \leq \max_n |U_n^0|\,, \tag{12.1.5}$$

d. h. ist das Verfahren stabil in der Maximumnorm. Die Bedingung für Stabilität lautet ausgeschrieben

$$k \leq c^{-1}h \tag{12.1.6}$$

und wird „Courant-Friedrich-Lewy-Bedingung“ oder auch kurz „CFL-Bedingung“ genannt. Sie ist typisch für explizite Differenzenverfahren speziell bei Transportproblemen bzw. allgemein bei hyperbolischen (und auch bei parabolischen) partiellen Differentialgleichungen. Die CFL-Bedingung bedeutet, dass der Informationsfluss im Differenzenschema, d. h. die Ausbreitungsgeschwindigkeit von Störungen auf dem Rechengitter, nicht schneller sein darf als diejenige im kontinuierlichen Problem.

Mit Hilfe der Stabilitätsaussage (12.1.5) lässt sich nun wieder das schon bekannte Argumentationsschema „Konsistenz + Stabilität $\Rightarrow$ Konvergenz“ realisieren. Die Fehlerfunktion $e_n^m := u_n^m - U_n^m$ genügt der Differenzengleichung

$$e_n^m = (1-c\sigma)e_n^{m-1} + c\sigma e_{n-1}^{m-1} + k\tau_n^m\,.$$

Unter Annahme des Erfülltseins der CFL-Bedingung folgt dann durch Rekursion über $\mu = m, \ldots, 1$:

$$\max_n |e_n^m| \leq \max_n |e_n^0| + k\sum_{\mu=1}^{n} |\tau_n^\mu|\,.$$

Aus dieser Beziehung entnehmen wir die folgende a priori Fehlerabschätzung für das obige einfache Differenzenverfahren:

$$\max_n |e_n^m| \le c(u)t_n\{h+k\}\,, \tag{12.1.7}$$

mit einer Konstante $c(u) \approx \max_{\mathbb{R}^2}\{|\partial_x^2 u|+|\partial_t^2 u|\}$. Man beachte das lineare Anwachsen der Fehlerkonstante mit der Zeit, was eine charakteristische (und unvermeidbare) Eigenschaft von Diskretisierungen von reinen Transportgleichungen ist.

ii) Lax-Wendroff-Schema: Das bisher betrachtete Differenzenschema ist nur von erster Ordnung genau und damit praktisch uninteressant. Eine Verbesserung erhält man durch Umformungen im Abschneidefehler,

$$\frac{1}{k}(u_n^m - u_n^{m-1}) = (\partial_t u)_n^m + \frac{k}{2}(\partial_t^2 u)_n^m + O(k^2)\,,$$

und nachfolgender Ausnutzung der Beziehungen $\partial_t u = -c\partial_x u$ und $\partial_t^2 u = c^2\partial_x^2 u$,

$$\frac{1}{k}(u_n^m - u_n^{m-1}) = c(\partial_x u)_n^m + \frac{k}{2}c^2(\partial_x^2 u)_n^m + O(k^2)\,.$$

Die Ortsableitungen werden nun durch zentrale Differenzenquotienten zweiter Ordnung diskretisiert:

$$\frac{1}{k}(u_n^m - u_n^{m-1}) = \frac{c}{2h}(u_{n+1}^m - u_{n-1}^m) + \frac{kc^2}{2h^2}(u_{n+1}^m - 2u_n^m + u_{n-1}^m) + O(h^2+k^2)\,.$$

Diese Umformung setzt voraus, dass die Lösung beschränkte dritte Ableitungen in Ort und Zeit besitzt. Das so abgeleitete Differenzenschema (sog. „Lax-Wendroff-Schema“)

$$\frac{1}{k}(U_n^m - U_n^{m-1}) - \frac{c}{2h}(U_{n+1}^m - U_{n-1}^m) - \frac{kc^2}{2h^2}(U_{n+1}^m - 2U_n^m + U_{n-1}^m) = 0 \tag{12.1.8}$$

hat dann konstruktionsgemäß einen Abschneidefehler der Ordnung

$$\tau_n^m = O(h^2+k^2)\,.$$

Umschreiben von (12.1.8) ergibt

$$U_n^m = (1-c^2\sigma^2)U_n^{m-1} - \tfrac{1}{2}c\sigma(1-c\sigma)U_{n+1}^{m-1} + \tfrac{1}{2}c\sigma(1+c\sigma)U_{n-1}^{m-1}\,,$$

wieder mit der Abkürzung $\sigma := k/h$. Die Stabilität dieses Verfahrens lässt sich leider nicht mehr mit einem so einfachen Argument wie eben erschließen. Stattdessen bedient man sich einer Technik der Fourier-Analyse, die auf J. von Neumann zurückgeht. Diese liefert dann Stabilität im L^2-Sinne. Die Lösung der Differenzengleichung erlaubt zu jedem Zeitpunkt t_m auf dem äquidistanten Ortsgitter $\{x_n | n = 0, \pm 1, \pm 2, ...\}$ eine *diskrete* Fourier-Entwicklung der Form

$$U_n^m = \sum_{\nu=0}^{\pm\infty} A_\nu e^{a_\nu t_m} e^{i\nu x_n}\,,$$

mit Koeffizienten $a_\nu \in \mathbb{C}$, welche über die Differenzengleichung (12.1.8) bestimmt sind. Die Koeffizienten $A_\nu \in \mathbb{C}$ sind gerade die Fourier-Koeffizienten der Anfangswerte

$$U_n^0 = \sum_{\nu=0}^{\pm\infty} A_\nu e^{i\nu x_n},$$

für die angenommen wird, dass

$$\|U_h^0\|_h^2 := \sum_{\nu=0}^{\pm\infty} |A_\nu|^2 < \infty.$$

Hier steht allgemein $U_h^m = (U_n^m)_n$ für den (unendlichen) Vektor der Gitterwerte zum Zeitpunkt t_m. Da die Differenzengleichung linear ist, werden durch sie die einzelnen Summanden dieser Entwicklung separat von einem Zeitpunkt zum nächsten fortgepflanzt (mit der Setzung $r := c\sigma$),

$$e^{a_\nu t_m} e^{i\nu x_n} = (1-r^2) e^{a_\nu t_{m-1}} e^{i\nu x_n} - \tfrac{1}{2} r(1-r) e^{a_\nu t_{m-1}} e^{i\nu x_{n+1}} + \tfrac{1}{2} r(1+r) e^{a_\nu t_{m-1}} e^{i\nu x_{n-1}},$$

bzw. nach Kürzen von $e^{a_\nu t_{m-1}} e^{i\nu x_n}$,

$$\omega_\nu := e^{a_\nu k} = (1-r^2) - \tfrac{1}{2} r(1-r) e^{i\nu h} + \tfrac{1}{2} r(1+r) e^{-i\nu h}.$$

Unter Beachtung der Beziehungen $\cos 2x = \cos^2 x - \sin^2 x$ und $\sin^2 x + \cos^2 x = 1$ folgt

$$\begin{aligned} \omega_\nu &= (1-r^2) + \tfrac{1}{2} r^2 (\underbrace{e^{i\nu h} + e^{-i\nu h}}_{2\cos \nu h}) - \tfrac{1}{2} r (\underbrace{e^{i\nu h} - e^{-i\nu h}}_{2i \sin \nu h}) \\ &= \{1 - 2r^2 \sin^2(\tfrac{1}{2}\nu h)\} - i\{r \sin(\nu h)\}. \end{aligned}$$

Also ist

$$\begin{aligned} |\omega_\nu|^2 &= 1 - 4r^2 \sin^2(\tfrac{1}{2}\nu h) + 4r^4 \sin^4(\tfrac{1}{2}\nu h) + r^2 \sin^2(\nu h) \\ &= 1 - 4r^2 \sin^2(\tfrac{1}{2}\nu h) + 4r^4 \sin^4(\tfrac{1}{2}\nu h) + 4r^2\{\sin^2(\tfrac{1}{2}\nu h) - \sin^4(\tfrac{1}{2}\nu h)\} \\ &= 1 - 4r^2(1-r^2) \sin^4(\tfrac{1}{2}\nu h). \end{aligned}$$

Für $r = c\sigma \le 1$, d. h. unter der CFL-Bedingung, gilt also $|\omega_\nu| \le 1$ und damit

$$\|U_h^m\|_h^2 \le \sum_{\nu=0}^{\pm\infty} |A_\nu|^2 |e^{\alpha t_{m-1}}|^2 = \|U_h^{m-1}\|_h^2 \le \ldots \le \sum_{\nu=0}^{\pm\infty} |A_\nu|^2 = \|U_h^0\|_h^2.$$

Das Lax-Wendroff-Schema ist dann also L^2-stabil. Mit Hilfe einer Erweiterung dieses Arguments kann man damit noch das asymptotische Konvergenzverhalten $O(h^2 + k^2)$ bzgl. der diskreten L^2-Norm zeigen.

iii) Leap-Frog-Schema: Das folgende Differenzenschema

$$\frac{1}{2k}(U_n^m - U_n^{m-2}) + \frac{c}{2h}(U_{n+1}^{m-1} - U_{n-1}^{m-1}) = 0 \qquad (12.1.9)$$

wird aus geometrischen Gründen „Leap-Frog-Schema“ genannt. Es hat ebenfalls die Konsistenzordnung $O(h^2 + k^2)$. Ausgehend von der Darstellung

$$U_n^m = U_n^{m-2} - c\sigma U_{n+1}^{m-1} + c\sigma U_{n-1}^{m-1}$$

erhält man mit dem Fourier-Ansatz die Beziehung

$$e^{a_\nu t_m} e^{i\nu x_n} = e^{a_\nu t_{m-2}} e^{i\nu x_n} - c\sigma e^{a_\nu t_{m-1}} e^{i\nu x_{n+1}} + c\sigma e^{a_\nu t_{m-1}} e^{i\nu x_{n-1}}$$

bzw. mit den Abkürzungen von eben:

$$\omega_\nu = \omega_\nu^{-1} - r(e^{i\nu h} - e^{-i\nu h}) = \omega_\nu^{-1} - 2ir\sin(\nu h)\,.$$

Es ergibt sich die quadratische Gleichung $\omega_\nu^2 + 2ir\sin(\nu h)\omega_\nu - 1 = 0$ mit den Wurzeln

$$\omega_\nu = -ir\sin(\nu h) \pm \sqrt{1 - r^2\sin^2(\nu h)}\,.$$

Unter der CFL-Bedingung $r \le 1$ gilt dann wieder $|\omega_\nu| \le 1$.

Zur Diskretisierung des Anfangs-Randwertproblems können auch *implizite* Differenzenformeln verwendet werden, um sich von der lästigen CFL-Bedingung an die Schrittweiten zu befreien.

i) Differenzenapproximation erster Ordnung:

$$\frac{1}{k}(U_n^m - U_n^{m-1}) + \frac{c}{h}(U_n^m - U_{n-1}^m) = 0\,, \tag{12.1.10}$$

mit Anfangswerten $U_n^0 := u^0(x_n)$, $U_0^m = u^1(t_m)$. Der Abschneidefehler dieses Differenzenschemas ist wieder von erster Ordnung in h und k,

$$\tau_n^m = O(h + k)\,.$$

Bei Verwendung der Randbedingungen $U_0^m = u^1(t_m)$ lassen sich alle Werte U_n^m aus der Differenzenformel sukzessiv (d. h. explizit) berechnen. Zur Untersuchung der Stabilität schreiben wir das Schema wieder in der Form

$$(1 + c\sigma)U_n^m = c\sigma U_{n-1}^m + U_n^{m-1}\,.$$

Sei $M := \sup_{n\ge 0}|U_n^0|$. Unter der Annahme $|U_\nu^\mu| \le M$ für $0 \le \nu \le n-1$, $0 \le \mu \le m$ sowie für $0 \le \nu \le n$, $0 \le \mu \le m-1$ ist dann auch $|U_n^m| \le M$, und durch Induktion nach n folgt:

$$\sup_{n\ge 0}|U_n^m| \le \max\{\sup_{n\ge 0}|U_n^0|, \sup_{m\ge 0}|U_0^m|\}\,,$$

d. h. die Stabilität des Schemas ohne jede Schrittweitenrestriktion („unbedingte“ Stabilität).

ii) Wendroff-Schema: Ein implizites Differenzenschema *zweiter* Ordnung ist das sog. „Wendroff-Schema“

$$U_n^m = U_{n-1}^{m-1} + \frac{1 - c\sigma}{1 + c\sigma}(U_n^{m-1} - U_{n-1}^m)\,. \tag{12.1.11}$$

Auch dieses Verfahren ist unbedingt stabil.

12.1.2 Finite-Elemente-Galerkin-Verfahren

Die bisher betrachteten Differenzenapproximationen von Transportproblemen haben den Nachteil, dass sie nur auf sog. „Tensorprodukt-Gittern" der (x,t)-Ebene definiert sind und somit eine dynamische Anpassung an lokale Lösungsstrukturen (z. B. wandernde Fronten) nur schwer möglich ist. Weiter gibt es für diese Verfahren keinen fundierten Ansatz zur a posteriori Fehlerschätzung und adaptiven Gittersteuerung. Diese Nachteile können durch Galerkin-Verfahren im Orts-Zeit-Raum mit Finite-Elemente-Ansatzfunktionen behoben werden. Dabei erhöht sich aber i. Allg. durch die globalere Kopplung der Unbekannten gegenüber den einfachen, expliziten Differenzenverfahren der rechnerische Aufwand. Wir beschreiben im Folgenden, wie die Idee des „unstetigen Galerkin-Verfahrens" (hier speziell dG(0)-Verfahren) zur Lösung von Anfangswertaufgaben gewöhnlicher Differentialgleichungen auf Transportprobleme in höheren Dimensionen übertragen werden kann.

Wir schreiben die Transportgleichung (12.1.1) in etwas allgemeinerer Notation als (stationäre) Transportgleichung in der (x_1,x_2)-Ebene

$$b\cdot\nabla u(x) = 0\,, \qquad x := (x_1,x_2)^T \in Q\,, \tag{12.1.12}$$

auf einem Quadrat $Q := \{x\in\mathbb{R}^2|\ 0\le x_i\le 1\,(i=1,2)\}$, mit einem (festen) Richtungsvektor $b=(b_1,b_2)^T$ und dem Gradientenoperator $\nabla=(\partial_1,\partial_2)^T$. Die Transportgleichung (12.1.1) passt in diesen Rahmen mit $b=(1,c)^T$. Die Randbedingungen sind dann gestellt als sog. „Einströmrandbedingungen"

$$u = g \quad \text{auf} \quad \partial Q_- := \{x\in\partial Q|\ b\cdot n(x)<0\}\,, \tag{12.1.13}$$

mit einer gegebenen Randbelegungsfunktion $g(x)$ und dem nach außen gerichteten Normaleneinheitsvektor $n=(n_1,n_2)^T$ entlang des Randes ∂Q von Q. Der andere Teil des Randes $\partial Q_+ := \partial Q\setminus\partial Q_-$ wird sinngemäß als „Ausströmrand" bezeichnet.

Ausgangspunkt der Galerkin-Diskretisierung der Transportgleichung (12.1.12) ist wieder deren variationelle Formulierung. Zunächst wird das Lösungsgebiet Q zerlegt in Dreiecke (Zellen) K, wobei zwei Dreiecke dieser Triangulierung T_h jeweils nur eine ganze Seite oder einen Eckpunkt gemeinsam haben (d. h.: Die Triangulierung muss nicht *strukturiert* sein, aber sog. „hängende Knoten" sind hier nicht erlaubt). Die Gitterweite wird beschrieben durch die Parameter $h_K := \mathrm{diam}(K)$ sowie $h := \max_K h_K$. Für jede Zelle K definieren wir ihren Ein- sowie Ausströmrand durch

$$\partial K_- := \{x\in\partial K|\ b\cdot n(x)<0\}\,, \quad \partial K_+ := \partial K\setminus\partial K_-\,.$$

Bzgl. der Triangulierungen T_h führen wir Finite-Elemente-Ansatzräume bestehend aus stückweise konstanten Funktionen ein:

$$S_h^{(0)} := \{v_h : Q\to\mathbb{R}|\ v_{h|K}\in P_0(K),\ K\in T_h\}\,.$$

Die Funktionen in $S_h^{(0)}$ sind i. Allg. unstetig über die Zellkanten. Für einen Punkt $x\in\partial K$ führen wir die folgenden Bezeichnungen ein:

$$v^-(x) := \lim_{s\to+0} v(x-sb), \quad v^+(x) := \lim_{s\to+0} v(x+sb), \quad [v] := v^+ - v^-\,.$$

Die diskreten Probleme lauten dann

$$u_h \in S_h^{(0)}: \quad B(u_h, \varphi_h) = 0 \quad \forall \varphi_h \in S_h^{(0)}, \tag{12.1.14}$$

mit der (affin)-bilinearen Form

$$B(v,w) := \sum_{K\in T_h} \Big\{ \int_K b\cdot\nabla v\, w\, dx - \int_{\partial K_-} n\cdot b\, [v] w^+\, ds \Big\}.$$

Man beachte, dass hier die Einströmrandbedingung so in das Verfahren eingebaut ist, dass implizit $u_h^- = g$ auf ∂Q_- realisiert wird. Die exakte Lösung erfüllt offensichtlich ebenfalls die Galerkin-Gleichung (12.1.14), so dass wir für den Fehler $e = u - u_h$ wieder die folgende Orthogonalitätsbeziehung haben:

$$B(e, \varphi_h) = 0, \quad \varphi_h \in S_h^{(0)}. \tag{12.1.15}$$

Die Galerkin-Diskretisierung ist stabil bzgl. der natürlichen „Energienorm“

$$\|v\|_b := \Big(\tfrac{1}{2} \sum_{K\in T_h} \int_{\partial K_-} |n\cdot b|\, |[v]|^2\, ds + \tfrac{1}{2} \int_{\partial Q_+} |n\cdot b|\, |v^-|^2\, ds \Big)^{1/2}.$$

Darüberhinaus gilt für jede (z. B. bzgl. T_h) stückweise differenzierbare Funktion v:

$$B(v,v) = \|v\|_b^2 - \tfrac{1}{2} \int_{\partial Q_-} |n\cdot b|\, |v^-|^2\, ds,$$

was man leicht durch zellweise partielle Integration erschließt. Da für den betrachteten Sonderfall stückweise konstanter Ansatzfunktionen auf jeder Zelle $b\cdot\nabla v_h \equiv 0$ ist, reduziert sich (12.1.14) auf eine Beziehung für die Zellwerte $U_K := u_{h|K}$

$$U_K = \Big(\int_{\partial K_-} n\cdot b\, ds \Big)^{-1} \int_{\partial K_-} n\cdot b\, u_h^-\, ds, \quad K \in T_h. \tag{12.1.16}$$

Dieses lokal gekoppelte System von Gleichungen kann wieder (wie beim impliziten Differenzenverfahren) ausgehend vom Einströmrand sukzessiv aufgelöst werden. Diese Galerkin-Diskretisierung stellt eine Verallgemeinerung des einfachen Upwind-Differenzenverfahrens (1. Ordnung) auf kartesischen Tensorproduktgittern für allgemeine, unstrukturierte Triangulierungen dar. Hierfür gilt die folgende Konvergenzaussage:

Satz 12.1 (DG-Verfahren): *Besitzt die Lösung des Transportproblems (12.1.12) quadratintegrable erste Ableitungen, so gilt für die unstetige Galerkin-Methode (12.1.14) die a priori Fehlerabschätzung*

$$\|u - u_h\|_b \le c(u)\, h^{1/2}, \tag{12.1.17}$$

mit einer Konstanten

$$c(u) \approx \|\nabla u\|_Q := \Big(\int_Q |\nabla u|^2\, dx \Big)^{1/2}.$$

Beweis: Zu der Lösung u definieren wir eine zellweise Interpolierende $\bar{u}_h \in S_h^{(0)}$ durch die Setzung $\bar{u}_{h|K} := |K|^{-1} \int_K u\,dx$. Für diese gilt die wohl bekannte Fehlerabschätzung

$$\|u - \bar{u}_h\|_K + \Big(\int_{\partial K_-} |b \cdot n|\, |(u - \bar{u}_h)^+|^2\, ds \Big)^{1/2} \le c_i\, h_K \|\nabla u\|_K . \tag{12.1.18}$$

Mit Hilfe der Galerkin-Orthogonalität (12.1.15) und unter Beachtung von $u_h^- = g$ auf ∂Q_- erschließen wir für den Fehler $e := u - u_h$:

$$\|e\|_b^2 = B(e,e) = B(e, u - \bar{u}_h) .$$

Da auf jeder Zelle $b \cdot \nabla u_h \equiv 0$, folgt mit Hilfe der Cauchyschen Ungleichung

$$\|e\|_b^2 \le \|b \cdot \nabla u\|_Q \|u - \bar{u}_h\|_Q + A \cdot B ,$$

wobei

$$A := \Big(\sum_{K \in T_h} \int_{\partial K_-} |b \cdot n| [e]^2\, ds \Big)^{1/2}, \quad B := \Big(\sum_{K \in T_h} \int_{\partial K_-} |b \cdot n|\, |(u - \bar{u}_h)^+|^2\, ds \Big)^{1/2} .$$

Unter Beachtung von $A \le \|e\|_b$ und der Interpolationsabschätzung (12.1.18) ergibt sich hieraus die Behauptung. Q.E.D.

12.2 Wärmeleitungsgleichung (parabolisches Problem)

Wir betrachten die partielle Differentialgleichung

$$\partial_t u - a \partial_x^2 u = 0 \tag{12.2.19}$$

für Funktionen $u = u(x,t)$ mit Argumenten $x \in I := [0,1]$, $t \ge 0$. Diese Gleichung beschreibt z. B. die Ausbreitung von Temperatur in einem wärmeleitenden Draht (daher auch der Name „Wärmeleitungsgleichung"). Hierbei handelt es sich i. Allg. um ein Anfangs-Randwertproblem, d. h.: Es werden Anfangsbedingungen und Randbedingungen gestellt:

$$u(x,0) = u^0(x),\ x \in I, \quad u(0,t) = u(1,t) = 0,\ t \ge 0 .$$

Die Anfangswerte stammen z. B. von einer vorgegebenen Temperaturverteilung im Draht, etwa ein plötzlicher Temperaturimpuls zum Zeitpunkt $t = 0$, während die Dirichletschen Randwerte der Vorgabe eines (unendlich großen) Wärmereservoirs entsprechen, an das die Enden des Drahtes angeschlossen sind. Realitätsnähere Randbedingungen sind die der perfekten Wärmeisolation, welche durch die Beziehungen $\partial_x u(0,t) = \partial_x u(1,t) = 0$ (sog. „Neumannsche Randbedingungen") beschrieben sind. Der Einfachheit halber bleiben wir im Folgenden aber bei den Dirichletschen Randbedingungen. Die Wärmeleitungsgleichung ist der Prototyp einer „parabolischen" Differentialgleichungen. Bei diesen treten im Gegensatz zu den *hyperbolischen* Gleichungen (z. B. der oben betrachteten Transportgleichung oder der Wellengleichung) als charakteristische Richtungen nur die Parallelen zur

x-Achse auf, .: Störungen breiten sich mit unendlich großer Geschwindigkeit $c = \infty$ im Ort aus.

Wir wollen kurz die Existenz von Lösungen der Wärmeleitungsgleichung und ihre Eindeutigkeit diskutieren. Zum Nachweis der Existenz von Lösungen wenden wir die sog. „Methode der Variablenseparation“ an. Für den Separationsansatz $u(x,t) = v(x)\psi(t)$ folgt durch Einsetzen in die Wärmeleitungsgleichung:

$$\psi'(t)v(x) = a\psi(t)v''(x) \quad \Rightarrow \quad \frac{\psi'(t)}{\psi(t)} = a\frac{v''(x)}{v(x)} \equiv konst.\,,$$

für alle Argumente $(x,t) \in Q$. Die Separationsfaktoren $v(x)$ und $\psi(t)$ sind also notwendig Lösungen der eindimensionalen Eigenwertprobleme

$$av''(x) + \lambda v(x) = 0\,,\ x \in I\,, \quad \psi'(t) + \lambda\psi(t) = 0\,,\ t \geq 0\,,$$

unter den Nebenbedingungen $v(0) = v(1) = 0$ bzw. $\psi(0) = 1$ mit Parametern $\lambda \in \mathbb{R}$. Die Eigenwertaufgabe für v besitzt die Lösungen

$$v_j(x) = a_j \sin(j\pi x)\,, \quad \lambda_j = aj^2\pi^2\,, \quad a_j = \Big(\int_I \sin^2(j\pi x)\,dx\Big)^{-1/2}, \quad j \in \mathbb{N}\,.$$

Die zugehörigen Lösungen für $\psi(t)$ sind $\psi_j(t) = e^{-\lambda_j t}$. Die Anfangsfunktion besitzt die (verallgemeinerte) Fourier-Entwicklung

$$u^0(x) = \sum_{j=0}^{\infty} u_j^0 v_j(x)\,, \quad u_j^0 = \int_I u^0(x)v_j(x)\,dx\,.$$

Durch Superposition der Einzellösungen für $j \in \mathbb{N}$,

$$u(x,t) := \sum_{j=1}^{\infty} u_j^0 v_j(x) e^{-\lambda_j t}\,,$$

erhalten wir folglich eine Lösung der Wärmeleitungsgleichung, welche den Randbedingungen und insbesondere den Anfangsbedingungen genügt. (Zum Nachweis überprüfe man die Konvergenz der Reihen der jeweils nach x sowie t abgeleiteten Einzellösungen.) dass diese Lösung die einzige ist, belegt das folgene Argument: Für eine reguläre Lösung u multiplizieren wir in (12.2.19) mit u, integrieren über I und danach partiell im Ort:

$$0 = \int_I \partial_t u\, u\,dx - a\int_I \partial_x^2 u\, u\,dx = \frac{1}{2}\frac{d}{dt}\int_I |u|^2\,dx + a\int_I |\partial_x u|^2\,dx\,.$$

Integration über die Zeit liefert

$$\int_I |u|^2\,dx \leq \int_I |u^0|^2\,dx\,, \quad t \geq 0\,.$$

Hieraus ersehen wir erstens, dass zwei (reguläre) Lösungen der Wärmeleitungsgleichung zu denselben Anfangswerten notwendig für alle Zeiten übereinstimmen, und zweitens, dass die somit (eindeutige) Lösung stetig bzgl. der L^2-Norm von den Anfangswerten abhängt.

12.2.1 Diskretisierungsverfahren

Bei der Diskretisierung von instationären, insbesondere parabolischen Problemen gibt es drei grundsätzliche Vorgehensweisen, die im Folgenden nacheinander diskutiert werden.

i) Linienmethode: Die Differentialgleichung wird zunächst im Ort und erst danach bzgl. der Zeit diskretisiert. Sei $0 = x_0 < ... < x_n < ... < x_{N+1} = 1$ wieder ein (zunächst als äquidistant angenommenes) Punktgitter auf dem Ortsbereich $I = [0,1]$ mit Gitterweite $h = (N+1)^{-1}$. Auf diesem Gitter werden Näherungen $U_n(t) \approx u(x_n,t)$ definiert durch Diskretisierung des Ortsoperators in (12.2.19) mit Hilfe des zentralen Differenzenquotienten 2. Ordnung,

$$a\partial_x^2 u(x_n,t) \approx \frac{a}{h^2}\{U_{n-1}(t) - 2U_n(t) + U_{n+1}(t)\}\,.$$

Die Vektorfunktion $U_h(t) = (U_n(t))_{n=1}^N$ genügt dann dem System gewöhnlicher Differentialgleichungen

$$\dot U_n(t) - \frac{a}{h^2}\{-U_{n-1}(t) + 2U_n(t) - U_{n+1}(t)\} = 0\,,$$

wobei bei Berücksichtigung der Randbedingungen $U_0 \equiv U_{N+1} \equiv 0$ gesetzt ist. Die Anfangswerte sind naturgemäß $U_n(0) = u^0(x_n)$. In kompakter Schreibweise lautet dies

$$\dot U_h + A_h U_h(t) = 0\,,\ t \geq 0, \quad U_h(0) = U^0\,, \tag{12.2.20}$$

mit der $(N \times N)$-Matrix

$$A_h = \frac{a}{h^2}\begin{bmatrix} -2 & 1 & & & 0 \\ 1 & -2 & & & \\ & \ddots & \ddots & \ddots & \\ & & & -2 & 1 \\ 0 & & & 1 & -2 \end{bmatrix}.$$

Diese Matrix hat die (positiven rellen) Eigenwerte und der zugehörigen Eigenvektoren

$$\lambda_n = 2ah^{-2}(1 - \cos(n\pi h))\,, \quad w^{(n)} = (\sin(jn\pi h))_{j=1}^N\,.$$

Für den kleinsten und größten Eigenwert gilt

$$\lambda_{\min} = 2ah^{-2}(1 - \cos(\pi h)) = ah^{-2}(\pi^2 h^2 + O(h^4)) = a\pi^2 + O(h^2)\,,$$
$$\lambda_{\max} = 2ah^{-2}(1 - \cos(\pi(1-h)) = 2ah^{-2}(1 + \cos(\pi h)) = 4ah^{-2} + O(1)\,.$$

Die Spektralkondition von A_h hängt also wie folgt von der Gitterweite ab:

$$\text{cond}_2(A_h) = 4\pi^{-2}h^{-2} \gg 1\,.$$

Das nach Ortsdiskretisierung entstandene System (12.2.20) wird für kleines h zunehmend *steif* mit Steifigkeitsrate $\kappa = O(h^{-2})$.

Bei der weiteren zeitlichen Diskretisierung werden explizite Schemata starken Schrittweitenbeschränkungen unterliegen. Beim expliziten Euler-Schema (Polygonzugmethode) wäre aus Stabilitätsgründen die Schrittweitenbedingung

$$-\lambda_{\max}k \in [-2,0] \quad \Rightarrow \quad k \leq \frac{1}{2a}h^2$$

einzuhalten. Offensichtlich ist diese Bedingung viel restriktiver als die CFL-Bedingung $k \leq c^{-1}h$ bei der expliziten Zeitdiskretisierung der Transportgleichung (12.1.1). Der formale Vorteil der expliziten Verfahren, dass in den einzelnen Zeitschritten keine Gleichungssysteme zu lösen sind, wird durch die große Zahl von durchzuführenden Zeitschritten (besonders bei Verwendung lokal verfeinerter Ortsgitter) mehr als aufgehoben. Da die Eigenwerte der Systemmatrix A_h alle reell sind, käme zur stabilen Integration des Systems (12.2.20) jede der in Kapitel 4.3 betrachteten A(0)-stabilen Formeln in Frage. Dabei muss aber der hohe numerische Aufwand bei der Durchführung komplizierter impliziter Verfahren hoher Ordnung berücksichtigt werden. Auf der anderen Seite hat das einfache implizite Gegenstück zum expliziten Euler-Schema,

$$(I + kA_h)U_h^m = U_h^{m-1}, \ m \geq 1, \quad U_h^0 \approx u^0 .$$

nur die Ordnung $O(k)$, so dass die zeitliche Genauigkeit i. Allg. nicht gut mit der örtlichen Genauigkeit $O(h^2)$ balanciert ist. Für Wärmeleitungsprobleme ist das Euler-Schema meist zu ungenau und zu stark dämpfend (Man beachte die extreme Struktur des Stabilitätsgebiets dieser Formel.). In der Praxis wird daher zur zeitlichen Diskretisierung solcher Probleme meist die A-stabile Trapezregel verwendet, welche in kompakter Form wie folgt lautet:

$$(I + \tfrac{1}{2}kA_h)U_h^m = (I - \tfrac{1}{2}kA_h)U_h^{m-1}, \ m \geq 1, \quad U_h^0 \approx u^0 . \tag{12.2.21}$$

Dieses Schema findet man in der Literatur unter dem Namen „Crank-Nicolson-Verfahren“. Nach Konstruktion sollte die Konsistenzordnung des resultierenden Gesamtverfahrens $O(h^2 + k^2)$ sein, so dass örtliche und zeitliche Genauigkeit formal balanciert sind. Zur Konvergenzanalyse führen wir mit der Standardnotation $u_n^m := u(x_n, t_m)$ wieder den zugehörigen Abschneidefehler ein:

$$\tau_n^m := k^{-1}(u_n^m - u_n^{m-1}) - \tfrac{1}{2}ah^{-2}(u_{n-1}^m - 2u_n^m + u_{n+1}^m) - \tfrac{1}{2}ah^{-2}(u_{n-1}^{m-1} - 2u_n^{m-1} + u_{n+1}^{m-1}) .$$

Durch Taylor-Entwicklung erhält man für die einzelnen Bestandteile des Abschneidefehlers die Darstellungen

$$k^{-1}(u_n^m - u_n^{m-1}) = k^{-1}\int_{t_{m-1}}^{t_m} \partial_t u(x,t)\,dt ,$$

$$\tfrac{1}{2}ah^{-2}(u_{n-1}^m - 2u_n^m + u_{n+1}^m) = \tfrac{1}{2}a\partial_x^2 u(x_n,t_m) + \tfrac{1}{24}ah^2\partial_x^4 u(\xi_n,t_m) .,$$

und damit

$$\tau_n^m = k^{-1}\int_{t_{m-1}}^{t_m} \partial_t u(x_n,t)\,dt - \tfrac{1}{2}\{\partial_t u(x_n,t_m) + \partial_t u(x_n,t_{m-1})\} - \tfrac{1}{12}ah^2\partial_x^4 u(\xi_n,\eta_m) .$$

Auf jeder der Zellen $Q_n^m := [x_{n-1}, x_{n+1}] \times [t_{m-1}, t_m]$ gilt folglich

$$|\tau_n^m| \le \tfrac{1}{12} k^2 \max_{Q_n^m} |\partial_t^3 u| + \tfrac{1}{12} a h^2 \max_{Q_n^m} |\partial_x^4 u| .$$

Zur Abschätzung des (globalen) Diskretisierungsfehlers führen wir für Gitterfunktionen $(v_n)_{n=1}^N$ diskrete Analoga des L^2-Skalarprodukts und der zugehörigen L^2-Norm ein:

$$(v, w)_h := h \sum_{n=1}^{N} v_n w_n , \qquad \|v\|_h := (v, v)_h^{1/2} .$$

Satz 12.2 (Crank-Nicolson-Verfahren): *Das beschriebene Crank-Nicolson-Verfahren hat für hinreichend glatte Lösung* u *den globalen Diskretiserungsfehler*

$$\max_{1 \le m \le n} \|u^n - U_h^n\|_h \le c(u)\, t_n \{h^2 + k^2\}, \tag{12.2.22}$$

mit einer Konstanten $c(u) \approx \max_Q \{|\partial_t^3 u| + a|\partial_x^4 u|\}$.

Beweis: Wir setzen $e_n^m := u_n^m - U_n^m$ und entsprechend $e^m := (e_n^m)_{n=1}^N$ sowie $\tau^m := (\tau_n^m)_{n=1}^N$. Mit dieser Notation gilt dann

$$k^{-1}(e^m - e^{m-1}) + \tfrac{1}{2} A_h (e^m + e^{m-1}) = \tau^m .$$

Multiplikation dieser Identität mit $e^m + e^{m-1}$ und Summation über m ergibt

$$k^{-1}\{\|e^m\|_h^2 - \|e^{m-1}\|_h^2\} + \tfrac{1}{2}(A_h(e^m + e^{m-1}), e^m + e^{m-1})_h = (\tau^m, e^m + e^{m-1})_h .$$

Der kleinste Eigenwert von A_h verhält sich wie $\lambda_1 = a\pi^2 + O(h^2)$. Damit erschließen wir

$$k^{-1}\{\|e^m\|_h^2 - \|e^{m-1}\|_h^2\} + \tfrac{1}{2}\lambda_1 \|e^m + e^{m-1}\|_h^2 \le \tfrac{1}{2}\lambda_1 \|e^m + e^{m-1}\|_h^2 + \tfrac{1}{2}\lambda_1^{-1} \|\tau^m\|_h^2 ,$$

bzw.

$$\|e^m\|_h^2 \le \|e^{m-1}\|_h^2 + \tfrac{1}{2}\lambda_1^{-1} k \|\tau^m\|_h^2 .$$

Wir summieren nun über $m = n, \dots, 1$ und erhalten

$$\|e^m\|_h^2 \le \|e^0\|_h^2 + \tfrac{1}{2}\lambda_1^{-1} k \sum_{\mu=1}^{m} \|\tau^\mu\|_h^2 .$$

Mit $e^0 = 0$ und der obigen Abschätzung für den Abschneidefehler folgt schließlich die Behauptung. Q.E.D.

Die üblichen Einschrittformeln für das autonome System (12.2.20) (mit t-unabhängiger Matrix A_h) lassen sich in kompakter Form schreiben,

$$U_h^m = R(-kA_h) U_h^{m-1} ,$$

mit rationalen Funktionen

$$R(z) = \frac{P(z)}{Q(z)}.$$

Zu den expliziten und impliziten Euler-Verfahren gehören die Funktionen $R(z) = 1 - z$ bzw. $R(z) = (1+z)^{-1}$. Das Crank-Nicolson-Verfahren wird beschrieben durch $R(z) = (1-\frac{1}{2}z)(1+\frac{1}{2}z)^{-1}$. Für die Brauchbarkeit dieser Verfahren für steife Anfangswertaufgaben sind die folgenden Eigenschaften wichtig:

(1) *A-stabil:* $|R(z)| \le 1, \quad Re\, z \le 0,$

(2) *stark A-stabil:* $|R(z)| < 1, \quad Re\, z \to -\infty,$

(3) *steif-stabil:* $|R(z)| \to 0, \quad Re\, z \to -\infty.$

Das von uns favorisierte Crank-Nicolson-Verfahren ist in diesem Sinne zwar A-stabil aber nicht *stark* A-stabil. Dies hat nachteilige Konsequenzen im Fall von irregulären Anfangswerten u^0 (z. B.: lokalen Temperaturspitzen). Die durch diese Anfangsdaten induzierten hochfrequenten Fehleranteile werden durch das Crank-Nicolson-Schema nur unzureichend ausgedämpft, so dass sich ein unphysikalisches Lösungsverhalten zeigen kann. Man beachte, dass der kontinuierliche Differentialoperator stark dämpfend ist:

$$\int_I |u(x,t)|^2\, dx \le e^{-\lambda t} \int_I |u^0(x)|^2\, dx, \quad t \ge 0,$$

mit dem kleinsten Eigenwert des Ortsoperators, $\lambda = a\pi^2$. Dieses unliebsame Verhalten des Crank-Nicolson-Verfahrens wird vermieden bei Verwendung einer Modifikation des Crank-Nicolson-Verfahrens als ein sog. „Teilschritt-θ-Verfahren“ bestehend aus jeweils drei sukzessiven Teilschritten vom Crank-Nicolson-Typ:

$$\begin{aligned}(I + \alpha\theta k A_h)U^{m-1+\theta} &= (I - \beta\theta k A_h)U^{m-1}\\ (I + \beta\theta' k A_h)U^{m-\theta} &= (I - \alpha\theta' k A_h)U^{m-1+\theta}\\ (I + \alpha\theta k A_h)U^{m} &= (I - \beta\theta k A_h)U^{m-\theta}\end{aligned}$$

mit den Parametern $\theta = 1 - \frac{1}{2}\sqrt{2} = 0,292893...$, $\theta' = 1 - 2\theta$ und beliebigen Werten $\alpha \in (\frac{1}{2}, 1]$, $\beta = 1 - \alpha$. Für den speziellen Wert $\alpha = (1-2\theta)(1-\theta)^{-1} = 0,585786...$ ist $\alpha\theta = \beta\theta'$, so dass die zu invertierenden Matrizen in den Teilschritten übereinstimmen. Dieses Verfahren wird beschrieben durch die rationale Funktion

$$R_\theta(z) = \frac{(1+\alpha\theta' z)(1+\beta\theta z)^2}{(1-\alpha\theta z)^2(1-\beta\theta' z)} = e^z + O(|z|^3).$$

Aus dieser Beziehung liest man ab, dass das obige Teilschrittverfahren wie das einfache Crank-Nicolson-Schema von zweiter Ordnung genau ist, und insbesondere dass es *stark* A-stabil ist:

$$|R_\theta(z)| < 1, \ Re\, z < 0, \quad \lim_{Re\, z \to -\infty} |R_\theta(z)| = \frac{\beta}{\alpha} < 1.$$

Dieses Schema hat sich in der Praxis als besonders geeignet zur Behandlung von parabolischen Problemen mit nicht notwendig regulären Daten erwiesen.

ii) Rothe-Methode: Die Differentialgleichung wird zunächst mit einem A-stabilen Verfahren in der Zeit diskretisiert. Bei Verwendung z. B. des impliziten Euler-Schemas ergibt sich eine Folge von stationären Randwertaufgaben (vom Sturm-Liouville-Typ)

$$U^m - ak\,d_x^2 U^m = U^{m-1} + kf^m\,,\quad m \geq 1\,,\ U^0 = u^0\,.$$

Diese Probleme werden nun nacheinander auf möglicherweise wechselnden, dem Lösungsverlauf angepassten Ortsgittern diskretisiert. Das Problem ist dabei der adäquate Transfer der jeweiligen Startlösung U^{m-1} vom alten auf das neue Ortsgitter. Hier zeigt sich wieder der systematische Vorteil einer Finite-Elemente-Galerkin-Methode, bei der sich ganz automatisch als *richtige* Wahl die L^2-Projektion von U^{m-1} auf das neue Gitter ergibt. Die theoretische Analyse der Rothe-Methode mit wechselnder Ortsdiskretisierung ist wesentlich schwieriger als die der einfachen Linienmethode und kann im Rahmen dieser kurzen Einführung nicht beschrieben werden.

iii) Globale Diskretisierung: Ähnlich wie bei den Transportproblemen könnte auch bei der Wärmeleitungsgleichung eine simultane Diskretisierung (etwa mit einem Finite-Elemente-Galerkin-Verfahren) auf einem unstrukturierten Gitter der ganzen (x,t)-Ebene erfolgen. Dieser theoretisch durchaus attraktive Ansatz wird aber bei höher dimensionalen Problemen wegen der globalen Kopplung aller Unbekannten zu rechenaufwendig und spielt daher in der Praxis keine Rolle.

12.3 Laplace-Gleichung (elliptisches Problem)

Wir verwenden wieder die Bezeichnung $x := (x_1, x_2)^T$ von oben für Punkte der (x_1, x_2)-Ebene und betrachten auf dem (offenen) Bereich $\Omega = \{x \in \mathbb{R}^2 |\, 0 < x_i < 1\ (i = 1,2)\}$ die Differentialgleichung

$$-\Delta u(x) := -\partial_1^2 u(x) - \partial_2^2 u(x) = f(x)\,,\quad x \in \Omega\,,\tag{12.3.23}$$

mit dem sog. „Laplace-Operator“ Δ für gegebene rechte Seite $f(x)$. Diese „Poisson-Gleichung“ genannte Differentialgleichung 2. Ordnung ist der Prototyp eines „elliptischen“ Problems. Diese sind dadurch ausgezeichnet, dass es keine charakteristischen Richtungen gibt, d. h.: Störungen breiten sich in alle Richtungen mit unendlicher Geschwindigkeit aus. Entsprechend dürfen (und müssen) analog wie beim eindimensionalen Sturm-Liouville-Problem auch wieder entlang des ganzen Randes $\partial\Omega$ des betrachteten Lösungsgebiets Ω Vorgaben für die Lösung gemacht werden. Wir betrachten hier der Einfachheit halber nur homogene *Dirichletsche Randbedingungen* $u(x) = 0,\ x \in \partial\Omega$ (sog. „1. Randwertproblem des Laplace-Operators“). Die Lösung u beschreibt z. B. die Auslenkung einer (idealisierten) elastischen Membran, die über dem Gebiet Ω horizontal gespannt und mit einer Kraftdichte f vertikal belastet wird. Eine Lösung $u(x)$ ist i. Allg. nicht explizit angebbar, so dass man auf numerische Approximation angewiesen ist. Der Nachweis der Existenz von Lösungen der Poisson-Gleichung kann hier im Rahmen dieser Einführung nicht beschrieben werden. Er ist wesentlich aufwendiger als das entsprechende Argument bei den eindimensionalen Sturm-Liouville-Problemen. Die Eindeutigkeit von Lösungen folgt aber wieder mit einem einfachen Variationsargument. Seien $u^{(i)}$ $(i=1,2)$ zwei Lösungen mit endlicher „potentielle Energie“:

$$E(u^{(i)}) := \tfrac{1}{2}(\nabla u^{(i)}, \nabla u^{(i)})_\Omega - (f, u^{(i)})_\Omega < \infty\,.$$

Hier bezeichnet $(v,w)_\Omega := \int_\Omega v(x)w(x)\,dx$ das L^2-Skalarprodukt über dem Gebiet Ω. Dann gilt für die Differenz $w = u^{(1)} - u^{(2)}$

$$(\nabla w, \nabla w)_\Omega = (-\Delta w, w)_\Omega = 0$$

und folglich wegen der Randbedingung notwendig $w \equiv konst. = 0$. Wir bemerken noch, dass die Lösungen elliptischer Probleme auf Gebieten mit nicht glatten Rändern (wie das hier betrachtete Quadrat) bei den Eckpunkten i. Allg. lokale Irregularitäten, d. h. Singularitäten in höheren Ableitungen, besitzen.

12.3.1 Differenzenverfahren

Die Differenzendiskretisierung des Poisson-Problems (12.3.23) erfolgt analog wie die des Sturm-Liouville-Problems in einer Dimension. Wir überdecken den Bereich $\overline{\Omega}$ wieder mit einem achsen-parallelen Tensorproduktgitter $\overline{\Omega}_h := \{x \in \overline{\Omega} \,|\, x = x_{ij} = (ih, jh)^T, \ (i,j = 0, ..., m+1)$ mit der konstanten Gitterweite $h = (m+1)^{-1}$. Die Verwendung derselben festen Gitterweite in alle Ortsrichtungen ist nicht zwingend und erfolgt hier nur der Einfachheit halber. Die $N = m^2$ *inneren* Gitterpunkte, bezeichnet als die Punktmenge Ω_h, werden zeilenweise durchnumeriert.

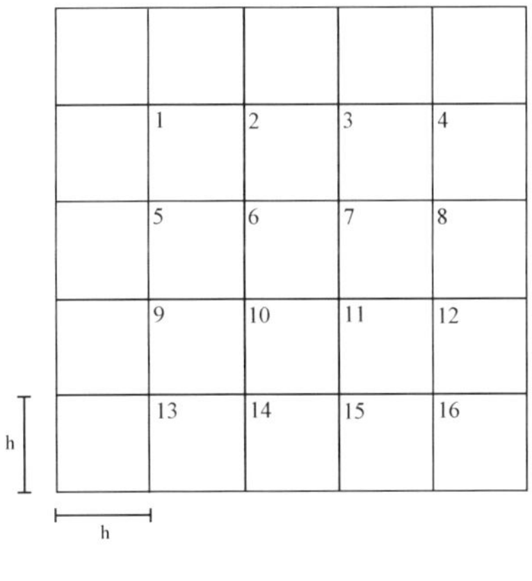

Abbildung 12.1: Diskretisierungsgitter des Modellproblems

Auf dem Gitter $\overline{\Omega}_h$ werden Gitterfunktionen $U_h := (U_{ij})_{i,j=0}^{m+1}$ gesucht als Lösungen der Differenzengleichungen

$$-\Delta_h U_h = F_h\,, \quad x_{ij} \in \Omega_h\,, \tag{12.3.24}$$

mit der Notation

$$\begin{aligned} (\Delta_h U_h)_{ij} &:= h^{-2}(4U_{ij} - U_{i+1,j} - U_{i-1,j} - U_{i,j-1} - U_{i,j+1}) \\ (F_h)_{ij} &:= f(x_{ij}), \quad 1 \le i,j \le m. \end{aligned}$$

Die geometrische Verteilung der Stützstellen für diesen Differenzenoperator begründen seinen Namen „5-Punkte-Operator". Entsprechend den gegebenen Randbedingungen werden die Randwerte $U_{0,j} = 0$, $U_{i,0} = 0$ gesetzt. Die Gitterwerte sind dann Approximationen der exakten Lösung, $U_{ij} \approx u(x_{ij})$. Das Differenzenschema (12.3.24) ist äquivalent zu dem linearen Gleichungssystem

$$A_h U_h = b_h \tag{12.3.25}$$

für den Vektor $U_h = (U_{ij})_{i,j=1,\dots,m} \in \mathbb{R}^N$ der unbekannten Knotenwerte. Die Matrix hat die schon bekannte Gestalt (I_m die $m\times m$-Einheitsmatrix)

$$A_h = h^{-2} \left.\begin{bmatrix} B_m & -I_m & & \\ -I_m & B_m & -I_m & \\ & -I_m & B_m & \ddots \\ & & \ddots & \ddots \end{bmatrix}\right\} N \qquad B_m = \left.\begin{bmatrix} 4 & -1 & & \\ -1 & 4 & -1 & \\ & -1 & 4 & \ddots \\ & & \ddots & \ddots \end{bmatrix}\right\} m\,.$$

Die rechte Seite ist bestimmt durch $b_h = (f(x_{11}),\dots,f(x_{mm}))^T$. Die Matrix A_h ist

a) eine dünn besetzte Bandmatrix mit der Bandbreite $2m+1$;

b) symmetrisch, irreduzibel und schwach diagonal dominant;

c) positiv definit und M-Matrix.

Die M-Matrixeigenschaft von A_h erlaubt es, bei der Fehleranalyse für die Differenzenapproximation (12.3.24) analog vorzugehen wie vorher beim Sturm-Liouville-Problem in einer Dimension.

Satz 12.3 (5-Punkte-Schema): *Für die 5-Punkte-Differenzenapproximation (12.3.24) der Poisson-Gleichung (12.3.23) gilt im Falle einer hinreichend glatten Lösung die a priori Fehlerabschätzung*

$$\max_{x_{ij}} |u(x_{ij}) - U_{ij}| \le \tfrac{1}{96} M h^2, \tag{12.3.26}$$

mit der Konstante $M := \max_{\overline{\Omega}}\{|\partial_1^4 u| + |\partial_2^4 u|\}$.

Beweis: Der Abschneidefehler der 5-Punkte-Differenzenapproximation genügt der Abschätzung

$$\max_{\overline{\Omega}_h} |\tau_h| := \max_{x_{ij}\in\Omega_h} |f_{ij} - (\Delta_h u)_{ij}| \le \tfrac{1}{12} h^2 \max_{\overline{\Omega}}\{|\partial_1^4 u| + |\partial_2^4 u|\}.$$

Hieraus ersehen wir, daß die Differenzenapproximation exakt ist insbesondere für quadratische Polynome. Die Fehlerfunktion des Verfahrens sei mit $e_h := u_h - U_h$ bezeichnet. Aus der M-Matrix-Eigenschaft der zum Differenzenoperator $-\Delta_h$ korrespondierenden Matrix A_h folgt für deren Inverse komponentenweise $A_h^{-1} \geq 0$. Für jede Gitterfunktion v_h implizieren dann die Beziehungen $-\Delta_h v_h \leq 0$ in Ω und $v_h \leq 0$ auf $\partial\Omega_h$ notwendig, dass $v_h \leq 0$ in ganz Ω_h (diskretes „Maximumprinzip"). Wir definieren die quadratische Funktion $w(x) := \frac{1}{48}Mh^2(x_1(1-x_1) + x_2(1-x_2))$ sowie die zugehörige Gitterfunktion w_h. In Gitterpunkten auf dem Rand $\partial\Omega_h$ ist offensichtlich $w_h \geq 0$ und

$$-\Delta_h w_h = -\Delta w = -\tfrac{1}{12}Mh^2, \quad x_{ij} \in \Omega_h,$$

Dann ist weiter $\pm e_h - w_h \leq 0$ in Punkten auf $\partial\Omega_h$ und

$$-\Delta_h(\pm e_h - w_h) = \pm\tau_h - \tfrac{1}{12}Mh^2 \leq 0, \quad x_{ij} \in \Omega_h.$$

Folglich muss

$$-w_h \leq e_h \leq w_h$$

auf ganz Ω_h sein. Dies impliziert die behauptete Fehlerabschätzung. Q.E.D.

Das Hauptproblem bei der numerischen Approximation von elliptischen Randwertaufgaben vom Typ (12.3.23) ist die effiziente Lösung der auftretenden großen, linearen Gleichungssysteme. Um dies einzuschätzen, betrachten wir die folgende Modellsituation: Zu der speziellen rechten Seite $f(x) = 2\pi^2 \sin(\pi x_1)\sin(\pi x_2)$ gehört die exakte Lösung

$$u(x) = \sin(\pi x_1)\sin(\pi x_2).$$

Aus der obigen a priori Fehlerabschätzung (12.3.26) entnehmen wir hierfür

$$\max_{x_{ij}} |u(x_{ij}) - U_{ij}| \leq \tfrac{1}{48}\pi^4 h^2.$$

Zur Erzielung einer Genauigkeit von $\varepsilon = 10^{-4}$ (vier Stellen) ist also die Gitterweite

$$h \sim \sqrt{96}\pi^{-2}10^{-2} \sim 10^{-2}.$$

erforderlich. Die Anzahl von Unbekannten im System (12.3.25) ist dann $N \sim 10^4$.

Zur Bestimmung der Konditionierung der zugehörigen Systemmatrix A_h berechnen wir wieder ihre Eigenwerte und Eigenvektoren:

$$\lambda_{kl} = h^{-2}\{4 - 2(\cos(kh\pi) + \cos(lh\pi))\}, \quad w^{kl} = (\sin(ikh\pi)\sin(jlh\pi))_{i,j=1,\dots,m}.$$

Also ist

$$\begin{aligned}
\lambda_{\max} &= h^{-2}\{4 - 4\cos(1-h)\pi\} = 8h^{-2} + O(1)\\
\lambda_{\min} &= h^{-2}\{4 - 4\cos(h\pi)\} = h^{-2}\{4 - 4(1 - \tfrac{1}{2}\pi^2h^2)\} + O(h^2)) = 2\pi^2 + O(h^2)
\end{aligned}$$

und somit

$$\operatorname{cond}_2(A_h) \approx 4\pi^{-2}h^{-2}.$$

Für die Gitterweite $h = 10^{-2}$ folgt also $\mathrm{cond}_2(A_h) \approx 4\pi^{-2}10^{-4} \approx 5.000$.

Zur Bestimmung der Lösung des durch Diskretisierung der Randwertaufgabe (12.3.23) entstehenden $(N \times N)$-Gleichungssystems $A_h U_h = b_h$ benötigen die einfachen Fixpunktiterationen (Jacobi- und Gauß-Seidel-Verfahren) $O(N^2)$ Operationen. Als direktes Verfahren erfordert das Cholesky-Verfahren bei Berücksichtigung der speziellen Struktur der Systemmatrix $O(m^2 N) = O(N^2)$ Operationen zur Berechnung der Zerlegung $A_h = L_h L_h^T$ und das Vorwärts- und Rückwärtseinsetzen. Dabei ist jedoch zu berücksichtigen, dass letzteres $O(mN) = O(N^{3/2})$ Speicherplätze benötigt im Gegensatz zu den nur $O(N)$ der einfachen Iterationsverfahren. In den letzten Jahren wurden sehr effiziente Verfahren zur Lösung von Problemen des obigen Typs entwickelt (die sog. „Mehrgitter-Verfahren"), die in der Regel die N Unbekannten mit $O(N)$ Operationen auf Diskretisierungsfehlergenauigkeit berechnen.

12.3.2 Finite-Elemente-Galerkin-Verfahren

Das Finite-Elemente-Verfahren zur Approximation der Poisson-Gleichung (12.3.23) sieht formal genauso aus wie beim Sturm-Liouville-Problem in einer Dimension. Ausgangspunkt ist wieder eine variationellen Formulierung des Problems:

$$u \in \bar{V}: \quad (\nabla u, \nabla \varphi)_\Omega = (f, \varphi)_\Omega \quad \forall \varphi \in \bar{V}. \tag{12.3.27}$$

Dabei bezeichnet $\bar{V}$ den Raum der Funktionen mit endlicher Energie $E(\cdot)$. Für unsere Zwecke genügt es zu wissen, dass dieser Funktionenraum den folgenden Raum als Teilraum enthält:

$$V := \{v \in C(\bar{\Omega}) |\ v \text{ stückweise stetig differenzierbar, } v_{|\partial\Omega} = 0\}.$$

Für Funktionen aus V gilt die mehrdimensionale Poincarésche Ungleichung

$$\|\nabla v\|_\Omega \geq c_\Omega \|v\|_\Omega, \quad v \in V.$$

Zur Diskretisierung wird der Bereich $\bar{\Omega}$ wieder in Dreiecke K zerlegt, wobei je zwei Dreiecke nur eine ganze Seite oder einem Eckpunkt gemeinsam haben können, d. h. sog. „hängende" Knoten sind hier nicht erlaubt. Die Knotenpunkte dieser Triangulierung werden mit P_i bezeichnet, wobei die Art der Numerierung beliebig ist. Die Triangulierung T_h ist i. Allg. *unstrukturiert*, d. h.: Die Knotenpunkte brauchen keine zeilenweise bzw. spaltenweise Numerierung zu erlauben. Die Feinheit von T_h wird durch die lokale Zellweite $h_K := \mathrm{diam}(K)$ und die globale Gitterweite $h := \max_{K \in T_h} h_K$ beschrieben. Auf der Triangulierung T_h wird der folgende Finite-Elemente-Ansatzraum stückweise linearer Funktionen definiert:

$$V_h := \{v_h \in V |\ v_{h|K} \in P_1(K),\ K \in T_h\}.$$

Die approximierenden Probleme lauten dann

$$u_h \in V_h: \quad (\nabla u_h, \nabla \varphi_h)_\Omega = (f, \varphi_h)_\Omega \quad \forall \varphi_h \in V_h. \tag{12.3.28}$$

Wie im eindimensionalen Fall wird eine „Knotenbasis“ $\{\varphi_h^{(i)},\ i=1,...,N:=\dim V_h\}$ von V_h eingeführt (sog. „Lagrange-Basis“), bzgl. derer jede Funktion $v_h \in V_h$ eine Darstellung der Form besitzt

$$v_h = \sum_{i=1}^{N} v_h(P_i)\varphi_h^{(i)}.$$

Bei Verwendung dieser Basis ist das diskrete Problem (12.3.28) wieder äquivalent zu einem linearen Gleichungssystem

$$A_h U_h = b_h$$

für den Vektor $U_h := (u_h(P_i))_{i=1}^N$ der Knotenwerte mit der Systemmatrix (sog. „Steifigkeitsmatrix“) $A_h = (a_{ij})_{ij}^N$ und der rechten Seite (sog. „Lastvektor“) $b_h = (b_j)_{j=1}^N$:

$$a_{ij} := (\nabla\varphi_h^{(j)}, \nabla\varphi_h^{(i)})_\Omega, \qquad b_j := (f, \nabla\varphi_h^{(j)})_\Omega.$$

Die Matrix A_h ist wieder symmetrisch und (im Hinblick auf die Poincarésche Ungleichung) auch positiv definit. Man kann zeigen, dass ihre Spektralkondition sich auch auf allgemeinen Triangulierungen stets wie die des 5-Punkte-Differenzenoperators verhält: $\mathrm{cond}_2(A_h) = O(h^{-2})$. Dabei ist die Potenz h^{-2} weder durch die Raumdimension noch durch den Polynomgrad der Ansatzfunktionen sondern allein durch die Ordnung des Differentialoperators Δ bestimmt.

Mit Hilfe der „Galerkin-Orthogonalität“ für die Fehlerfunktion $e := u - u_h$,

$$(\nabla e, \nabla\varphi_h)_\Omega = 0, \quad \varphi_h \in V_h,$$

erschließen wir wieder die Bestapproximationseigenschaft des Galerkin-Verfahrens:

$$\|\nabla e\|_\Omega \le \min_{\varphi_h\in V_h} \|\nabla(u-\varphi_h)\|_\Omega. \tag{12.3.29}$$

Für Funktionen $v \in V$ definieren wir wieder die Knoteninterpolierende $I_h v \in V_h$ durch $I_h v(P_i) = v(P_i)$, $(i = 1,...,N)$. Für den zugehörigen Interpolationsfehler gilt

$$\|\nabla(v - I_h v)\|_K \le c_i h_K \|\nabla^2 v\|_K, \tag{12.3.30}$$

wobei $\nabla^2 v$ den Tensor der zweiten partiellen Ableitungen von v bezeichnet. Durch Kombination der Abschätzungen (12.3.29) und (12.3.30) erhalten wir folgendes Resultat:

Satz 12.4 (FEM): *Für die Finite-Elemente-Galerkin-Methode (12.3.28) mit stückweise linearen Ansatzfunktionen gilt die Konvergenzabschätzung*

$$\|\nabla e\|_\Omega \le c_i h\, \|\nabla^2 u\|_\Omega. \tag{12.3.31}$$

Mit Hilfe eines Dualitätsarguments analog zu dem beim Sturm-Liouville-Problem verwendeten lässt sich auch eine verbesserte L^2-Fehlerabschätzung herleiten,

$$\|e\|_\Omega \le c_i c_s h^2\, \|\nabla^2 u\|_\Omega. \tag{12.3.32}$$

Dabei ist diesmal allerdings die Abschätzung der Stabilitätskonstante c_s für das duale Problem

$$-\Delta z = \|e\|_\Omega^{-1} e \quad in\ \Omega, \qquad z_{|\partial\Omega} = 0, \tag{12.3.33}$$

wesentlich komplizierter (und i. Allg. auf nicht glattberandeten Gebieten in dieser Form auch gar nicht richtig).

A Lösungen der Übungsaufgaben

Im Folgenden sind Lösungen für die am Ende der einzelnen Kapitel formulierten Übungsaufgaben zusammengestellt. Es handelt sich dabei nur um Lösungsvorschäge ohne Anspruch auf Vollständigkeit zur Anregung weiterer eigener Überlegungen.

A.1 Kapitel 1

Lösung A.1.1: a) Wir führen die Bezeichnungen $u_1 := v$, $u_2 := v'$, $u_3 := v''$, $u_4 := v'''$, $u_5 := u$, $u_6 := u'$, ein und erhalten das System

$$
\begin{aligned}
&u_1'(x) = u_2(x), \quad u_2'(x) = u_3(x), \quad u_3'(x) = u_4(x), \\
&u_4'(x) = f(x) + a(x)u_6(x), \quad u_5'(x) = u_6(x), \quad u_6'(x) = g(x) - b(x)u_1(x).
\end{aligned}
$$

b) Zunächst wird $u'' = g - bv$ eingesetzt und dann analog zu (a) verfahren.

Lösung A.1.2: a) Sei u Lösung der Anfangswertaufgabe

$$u'(t) = f(t, u(t)), \quad 0 \le t \le T, \quad u(0) = u_0.$$

Durch Integration über $[0, t]$ erhalten wir

$$\int_0^t u'(s)\, ds = \int_0^t f(s, u(s))\, ds,$$

und somit

$$u(t) = u(0) + \int_0^t f(s, u(s))\, ds = u_0 + \int_0^t f(s, u(s))\, ds.$$

Sei nun u Lösung der Integralgleichung

$$u(t) = u_0 + \int_0^t f(s, u(s))\, ds, \quad 0 \le t \le T.$$

Dann ist zunächst

$$u(0) = u_0 + \int_0^0 f(s, u(s))\, ds = u_0.$$

Außerdem ist u nach dem Hauptsatz der Differential- und Integralrechnung stetig differenzierbar mit

$$u'(t) = \frac{d}{dt} \int_0^t f(s, u(s))\, ds = f(t, u(t)).$$

b) Für den Integraloperator $K : C[0,T] \to C[0,T]$ gilt:

$$\begin{aligned}
\|K(v)(t) - K(u)(t)\| &= \Big\| u_0 + \int_0^t f(s,v(s))\,ds - u_0 - \int_0^t f(s,u(s))\,ds \Big\| \\
&= \Big\| \int_0^t \big(f(s,v(s)) - f(s,u(s))\big)\,ds \Big\| \\
&\le \int_0^t \|f(s,v(s)) - f(s,u(s))\|\,ds \\
&\le \int_0^T \|f(s,v(s)) - f(s,u(s))\|\,ds.
\end{aligned}$$

Unter Ausnutzung der L-Stetigkeit von $f(t,\cdot)$ ergibt sich

$$\begin{aligned}
\|K(v)(t) - K(u)(t)\| &\le \int_0^t L\|v(s) - u(s)\|\,ds \\
&\le L \int_0^T \max_{\tau\in[0,T]} \|v(\tau) - u(\tau)\|\,ds = LT\|v-u\|_\infty.
\end{aligned}$$

Da diese Abschätzung für jedes $t \in [0,T]$ gilt, folgt

$$\|K(v) - K(u)\|_\infty \le LT\|v-u\|_\infty.$$

Also ist K im Falle $q := LT < 1$ eine Kontraktion, so dass der Banachsche Fixpunktsatz anwendbar ist.

c) Es gilt die a priori Fehlerabschätzung

$$\begin{aligned}
\|u^k - u\|_\infty &\le \frac{q^k}{1-q}\|u^1 - u^0\|_\infty \\
&= \frac{q^k}{1-q} \max_{t\in[0,T]} \Big\| \int_0^t f(s,u_0)\,ds \Big\| \le \frac{q^k}{1-q} T\|f(\cdot,u_0)\|_\infty
\end{aligned}$$

und die a posteriori Fehlerabschätzung

$$\|u^k - u\|_\infty \le \frac{q}{1-q}\|u^k - u^{k-1}\|_\infty.$$

Lösung A.1.3: Wir schreiben die AWA in der Form $u'(t) = f(t,u(t))$. Alle Funktionen f sind stetig, es existiert also jeweils (mindestens) eine lokale Lösung.

a) Eine Lösung ist (nach Text) $u(t) = (1-t)^{-1}$. Wegen der (lokalen) L-Stetigkeit von f ist diese im Existenzintervall eindeutig. Sie wird jedoch für $t \to 1$ singulär. Gäbe es eine Lösung auch für $t \ge 1$, so müsste diese für $t < 1$ mit $(1-t)^{-1}$ übereinstimmen. Die Lösung existiert also nicht global und ist auch nicht gleichmäßig beschränkt.

b) Wegen der lokalen L-Stetigkeit der Funktion $f(t,x) = -x^2$ esistiert eine lokale, eindeutige Lösung. Dies ist gerade $u(t) = (1+t)^{-1}$. Diese Lösung ist global fortsetzbar und beschränkt.

c) Eine lokale Lösung existiert nach dem Existenzsatz von Peano. Für diese gilt wegen $u'(t) = u(t)^{1/2} \geq 0$ für alle t aus ihrem Existenzintervall notwendig $u(t) \geq 1$. Wegen der L-Stetigkeit der Funktion $f(x) = x^{1/2}$ für $x \geq 1$ ist diese Lösung also eindeutig. Diese Lösung hat die explizite Gestalt

$$u(t) = (1 + \tfrac{1}{2}t)^2$$

und ist offenbar „global", d.h. für alle $t \geq 0$ definiert, aber nicht beschränkt. Bemerkung: Für den Anfangswert $u(0) = 0$ gäbe es dagegen die unendlich vielen Lösungen

$$u_c(t) = \begin{cases} 0, & 0 \leq t \leq c \\ \left[\frac{1}{2}(t-c)\right]^2, & c < t. \end{cases}$$

d) Hier ist $f(t,x) = \cos(x) - 2x$. Wir können den globalen Existenzsatz aus dem Text anwenden:

$$|f(t,x)| = |\cos(x) - 2x| \leq |\cos(x)| + 2|x| \leq 2|x| + 1.$$

Außerdem ist f global L-stetig:

$$\begin{aligned} |f(t,x) - f(t,y)| &= |\cos(x) - \cos(y) + 2y - 2x| \\ &\leq |\cos(x) - \cos(y)| + 2|x-y| \\ &= |\sin(\xi)(x-y)| + 2|x-y| \qquad (\xi \in [x,y]) \\ &\leq |x-y| + 2|x-y| = 3|x-y|. \end{aligned}$$

Also ist die AWA global eindeutig lösbar. Da f außerdem der Monotoniebedingung genügt und $|f(t,0)| = 1 < \infty$ ist, folgt die Beschränktheit (sowie die exponentielle Stabilität) nach dem globalen Stabilitätssatz.

Lösung A.1.4: a) Angenommen, die AWA besitze eine eindeutige Lösung u, aber nicht die gesamte Folge $(u_h)_h$ konvergiere gegen diese. Dann existiert eine Teilfolge $(u_{h'})$ von (u_h), die nicht gegen u konvergiert und für die u auch kein Häufungspunkt ist. Auf diese Teilfolge wenden wir den Satz von Arzela-Ascoli an. Dieser liefert die Existenz einer weiteren Teilfolge, die gegen eine Lösung v konvergiert. Da nach Voraussetzung $u \neq v$ gilt, u aber die einzige Lösung der AWA sein soll, ergibt sich ein Widerspruch.

b) Der Satz von Peano und der Fortsetzungssatz behalten ihre Gültigkeit: Wir unterteilen das Zeitintervall so, dass die (endlich vielen) Unstetigkeitsstellen mit Stützstellen zusammenfallen. Danach wenden wir den Satz sukzessive für jedes Teilintervall an. Die Anfangswerte auf den Teilintervallen sind gerade die Endwerte der vorangegangenen, vorausgesetzt diese existieren überhaupt (wegen der unter Umständen nur lokalen Existenz des vorhergehenden Lösungsstückes).

Lösung A.1.5: Zum Beweis schreiben wir für jede einzelne Komponente von $f(t,x)$:

$$f_i(t,x) - f_i(t,x') = \int_0^1 \partial_s f_i(t, x'+s(x-x'))\,ds = \int_0^1 \sum_{j=1}^d \partial_j f_i(t,x'+s(x-x'))(x_j - x'_j)\,ds$$

und finden durch Normbildung und Ausnutzen der Verträglichkeit von euklidischer Norm und Frobenius-Norm:

$$\begin{aligned}
\|f(t,x)-f(t,x')\| &\le \int_0^1 \| \sum_{j=1}^d \partial_j f(t,x'+s(x-x'))(x_j-x'_j)\|\,ds \\
&\le \int_0^1 \Big[\sum_{i,j=1}^d |\partial_j f_i(t,x'+s(x-x'))|^2\Big]^{1/2} \|x-x'\|\,ds \\
&\le 1\,Kd\,\|x-x'\|\,.
\end{aligned}$$

Lösung A.1.6: Eine Differentialgleichung

$$u'(t) = f(t,u(t))$$

heißt (stark) „monoton", wenn gilt:

$$-(f(t,x)-f(t,y),x-y)_2 \ge \gamma\|x-y\|_2^2, \quad x,y\in\mathbb{R}^n.$$

Monotone AWA mit $\sup_{t\in[t_0,\infty)}\|f(t,0)\|_2<\infty$ haben nach einem Resultat aus derm Text globale, gleichmäßig beschränkte Lösungen.

a) Für $f(t,x):=A(t)x+b(t)$ gilt, wenn $A(t)$ gleichmäßig für $t\ge t_0$ negativ definit ist:

$$-(f(t,x)-f(t,y),x-y)_2 = -(A(t)(x-y),x-y)_2 \ge \gamma\|x-y\|_2^2, \quad x,y\in\mathbb{R}^d,$$

d. h.: die AWA ist „monoton".

b) Die Matrix $-A$ ist symmetrisch und strikt diagonal-dominant und hat folglich nur positive Eigenwerte. Also ist A negativ definit.

c) Weiter gilt im Falle $\sup_{t\ge t_0}\|b(t)\|_2<\infty$:

$$\sup_{t\ge t_0}\|f(t,0)\|_2 = \sup_{t\ge t_0}\|b(t)\|_2 < \infty,$$

d. h.: Die Lösung der linearen AWA ist gleichmäßig beschränkt.

Lösung A.1.7 (Praktische Aufgabe): Für die verschiedenen Verfahren ergibt sich:

i) Sukzessive Approximation:

k	$u^{(k)}(1)$	$\left\lvert\dfrac{u^{(k)}(1)-\tan(1)}{\tan(1)}\right\rvert$
1	1.0000000	0.35790738
2	1.3333333	0.14387651
3	1.4825397	0.04807222
4	1.5369594	0.01312974
5	1.5527855	0.00296787
6	1.5565238	0.00056754
7	1.5572616	0.00009384

Bemerkung: Die sukzessive Approximation liefert eigentlich Näherungen für den ganzen Lösungsverlauf, $u(t)$, kann aber auch auf die Berechnung von $u(1)$ beschränkt werden. Der Hauptaufwand bei der Durchführung der Methode besteht in der Berechnung der Integrale $\int_0^t f(s,u^k(s))\,ds$, was in der Regel mit Quadraturformeln (am besten mit der Romberg-Methode) unter Verwendung von a posteriori Fehlerkontrolle erfolgen muß.

ii) Taylor-Methode:

R	$U_1^{(R)}(1)$	$\left\lvert\frac{U_1^{(R)}(1)-\tan(1)}{\tan(1)}\right\rvert$
1	1.0000000	0.35790738
2	1.0000000	0.35790738
3	1.3333333	0.14387651
4	1.3333333	0.14387651
5	1.4666667	0.05826416
6	1.4666667	0.05826416
7	1.5206349	0.02361155
8	1.5206349	0.02361155
9	1.5425044	0.00956931
10	1.5425044	0.00956931
11	1.5513676	0.00387829
12	1.5513676	0.00387829
13	1.5549598	0.00157181
14	1.5549598	0.00157181
15	1.5564156	0.00063703
16	1.5564156	0.00063703
17	1.5570056	0.00025818
18	1.5570056	0.00025818
19	1.5572448	0.00010464
20	1.5572448	0.00010464
21	1.5573417	0.00004241

iii) Polygonzugmethode:

h^{-1}	y_N	$\left\lvert\frac{y_N-\tan(1)}{\tan(1)}\right\rvert$
1	1.0000000	0.35790738
2	1.1250000	0.27764581
4	1.2551867	0.19405390
8	1.3669378	0.12229936
16	1.4472379	0.07073923
32	1.4974739	0.03848307
64	1.5260316	0.02014639
128	1.5413373	0.01031867
256	1.5492728	0.00522339
512	1.5533148	0.00262806
1024	1.5553548	0.00131817
2048	1.5563796	0.00066012
4096	1.5568933	0.00033032
8192	1.5571504	0.00016523
16384	1.5572790	0.00008263

Bemerkung: Die Polygonzugmethode liefert automatisch Näherungen y_n für den ganzen Lösungsverlauf und nicht nur zum Endwert $t = 1$. Der zu ihrer Durchführung notwendige Aufwand besteht im Wesentlichen in den Funktionsauswertungen $f(t_i, y_i)$ in den einzelnen Zeitschritten.

A.2 Kapitel 2

Lösung A.2.1: a) Unter *Konsistenz* (eines Einschrittverfahrens mit einer AWA) versteht man das Verschwinden des *lokalen Diskretisierungsfehlers (Abschneidefehlers)*

$$\tau_n^h = \frac{1}{h_n}(u_n - u_{n-1}) - F(h_n; t_{n-1}, u_{n-1})$$

bei kleiner werdender Schrittweite $h = \max_n(h_n)$:

$$\max_{t_n \in I} \|\tau_n^h\| \to 0 \quad \text{für } h \to 0.$$

Das Einschrittverfahren hat die *Konsistenzordnung* m, wenn gilt

$$\max_{t_n \in I} \| \tau_n^h \| = \mathcal{O}(h_n^m).$$

b1) Diese Formel entstand durch Koeffizientenvergleich aus der 2-stufigen Runge-Kutta-Formel mit der Taylormethode. Ansatz:

$$F(h_n; t_{n-1}, y_{n-1}) = c_1 f + c_2 f(t + h_n a_2, u + h_n b_{21} f).$$

Taylorentwicklung in Termen von h_n ergibt:

$$\begin{aligned} F(h_n; t_{n-1}, y_{n-1}) &= \sum_{r=0}^{\infty} \frac{h_n^r}{r!} \partial_{h_n} F \Big|_{h_n=0} \\ &= (c_1 + c_2) f + c_2 a_2 h_n f_t + c_2 b_{21} h_n f f_x + O(h_n^2). \end{aligned}$$

Koeffizientenvergleich mit der Taylormethode liefert die Konsistenzbedingung:

$$(c_1 + c_2) f + c_2 a_2 h_n f_t + c_2 b_{21} h_n f f_x + O(h_n^2) \stackrel{!}{=} f + \frac{1}{2} h_n \{ f_t + f_x f \} + O(h_n^2).$$

Mit der Wahl $c_1 = 0$, $c_2 = 1$ und $a_2 = b_{21} = \frac{1}{2}$ erhält man also gerade eine Methode 2. Ordnung.

b2) Diese Formel ist eine 3-stufige Runge-Kutta-Formel

$$F(h_n; t_{n-1}, y_{n-1}) = c_1 k_1 + c_2 k_2 + c_3 k_3$$

$$\begin{aligned} k_1 &= f(t_{n-1}, y_{n-1}), \\ k_2 &= f(t_{n-1} + h_n a_2, y_{n-1} + h_n b_{21} k_1) = f(t_{n-1} + h_n a_2, y_{n-1} + h_n b_{21} f), \\ k_3 &= f(t_{n-1} + h_n a_3, y_{n-1} + h_n b_{31} k_1 + h_n b_{32} k_2) \\ &= f(t_{n-1} + h_n a_3, y_{n-1} + h_n b_{21} f + h_n b_{32} f(t_{n-1} + h a_2, y_{n-1} + h b_{21} f)). \end{aligned}$$

Taylorentwicklung der Verfahrensfunktion ergibt:

$$\begin{aligned} F(h_n; t_{n-1}, y_{n-1}) = {} & (c_1 + c_2 + c_3) f + (c_2 a_2 + c_3 a_3) h_n f_t + (c_2 b_{21} + c_3 b_{31} + c_3 b_{32}) h_n f f_x \\ & + (\tfrac{1}{2} c_2 a_2^2 + \tfrac{1}{2} c_3 a_3^2) h_n^2 f_{tt} + (c_2 a_2 b_{21} + c_3 a_3 b_{31} + c_3 a_3 b_{32}) h_n^2 f f_{tx} \\ & + (\tfrac{1}{2} c_2 b_{21}^2 + \tfrac{1}{2} c_3 b_{31}^2 + c_3 b_{31} b_{32} + \tfrac{1}{2} c_3 b_{32}^2) h_n^2 f^2 f_{xx} \\ & + c_3 a_2 b_{32} h_n^2 f_t f_x + c_3 b_{21} b_{32} h_n^2 f f_x^2 + O(h_n^3) \end{aligned}$$

Koeffizientenvergleich mit der Taylormethode

$$\begin{aligned} F(h_n; t_{n-1}, y_{n-1}) \stackrel{!}{=} {} & f + \tfrac{1}{2} h_n \{ f_t + f f_x \} \\ & + \tfrac{1}{6} h_n^2 \{ f_{tt} + 2 f f_{tx} + f^2 f_{xx} + f_t f_x + f f_x^2 \} + O(h_n^3) \end{aligned}$$

ergibt die Konsistenzbedingungen:

$$\begin{aligned} c_1 + c_2 + c_3 &= 1, \\ c_2 a_2 + c_3 a_3 &= \tfrac{1}{2}, \\ c_2 b_{21} + c_3 b_{31} + c_3 b_{32} &= \tfrac{1}{2}, \\ \tfrac{1}{2} c_2 a_2^2 + \tfrac{1}{2} c_3 a_3^2 &= \tfrac{1}{6}, \\ c_2 a_2 b_{21} + c_3 a_3 b_{31} + c_3 a_3 b_{32} &= \tfrac{1}{3}, \\ \tfrac{1}{2} c_2 b_{21}^2 + \tfrac{1}{2} c_3 b_{31}^2 + c_3 b_{31} b_{32} + \tfrac{1}{2} c_3 b_{32}^2 &= \tfrac{1}{6}, \\ c_3 a_2 b_{32} &= \tfrac{1}{6}, \\ c_3 b_{21} b_{32} &= \tfrac{1}{6}. \end{aligned}$$

Ablesen der Koeffizienten ergibt:

$$c_1 = \tfrac{1}{10}, \quad c_2 = \tfrac{5}{10}, \quad c_3 = \tfrac{4}{10}, \quad a_2 = \tfrac{1}{3}, \quad a_3 = \tfrac{5}{6}, \quad b_{21} = \tfrac{1}{3}, \quad b_{31} = -\tfrac{5}{12}, \quad b_{32} = \tfrac{5}{4}.$$

Die so konstruierte Runge-Kutta-Formel ist demnach von 3. Ordnung.

(Alternativer Zugang: Die endgültigen Koeffizienten direkt in der Taylorentwicklung der Verfahrensfunktion einsetzen.)

Lösung A.2.2: a) Es genügt, die L-Stetigkeit der $k_r(h;t,x)$ zu zeigen. Zunächst schätzt man allgemein ab:

$$\begin{aligned} \|k_r(h;t,x) - k_r(h;t,y)\| &= \Big\| f\Big(t + ha_r, x + h\sum_{s=1}^{R} b_{rs}k_s\Big) - f\Big(t + ha_r, y + h\sum_{s=1}^{R} b_{rs}k_s\Big)\Big\| \\ &\le L_f\Big(h\sum_{s=1}^{R} |b_{rs}|\, \|k_s(h;t,x) - k_s(h;t,y)\| + \|x-y\|\Big) \qquad (*) \end{aligned}$$

Unter der Schrittweitenbedingung $L_f h|b_{rr}| < 1$ erhält man:

$$\begin{aligned} &\|k_r(h;t,x) - k_r(h;t,y)\| \\ &\le \frac{1}{1 - L_f h|b_{rr}|} L_f\Big(h \sum_{s=1, s\neq r}^{R} |b_{rs}|\, \|k_s(h;t,x) - k_s(h;t,y)\| + \|x-y\|\Big) \qquad (**) \end{aligned}$$

Diese Ungleichung erlaubt es nun, induktiv die L-Stetigkeit der k_r zu zeigen:

Induktionsanfang: Für $R = 1$ folgt sofort die Lipschitz-Stetigkeit von k_1.

Induktionsschritt: Einsetzen der Ungleichung (*) für k_R in die Ungleichungen (**) für $k_1, \cdots, k_{R-1}$ liefert $R-1$ Ungleichungen mit modifizierten Koeffizienten:

$$\begin{aligned} \|k_r(h;t,x) - k_r(h;t,y)\| \le L_f \Bigg(& h\sum_{s=1}^{R-1} |b_{rs}| \Big(1 + \frac{|b_{rR}|L_f h}{1 - L_f h|b_{RR}|}\Big) \|k_s(h;t,x) - k_s(h;t,y)\| \\ & + \Big(1 + \frac{L_f h (R-1)|b_{rR}|}{1 - L_f h|b_{RR}|}\Big)\|x-y\|\Bigg) \quad \text{für } r = 1, \cdots, R-1 \end{aligned}$$

Nach Induktionsvoraussetzung sind die k_r, $r = 1, \cdots, R-1$ aufgrund dieses Ungleichungssystems L-stetig. Nach Ungleichung (**) ist somit auch k_R L-stetig.

b) Durch Taylorentwicklung erhalten wir

$$\begin{aligned}
\tau_n &= \frac{u_n - u_{n-1}}{h_n} - F(h_n; t_{n-1}, u_{n-1}) \\
&= \frac{u_{n-1} + hu'_{n-1} + O(h_n^2) - u_{n-1}}{h_n} - F(h_n; t_{n-1}, u_{n-1}) \\
&= u'_{n-1} - F(h_n; t_{n-1}, u_{n-1}) + O(h_n) \\
&= f(t_{n-1}, u_{n-1}) - \sum_{r=1}^{R} c_r k_r(h_n; t_{n-1}, u_{n-1}) + O(h_n) \\
&= f(t_{n-1}, u_{n-1}) - \sum_{r=1}^{R} c_r \Big\{ f(t_{n-1}, u_{n-1}) + O(h_n) \Big\} + O(h_n) \\
&= f(t_{n-1}, u_{n-1}) \Big\{ 1 - \sum_{r=1}^{R} c_r \Big\} + O(h_n).
\end{aligned}$$

Das Verfahren ist konsistent, falls $\tau_n \to 0$ $(h_n \to 0)$. Dies ist offensichtlich genau dann der Fall, wenn $\sum_{r=1}^{R} c_r = 1$ gilt.

Lösung A.2.3: Mit $\tilde{e}_n := \tilde{y}_n - u_n$ gilt

$$\tilde{e}_n = \tilde{e}_{n-1} + h_n\big(F(h_n; t_{n-1}, \tilde{y}_{n-1}) - F(h_n; t_{n-1}, u_{n-1})\big) - h_n \tau_n + \varepsilon_n$$

und damit

$$\begin{aligned}
\|\tilde{e}_n\| &\le \|\tilde{e}_{n-1}\| + h_n \|F(h_n; t_{n-1}, \tilde{y}_{n-1}) - F(h_n; t_{n-1}, u_{n-1})\| + h_n \|\tau_n\| + \|\varepsilon_n\| \\
&\le \|\tilde{e}_{n-1}\| + h_n L \|\tilde{e}_{n-1}\| + h_n \|\tau_n\| + \|\varepsilon_n\| \\
&\le \|\tilde{e}_0\| + L \sum_{\nu=0}^{n-1} h_{\nu+1} \|\tilde{e}_\nu\| + \sum_{\nu=1}^{n} h_\nu \|\tau_\nu\| + \sum_{\nu=1}^{n} \|\varepsilon_\nu\|.
\end{aligned}$$

Mit Hilfe des diskreten Gronwallschen Lemmas erschließt man

$$\begin{aligned}
\|\tilde{e}_n\| &\le \exp\Big[L \sum_{\nu=0}^{n-1} h_{\nu+1} \Big] \Big\{ \|\tilde{e}_0\| + \sum_{\nu=1}^{n} h_\nu \|\tau_\nu\| + \sum_{\nu=1}^{n} \|\varepsilon_\nu\| \Big\} \\
&\le e^{L(t_n - t_0)} \Big\{ \|\tilde{e}_0\| + \max_{1 \le m \le n} \|\tau_m\| \sum_{\nu=1}^{n} h_\nu + \sum_{\nu=1}^{n} h_\nu h_\nu^{-1} \|\varepsilon_\nu\| \Big\} \\
&\le e^{L(t_n - t_0)} \Big\{ \|\tilde{e}_0\| + (t_n - t_0) \max_{1 \le m \le n} \|\tau_m\| + \max_{1 \le m \le n} h_m^{-1} \|\varepsilon_m\| \sum_{\nu=1}^{n} h_\nu \Big\} \\
&\le \underbrace{e^{L(t_n - t_0)}}_{=: K(t_n)} \Big\{ \|\tilde{e}_0\| + (t_n - t_0) \big(\max_{1 \le m \le n} \|\tau_m\| + \text{eps} \max_{1 \le m \le n} h_m^{-1} \|y_m\| \big) \Big\},
\end{aligned}$$

was zu zeigen war.

Lösung A.2.4: a) Mit dem Ansatz $a(h) = a + ch^\alpha$ ergibt sich

$$\frac{a(h) - a}{a(h/2) - a} = \frac{ch^\alpha}{c(h/2)^\alpha} = 2^\alpha$$

und folglich

$$\alpha = \frac{1}{\log(2)} \log\left(\left|\frac{a(h) - a}{a(h/2) - a}\right|\right).$$

Wenn der Limes a nicht bekannt ist, schreiben wir

$$\begin{aligned}\frac{a(h) - a(h/2)}{a(h/2) - a(h/4)} &= \frac{a(h) - a + a - a(h/2)}{a(h/2) - a + a - a(h/4)} = \frac{ch^\alpha - c(h/2)^\alpha}{c(h/2)^\alpha - c(h/4)^\alpha} \\ &= \frac{1 - 2^{-\alpha}}{2^{-\alpha} - 4^{-\alpha}} = 2^\alpha\end{aligned}$$

und erhalten

$$\alpha = \frac{1}{\log(2)} \log\left(\left|\frac{a(h) - a(h/2)}{a(h/2) - a(h/4)}\right|\right).$$

b) Für die gegebenen Folgen ergibt sich:

$$\alpha \approx \frac{1}{\log(2)} \log\left(\left|\frac{a(h) - a}{a(h/2) - a}\right|\right) \approx 1$$

und

$$\alpha \approx \frac{1}{\log(2)} \log\left(\left|\frac{b(h) - b(h/2)}{b(h/2) - b(h/4)}\right|\right) \approx 2.$$

Lösung A.2.5 (Praktische Aufgabe): Zu approximieren ist die Lösung der AWA

$$u'(t) = \sin(u(t)), \quad t \in [0, 10], \quad u(0) = 1.$$

Die exakte Lösung berechnet man mittels „TdV“:

$$\begin{aligned}\int_{u(0)}^{u(t)} \frac{1}{\sin(z)}\,dz = \int_0^t 1\,ds \quad &\Leftrightarrow \quad \big[\ln(\tan(\frac{z}{2}))\big]_{u(0)}^{u(t)} = t \\ &\Leftrightarrow \quad \ln(\tan(\frac{u(t)}{2})) - \ln(\tan(\frac{u(0)}{2})) = t \\ &\Leftrightarrow \quad \ln(\tan(\frac{u(t)}{2})) = t + \ln(\tan(\frac{1}{2})) \\ &\Leftrightarrow \quad \tan(\frac{u(t)}{2}) = \exp(t + \ln(\tan(\frac{1}{2}))) \\ &\Leftrightarrow \quad u(t) = 2\arctan(e^t \tan(\frac{1}{2})).\end{aligned}$$

Probe: Mit den Beziehungen

$$\begin{aligned}\sin(\arctan(x)) &= \frac{x}{\sqrt{1 + x^2}}, \\ \cos(\arctan(x)) &= \frac{1}{\sqrt{1 + x^2}}, \\ \sin(2x) &= 2\sin(x)\cos(x)\end{aligned}$$

gilt mit $x := e^t \tan(1/2)$:

$$u'(t) = 2 \cdot \frac{1}{1+x^2} \cdot x$$

sowie

$$\begin{aligned}\sin(u(t)) &= \sin(2\arctan(x)) \\ &= 2 \cdot \sin(\arctan(x)) \cdot \cos(\arctan(x)) \\ &= 2 \cdot \frac{x}{\sqrt{1+x^2}} \cdot \frac{1}{\sqrt{1+x^2}} \\ &= 2 \cdot \frac{1}{1+x^2} \cdot x.\end{aligned}$$

Außerdem ist der Anfangswert erfüllt: $u(0) = 2 \cdot \arctan(\tan\left(\frac{1}{2}\right)) = 2 \cdot \frac{1}{2} = 1$.

Tabelle A.1: Iterationen, absolute Fehler e und Konvergenzordnung o

iter	h	e (FE)	o (FE)	e (ME)	o (ME)	e (RK4)	o (RK4)
4	2^{-4}	$4.0 * 10^{-5}$	0.51	$9.2 * 10^{-7}$	2.22	$2.0 * 10^{-10}$	4.14
5	2^{-5}	$2.1 * 10^{-5}$	0.78	$2.2 * 10^{-7}$	2.09	$1.2 * 10^{-11}$	4.07
6	2^{-6}	$1.1 * 10^{-5}$	0.89	$5.5 * 10^{-8}$	2.04	$7.5 * 10^{-13}$	4.04
7	2^{-7}	$5.5 * 10^{-6}$	0.95	$1.4 * 10^{-8}$	2.02	$4.7 * 10^{-14}$	4.02
8	2^{-8}	$2.8 * 10^{-6}$	0.97	$3.4 * 10^{-9}$	2.01	$4 * 10^{-15}$	4.04
9	2^{-9}	$1.4 * 10^{-6}$	0.99	$8.5 * 10^{-10}$	2.00	$2 * 10^{-15}$	2.88
10	2^{-10}	$6.9 * 10^{-7}$	0.99	$2.1 * 10^{-10}$	2.00	$3 * 10^{-15}$	2.12
11	2^{-11}	$3.5 * 10^{-7}$	1.00	$5.3 * 10^{-11}$	2.00	$1 * 10^{-15}$	-0.74
12	2^{-12}	$1.7 * 10^{-7}$	1.00	$1.3 * 10^{-11}$	2.00	$6 * 10^{-15}$	-1.26
13	2^{-13}	$8.7 * 10^{-8}$	1.00	$3.3 * 10^{-12}$	2.00	$3 * 10^{-15}$	-0.74
14	2^{-14}	$4.3 * 10^{-8}$	1.00	$8.2 * 10^{-13}$	2.00	$3 * 10^{-15}$	0.62

Lösung A.2.6: Nach Definition des Abschneidefehlers ist

$$\begin{aligned}\tau_n &:= \frac{1}{h_n}\{u_n - u_{n-1}\} - f(t_n, u_n) = \frac{1}{h_n}\int_{t_{n-1}}^{t_n} u'(t)\,dt - \Big[\frac{t-t_{n-1}}{h_n}u'(t)\Big]_{t_{n-1}}^{t_n} \\ &= -\frac{1}{h_n}\int_{t_{n-1}}^{t_n} (t-t_{n-1})u''(t)\,dt\end{aligned}$$

und somit

$$\begin{aligned}
\|\tau_n\| &\le \frac{1}{h_n}\int_{t_{n-1}}^{t_n}(t-t_{n-1})\|u''(t)\|\,dt \\
&\le \frac{1}{h_n}\max_{t\in I_n}\|u''(t)\| \underbrace{\int_{t_{n-1}}^{t_n}(t-t_{n-1})\,dt}_{=\frac{1}{2}h_n^2} = \frac{1}{2}h_n\max_{t\in I_n}\|u''(t)\|.
\end{aligned}$$

Für u_n gilt $u_n = u_{n-1} + h_n f(t_n, u_n) + h_n\tau_n$ und damit für den Fehler $e_n := y_n - u_n$:

$$e_n = e_{n-1} + h_n\big(f(t_n, y_n) - f(t_n, u_n)\big) - h_n\tau_n$$

sowie unter Ausnutzung der Lipschitz-Stetigkeit von $f(t,x)$:

$$\|e_n\| \le \|e_{n-1}\| + h_n L\|e_n\| + h_n\|\tau_n\|.$$

Wiederholte Anwendung liefert

$$\|e_n\| \le \|e_0\| + L\sum_{\nu=1}^n h_\nu\|e_\nu\| + \sum_{\nu=1}^n h_\nu\|\tau_\nu\|.$$

Für $h_n < 1/L$ können wir das diskrete Gronwallsche Lemma anwenden ($\gamma := \max_{1\le i\le n}(1-Lh_i)^{-1}$):

$$\begin{aligned}
\|e_n\| &\le \exp\Big[\gamma L\sum_{\nu=1}^n h_\nu\Big]\Big\{\|e_0\| + \sum_{\nu=1}^n h_\nu\|\tau_\nu\|\Big\} \\
&= e^{\gamma L(t_n-t_0)}\Big\{\|e_0\| + \sum_{\nu=1}^n h_\nu\|\tau_\nu\|\Big\} \\
&\le e^{\gamma L(t_n-t_0)}\Big\{\|e_0\| + \max_{1\le m\le n}\|\tau_m\|\sum_{\nu=1}^n h_\nu\Big\} \\
&\le e^{\gamma L(t_n-t_0)}\Big\{\|e_0\| + (t_n-t_0)\max_{1\le m\le n}\|\tau_m\|\Big\}
\end{aligned}$$

Mit $\|\tau_m\| \le \frac{1}{2}h_m\max_{t\in I_m}\|u''(t)\|$ folgt

$$\|y_n - u(t_n)\| \le e^{\gamma L(t_n-t_0)}\Big\{\|y_0-u_0\| + \tfrac{1}{2}(t_n-t_0)\max_{1\le m\le n}\big\{h_m\max_{t\in[t_{m-1},t_m]}\|u''(t)\|\big\}\Big\}.$$

Lösung A.2.7: i) Die erste behauptete Ungleichung ist äquivalent zu

$$\Big\|\frac{x}{\|x\|} - \frac{y}{\|y\|}\Big\|^2 \le \|x-y\|^2.$$

Bezeichnet $(\cdot,\cdot)$ das euklidische Skalarprodukt, so gilt (wegen $\|x\|\ge 1$, $\|y\|\ge 1$):

$$\begin{aligned}
\Big\|\frac{x}{\|x\|} - \frac{y}{\|y\|}\Big\|^2 &= \frac{1}{\|x\|^2\|y\|^2}\left(x\|y\| - y\|x\|, x\|y\| - y\|x\|\right) \\
&\le \frac{1}{\|x\|\|y\|}\left\{\|x\|^2\|y\|^2 - 2(x,y)\|x\|\|y\| + \|y\|^2\|x\|^2\right\} \\
&= 2\|x\|\|y\| - 2(x,y).
\end{aligned}$$

Mit Hilfe der Young'schen Ungleichung ($ab \leq \frac{1}{2}a^2 + \frac{1}{2}b^2$) erschließen wir somit

$$\left\| \frac{x}{\|x\|} - \frac{y}{\|y\|} \right\|^2 \leq 2\|x\|\|y\| - 2(x,y) \leq \|x\|^2 - 2(x,y) + \|y\|^2 = \|x-y\|^2,$$

was zu zeigen war. Die Richtigkeit der zweiten Ungleichung sieht man wie folgt:

$$\begin{aligned}
\left\| \frac{x}{\|x\|} - z \right\|^2 &= \Big(\frac{x}{\|x\|} - z, \frac{x}{\|x\|} - z \Big) = \Big(\frac{x}{\|x\|} - x + x - z, \frac{x}{\|x\|} - z \Big) \\
&= \Big(\frac{x}{\|x\|} - x, \frac{x}{\|x\|} - z \Big) + \Big(x - z, \frac{x}{\|x\|} - z \Big) \\
&= 1 - \frac{(x,z)}{\|x\|} - \|x\| + (x,z) + \Big(x - z, \frac{x}{\|x\|} - z \Big) \\
&= \underbrace{\Big(1 - \frac{1}{\|x\|} \Big)}_{\geq 0,\ \text{da } \|x\| \geq 1} (x,z) + 1 - \|x\| + \Big(x - z, \frac{x}{\|x\|} - z \Big) \\
&\leq \Big(1 - \frac{1}{\|x\|} \Big) \|x\| \underbrace{\|z\|}_{\leq 1} + 1 - \|x\| + \|x - z\| \left\| \frac{x}{\|x\|} - z \right\| \\
&\leq \|x\| - 1 + 1 - \|x\| + \|x - z\| \left\| \frac{x}{\|x\|} - z \right\| = \|x - z\| \left\| \frac{x}{\|x\|} - z \right\|
\end{aligned}$$

Kürzen liefert dann die Behauptung.

ii) Offenbar genügt es, die L-Stetigkeit von $\tilde{f}$ zu zeigen. Dabei können drei Fälle auftreten:

1. Fall $(t,x), (t,y) \in U_\rho$:

$$\|\tilde{f}(t,x) - \tilde{f}(t,y)\| = \|f(t,x) - f(t,y)\| \leq L_f \|x - y\|;$$

2. Fall $(t,x), (t,y) \in (I \times \mathbb{R}^d) \setminus U_\rho$:

$$\begin{aligned}
\|\tilde{f}(t,x) - \tilde{f}(t,y)\| &= \|f(t,x_\rho) - f(t,y_\rho)\| \\
&\leq L_f \|x_\rho - y_\rho\| = L_f \left\| \rho \frac{x - u(t)}{\|x - u(t)\|} + u(t) - \rho \frac{y - u(t)}{\|y - u(t)\|} - u(t) \right\| \\
&= L_f \rho \left\| \frac{x - u(t)}{\|x - u(t)\|} - \frac{y - u(t)}{\|y - u(t)\|} \right\| \\
&= L_f \rho \left\| \frac{\rho^{-1}(x - u(t))}{\|\rho^{-1}(x - u(t))\|} - \frac{\rho^{-1}(y - u(t))}{\|\rho^{-1}(y - u(t))\|} \right\| \\
&\leq L_f \rho \|\rho^{-1}(x - u(t) - y + u(t))\| = L_f \|x - y\|;
\end{aligned}$$

3. Fall $(t,x) \in (I \times \mathbb{R}^d) \setminus U_\rho$, $(t,y) \in U_\rho$:

$$\begin{aligned}
\|\tilde{f}(t,x) - \tilde{f}(t,y)\| &= \|f(t,x_\rho) - f(t,y)\| \\
&\leq L_f \|x_\rho - y\| = L_f \left\| \rho \frac{x - u(t)}{\|x - u(t)\|} + u(t) - y \right\| \\
&= L_f \rho \left\| \frac{\rho^{-1}(x - u(t))}{\|\rho^{-1}(x - u(t))\|} - \rho^{-1}(y - u(t)) \right\| \\
&\leq L_f \rho \|\rho^{-1}(x - u(t) - y + u(t))\| = L_f \|x - y\|.
\end{aligned}$$

Lösung A.2.8: Es gilt

$$y_n = y_{n-1} + h_n\{f(t_n, y_n) - f(t_n, 0)\} + h_n f(t_n, 0).$$

Wir multiplizieren mit $\|y_n\|^{-1} y_n$ und erhalten unter Ausnutzung der Monotonie

$$\|y_n\| \le \|y_n\|^{-1}(y_{n-1}, y_n) - \lambda_n h_n \|y_n\| + h_n \|f(t_n, 0)\|.$$

Dies ergibt

$$(1 + \lambda_n h_n)\|y_n\| \le \|y_{n-1}\| + h_n\|f(t_n, 0)\|.$$

bzw.

$$\|y_n\| \le \frac{1}{1+\lambda_n h_n}\|y_{n-1}\| + \frac{h_n}{1+\lambda_n h_n}\|f(t_n, 0)\|.$$

Wegen $\lambda_n \ge \lambda > 0$ (strikte Monotonie) erschließen wir hieraus per Induktion:

$$\|y_n\| \le \lambda^{-1} \max_{1\le\nu\le n} \|f(t_\nu, 0)\|.$$

Für $n = 1$ gilt trivialerweise

$$\|y_1\| \le \frac{h_1}{1+\lambda h_1}\|\tau_1\| \le \frac{1}{\lambda}\|f(t_1, 0)|.$$

Sei die Behauptung nun richtig für $n-1$. Dann folgt:

$$\begin{aligned}
\|y_n\| &\le \frac{1}{1+\lambda h_n}\|y_{n-1}\| + \frac{h_n}{1+\lambda h_n}\|f(t_n, 0)\| \\
&\le \frac{1}{1+\lambda h_n}\lambda^{-1} \max_{1\le\nu\le n-1} \|f(t_\nu, 0)\| + \frac{h_n}{1+\lambda h_n}\|f(t_n, 0)\| \le \frac{1}{\lambda} \max_{1\le\nu\le n} \|f(t_\nu, 0)\|.
\end{aligned}$$

Dies vervollständigt den Beweis.

Lösung A.2.9: a) Die L-Konstante der Fixpunktabbildung

$$g(x) := y_{n-1} + h_n F(h_n; t_n, x, y_{n-1})$$

ist $L_g = h_n L_F$ mit der L-Konstante L_F der Verfahrensfunktion $F(h; t, x, y)$ bzgl. des Arguments y. Für $h_n < L_F^{-1}$ ist die Abbildung $g(\cdot)$ eine Kontraktion und die Fixpunktiteration konvergiert nach dem Banachschen Fixpunktsatz. Man erhält durch rekursives Abschätzen mit Hilfe der L-Stetigkeit von g die a priori Fehlerabschätzung:

$$\begin{aligned}
|y_n^{(k)} - y_n| &\le |y_n^{(k)} - y_n^{(k+1)}| + |y_n^{(k+1)} - y_n^{(k+2)}| + |y_n^{(k+2)} - y_n^{(k+3)}| + \cdots \\
&\le (h_n L_f)^k\, |y_n^{(1)} - y_n^{(0)}|\{1 + h_n L_f + (h_n L_f)^2 + \cdots\} \\
&= \frac{(h_n L_f)^k}{1 - h_n L_f}\, |y_n^{(1)} - y_n^{(0)}|.
\end{aligned}$$

b) Wir suchen eine Nullstelle von

$$h(x) := x - y_{n-1} - h_n F(h_n; t_n, x, y_{n-1}).$$

Mit der Jacobi-Matrix

$$Jh(x) := I - hF'_x(h_n; t_n, x, y_{n-1})$$

lautet das Newton-Verfahren ausgehend von einem Startwert $y_n^{(0)}$:

$$y_n^{(k)} = y_n^{(k-1)} + \delta y_n^{(k)},$$

$$Jh\big(y_n^{(k-1)}\big)\delta y_n^{(k)} = -y_n^{(k-1)} + y_{n-1} + h_n F(h_n; t_n, y_n^{(k-1)}, y_{n-1}).$$

c) Das Newton-Verfahren ist unter der Bedingung, dass F zweimal stetig partiell differenzierbar ist und $Jh(y_n)$ regulär lokal quadratisch konvergent.

Lösung A.2.10 (Praktische Aufgabe): Nicht verfügbar.

Lösung A.2.11: a) Der Abschneidefehler

$$\tau_n = \frac{1}{h_n}(u_n - u_{n-1}) - \frac{1}{2}\Big(f(t_{n-1}, u_{n-1}) + f(t_n, u_n)\Big)$$

der Trapezregel erlaubt die folgende Darstellung (zweimaliges partielles Integrieren):

$$\tau_n = \frac{1}{2h_n}\int_{t_{n-1}}^{t_n} (t - t_n)(t - t_{n-1})u'''(t)\,dt.$$

Abschätzen:

$$\|\tau_n\| \leq \frac{1}{12}\sup_{t \in I_n} \|u'''\|\, h_n^2.$$

b) A ist negativ definit und symmetrisch, d. h. es gibt eine Orthonormalbasis ONB bezüglich derer A als Bilinearform Diagonalgestalt besitzt mit den negativen Eigenwerten $\lambda_1, \cdots, \lambda_n$ auf der Diagonalen.

Betrachte nun die folgende Fehlerdarstellung für die Trapezregel:

$$(I - \tfrac{1}{2}h_n A)e_n = (I + \tfrac{1}{2}h_n A)e_{n-1} + h_n\tau_n.$$

Testen mit e_n und anschließender Koordinatenwechsel auf ONB liefert:

$$\Big(\Big(I - \tfrac{1}{2}h_n \begin{pmatrix} \lambda_1 & & \\ & \ddots & \\ & & \lambda_n \end{pmatrix}\Big)\tilde{e}_n, \tilde{e}_n\Big) = \Big(\Big(I + \tfrac{1}{2}h_n \begin{pmatrix} \lambda_1 & & \\ & \ddots & \\ & & \lambda_n \end{pmatrix}\Big)\tilde{e}_{n-1}, \tilde{e}_n\Big) + h_n\,(\tilde{\tau}_n, \tilde{e}_n)\,.$$

Es sei λ der betragsmäßig kleinste Eigenwert. Dann gilt

$$(1 + \tfrac{1}{2}h_n|\lambda|)\,(\tilde{e}_n, \tilde{e}_n) \leq \left\| I + \tfrac{1}{2}h_n \begin{pmatrix} \lambda_1 & & \\ & \ddots & \\ & & \lambda_n \end{pmatrix} \right\| \|\tilde{e}_{n-1}\|\,\|\tilde{e}_n\| + h_n\,(\tilde{\tau}_n, \tilde{e}_n)\,. \qquad (*)$$

Im Folgenden sei nun eine globale Schrittweitenbedingung $h_n \leq h$ angenommen mit einem hinreichend kleinem h, so dass stets (die λ_i sind negativ):

$$\left\| I + \tfrac{1}{2}h_n \begin{pmatrix} \lambda_1 & & \\ & \ddots & \\ & & \lambda_n \end{pmatrix} \right\| \leq 1.$$

Division von (*) durch $\|\tilde{e}_n\|$ und anschließende Rücktransformation liefert:

$$\Big(1+\tfrac{1}{2}h_n|\lambda|\Big)\|e_n\| \le \|e_{n-1}\| + h_n\|\tau_n\|.$$

Hiermit beweist man nun induktiv die Fehlerdarstellung

$$\|e_n\| \le \frac{2}{|\lambda|}\max_{1\le\nu\le n}\|\tau_\nu\|.$$

Induktionsanfang: Mit $\|e_0\| = 0$ ergibt sich

$$\|e_1\| \le \frac{h_n}{1+\frac{1}{2}h_n|\lambda|}\|\tau_1\| \le \frac{2}{|\lambda|}\|\tau_1\|$$

Induktionsschritt:

$$\begin{aligned}
\|e_n\| &\le \frac{1}{1+\frac{1}{2}h_n|\lambda|}\|e_{n-1}\| + \frac{h_n}{1+\frac{1}{2}h_n|\lambda|}\|\tau_n\| \\
&\le \left\{\frac{1}{1+\frac{1}{2}h_n|\lambda|}\,\frac{2}{|\lambda|} + \frac{h_n}{1+\frac{1}{2}h_n|\lambda|}\right\}\max_{1\le\nu\le n}\|\tau_\nu\| \\
&= \frac{2}{|\lambda|}\max_{1\le\nu\le n}\|\tau_\nu\|.
\end{aligned}$$

c) Es ergibt sich also mit Hilfe von (a) und (b):

$$\|e_n\| \le \frac{1}{6}\,\frac{1}{|\lambda|}\sup_{t\in I_n}\|u'''\|\,h_n^2.$$

Dies liefert die globale Fehlerabschätzung

$$\sup_{t_n\ge 0}\|e_n\| \le \frac{1}{6}\,\frac{1}{|\lambda|}\sup_{t\ge 0}\|u'''\|\,h^2.$$

Lösung A.2.12: a) Es gilt

$$\big(1-h_n\alpha\big)\|e_n\|^2 \le \big(1-h_n\kappa\big)\|e_{n-1}\|^2 + \frac{h_n}{\alpha}\|\tau_n\|^2 \quad \forall\alpha>0,$$

mit $\kappa = 2\lambda - hL^2$.

Beweis: Es gilt für $e_n = u_n - y_n$:

$$e_n = e_{n-1} + h_n\,(f(t_{n-1},u_{n-1}) - f(t_{n-1},y_{n-1}) + h_n\tau_n.$$

Multiplizieren mit $\cdot 2\,e_n$ liefert:

$$\begin{aligned}
2\|e_n\|^2 - 2\,(e_{n-1},e_n) &= 2\,h_n\big(f(t_{n-1},u_{n-1}) - f(t_{n-1},y_{n-1}),e_{n-1}\big) \\
&\quad + 2\,h_n\big(f(t_{n-1},u_{n-1}) - f(t_{n-1},y_{n-1}),e_n - e_{n-1}\big) \\
&\quad + 2h_n\,(\tau_n,e_n) \\
&\le -2h_n\lambda_n\|e_{n-1}\|^2 + 2h_nL\|e_{n-1}\|\,\|e_n-e_{n-1}\| + 2h_n\|\tau_n\|\,\|e_n\| \\
&\le -2h_n\lambda_n\|e_{n-1}\|^2 + 2h_n^2L^2\|e_{n-1}\|^2 + \|e_n-e_{n-1}\|^2 \\
&\quad + \frac{h_n}{\alpha}\|\tau_n\|^2 + h_n\,\alpha\|e_n\|^2
\end{aligned}$$

Mit dem Hinweis folgt:

$$\|e_n\|^2 + \|e_{n-1} - e_n\| - \|e_{n-1}\| \le -2h_n\lambda_n\|e_{n-1}\|^2 + 2h_n^2L^2\|e_{n-1}\|^2 + \|e_n - e_{n-1}\|^2 + \frac{h_n}{\alpha}\|\tau_n\|^2 + h_n\,\alpha\|e_n\|^2$$

Umformen:

$$\big(1 - h_n\alpha\big)\|e_n\|^2 \le \big(1 - h_n\lambda + h_n^2L^2\big)\|e_{n-1}\|^2 + \frac{h_n}{\alpha}\|\tau_n\|^2.$$

□

b) Mit $\alpha = \kappa/2$ und o.B.d.A. $h \le \kappa^{-1}$ folgt induktiv:

$$\|e_n\|^2 \le \frac{8}{\kappa^2}\max_{1\le\nu\le n}\|\tau_\nu\|^2$$

Beweis:

$$\|e_1\| \le 0 + \frac{h_n}{\big(1-\frac{1}{2}h_n\kappa\big)\frac{1}{2}\kappa}\|\tau_1\|^2 \le \frac{4}{\big(1-\frac{1}{2}h\kappa\big)\kappa^2}\|\tau_1\|^2 \le \frac{8}{\kappa^2}\max_{1\le\nu\le 1}\|\tau_\nu\|^2.$$

Weiterhin:

$$\begin{aligned}
\|e_n\| &\le \frac{1-h_n\kappa}{1-\frac{1}{2}h_n\kappa}\|e_{n-1}\|^2 + \frac{h_n}{\big(1-\frac{1}{2}h_n\kappa\big)\frac{1}{2}\kappa}\|\tau_n\|^2 \\
&\le \left[\frac{1-h_n\kappa}{1-\frac{1}{2}h_n\kappa}\cdot\frac{8}{\kappa^2} + \frac{h_n}{\big(1-\frac{1}{2}h_n\kappa\big)\frac{1}{2}\kappa}\right]\max_{1\le\nu\le n}\|\tau_\nu\|^2 \\
&= \left[\frac{8\big(1-h_n\kappa\big)+4h_n\,\kappa}{\big(1-\frac{1}{2}h_n\kappa\big)\cdot\kappa^2}\right]\max_{1\le\nu\le n}\|\tau_\nu\|^2 \\
&= \frac{8}{\kappa^2}\max_{1\le\nu\le n}\|\tau_\nu\|^2
\end{aligned}$$

□

c) Schließlich gilt für den Abschneidefehler des expliziten Euler-Verfahrens:

$$\|\tau_\nu\| \le \tfrac{1}{2}h_\nu\sup_{I_\nu}\|u''\|.$$

Lösung A.2.13: Durch Taylorentwicklung erhalten wir

$$\begin{aligned}
u_n &= u_{n-1} + h_nu'_{n-1} + \tfrac{1}{2}h_n^2u''_{n-1} + \tfrac{1}{6}h_n^3u'''_{n-1} + O(h_n^4) \\
&= u_{n-1} + h_nf(t_{n-1},u_{n-1}) + \tfrac{1}{2}h_n^2f^{(1)}(t_{n-1},u_{n-1}) + \tfrac{1}{6}h_n^3f^{(2)}(t_{n-1},u_{n-1}) + O(h_n^4) \\
&= u_{n-1} + h_nf + \tfrac{1}{2}h_n^2\{f_t + f_xf\} + \tfrac{1}{6}h_n^3\{f_{tt} + 2f_{tx}f + f_{xx}f^2 + f_tf_x + f_x^2f\} + O(h_n^4)
\end{aligned}$$

sowie

$$f(t_{n-1}+h_n, y_{n-1}+h_n f(t_{n-1},y_{n-1})) = \\ f + h_n f_t + h_n f f_x + \tfrac{1}{2}h_n^2 f_{tt} + h_n^2 f f_{tx} + \tfrac{1}{2}h_n^2 f^2 f_{xx} + O(h_n^3).$$

Für den Abschneidefehler

$$\tau_n = \frac{u_n - u_{n-1}}{h_n} - \frac{1}{2}f(t_{n-1},u_{n-1}) - \frac{1}{2}f(t_n, u_{n-1}+h_n f(t_{n-1},u_{n-1}))$$

ergibt sich damit

$$\begin{aligned}\tau_n &= f + \tfrac{1}{2}h_n\{f_t + f_x f\} + \tfrac{1}{6}h_n^2\{f_{tt} + 2f_{tx}f + f_{xx}f^2 + f_t f_x + f_x^2 f\} + O(h_n^3) \\ &\quad - \tfrac{1}{2}f - \tfrac{1}{2}f - \tfrac{1}{2}h_n f_t - \tfrac{1}{2}h_n f f_x - \tfrac{1}{4}h_n^2 f_{tt} - \tfrac{1}{2}h_n^2 f f_{tx} - \tfrac{1}{4}h_n^2 f^2 f_{xx} + O(h_n^3) \\ &= h_n^2\left\{-\tfrac{1}{12}f_{tt} - \tfrac{1}{6}f f_{tx} - \tfrac{1}{12}f^2 f_{xx} + \tfrac{1}{6}f_t f_x + \tfrac{1}{6}f_x^2 f\right\} + O(h_n^3).\end{aligned}$$

Wir erhalten somit

$$\tau_n = \tau^2(t_{n-1})h_n^2 + O(h_n^3).$$

Eine weitere Taylorentwicklung von $f(t_n - h_n, \cdot)$ liefert die behauptete Beziehung

$$\tau_n = \tau^2(t_n)h_n^2 + O(h_n^3).$$

Lösung A.2.14: (i) Die folgende Überlegung folgt der entsprechenden Passage im Text für „Schrittweitenhalbierung". Zur Bestimmung von τ_{n+1}^m und damit der neuen Schrittweite h_{n+1} wählen wir zunächst eine Schätzschrittweite H (etwa $H = 2h_n$). Anwendung des Einschrittverfahrens zum Startwert y_n mit den Schrittweiten H (ein Schritt) und $H/4$ (vier Schritte) ergibt zum vorläufigen Zeitpunkt $t_{n+1} := t_n + H$ Näherungen y_{n+1}^H bzw. $y_{n+1}^{H/4}$. Für die Fehler gilt

$$\begin{aligned} y_{n+1}^H - u(t_{n+1}) &= e_n + H\{F(H;t_n,y_n) - F(H;t_n,u_n)\} - H\tau_{n+1}^H \\ &= (1+O(H))\,e_n - H^{m+1}\tau_{n+1}^m + O(H^{m+2}),\end{aligned}$$

bzw. eine analoge Identitt für $y_{n+1/4}^{H/4} - u(t_{n+1/4})$. Wir erhalten weiterhin durch rekursive Anwendung der Fehleridentität

$$\begin{aligned} y_{n+1}^{H/4} - u(t_{n+1}) &= y_{n+3/4}^{H/4} - u(t_{n+3/4}) + \tfrac{1}{4}H\Big\{F(\tfrac{1}{4}H;t_{n+3/4},y_{n+3/4}^{H/4}) \\ &\quad - F(\tfrac{1}{4}H;t_{n+3/4},u(t_{n+3/4}))\Big\} - \tfrac{1}{4}H\,\tau_{n+1}^{H/4} \\ &= (1+O(H))\big\{y_{n+3/4}^{H/4} - u(t_{n+3/4})\big\} - (\tfrac{1}{4}H)^{m+1}\tau_{n+1}^m + O(H^{m+2}) \\ &= (1+O(H))\big\{(1+O(H))\big\{y_{n+1/2}^{H/4} - u(t_{n+1/2})\big\} - (\tfrac{1}{4}H)^{m+1}\tau_{n+3/4}^m + O(H^{m+2})\big\} \\ &\quad - (\tfrac{1}{4}H)^{m+1}\tau_{n+1}^m + O(H^{m+2}) \\ &\;\;\vdots \\ &= (1+O(H))e_n - (\tfrac{1}{4}H)^{m+1}\big\{\tau_{n+1}^m + \tau_{n+3/4}^m + \tau_{n+1/2}^m + \tau_{n+1/4}^m\big\} + O(H^{m+2}),\end{aligned}$$

und folglich

$$y_{n+1}^{H/4} - u(t_{n+1}) = (1 + O(H))e_n - 4(\tfrac{1}{4}H)^{m+1}\tau_{n+1}^m + O(H^{m+2}).$$

Dabei wurde ausgenutzt, dass sich die Hauptabschneidefunktion gemäß

$$\tau_{n+3/4}^m + \tau_{n+1/2}^m + \tau_{n+1/4}^m = 3\tau_{n+1}^m + O(H)$$

entwickeln lässt. Subtraktion dieser beiden Gleichungen ergibt

$$y_{n+1}^{H/4} - y_{n+1}^H = O(H)e_n - \tau_{n+1}^m \left\{4(\tfrac{1}{4}H)^{m+1} - H^{m+1}\right\} + O(H^{m+2})$$

bzw.

$$\tau_{n+1}^m = \frac{y_{n+1}^{H/4} - y_{n+1}^H}{H^{m+1}(1-4^{-m})} + O(H) + O(H^{-m})e_n\,. \tag{1.2.1}$$

Es wird nun postuliert, dass die beiden „O"-Terme rechts in (1.2.1) klein genug sind, um mit

$$\tilde{\tau}_{n+1}^m := \frac{y_{n+1}^{H/4} - y_{n+1}^H}{H^{m+1}(1-4^{-m})} \tag{1.2.2}$$

eine brauchbare Näherung für τ_{n+1}^m zu erhalten. Dazu wird oft $e_n = 0$ angenommen, d. h.: Man betrachtet den Abschneidefehler entlang der diskreten Approximation $(y_n)_n$ anstatt entlang der „richtigen" Lösung $u(t)$. Alternativ kann man sich auch auf die Annahme einer höheren Approximationsordnung $e_n = O(H^{m+1})$ abstützen, was durch die Diskussion im Text nahegelegt wird.

(ii) Analog zum Vorgehen im Text ergibt sich mit einer Schrittweite H:

$$\begin{aligned} y_{n+1}^H - u_{n+1} &= e_n + H\Big\{F(H;t_n,y_n,y_{n+1}^H) - F(H;t_n,u_n,u_{n+1})\Big\} - H\tau_{n+1}^H \\ &= (1+O(H))e_n + O(H)e_{n+1}^H - H^{m+1}\tau_{n+1}^m + O(H^{m+2}) \end{aligned}$$

und somit unter Beachtung von $(1 - O(H))^{-1} = 1 + O(H)$

$$y_{n+1}^H - u_{n+1} = (1 + O(H))e_n - H^{m+1}\tau_{n+1}^m + O(H^{m+2}).$$

Für die Schrittweite $\frac{H}{2}$ erhalten wir

$$\begin{aligned} y_{n+1}^{\frac{H}{2}} - u_{n+1} &= y_{n+\frac{1}{2}}^{\frac{H}{2}} - u_{n+\frac{1}{2}} - \frac{H}{2}\tau_{n+1}^{\frac{H}{2}} \\ &\quad + \frac{H}{2}\left\{F\Big(\tfrac{H}{2};t_{n+\frac{1}{2}},y_{n+\frac{1}{2}}^{\frac{H}{2}},y_{n+1}^{\frac{H}{2}}\Big) - F\Big(\tfrac{H}{2};t_{n+\frac{1}{2}},u_{n+\frac{1}{2}},u_{n+1}\Big)\right\} \\ &= (1+O(H))\Big\{y_{n+\frac{1}{2}}^{\frac{H}{2}} - u_{n+\frac{1}{2}}\Big\} + O(H)\Big\{y_{n+1}^{\frac{H}{2}} - u_{n+1}\Big\} \\ &\quad - \left(\frac{H}{2}\right)^{m+1}\tau_{n+1}^m + O(H^{m+2}) \end{aligned}$$

und somit

$$y_{n+1}^{\frac{H}{2}} - u_{n+1} = (1 + O(H))\Big\{y_{n+\frac{1}{2}}^{\frac{H}{2}} - u_{n+\frac{1}{2}}\Big\} - \Big(\frac{H}{2}\Big)^{m+1} \tau_{n+1}^m + O(H^{m+2}).$$

Durch Einsetzen ergibt sich

$$\begin{aligned} y_{n+1}^{\frac{H}{2}} - u_{n+1} &= (1 + O(H))\Big\{(1 + O(H))e_n - \Big(\frac{H}{2}\Big)^{m+1} \tau_{n+\frac{1}{2}}^m + O(H^{m+2})\Big\} \\ &\quad - \Big(\frac{H}{2}\Big)^{m+1} \tau_{n+1}^m + O(H^{m+2}) \\ &= (1 + O(H))e_n - 2\Big(\frac{H}{2}\Big)^{m+1} \tau_{n+1}^m + O(H^{m+2}), \end{aligned}$$

wobei wir ausgenutzt haben, dass $\tau_{n+\frac{1}{2}}^m = \tau_{n+1}^m + O(H)$. Durch Subtraktion beider Gleichungen erhält man

$$y_{n+1}^{\frac{H}{2}} - y_{n+1}^H = O(H)e_n - \tau_{n+1}^m\Big\{2\Big(\frac{H}{2}\Big)^{m+1} - H^{m+1}\Big\} + O(H^{m+2})$$

bzw.

$$\tau_{n+1}^m = \frac{y_{n+1}^{\frac{H}{2}} - y_{n+1}^H}{H^{m+1}(1 - 2^{-m})} + O(H) + O(H^{-m})e_n.$$

Analog zum Text wird nun wieder postuliert, dass die beiden „$\mathcal{O}$"-Terme klein sind.

Lösung A.2.15: Subtraktion der beiden Gleichungen liefert:

$$e_n - E_n = e_{n-1} - E_{n-1} + h_n\big(f'(t_n, y_n), e_n - E_n\big) + h_n\tau_n + h_n\mathcal{O}(\|e_n\|^2) - h_n\tau_n(y_n)$$

Unter der Annahme $\tau_n \approx \tau_n(y_n)$, sowie

$$\sup_{t_0 \le t_n \le T} \|f(t_n, .)\|_\infty =: \kappa < \infty$$

liefert dies:

$$\|e_n - E_n\| \le \|e_{n-1} - E_{n-1}\| + h_n\kappa\,\|e_n - E_n\| + h_n c\|e_n\|^2 + h_n\,\mathcal{O}(\|e_n\|^3)$$

Umformen:

$$\|e_n - E_n\| \le \|e_{n-1} - E_{n-1}\| + \frac{h_n\kappa}{1 - h_n\kappa}\,\|e_{n-1} - E_{n-1}\| + \frac{h_n}{1 - h_n\kappa}\big(c\|e_n\|^2 + \mathcal{O}(\|e_n\|^3)\big).$$

Rekursiv Einsetzen:

$$\|e_n - E_n\| \le \sum_{\nu=0}^{n-1} \frac{h_{\nu+1}\kappa}{1 - h_{\nu+1}\kappa}\,\|e_\nu - E_\nu\| + \sum_{\nu=1}^{n} \frac{h_\nu}{1 - h_\nu\kappa}\big(c\|e_\nu\|^2 + \mathcal{O}(\|e_\nu\|^3)\big).$$

Diskrete Gronwallsche Ungleichung unter einer Schrittweitenbedingung $h\kappa \le 2^{-1}$ anwenden:

$$\begin{aligned}\|e_n - E_n\| &\le \exp\big(2\,\kappa(t_n - t_0)\big)\, 2\Big\{\sum_{\nu=1}^{n-1} h_\nu\, c\|e_\nu\|^2 + \sum_{\nu=1}^{n-1} h_\nu \mathcal{O}(\|e_\nu\|^3)\Big\}\\ &\le \exp\big(2\,\kappa(t_n - t_0)\big)\, 2\Big\{(t_n - t_0)\, c \max_{1\le\nu\le n} \|e_\nu\|^2 + (t_n - t_0) \max_{1\le\nu\le n} \mathcal{O}(\|e_\nu\|^3)\Big\},\end{aligned}$$

also

$$\|e_n - E_n\| = \mathcal{O}\big(\max_{1\le\nu\le n} \|e_\nu\|^2\big).$$

Lösung A.2.16 (Praktische Aufgabe): Wir haben die folgenden Resultate:

Tabelle A.2: Lokale vs. globale Verfeinerung auf $I = [-3, -1]$ für versch. Toleranzen (Heun)

	TOL	$\#Int$	$\#Eval$	h_{min}	h_{max}	$\max \|e_n\|$
local	10^{-5}	75	872	$7.5 \cdot 10^{-3}$	$2.0 \cdot 10^{-1}$	$3.4 \cdot 10^{-6}$
global	10^{-5}	160	600	$1.3 \cdot 10^{-2}$	$1.3 \cdot 10^{-2}$	$6.6 \cdot 10^{-6}$
local	10^{-9}	7536	90404	$7.2 \cdot 10^{-5}$	$2.1 \cdot 10^{-3}$	$1.4 \cdot 10^{-12}$
global	10^{-9}	20480	81880	$9.8 \cdot 10^{-5}$	$9.8 \cdot 10^{-5}$	$4.1 \cdot 10^{-10}$

Tabelle A.3: Lokale vs. globale Verfeinerung auf $I = [-3, -1]$ für versch. Toleranzen (RK)

	TOL	$\#Int$	$\#Eval$	h_{min}	h_{max}	$\max \|e_n\|$
local	10^{-5}	5	40	$2.0 \cdot 10^{-1}$	$8.0 \cdot 10^{-1}$	$1.5 \cdot 10^{-4}$
global	10^{-5}	20	80	$1.0 \cdot 10^{-1}$	$1.0 \cdot 10^{-1}$	$6.6 \cdot 10^{-7}$
local	10^{-9}	53	1228	$1.5 \cdot 10^{-2}$	$9.4 \cdot 10^{-2}$	$8.0 \cdot 10^{-9}$
global	10^{-9}	160	1200	$1.3 \cdot 10^{-2}$	$1.3 \cdot 10^{-2}$	$1.9 \cdot 10^{-10}$

Tabelle A.4: Lokale Verfeinerung auf $I = [-3, 1]$ für versch. Fehlerkonstanten (Heun)

	TOL	K	$\#Int$	$\#Eval$	h_{min}	h_{max}	$\max \|e_n\|$
local	10^{-5}	10	5766	62288	$6.0 \cdot 10^{-5}$	$7.4 \cdot 10^{-2}$	$3.5 \cdot 10^{-3}$
local	10^{-5}	2500	83733	854306	$3.8 \cdot 10^{-6}$	$9.3 \cdot 10^{-3}$	$1.0 \cdot 10^{-6}$
global	10^{-5}	-	81920	327600	$4.9 \cdot 10^{-5}$	$4.9 \cdot 10^{-5}$	$2.8 \cdot 10^{-6}$

Tabelle A.5: Lokale Verfeinerung auf $I = [-3, 1]$ für versch. Fehlerkonstanten (RK)

	TOL	K	$\#Int$	$\#Eval$	h_{min}	h_{max}	$\max \|e_n\|$
local	10^{-5}	10	118	2212	$2.3 \cdot 10^{-3}$	$8.0 \cdot 10^{-1}$	$1.6 \cdot 10^{0}$
local	10^{-5}	2500	357	7660	$1.5 \cdot 10^{-3}$	$2.0 \cdot 10^{-1}$	$1.5 \cdot 10^{-3}$
global	10^{-5}	-	640	4960	$6.3 \cdot 10^{-3}$	$6.3 \cdot 10^{-3}$	$4.5 \cdot 10^{-6}$
local	10^{-9}	10	897	19372	$5.9 \cdot 10^{-4}$	$7.9 \cdot 10^{-2}$	$4.2 \cdot 10^{-5}$
local	10^{-9}	2500	3469	73720	$1.5 \cdot 10^{-4}$	$4.0 \cdot 10^{-2}$	$3.4 \cdot 10^{-7}$
global	10^{-9}	-	10240	81760	$3.9 \cdot 10^{-4}$	$3.9 \cdot 10^{-4}$	$2.5 \cdot 10^{-10}$

A.3 Kapitel 3

Lösung A.3.1: Angewendet auf das skalare Modellproblem $u'(t) = \lambda u(t)$ liefern die Verfahren folgende Verstärkungsfaktoren:

1.) $y_{n+1} = y_n + \frac{1}{2}h_n \{\lambda y_{n+1} + \lambda y_n\}$ führt auf

$$y_{n+1} = \frac{1 + \frac{1}{2}h_n\lambda}{1 - \frac{1}{2}h_n\lambda} y_n.$$

Der Verstärkungsfaktor lautet also $\omega(z) = \frac{1+\frac{1}{2}z}{1-\frac{1}{2}z}$. Somit ist

$$|\omega(z)| \leq 1 \quad \Leftrightarrow \quad \left|1 + \tfrac{1}{2}z\right| \leq \left|1 - \tfrac{1}{2}z\right|.$$

– 1. Fall: $z < 2$:

$$-1 + \tfrac{1}{2}z \leq 1 + \tfrac{1}{2}z \leq 1 - \tfrac{1}{2}z$$

liefert die Bedingungen $0 \leq 2$ und $z \leq 0$.

– 2. Fall: $z \geq 2$:

$$1 - \tfrac{1}{2}z \leq 1 + \tfrac{1}{2}z \leq -1 + \tfrac{1}{2}z$$

liefert die Bedingungen $z \geq 0$ und $2 \leq 0$.

Das Stabilitätsintervall ist also $\mathrm{SI} = (-\infty, 0]$.

2.) $y_{n+1} = y_n + h_n\lambda \left(y_n + \frac{1}{2}h\lambda\right)$ führt auf

$$y_{n+1} = \left(\tfrac{1}{2}(h_n\lambda)^2 + h_n\lambda + 1\right) y_n.$$

Der Verstärkungsfaktor lautet also $\omega(z) = \frac{1}{2}z^2 + z + 1$. Somit ist

$$|\omega(z)| \leq 1 \quad \Leftrightarrow \quad \left|\tfrac{1}{2}z^2 + z + 1\right| \leq 1.$$

Wegen $\frac{1}{2}z^2 + z + 1 = \frac{1}{2}(z^2 + 2z + 2) = \frac{1}{2}(z+1)^2 + \frac{1}{2}$ ist dies äquivalent zu

$$\tfrac{1}{2}(z+1)^2 + \tfrac{1}{2} \leq 1 \quad \Leftrightarrow \quad |z+1| \leq 1.$$

Das Stabilitätsintervall ist also SI $= [-2, 0]$.

3.) Zunächst bestimmen wir

$$f^{(1)}(t,x) = f_t(t,x) + f(t,x) \cdot f_x(t,x) = 0 + \lambda x \cdot \lambda = \lambda^2 x.$$

Damit erhalten wir $y_{n+1} = y_n + \frac{1}{6}h_n \left\{2\lambda y_{n+1} + 4\lambda y_n + h_n \lambda^2 y_n\right\}$ und somit

$$\begin{aligned} y_{n+1} &= \frac{\frac{1}{6}(h\lambda)^2 + \frac{2}{3}h_n\lambda + 1}{1 - \frac{1}{3}h_n\lambda} y_n = \frac{\frac{1}{6}\left((h_n\lambda)^2 + 4h_n\lambda + 6\right)}{1 - \frac{1}{3}h_n\lambda} y_n \\ &= \frac{\frac{1}{6}\left((h_n\lambda + 2)^2 + 2\right)}{1 - \frac{1}{3}h_n\lambda} y_n = \frac{\frac{1}{6}\left((h_n\lambda + 2)^2 + 2\right)}{\frac{1}{6}(6 - 2h_n\lambda)} y_n = \frac{(h_n\lambda + 2)^2 + 2}{6 - 2h_n\lambda} y_n. \end{aligned}$$

Der Verstärkungsfaktor lautet also $\omega(z) = \frac{(z+2)^2+2}{6-2z}$. Somit ist

$$|\omega(z)| \leq 1 \quad \Leftrightarrow \quad |(z+2)^2 + 2| \leq |6 - 2z|.$$

- 1. Fall: $z < 3$:

  $$-6 + 2z \leq (z+2)^2 + 2 \leq 6 - 2z \quad \Leftrightarrow \quad -6 + 2z \leq z^2 + 4z + 6 \leq 6 - 2z$$

  liefert die Bedingungen $z^2 + 2z + 12 \geq 0 \Leftrightarrow (z+1)^2 + 11 \geq 0 \Leftrightarrow (z+1)^2 \geq -11$ und $z^2 + 6z \leq 0 \Leftrightarrow (z+3)^2 - 9 \leq 0 \Leftrightarrow |z+3| \leq 3$.

- 2. Fall: $z \geq 3$:

  $$6 - 2z \leq (z+2)^2 + 2 \leq -6 + 2z \quad \Leftrightarrow \quad 6 - 2z \leq z^2 + 4z + 6 \leq -6 + 2z$$

  liefert die Bedingungen $z^2 + 6z \geq 0 \Leftrightarrow (z+3)^2 - 9 \geq 0 \Leftrightarrow |z+3| \geq 3$ und $z^2 + 2z + 12 \leq 0 \Leftrightarrow (z+1)^2 + 11 \leq 0 \Leftrightarrow (z+1)^2 \leq -11$.

Das Stabilitätsintervall ist also SI $= [-6, 0]$.

Lösung A.3.2: i) Das entstehende System 1. Ordnung lautet

$$\begin{bmatrix} u_1'(t) \\ u_2'(t) \end{bmatrix} = \begin{bmatrix} u_2(t) \\ f(t, u_1(t), u_2(t)) \end{bmatrix}.$$

Die zugehörige Jacobi-Matrix ergibt sich zu

$$J := \begin{bmatrix} \frac{\partial u_2(t)}{\partial u_1} & \frac{\partial u_2(t)}{\partial u_2} \\ \frac{\partial f(t,u_1(t),u_2(t))}{\partial u_1} & \frac{\partial f(t,u_1(t),u_2(t))}{\partial u_2} \end{bmatrix} = \begin{bmatrix} 0 & 1 \\ \frac{\partial f(t,u_1(t),u_2(t))}{\partial u_1} & \frac{\partial f(t,u_1(t),u_2(t))}{\partial u_2} \end{bmatrix}.$$

Nach Voraussetzung ist $\frac{\partial f(t,u_1,u_2)}{\partial u_1} =: c \geq 0$. Setzen wir weiter $d := \frac{\partial f(t,u_1,u_2)}{\partial u_2}$, so gilt:

$$\det(\lambda I - J) = \det \begin{bmatrix} \lambda & -1 \\ -c & \lambda - d \end{bmatrix} = \lambda(\lambda - d) - c = \lambda^2 - d\lambda - c \stackrel{!}{=} 0.$$

Umformen liefert

$$\lambda_{1/2} = \frac{d}{2} \pm \sqrt{\frac{d^2}{4} + c}.$$

Unter den gegebenen Voraussetzungen ist $\frac{d^2}{4} + c \geq 0$ und J hat somit nur reelle Eigenwerte.

ii) Im Falle reeller Eigenwerte muss nur das Stabilitätsintervall betrachtet werden. Da ohne Einschränkung $\lambda_2 \leq 0$, muss die Schrittweite h also so bemessen sein, dass $\lambda_2 h \in \mathrm{SI}$ ist.

Lösung A.3.3: a) Die Matrix-Exponentialfunktion e^A und der Matrix-Sinus $\sin(A)$ sind definiert als die Grenzwerte im $\mathbb{R}^{d\times d}$ der matrixwertigen Reihen:

$$e^A := \sum_{k=0}^{\infty} \frac{A^k}{k!}, \qquad \sin(A) := \sum_{k=0}^{\infty} (-1)^k \frac{A^{2k+1}}{(2k+1)!}$$

Diese Reihen haben die gemeinsame Majorante $\sum_{k=0}^{\infty} \|A\|^k/k!$, welche für beliebige Matrix A (absolut) konvergiert. Also sind beide Matrix-Reihen für beliebige Matrix A konvergent (im Sinne der Matrizen-Konvergenz = Norm-Konvergenz = elementweise Konvergenz) und stellen die definierten Funktionen dar. Die dritte Funktion hat die Reihendarstellung („Neumannsche Reihe")

$$(I - A)^{-1} = \sum_{k=0}^{\infty} A^k.$$

Diese Reihe konvergiert für jede Matrix mit Norm $\|A\| < 1$, wobei $\|\cdot\|$ eine beliebige Matrizennorm (submultiplikative Matrix-Norm) ist. Folglich konvergiert die Reihe für jede Matrix mit $\mathrm{spr}(A) := \max\{|\lambda| : \lambda \text{ Eigenwert von } A\} < 1$. Für eine solche Matrix gilt dann $\lim_{k\to\infty} \|A^k\| \leq \lim_{k\to\infty} \|A\|^k = 0$ und folglich

$$(I - A)\sum_{k=0}^{m} A^k = \sum_{k=0}^{m} A^k - \sum_{k=1}^{m+1} A^k = I - A^{m+1} \to I \quad (m \to \infty).$$

Also ist der Limes $\lim_{m\to\infty} \sum_{k=0}^{m} A^m$ gerade die Inverse von $I - A$.

b) Zunächst stellen wir fest, dass

$$(QAQ^{-1})^i = QA\underbrace{Q^{-1}Q}_{=I}AQ^{-1}\dots QAQ^{-1} = QA^iQ^{-1}$$

gilt. Damit gilt für alle n:

$$Q\Big[\sum_{i=0}^{n} a_i A^i\Big]Q^{-1} = \sum_{i=0}^{n} a_i Q A^i Q^{-1}.$$

Konvergiert nun $g(A) = \lim_{n\to\infty} \sum_{i=0}^n a_i A^i$, so ist das Cauchy-Kriterium erfüllt. Damit folgt dann

$$\Big\| \sum_{i=m+1}^{n} a_i (QAQ^{-1})^i \Big\| = \Big\| Q \Big[\sum_{i=m+1}^{n} a_i A^i \Big] Q^{-1} \Big\| \leq \|Q\| \|Q^{-1}\| \Big\| \sum_{i=m+1}^{n} a_i A^i \Big\|.$$

Also ist dann auch das Cauchy-Kriterium für $g(QAQ^{-1})$ erfüllt und die Reihe konvergiert.

Lösung A.3.4 (Praktische Aufgabe): Nicht verfügbar.

Lösung A.3.5: 1.) Die symmetrische Matrix A besitzt ein Orthonormalsystem aus Eigenvektoren, d. h.: Es gibt eine orthogonale Matrix Q mit $A = QDQ^T$ und $D = \operatorname{diag}(\lambda_i)$ mit den Eigenwerten λ_i von A. Dann ist

$$p(A) = p\left(QDQ^T\right) = Qp(D)Q^T \quad \text{bzw.} \quad q(A) = q\left(QDQ^T\right) = Qq(D)Q^T.$$

Damit folgt:

$$\begin{aligned} g(hA) &= q(hA)^{-1} \cdot p(hA) = q\left(hQDQ^T\right)^{-1} \cdot p\left(hQDQ^T\right) \\ &= [Qq(hD)QT]^{-1}\, Qp(hD)Q^T = Qq(hD)^{-1}Q^T Qp(hD)Q^T \\ &= Qq(hD)^{-1}p(hD)Q^T = Qg(hD)Q^T. \end{aligned}$$

2.) Mit $y_n = g(hA)y_{n-1}$ folgt

$$\begin{aligned} Q^T y_n &= Q^T g(hA) QQ^T y_{n-1} \\ &= g(hD)Q^T y_{n-1}. \end{aligned}$$

Dies erlaubt die Abschätzung:

$$\begin{aligned} & \|Q^T y_n\|_2 \leq \|g(hD)\|_2 \|Q^T y_{n-1}\|_2 \\ \iff \quad & \|y_n\|_2 \leq \|g(hD)\|_2 \|y_{n-1}\|_2 \quad (Q \text{ orthogonal}). \end{aligned}$$

Weiterhin gilt für die von der euklidischen Norm induzierten natürlichen Matrizennorm:

$$\|g(hD)\|_2 = \|\operatorname{diag}\big(g(h\lambda_i)\big)\|_2 \leq \max_{1\leq i\leq d} |g(h\lambda_i)|.$$

Damit ergibt sich:

$$\|y_n\|_2 \leq \max_{1\leq i \leq d} |g(h\lambda_i)|^n \|y_0\|.$$

3.) Für das System

$$\begin{bmatrix} u(t) \\ v(t) \end{bmatrix}' = \underbrace{\begin{bmatrix} -10 & 9 \\ 9 & -10 \end{bmatrix}}_{=:A} \begin{bmatrix} u(t) \\ v(t) \end{bmatrix}$$

sind die Eigenwerte der Matrix A zu bestimmen:

$$\det \begin{bmatrix} \lambda + 10 & -9 \\ -9 & \lambda + 10 \end{bmatrix} = (\lambda + 10)^2 - 81 = \lambda^2 + 20\lambda + 100 - 81 = \lambda^2 + 20\lambda + 19.$$

Die Eigenwerte sind also gegeben durch

$$\lambda_{1/2} = -10 \pm \sqrt{100 - 19} = -10 \pm 9, \quad \text{d. h.} \quad \lambda_1 = -1, \quad \lambda_2 = -19.$$

Jetzt schreiben wir das klassische 4-stufige Runge-Kutta-Verfahren für $f(t, x) = Ax$ als $y_n = g(h_n A) y_{n-1}$:

$$\begin{aligned} k_1 &= A y_{n-1}, \\ k_2 &= A\left(y_{n-1} + \tfrac{1}{2} h_n A y_{n-1}\right) = A y_{n-1} + \tfrac{1}{2} h_n A^2 y_{n-1}, \\ k_3 &= A\left(y_{n-1} + \tfrac{1}{2} h_n \left(A y_{n-1} + \tfrac{1}{2} h_n A^2 y_{n-1}\right)\right) \\ &= A y_{n-1} + \tfrac{1}{2} h_n A^2 y_{n-1} + \tfrac{1}{4} h_n^2 A^3 y_{n-1}, \\ k_4 &= A\left(y_{n-1} + h_n \left(A y_{n-1} + \tfrac{1}{2} h_n A^2 y_{n-1} + \tfrac{1}{4} h_n^2 A^3 y_{n-1}\right)\right) \\ &= A y_{n-1} + h_n A^2 y_{n-1} + \tfrac{1}{2} h_n^2 A^3 y_{n-1} + \tfrac{1}{4} h_n^3 A^4 y_{n-1}. \end{aligned}$$

Damit ergibt sich insgesamt:

$$\begin{aligned} y_n &= y_{n-1} + \tfrac{1}{6} h_n \{k_1 + 2k_2 + 2k_3 + k_4\} \\ &= \left(I + h_n A + \tfrac{1}{2} h_n^2 A^2 + \tfrac{1}{6} h_n^3 A^3 + \tfrac{1}{24} h_n^4 A^4\right) y_{n-1}. \end{aligned}$$

Es gilt also $g(z) = 1 + z + \frac{1}{2} z^2 + \frac{1}{6} z^3 + \frac{1}{24} z^4$. Damit das System noch numerisch stabil integriert wird, muss nun

$$\max\{|g(-h)|, |g(-19h)|\} = \max |g(-19h)| < 1$$

sein. Da $g(z) > 0$ für alle $z \in \mathbb{R}$, ist dies äquivalent zu

$$1 - 19h + \tfrac{361}{2} h^2 - \tfrac{6859}{6} h^3 + \tfrac{130321}{24} h^4 < 1.$$

bzw.

$$130321 h^4 - 27436 h^3 + 4332 h^2 - 456 h < 0.$$

Für $h \neq 0$ ist dies gleichbedeutend mit

$$130321 h^3 - 27436 h^2 + 4332 h - 456 < 0.$$

Mit dem Newton-Verfahren ermitteln wir nun eine Nullstelle von $f(h) := 130321 h^3 - 27436 h^2 + 4332 h - 456$:

$$h_{(i+1)} = h_{(i)} - \frac{f(h_{(i)})}{f'(h_{(i)})} = h_{(i)} - \frac{130321 h_{(i)}^3 - 27436 h_{(i)}^2 + 4332 h_{(i)} - 456}{390963 h_{(i)}^2 - 54872 h_{(i)} + 4332}$$

führt mit $h_{(0)} = 0$ zu

$$h_{(1)} = 0{,}1053, \quad h_{(2)} = 0{,}1579, \quad h_{(3)} = 0{,}1474, \quad h_{(4)} = 0{,}1466, \quad h_{(5)} = 0{,}1466.$$

Da $f(h)$ keine weiteren reellen Nullstellen hat, wird das System für $h < 0{,}1466$ numerisch stabil integriert.

Alternativ kann man sich auch die Kenntnis des Stabilitätsintervalls der Runge-Kutta-Formel (SI $= [-2.78\ldots, 0]$) zunutze machen und hieraus die maximal zulässige Schrittweite bestimmen.

Lösung A.3.6: Wendet man die Trapezregel auf das Modellproblem $u'(t) = \lambda u(t)$ an, so erhält man

$$y_n = y_{n-1} + \tfrac{1}{2}h_n\lambda y_n + \tfrac{1}{2}h_n\lambda y_{n-1}$$

bzw. umgeformt

$$y_n = \frac{1 + \frac{1}{2}h_n\lambda}{1 - \frac{1}{2}h_n\lambda} y_{n-1}.$$

Der Verstärkungsfaktor ist also $\omega(z) := \dfrac{1 + \frac{1}{2}z}{1 - \frac{1}{2}z}$. Es gilt dann

$$|\omega(z)| \le 1 \quad \Leftrightarrow \quad \left|1 + \tfrac{1}{2}z\right| \le \left|1 - \tfrac{1}{2}z\right| \quad \Leftrightarrow \quad \left|1 + \tfrac{1}{2}z\right|^2 \le \left|1 - \tfrac{1}{2}z\right|^2.$$

Dies wiederum ist äquivalent zu

$$\begin{aligned} & \left(1 + \tfrac{1}{2}\operatorname{Re} z\right)^2 + \left(\tfrac{1}{2}\operatorname{Im} z\right)^2 \le \left(1 - \tfrac{1}{2}\operatorname{Re} z\right)^2 + \left(\tfrac{1}{2}\operatorname{Im} z\right)^2 \\ \Longleftrightarrow \quad & 1 + \operatorname{Re} z + \tfrac{1}{4}(\operatorname{Re} z)^2 \le 1 - \operatorname{Re} z + \tfrac{1}{4}(\operatorname{Re} z)^2 \\ \Longleftrightarrow \quad & 2\operatorname{Re} z \le 0. \end{aligned}$$

Also ist $SG_{\mathrm{TR}} = \{z \in \mathbb{C} |\ \operatorname{Re} z \le 0\}$.

Lösung A.3.7: a) Für das Modellproblem $u'(t) = \lambda u(t)$ ist $k_1 = \lambda y_{n-1}$ und

$$k_2 = \lambda\left(y_{n-1} + \tfrac{1}{2}h\lambda y_{n-1} + \tfrac{1}{2}hk_2\right) = \lambda y_{n-1} + \tfrac{1}{2}h\lambda^2 y_{n-1} + \tfrac{1}{2}h\lambda k_2$$

bzw.

$$k_2 = \frac{1 + \frac{1}{2}h\lambda}{1 - \frac{1}{2}h\lambda}\lambda y_{n-1}.$$

Einsetzen ergibt

$$\begin{aligned} y_n &= y_{n-1} + \tfrac{1}{2}h\lambda y_{n-1} + \frac{1 + \frac{1}{2}h\lambda}{1 - \frac{1}{2}h\lambda}\tfrac{1}{2}h\lambda y_{n-1} = \left(1 + \tfrac{1}{2}h\lambda + \frac{1 + \frac{1}{2}h\lambda}{2 - h\lambda}h\lambda\right) y_{n-1} \\ &= \left(1 + \tfrac{1}{2}h\lambda\right)\left(1 + \frac{h\lambda}{2 - h\lambda}\right) y_{n-1} = \left(1 + \tfrac{1}{2}h\lambda\right)\frac{2 - h\lambda + h\lambda}{2 - h\lambda} y_{n-1} \\ &= \frac{1 + \frac{1}{2}h\lambda}{1 - \frac{1}{2}h\lambda} y_{n-1}. \end{aligned}$$

Mit dem Verstärkungsfaktor $\omega(z) = \frac{1+\frac{1}{2}z}{1-\frac{1}{2}z}$ gilt dann nach einer der vorausgegangenen Aufgaben:

$$|\omega(z)| \le 1 \quad \Leftrightarrow \quad \operatorname{Re} z \le 0,$$

d. h.: Das Stabilitätsgebiet der semi-implizite Runge-Kutta-Formel zweiter Ordnung ist $SG = SG_{\text{TR}} = \{z \in \mathbb{C} | \operatorname{Re} z \le 0\}$.

b) Betrachten wir zunächst weiter diese Runge-Kutta-Formel: Hier muss nur k_2 mit dem Newton-Verfahren bestimmt werden:

$$G(k) := f\left(t_{n-1} + h, y_{n-1} + \tfrac{1}{2}hf(t_{n-1}, y_{n-1}) + \tfrac{1}{2}hk\right) - k.$$

Für das Newton-Verfahren benötigen wir die Jacobi-Matrix von G:

$$G'(k) = \tfrac{1}{2}hf_x\left(t_{n-1} + h, y_{n-1} + \tfrac{1}{2}hf(t_{n-1}, y_{n-1}) + \tfrac{1}{2}hk\right) - I.$$

Die Newton-Iteration zur Bestimmung von k_2 lautet dann:

$$G'(k^{(i)})k^{(i+1)} = G'(k^{(i)})k^{(i)} - G(k^{(i)}), \quad i = 1, 2, \ldots,$$

also:

$$\begin{aligned}\left(\tfrac{1}{2}hf_x(t_{n-1} + h, y_{n-1} + \tfrac{1}{2}hf(t_{n-1}, y_{n-1}) + \tfrac{1}{2}hk^{(i)}) - I\right) k^{(i+1)} \\ = \tfrac{1}{2}hf_x\left(t_{n-1} + h, y_{n-1} + \tfrac{1}{2}hf(t_{n-1}, y_{n-1}) + \tfrac{1}{2}hk^{(i)}\right) k^{(i)} \\ - f\left(t_{n-1} + h, y_{n-1} + \tfrac{1}{2}hf(t_{n-1}, y_{n-1}) + \tfrac{1}{2}hk^{(i)}\right).\end{aligned}$$

Bei der Trapezregel wird y_n direkt mit dem Newton-Verfahren berechnet:

$$\begin{aligned}G(y) &:= y_{n-1} + \tfrac{1}{2}hf(t_{n-1}, y_{n-1}) + \tfrac{1}{2}hf(t_{n-1} + h, y) - y, \\ G'(y) &= \tfrac{1}{2}hf_x(t_{n-1} + h, y) - I.\end{aligned}$$

Es lautet somit:

$$\begin{aligned}\left(\tfrac{1}{2}hf_x(t_{n-1} + h, y^{(i)}) - I\right) y^{(i+1)} = \tfrac{1}{2}hf_x(t_{n-1} + h, y^{(i)})y^{(i)} \\ - y_{n-1} - \tfrac{1}{2}hf(t_{n-1}, y_{n-1}) - \tfrac{1}{2}hf(t_{n-1} + h, y^{(i)}).\end{aligned}$$

Um den Aufwand pro Zeitschritt zu vergleichen, untersuchen wir zunächst die Anzahl der benötigten Funktionsauswertungen und arithmetischen Operationen:

		Fkt.sausw.	Mult.	Add.
Start:	RK2 :	1	2	2
	Trapez:	1	2	2
G:	RK2:	1	1	2
	Trapez:	1	1	2
G':	RK2:	1	2	2
	Trapez:	1	1	1
Ende:	RK2:	0	1	1
	Trapez:	0	0	0

Zu Beginn können wir nämlich jeweils $t_{n-1}+h$, $\frac{h}{2}$ sowie $y_{n-1}+\frac{h}{2}f(t_{n-1},y_{n-1})$ berechnen.

Beide Verfahren haben also pro Iteration etwa den gleichen Aufwand. Um die Konvergenzgeschwindigkeit des Newton-Verfahrens zu beurteilen, betrachten wir wegen

$$\|x_t - z\| \leq \frac{M}{2m}\|x_t - x_{t-1}\|^2, \quad M := \max\|G''\|, \quad m := \min\|G'\|$$

die zweiten Ableitungen der Verfahrensfunktionen:

$$\begin{aligned} G''(k) &= \tfrac{1}{4}h^2 f_{xx}(\dots) \quad &&\text{(RK2)},\\ G''(y) &= \tfrac{1}{2}h f_{xx}(\dots) \quad &&\text{(Trapez)}. \end{aligned}$$

Da für beide Verfahren $m = 1 + O(h)$ gilt, konvergiert das Newton-Verfahren für die Runge-Kutta-Formel schneller.

Lösung A.3.8 (Praktische Aufgabe): Nicht verfügbar.

Lösung A.3.9: Anwenden des mehrdimensionalen Mittelwertsatzes auf g liefert:

$$g(x^*) = g(x^k) + g'(\xi^k)\cdot(x^* - x^k), \quad \xi^k \in \overline{x^k x^*}.$$

Umformen und $g(x^*) = 0$ ausnutzen:

$$0 = g(x^k) + g'(x^k)\cdot(x^* - x^k) + \big(g'(\xi^k) - g'(x^k)\big)\cdot(x^* - x^k).$$

Umstellen:

$$g'(x^k)^{-1}g(x^k) + x^* - x^k = -g'(x^k)^{-1}\big(g'(\xi^k) - g'(x^k)\big)\cdot(x^* - x^k).$$

Damit erhält man:

$$\begin{aligned} x^* - x^{k+1} &= x^* - x^k + g'(x^k)^{-1}g(x^k)\\ &= -g'(x^k)^{-1}\big(g'(\xi^k) - g'(x^k)\big)\cdot(x^* - x^k). \end{aligned}$$

Also

$$\frac{\|x^* - x^{k+1}\|}{\|x^* - x^k\|} \leq \|g'(x^k)^{-1}\|\|g'(\xi^k) - g'(x^k)\|. \tag{I}$$

Hieraus folgert man, dass es ein δ gibt, so dass mit einer Wahl $x^0 \in K_\delta(x^*)$ das Newtonverfahren stets superlinear konvergiert:

$\|g'(x^k)^{-1}\|$ ist auf $K_\delta(x^*)$ (für δ klein genug) nach Annahme beschränkt. Weiterhin folgt aufgrund der Stetigkeit von g', dass durch hinreichend kleines δ stets gilt:

$$\Big[\max_{\mu\in K_\delta(x^*)}\|g'(\mu)^{-1}\|\Big]\|g'(x) - g'(u)\| \leq \kappa < 1 \quad \forall x,y \in K_\delta(x^*).$$

Mit $x_0 \in K_\delta(x^*)$ liegt also induktiv durch (I) auch jedes x^k, und damit auch jedes $\xi^k \in \overline{x^k x^*}$ in $K_\delta(x^*)$. (I) liefert schließlich

$$\frac{\|x^* - x^{k+1}\|}{\|x^* - x^k\|} \leq \kappa < 1.$$

Das Verfahren ist also kontraktiv. Die Superlinearität folgt dann sofort aus

$$\|g'(\xi^k) - g'(x^K)\| \to 0 \quad \text{für} \quad x^k \to x^*.$$

Lösung A.3.10: a) Beim Anwenden des semi-impliziten Runge-Kutta-Verfahrens ist in jedem Schritt das implizite Gleichungssystem

$$k_2 = f\big(t_n, y_{n-1} + \tfrac{1}{2}h\,k_1 + \tfrac{1}{2}h\,k_2\big)$$

zu lösen, d. h.: Gesucht ist eine Nullstelle von $g(\cdot)$ mit

$$g(k) := k - \underbrace{f\big(t_n, y_{n-1} + \tfrac{1}{2}h\,k_1 + \tfrac{1}{2}h\,k\big)}_{:=\hat{f}(k)}.$$

$\hat{f}(k)$ ist nun semi-monoton:

$$\begin{aligned} -\Big(\hat{f}(k) - \hat{f}(\tilde{k}), k - \tilde{k}\Big) &= -\frac{2}{h}\Big(f\big(t_n, y_{n-1} + \tfrac{1}{2}h\,k_1 + \tfrac{1}{2}h\,k\big) - f\big(t_n, \dots + \tfrac{1}{2}h\,\tilde{k}\big) \\ &\quad \big(\dots + \tfrac{1}{2}h\,k\big) - \big(\dots + \tfrac{1}{2}h\,\tilde{k}\big)\Big) \\ &\geq 0, \end{aligned}$$

aufgrund selbiger Eigenschaft für f. Analog zum Text folgt hieraus nun die Anwendbarkeit des Satzes von Newton-Kantorovich.

b) Im Fall diagonal-impliziter Runge-Kutta-Verfahren sind $R-1$ nichtlineare Gleichungssysteme der Dimension d zu lösen:

$$k_r = f\Big(t_{n-1} + h\,a_r, y_{n-1} + h\sum_{s=1}^{r-1} b_{rs}\,k_s + hb_{rr}\,k_r\Big).$$

Die Argumentation verläuft dann völlig analog.

Lösung A.3.11: Wir überprüfen die Voraussetzungen des Satzes über das gedämpfte Newton-Verfahren, wobei wir voraussetzen, dass die rechte Seite f unserer AWA semi-monoton ist, und ihre erste Ableitung f_x L-stetig ist mit Konstante L'. Die Verfahrensfunktion des Newton-Verfahrens ist gerade (vgl. eine vorausgegangene Aufgabe):

$$G(k) = f\left(t_{n-1} + h, y_{n-1} + \tfrac{1}{2}f\left(t_{n-1}, y_{n-1}\right) + \tfrac{1}{2}hk\right) \quad k$$

mit der Ableitung:

$$G'(k) = \tfrac{1}{2}hf_x\left(t_{n-1} + h, y_{n-1} + \tfrac{1}{2}f\left(t_{n-1}, y_{n-1}\right) + \tfrac{1}{2}hk\right) - I$$

Die Funktion G ist streng-monoton, denn aufgrund der Semi-Monotonie von f gilt:

$$\begin{aligned}
-\left(G(k) - G\left(\bar{k}\right), k - \bar{k}\right) &= -\left(f\left(t_n, \ldots + \tfrac{1}{2}hk\right) - f\left(t_n, \ldots + \tfrac{1}{2}h\bar{k}\right), k - \bar{k}\right) \\
&\quad - \left(\bar{k} - k, k - \bar{k}\right) \\
&\geq \|k - \bar{k}\|^2.
\end{aligned}$$

Hieraus folgt (s. Text), dass

$$-\left(G'(x)\, y, y\right) \geq \|y\|^2, \quad y \in \mathbb{R}^d,$$

und damit die Regularität von $G'(x)$ (Null kann nicht Eigenwert sein.). Dies sieht man wie folgt: Mit dem Fundamentalsatz der Differential- und Integralrechnung gilt für beliebigen Richtungsvektor $e \in \mathbb{R}^d$ und kleines $h \in \mathbb{R}$:

$$G(x + he) - G(x) = \int_0^1 \frac{d}{ds} G(x + she)\, ds = \int_0^1 G'(x + she))\, ds\, he.$$

Damit gilt

$$h^2\|e\|^2 \leq -(G(x + he) - G(x), he) = -h^2\Big(\int_0^1 G'(x + she))\, ds\, e, e\Big),$$

und nach Kürzen durch h^2 folgt für $h \to 0$:

$$\|e\|^2 \leq -(G'(x)e, e).$$

Analog zum Text erschließen wir weiter:

$$\begin{aligned}
\|G'(x)^{-1}\|^2 &= \sup_{y \neq 0} \frac{\|G'(x)^{-1}\, y\|^2}{\|y\|^2} \\
&\leq \sup_{y \neq 0} \frac{\left(G'(x)\, G'(x)^{-1}\, y, G'(x)^{-1}\, y\right)}{\|y\|^2} \\
&\leq \sup_{y \neq 0} \frac{\|G'(x)^{-1}\, y\|}{\|y\|} = \|G'(x)^{-1}\|
\end{aligned}$$

Und folglich $\|G'(x)^{-1}\| \leq 1$. Wir können also $\beta = 1$ verwenden. Ferner ist G' L-stetig, denn:

$$\begin{aligned}
\|G'(k) - G'\left(\bar{k}\right)\| &= \tfrac{1}{2}h\left\|f_x\left(t_n, \ldots + \tfrac{1}{2}hk\right) - f_x\left(t_n, \ldots + \tfrac{1}{2}h\bar{k}\right)\right\| \\
&\leq \tfrac{1}{2}hL'\left\|\tfrac{1}{2}hk - \tfrac{1}{2}h\bar{k}\right\| \\
&= \tfrac{1}{4}h^2L'\|k - \bar{k}\|
\end{aligned}$$

Und somit $\gamma = \frac{1}{4}h^2L'$. Wir erhalten damit aus dem Satz über das gedämpfte Newton-Verfahren die Schrittweiten:

$$\lambda_k = \min\left(1, \frac{4}{\alpha_k h^2 L'}\right).$$

Lösung A.3.12 (Praktische Aufgabe): Nicht verfügbar.

A.4 Kapitel 4

Lösung A.4.1: i) Die angegebene LMM hat die Koeffizienten ($R = 3$) $\alpha_3 = 1$, $\alpha_2 = \alpha$, $\alpha_1 = -\alpha$, $\alpha_0 = -1$, $\beta_3 = 0$, $\beta_2 = \frac{3+\alpha}{2}$, $\beta_1 = \frac{3+\alpha}{2}$, $\beta_0 = 0$. Ihr erstes charakteristisches Polynom lautet damit

$$\rho(\lambda) = \lambda^3 + \alpha\lambda^2 - \alpha\lambda - 1.$$

Es hat wegen $\lambda^3 + \alpha\lambda^2 - \alpha\lambda - 1 = (\lambda - 1)(\lambda^2 + (\alpha + 1)\lambda + 1)$ die Nullstellen

$$\lambda_1 = 1, \quad \lambda_{2/3} = -\tfrac{\alpha+1}{2} \pm \tfrac{1}{2}\sqrt{\alpha^2 + 2\alpha - 3}.$$

Für $-3 < \alpha < 1$ folgt

$$\lambda_{2/3} = -\tfrac{\alpha+1}{2} \pm \tfrac{1}{2}\sqrt{\alpha^2 + 2\alpha - 3} = -\tfrac{\alpha+1}{2} \pm \tfrac{1}{2}i\sqrt{3 - 2\alpha - \alpha^2}$$

und somit

$$|\lambda_{2/3}|^2 = \left(\tfrac{\alpha+1}{2}\right)^2 + \tfrac{3}{4} - \tfrac{1}{2}\alpha - \tfrac{1}{4}\alpha^2 = 1.$$

Wegen $3 - 2\alpha + \alpha^2 > 0$ für $-3 < \alpha < 1$ sind alle Nullstellen paarweise verschieden und damit die LMM nullstabil im Bereich $-3 < \alpha < 1$.

Umgekehrt ist für $\alpha > 3$ bzw. $\alpha < -1$ der Radikant in obiger Formel für $\lambda_{2,3}$ positiv und die $\lambda_{2,3}$ somit reell. Im Fall $\alpha < -3$ ist $-\alpha > 3$ und wegen

$$\lambda_2 = -\tfrac{\alpha+1}{2} + \tfrac{1}{2}\sqrt{\alpha^2 + 2\alpha - 3} \geq \tfrac{-\alpha-1}{2} > \tfrac{3-1}{2} = 1$$

ist dann $|\lambda_2| > 1$ und die LMM kann nicht nullstabil sein. Ebenso ist für $\alpha > 1$:

$$\lambda_3 = -\tfrac{\alpha+1}{2} - \tfrac{1}{2}\sqrt{\alpha^2 + 2\alpha - 3} \leq -\tfrac{\alpha+1}{2} < -\tfrac{1+1}{2} = -1$$

$|\lambda_3| > 1$ und die LMM kann ebenso nicht nullstabil sein. Im Grenzfall $\alpha = -3$ ist $\lambda_1 = \lambda_2 = \lambda_3 = 1$; ebenso folgt aus $\alpha = 1$ sofort $\lambda_2 = \lambda_3 = -1$.

ii) Um die Konsiztenzordnung der Formel zu bestimmen, betrachten wir

$$C_0 := \sum_{r=0}^{3} \alpha_r, \quad C_i := \frac{1}{i!}\sum_{r=0}^{3} r^i \alpha_r - \frac{1}{(i-1)!}\sum_{r=0}^{3} r^{i-1}\beta_r.$$

Zunächst ist

$$\begin{aligned} C_0 &= -1 - \alpha + \alpha + 1 = 0, \\ C_1 &= (-\alpha + 2\alpha + 3) - \left(0 + \tfrac{3+\alpha}{2} + \tfrac{3+\alpha}{2} + 0\right) = 0. \\ C_2 &= \tfrac{1}{2}(-\alpha + 4\alpha + 9) - \left(\tfrac{3+\alpha}{2} + 3 + \alpha\right) = \tfrac{3}{2}\alpha + \tfrac{9}{2} - \tfrac{3}{2}\alpha - \tfrac{9}{2} = 0. \end{aligned}$$

Weiter erhält man

$$\begin{aligned} C_3 &= \tfrac{1}{6}(-\alpha + 8\alpha + 27) - \tfrac{1}{2}\left(\tfrac{3+\alpha}{2} + 6 + 2\alpha\right) = \tfrac{7}{6}\alpha + \tfrac{9}{2} - \tfrac{5}{4}\alpha - \tfrac{15}{4} = -\tfrac{1}{12}\alpha + \tfrac{3}{4}. \\ C_4 &= \tfrac{1}{24}(-\alpha + 16\alpha + 81) - \tfrac{1}{6}\left(\tfrac{3+\alpha}{2} + 12 + 4\alpha\right) = \tfrac{5}{8}\alpha + \tfrac{27}{8} - \tfrac{3}{4}\alpha - \tfrac{27}{12} = -\tfrac{1}{8}\alpha + \tfrac{9}{8}, \end{aligned}$$

Die LMM ist also für $\alpha \in (-3, 1)$ von 2. Ordnung und hätte theoretisch eine Konsistenzordnung von 4 für die Wahl $\alpha = 9$. Hier geht allerdings die Nullstabilität verloren.

Lösung A.4.2: Zunächst formen wir die Differentialgleichung durch Einführen der Hilfsfunktionen $u_0(t) := u(t)$, $u_1(t) := u'(t)$ um in ein System erster Ordnung:

$$\begin{bmatrix} u_0'(t) \\ u_1'(t) \end{bmatrix} = \begin{bmatrix} u_1(t) \\ -20u_1(t) - 19u_0(t) \end{bmatrix} = \underbrace{\begin{bmatrix} 0 & 1 \\ -19 & -20 \end{bmatrix}}_{=:\,A} \begin{bmatrix} u_0(t) \\ u_1(t) \end{bmatrix}, \quad t \geq 0, \quad \begin{bmatrix} u_0(0) \\ u_1(0) \end{bmatrix} = \begin{bmatrix} 1 \\ -10 \end{bmatrix}.$$

Um die Kontraktionseigenschaft der Fixpunktiteration zu sichern, benötigt man die L-Konstante der Iterationsabbildung

$$g(x) = y_{n-1} + \tfrac{1}{12}h\,(5f(t_n, x) + 8f_{n-1} - f_{n-2})\,.$$

Mit der L-Konstante L_f von f ist diese gerade $L_g = |\beta_2|hL_f = \frac{5}{12}hL_f$. Die Schrittweite h muss also so bestimmt werden, dass

$$h < (|\beta_2|L_f)^{-1} = \tfrac{12}{5}L_f^{-1}.$$

Zur Bestimmung von L_f sei festgestellt:

$$\|f(t, x) - f(t, y)\| \leq \|A\|\|x - y\|,$$

mit einer beliebigen, verträglichen Matrizennorm $\|.\|$. Um hiermit eine möglichst kleine Lipschitzkonstante $L_f = \|A\|$ zu erhalten, wählen wir die maximale Spaltensummennorm: $\|A\|_1 = 21$ ($\|A\|_\infty = 39$). Es ergibt sich damit

$$h < \frac{1}{|\beta_2|L_f} = \frac{12}{21 \cdot 5} = \frac{4}{35} \approx 0{,}114.$$

Lösung A.4.3: Zu bestimmen ist zunächst das Stabilitätspolynom

$$\pi(\lambda; z) := \sum_{r=0}^{R} [\alpha_r - z\beta_r]\,\lambda^r$$

und dann dessen Nullstellen.

Es ist $y_n - y_{n-2} = 2hf_{n-1}$ und somit $R = 2$, $\alpha_2 = 1$, $\alpha_1 = 0$, $\alpha_0 = -1$, $\beta_2 = 0$, $\beta_1 = 2$, $\beta_0 = 0$. Damit ist

$$\pi(\lambda; z) = \lambda^2 - 2z\lambda - 1.$$

Die Nullstellen ergeben sich zu

$$\lambda_{1/2} = z \pm \sqrt{z^2 + 1}.$$

Betrachten wir zunächst das Stabilitätsintervall: Für $z > 0$ ist $\lambda_1 > 1$, für $z < 0$ ist $\lambda_2 < -1$. Für $z = 0$ folgt $\lambda_{1/2} = \pm 1$. Da dies zwei einfache Nullstellen sind, ist das Stabilitätsintervall $\mathrm{SI} = \{0\}$.

Um das Stabilitätsgebiet zu bestimmen, bedienen wir uns der im Text beschriebenen Vereinfachung. Seien $\lambda_1(0)$ und $\lambda_2(0)$ die Nullstellen des Polynoms $\pi(\lambda;0) = \lambda^2 - 1$. Es ist also $\lambda_1(0) = 1$, $\lambda_2(0) = -1$. Wir machen den Ansatz

$$\lambda_1(z) := 1 + \gamma_1 z + O(z^2),$$
$$\lambda_2(z) := -1 + \gamma_2 z + O(z^2).$$

Einsetzen in $\pi(\lambda; z) = 0$ liefert

$$1 + 2\gamma_1 z - 2z - 1 + O(z^2) = 0 \quad \text{sowie} \quad 1 - 2\gamma_2 z + 2z - 1 + O(z^2) = 0$$

bzw. $\gamma_1 = 1$ sowie $\gamma_2 = 1$. Damit ergibt sich $\lambda_1(z) \approx 1 + z$ und $\lambda_2(z) \approx -1 + z$. Nun muss gelten $(z := x + iy)$

$$|\lambda_1(z)| \leq 1 \quad \Leftrightarrow \quad (x+1)^2 + y^2 \leq 1 \qquad \text{sowie} \qquad |\lambda_2(z)| \leq 1 \quad \Leftrightarrow \quad (x-1)^2 + y^2 \leq 1.$$

Dies ist nur erfüllt für $(x, y) = (0, 0)$.

Zusatz: Eine genauere Analyse zeigt jedoch: Für $z := iy$ ist $\lambda_{1/2} = iy \pm \sqrt{1 - y^2}$. Im Fall $|y| < 1$ ist $\lambda_1 \neq \lambda_2$ und $|\lambda_{1/2}| = y^2 + 1 - y^2 = 1$. Für $y = \pm 1$ liegt eine doppelte Nullstelle $\lambda = \pm i$ mit $|\lambda| = 1$ vor. Falls $|y| > 1$, so ist

$$\lambda_{1/2} = iy \pm \sqrt{1 - y^2} = i\big(y \pm \sqrt{y^2 - 1}\big),$$

und mindestens eine der Nullstellen hat einen Betrag größer als 1. Ebenso hat mindestens eine der Nullstellen einen Betrag größer als 1, falls $x \neq 0$. Somit folgt $\mathrm{SG} = \{z \in \mathbb{C} \,|\, z = (0, y),\ y \in [-1, 1]\}$.

Lösung A.4.4 (Praktische Aufgabe): Nicht verfügbar.

Lösung A.4.5: Die Rückwärtsdifferenzenformeln der Stufen $R = 1, 2, 3$ lauten:

- $R = 1$: $y_n - y_{n-1} = hf_n$, Koeffizienten $\alpha_1 = 1$, $\alpha_0 = -1$, $\beta_1 = 1$.
- $R = 2$: $y_n - \frac{4}{3}y_{n-1} + \frac{1}{3}y_{n-2} = \frac{2}{3}hf_n$, Koeffizienten $\alpha_2 = 1$, $\alpha_1 = -\frac{4}{3}$, $\alpha_0 = \frac{1}{3}$, $\beta_2 = \frac{2}{3}$.
- $R = 3$: $y_n - \frac{18}{11}y_{n-1} + \frac{9}{11}y_{n-2} - \frac{2}{11}y_{n-3} = \frac{6}{11}hf_n$, Koeffizienten $\alpha_3 = 1$, $\alpha_2 = -\frac{18}{11}$, $\alpha_1 = \frac{9}{11}$, $\alpha_0 = -\frac{2}{11}$, $\beta_3 = \frac{6}{11}$.

Für die Konvergenz ist Konsistenz und Nullstabilität zu überprüfen.

$R = 1$: Konsistenz folgt aus

$$\sum_{r=0}^{1} \alpha_r = -1 + 1 = 0, \qquad \sum_{r=0}^{1} r\alpha_r = -1 = \sum_{r=0}^{1} \beta_r.$$

Das erste charakteristische Polynom ist

$$\rho(\lambda) = \sum_{r=0}^{1} \alpha_r \lambda^r = \lambda - 1,$$

und hat die Nullstelle $\lambda = 1$. Somit ist die BDF nullstabil und damit konvergent.

$R = 2$:

$$\sum_{r=0}^{2} \alpha_r = \tfrac{1}{3} - \tfrac{4}{3} + 1 = 0, \qquad \sum_{r=0}^{2} r\alpha_r = -\tfrac{4}{3} + 2 = \tfrac{2}{3} = \sum_{r=0}^{2} \beta_r.$$

Das erste charakteristische Polynom ist

$$\rho(\lambda) = \sum_{r=0}^{2} \alpha_r \lambda^r = \lambda^2 - \tfrac{4}{3}\lambda + \tfrac{1}{3},$$

mit den Nullstellen $\lambda_1 = 1$ und $\lambda_2 = \frac{1}{3}$. Somit ist die BDF nullstabil und damit konvergent.

$R = 3$:

$$\sum_{r=0}^{3} \alpha_r = -\tfrac{2}{11} + \tfrac{9}{11} - \tfrac{18}{11} + 1 = 0, \qquad \sum_{r=0}^{3} r\alpha_r = \tfrac{9}{11} - \tfrac{36}{11} + 3 = \tfrac{6}{11} = \sum_{r=0}^{3} \beta_r.$$

Das erste charakteristische Polynom ist

$$\rho(\lambda) = \sum_{r=0}^{3} \alpha_r \lambda^r = \lambda^3 - \tfrac{18}{11}\lambda^2 + \tfrac{9}{11}\lambda - \tfrac{2}{11},$$

und hat die Nullstellen $\lambda_1 = 1$, $\lambda_{2/3} = \frac{7}{22} \pm \frac{1}{22} i\sqrt{39}$. Wegen

$$|\lambda_{2/3}|^2 = \tfrac{7^2}{22^2} + \tfrac{39}{22^2} = \tfrac{49+39}{484} = \tfrac{2}{11}$$

ist die BDF nullstabil und damit konvergent.

Für die Berechnung der Startwerte wird ein Verfahren der Ordnung $p^* \geq p - 1$ benötigt (p Ordnung der BDF). Bestimme also die Ordnungen der Rückwärtsdifferenzenformeln für $R = 2, 3$: ($C_0 = C_1 = 0$ bereits für Konsistenz nötig)

$R = 2$:

$$C_2 = \tfrac{1}{2} \sum_{r=0}^{2} r^2 \alpha_r - \sum_{r=0}^{2} r\beta_r = -\tfrac{2}{3} + 2 - \tfrac{4}{3} = 0,$$

$$C_3 = \tfrac{1}{6} \sum_{r=0}^{2} r^3 \alpha_r - \tfrac{1}{2} \sum_{r=0}^{2} r^2 \beta_r = -\tfrac{2}{9} + \tfrac{4}{3} - \tfrac{4}{3} = -\tfrac{2}{9}$$

Die Ordnung ist also $p = 2$. Es genügt also z. B. das implizite Eulerverfahren als Startprozedur.

$R = 3$:

$$C_2 = \tfrac{1}{2}\sum_{r=0}^{3} r^2\alpha_r - \sum_{r=0}^{3} r\beta_r = \tfrac{9}{22} - \tfrac{36}{11} + \tfrac{9}{2} - \tfrac{18}{11} = 0,$$

$$C_3 = \tfrac{1}{6}\sum_{r=0}^{3} r^3\alpha_r - \tfrac{1}{2}\sum_{r=0}^{3} r^2\beta_r = \tfrac{3}{22} - \tfrac{24}{11} + \tfrac{9}{2} - \tfrac{27}{11} = 0,$$

$$C_4 = \tfrac{1}{24}\sum_{r=0}^{3} r^4\alpha_r - \tfrac{1}{6}\sum_{r=0}^{3} r^3\beta_r = \tfrac{3}{88} - \tfrac{12}{11} + \tfrac{27}{8} - \tfrac{27}{11} = -\tfrac{3}{22}$$

Die Ordnung ist also $p = 3$. Es genügt also z. B. die Trapezregel als Startprozedur.

Lösung A.4.6: Wir zitieren zunächst einige Resultate aus dem Text: Für die Iterierten $y_n^{(k)}$ im Korrektor-Verfahren gilt die Abschätzung:

$$\|y_n^{(k)} - y_n\| \le q^k \|y_n^{(0)} - y_n\|$$

wobei y_n die exakte Lösung des Korrektors und $q = h\beta_R^{(K)}$ ist. Ferner gilt

$$y_n^{(0)} - u_n = h\tau^h_{(P)}\left(1 - O\left(h\right)\right),$$
$$y_n - u_n = h\tau^h_{(C)}\left(1 - O\left(h\right)\right)$$

mit den Abschneidefehlern $\tau^h_{(P)}$, $\tau^h_{(C)}$ des Prädiktor-, Korrektorverfahrens. Für die Abschneidefehler gilt (bis auf das Vorzeichen):

$$\tau^h_{(P)} = C^{(P)}_{m^{(P)}+1} h^{m^{(P)}} u_n^{\left(m^{(P)}+1\right)} + O\left(h^{m^{(P)}+1}\right)$$

$$\tau^h_{(C)} = C^{(C)}_{m^{(C)}+1} h^{m^{(C)}} u_n^{\left(m^{(C)}+1\right)} + O\left(h^{m^{(C)}+1}\right)$$

Damit erhalten wir nun:

$$\begin{aligned}
\|y_n^{(k)} - u_n\| &\le \|y_n^{(k)} - y_n\| + \|y_n - u_n\| \\
&\le q^k\|y_n^{(0)} - y_n\| + \|y_n - u_n\| \\
&\le q^k\|y_n^{(0)} - u_n\| + \left(q^k + 1\right)\|y_n - u_n\| \\
&\le q^k C^{(P)}_{m^{(P)}+1} h^{m^{(P)}+1}\left\|u_n^{\left(m^{(P)}+1\right)}\right\| + O\left(h^{m^{(P)}+2+k}\right) \\
&+ \left(q^k + 1\right) C^{(C)}_{m^{(C)}+1} h^{m^{(C)}+1}\left\|u_n^{\left(m^{(C)}+1\right)}\right\| + \left(q^k + 1\right) O\left(h^{m^{(C)}+2}\right)
\end{aligned}$$

und somit, falls $m^{(P)} + k \le m^{(C)}$:

$$\|y_n^{(k)} - u_n\| \le c h^{m^{(P)}+1+k} + O\left(h^{m^{(P)}+2+k}\right)$$

und im Fall $m^{(P)} + k > m^{(C)}$:

$$\|y_n^{(k)} - u_n\| \le C_{m^{(C)}+1} h^{m^{(C)}+1}\left\|u_n^{\left(m^{(C)}+1\right)}\right\| + O\left(h^{m^{(C)}+2}\right)$$

und somit die erste Behauptung. Die zweite Behauptung ergibt sich durch Ablesen aus der letzten Ungleichung.

Lösung A.4.7: Das betrachtete System lautet

$$\begin{bmatrix} u'(t) \\ v'(t) \\ w'(t) \end{bmatrix} = \underbrace{\begin{bmatrix} -10 & -100 & 0 \\ 100 & -10 & 0 \\ 1 & 1 & -t \end{bmatrix}}_{=:\, A(t)} \begin{bmatrix} u(t) \\ v(t) \\ w(t) \end{bmatrix}.$$

Zu bestimmen sind nun die Eigenwerte von $A(t)$:

$$\begin{aligned} \det(\lambda I - A(t)) &= \det \begin{bmatrix} \lambda + 10 & 100 & 0 \\ -100 & \lambda + 10 & 0 \\ -1 & -1 & \lambda + t \end{bmatrix} = (\lambda + t) \det \begin{bmatrix} \lambda + 10 & 100 \\ -100 & \lambda + 10 \end{bmatrix} \\ &= (\lambda + t) \big((\lambda + 10)^2 + 10000 \big) = (\lambda + t)(\lambda^2 + 20\lambda + 10100). \end{aligned}$$

Die Eigenwerte sind also

$$\lambda_1 = -t \quad \text{sowie} \quad \lambda_{2/3} = -10 \pm \sqrt{100 - 10100} = -10 \pm 100i.$$

Um eine möglichst hohe Ordnung zu bekommen, fordern wir von der LMM nur A(α)-Stabilität. Bestimme also den Winkel α: Wegen $\lambda_1 \in \mathbb{R}$ und $\lambda_3 = \overline{\lambda_2}$ erhalten wir

$$\alpha = \arctan \tfrac{100}{10} = \arctan 10 \approx 84{,}3°.$$

Es kommen also nur Rückwärtsdifferenzenformeln der Stufe $R \leq 3$ in Frage. Nach dem Text erhält man bei Verwendung der 3-stufigen BDF nach Konstruktion die Ordnung $m = 3$.

Lösung A.4.8 (Praktische Aughabe): Nicht verfügbar.

Lösung A.4.9: a) *Exponentielle Stabilität* ist eine Eigenschaft der Lösung u einer AWA. Diese besagt, dass hinreichend kleine Störungen exponentiell abklingen, genauer: Es gibt $\delta,\ A,\ \lambda > 0$, so dass für alle Störungen $\|w^*\| \leq \delta$ zu einem Zeitpunkt $t^* \geq t_0$ für die Lösung der gestörten AWA $v(t) = f(t, v(t)),\ t \geq t^*,\ v(t) = u(t) + w^*$, stets gilt

$$\|u(t) - v(t)\| \leq A e^{-\lambda(t - t^*)}.$$

b) *Diskrete Stabilität* ist eine Eigenschaft eines Ein- oder Mehrschrittverfahrens, welche es einem erlaubt die Differenz zweier Gitterfunktionen $\{y_n\}_{n \geq 0}$, $\{z_n\}_{n \geq 0}$ mit Hilfe der Verfahrensvorschrift L_h darzustellen:

$$\|y_n - z_n\| \leq K e^{\Gamma(t_n - t_0)} \Big\{ \max_{0 \leq \nu \leq R-1} + \sum_{\nu = R}^{n} h_\nu \|L_h y_h - L_h z_h\| \Big\}.$$

Aus diskreter Stabilität folgt mit Konsistenz die (lokale) Konvergenz einer Methode.

c) Numerische Stabilität ist eine Eigenschaft einer (globalen) Lösung $y_{n n\geq 0}$ eines Einschrittverfahrens, $y_n = y_{n-1} + h_n F(h_n; t_n, y_n, y_{n-1})$, $n \geq 0, y_0 = u_0$ (oder Mehrschrittverfahrens): $\{y_n\}$ heißt numerisch stabil, falls für jede Lösung $\{z_n\}_{n\geq n^*}$ von

$$z_n = z_{n-1} + h_n F(h_n; t_n, z_n, z_{n-1}), n \geq n^*, \; z_{n^*} = u_{n^*} + w^*$$

mit einer hinreichend kleinen Störung $\|w^*\| \leq \delta$ stets gilt:

$$\|z_n - y_n\| \to 0, \text{ für } n \to \infty\,.$$

d) Eine lineare Mehrschrittmethode heißt *Null-stabil*, falls für die Nullstellen λ_i des ersten charakteristischen Polynoms $\rho(\lambda) = \sum_{r=0}^{R} \alpha_r \lambda^r v$ stets gilt: $|\lambda_i| \leq 1$, und falls λ_i eine mehrfache Nullstelle ist, sogar $|\lambda_i| < 1$. Null-Stabilität ist eine notwendige (und zusammen mit L-Stetigkeit der Verfahrensfunktion hinreichende) Bedingung für die diskrete Stabilität von linearen Mehrschrittmethoden.

e), f) A-Stabilität und A(0)-Stabilität sind Begriffe aus der numerischen Stabilitätsanalyse. Ein Ein- oder Mehrschrittverfahren heißt A-stabil, falls die gesamte negative, komplexe Halbebene $\{z : \operatorname{Re} z \leq 0\}$ im Stabilitätsgebiet liegt, und A(0)-stabil, falls dies die für die negative, reelle Achse zutrifft.

A.5 Kapitel 5

Lösung A.5.1: a) Wir betrachten das Intervall $[0, 1]$ und wollen $u(1)$ berechnen. Wir verwenden die Grundschrittweite H, d. h. wir unterteilen das Intervall $[0, 1]$ in $N = \frac{1}{H}$ Teile. Auf jeden Teilintervall verwenden wir jetzt den folgenden Algorithmus:

1. Es sei $y(t_k)$ mit $t_k = kH$ und $0 \leq k \leq N - 1$ berechnet (Ziel ist es, per Extrapolation der Zwischenwerte $a(h_0), \dots, a(h_5)$ mit $h_0 = H/2, \dots, h_5 = H/16$ den nächsten Wert $y(t_{k+1})$ zu berechnen)

2. Setze $n_0 = 2, n_1 = 4, n_2 = 6, n_3 = 8, n_4 = 12, n_5 = 16$.

3. Setze $i = 0$.

4. Berechne
$$\eta(t_k + \nu h_i; h_i), \quad h_i = \frac{H}{n_i}, \quad \nu = 1, \dots, n_i + 1,$$
mit Hilfe der Mittelpunktsregel gestartet durch die Polygonzugmethode,
$$\eta(t_k + h_i; h_i) = y_{t_k} + h_i f(t_k, y(t_k))$$
$$\eta(t_k + (\nu + 1)h_i; h_i) = \eta(t_k + (\nu - 1)h_i; h_i) + 2h_i f(t_k + \nu h_i, \eta(t_k + \nu h_i; h_i)),$$
für $\nu = 1, \dots n_i$, und setze
$$a(h_i) = \tilde{\eta}(t_{k+1}; h_i) = \tfrac{1}{4}\{\eta(t_{k+1} - h_i; h_i) + 2\eta(t_{k+1}; h_i) + \eta(t_{k+1} + h_i; h_i)\}.$$

5. Falls $i \leq 4$ setze $i \leftarrow i + 1$ und gehe zu (4).

6. Berechne mit $a(h_i) = T_{i0}$ die Werte T_{ii} des Extrapolationstableaus mit Hilfe der Rekursionsformel

$$T_{ik} = T_{i,k-1} + \frac{T_{i,k-1} - T_{i-1,k-1}}{(h_{i-k}/h_i)^{\gamma} - 1}.$$

und erhalte $T_{5,5}$ als Näherung für $u(t_{k+1})$.

Ordnung des Verfahren: Mithilfe des Satzes von Gragg erhalten wir mit $m = 5$ die Ordnung 12.

b) Anzahl der Funktionsauswertungen in dem eben beschriebenen Algorithmus für den Schritt von t_k auf t_{k+1}: Für jedes i:

- Polygonzugmethode: 1 Funktionsauswertung (nur beim ersten Schritt, d. h. für i=0 nötig)
- n_i-mal Anwendung der Mittelpunktsregel: n_i Funktionsauswertungen.
- Mittelung: keine weiteren Funktionsauswertungen nötig.

Damit ergeben sich bei der hier betrachteten Folge der n_i

$$(2 + 1) + 4 + 6 + 8 + 12 + 16 = 49$$

Funktionsauswertungen. Da wir insgesamt auf $N = \frac{1}{H}$ Intervallen extrapolieren, benötigen wir also $49/H$ Funktionsauswertungen, um eine Näherung für $u(1)$ zu erhalten.

Lösung A.5.2: Analog zum klassischen Graggschen Extrapolationsverfahren berechnet man y_{k+1} mit einer Basisschrittweite H ausgehend vom bereits berechneten y_k durch Extrapolation:

1. Setze $n_0 = 2,\ n_1 = 4,\ n_2 = 6,\ n_3 = 8,\ n_4 = 12,\ n_5 = 16$.
2. Setze $i = 0$.
3. Es ist $\eta\big(t_k; h_i\big) = y_k$. Berechne

$$\eta\big(t_k + \nu h_i; h_i\big),\ h_i = \frac{H}{n_i},\ \nu = 1, \cdots, n_i$$

mit Hilfe des impliziten Eulerverfahrens:

$$\eta\big(t_k + \nu h_i; h_i\big) = \eta\big(t_k + (\nu - 1)h_i; h_i\big) + f\big(t_k + \nu h_i, \eta(t_k + \nu h_i; h_i)\big).$$

4. Setze $a(h_i) = \eta(t_k + n_i h_i; h_i)$.
5. Falls $i < 5$ setze $i \leftarrow i + 1$ und gehe zu (3).
6. Bestimme $y_{k+1} = a(0)$ durch Extrapolation von $a(h)$:

$$T_{ik} = T_{i,k-1} + \frac{T_{i,k-1} - T_{i-1,k-1}}{(h_{i-k}/h_i)^1 - 1},\ T_{i0} = a(h_i).$$

Setze $y_{k+1} = T_{55}$.

a) Die Ordnung des zugrundeliegenden Verfahrens ist $\gamma = 1$, so dass sich bei $m = 5$ die Ordnung 6 ergibt.

b) Für einen Extrapolationsschritt, d. h.: $m = 1$, hat man mit $n_0 = 2$, $n_1 = 4$ zu berechnen:

$$n_0: \quad \begin{cases} \eta\left(t_k + \frac{H}{2}; \frac{H}{2}\right) = y_k + \frac{H}{2} f\left(t_k + \frac{H}{2}, \eta\left(t_k + \frac{H}{2}; \frac{H}{2}\right)\right), \\ \eta\left(t_k + H; \frac{H}{2}\right) = \eta\left(t_k + \frac{H}{2}; \frac{H}{2}\right) + \frac{H}{2} f\left(t_k + H, \eta\left(t_k + H; \frac{H}{2}\right)\right). \end{cases}$$

$$n_1: \quad \begin{cases} \eta\left(t_k + \frac{H}{4}; \frac{H}{4}\right) = y_k + \frac{H}{4} f\left(t_k + \frac{H}{4}, \eta\left(t_k + \frac{H}{4}; \frac{H}{4}\right)\right), \\ \qquad \vdots \\ \eta\left(t_k + H; \frac{H}{4}\right) = \eta\left(t_k + \frac{3H}{4}; \frac{H}{4}\right) + \frac{H}{4} f\left(t_k + H, \eta\left(t_k + H; \frac{H}{4}\right)\right). \end{cases}$$

Angewendet auf das skalare Testproblem

$$u'(t) = \lambda u(t)$$

erhält man

$$\eta\left(t_k + H; \tfrac{H}{2}\right) = \left(1 - \tfrac{1}{2} H\lambda\right)^{-2} y_k,$$
$$\eta\left(t_k + H; \tfrac{H}{4}\right) = \left(1 - \tfrac{1}{4} H\lambda\right)^{-4} y_k.$$

Extrapolation:

$$y_{k+1} = \frac{2^1\,\eta\left(t_k + H; \frac{H}{4}\right) - \eta\left(t_k + H; \frac{H}{2}\right)}{2^1 - 1} = \left[2\left(1 - \tfrac{1}{4} H\lambda\right)^{-4} - \left(1 - \tfrac{1}{2} H\lambda\right)^{-2}\right] y_k.$$

Der Verstärkungsfaktor ist also:

$$w(z) = 2\left(1 - \tfrac{1}{4} z\right)^{-4} - \left(1 - \tfrac{1}{2} z\right)^{-2}.$$

Diskussion für die reelle Achse:

Es ist $w(0) = 1$ und $\lim_{x \to -\infty} w(x) = 0$. Die Funktion $w(x)$ besitzt im Negativen genau ein lokales Minimum bei $x_0 \approx -8.25$ mit $w(x_0) \approx -0.015$ und genau einen Wendepunkt bei $x_1 \approx -11.7$. Somit ist stets $|w(x)| \leq 1$ für alle $x \leq 0$.

Diskussion für die komplexe Halbebene: Man betrachte den folgenden Plot von $|w(z)|$:

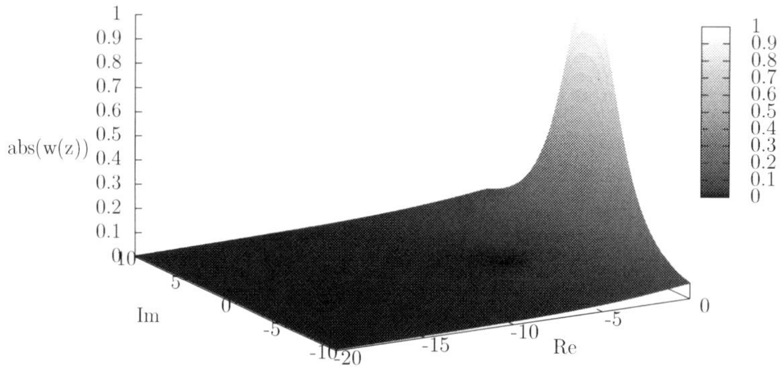

Lösung A.5.3: Sei $y_n = \eta(t_n; \frac{h}{2})$ berechnet. Mit einem expliziten Euler-Schritt bestimmen wir

$$\eta(t_n + \tfrac{h}{2}; \tfrac{h}{2}) = \eta(t_n; \tfrac{h}{2}) + \tfrac{h}{2} f\left(t_n, \eta(t_n; \tfrac{h}{2})\right) = y_n + \tfrac{h}{2} f(t_n, y_n)$$

und anschließend mit der Mittelpunktsregel

$$\begin{aligned}\eta(t_n + h; \tfrac{h}{2}) &= \eta(t_n; \tfrac{h}{2}) + 2\tfrac{h}{2} f\left(t_n + \tfrac{h}{2}, \eta(t_n + \tfrac{h}{2}; \tfrac{h}{2})\right)\\ &= y_n + hf\left(t_n + \tfrac{h}{2}, y_n + \tfrac{h}{2} f(t_n, y_n)\right)\end{aligned}$$

sowie

$$\begin{aligned}\eta(t_n + \tfrac{3}{2}h; \tfrac{h}{2}) &= \eta(t_n + \tfrac{h}{2}; \tfrac{h}{2}) + 2\tfrac{h}{2} f\left(t_n + h, \eta(t_n + h; \tfrac{h}{2})\right)\\ &= y_n + \tfrac{h}{2} f(t_n, y_n) + hf\left(t_n + h, y_n + hf\left(t_n + \tfrac{h}{2}, y_n + \tfrac{h}{2} f(t_n, y_n)\right)\right).\end{aligned}$$

Nun wird gesetzt

$$\begin{aligned}y_{n+1} &:= \tfrac{1}{4}\left\{\eta(t_n + \tfrac{h}{2}; \tfrac{h}{2}) + 2\eta(t_n + h; \tfrac{h}{2}) + \eta(t_n + \tfrac{3}{2}h; \tfrac{h}{2})\right\}\\ &= \tfrac{1}{4}\Big\{y_n + \tfrac{h}{2} f(t_n, y_n) + 2y_n + 2hf\left(t_n + \tfrac{h}{2}, y_n + \tfrac{h}{2} f(t_n, y_n)\right)\\ &\quad + y_n + \tfrac{h}{2} f(t_n, y_n) + hf\left(t_n + h, y_n + hf\left(t_n + \tfrac{h}{2}, y_n + \tfrac{h}{2} f(t_n, y_n)\right)\right)\Big\}\\ &= y_n + h\Big\{\tfrac{1}{4} f(t_n, y_n) + \tfrac{1}{2} f\left(t_n + \tfrac{h}{2}, y_n + \tfrac{h}{2} f(t_n, y_n)\right)\\ &\quad + \tfrac{1}{4} f\left(t_n + h, y_n + hf\left(t_n + \tfrac{h}{2}, y_n + \tfrac{h}{2} f(t_n, y_n)\right)\right)\Big\}\\ &= y_n + h\left\{\tfrac{1}{4}k_1 + \tfrac{1}{2}k_2 + \tfrac{1}{4}k_3\right\}\end{aligned}$$

mit

$$k_1 := f(t_n, y_n), \quad k_2 := f(t_n + \tfrac{h}{2}, y_n + \tfrac{h}{2}k_1), \quad k_3 := f(t_n + h, y_n + hk_2).$$

Entsprechend dem Extrapolationssatz hat diese Formel die Ordnung 2 ($m = 0$, da keine Extrapolationsschritte durchgeführt werden). Alternativ stellt man fest, dass die Taylorreihe der Runge-Kutta-Formel mit der von f bis zur Ordnung 2 übereinstimmt.

Angewendet auf das Modellproblem $u'(t) = f(t, u(t))$ mit $f(t, x) = \lambda x$ erhält man

$$\begin{aligned} y_{n+1} &= y_n + \tfrac{1}{4}h\lambda y_n + \tfrac{1}{2}h\lambda\left(y_n + \tfrac{1}{2}h\lambda y_n\right) + \tfrac{1}{4}h\lambda\left(y_n + h\lambda\left(y_n + \tfrac{1}{2}h\lambda y_n\right)\right) \\ &= \left(1 + h\lambda + \tfrac{1}{2}(h\lambda)^2 + \tfrac{1}{8}(h\lambda)^3\right) y_n. \end{aligned}$$

Es ist also

$$\omega(z) = 1 + z + \tfrac{1}{2}z^2 + \tfrac{1}{8}z^3 = \tfrac{1}{8}\left(z^3 + 4z^2 + 8z + 8\right) = \tfrac{1}{8}(z+2)\left((z+1)^2 + 3\right).$$

Wegen $(z+1)^2 + 3 > 0$, unterscheiden wir die folgenden Fälle:

$z \geq -2$: Dann ist $|\omega(z)| = \frac{1}{8}(z+2)\left((z+1)^2+3\right)$ und es gilt $|\omega(z)| \leq 1$, wenn $\frac{1}{8}(z+2)\left((z+1)^2+3\right) \leq 1$ bzw. $z^3+4z^2+8z \leq 0$. Wegen $z^3+4z^2+8z = z\left(z^2+4z+8\right) = z\left((z+2)^2+4\right)$ ist dies nur für $z \in [-2, 0]$ erfüllt.

$z < -2$: Dann ist $|\omega(z)| = -\frac{1}{8}(z+2)\left((z+1)^2+3\right)$ und es gilt $|\omega(z)| \leq 1$, wenn $-\frac{1}{8}(z+2)\left((z+1)^2+3\right) \leq 1$ bzw. $z^3+4z^2+8z+16 \geq 0$. Wir suchen also eine Nullstelle von $g(z) := z^3 + 4z^2 + 8z + 16$. Mit $g'(z) = 3z^2 + 8z + 8$ und dem Startwert $z_0 := -2$ liefert das Newtonverfahren

$$z_{n+1} := z_n - \frac{g(z_n)}{g'(z_n)} = \frac{2z_n^3 + 4z_n^2 - 16}{3z_n^2 + 8z_n + 8}$$

die folgenden Approximationen: $z_1 = -4$, $z_2 = -3.333$, $z_3 = -3.111$, $z_4 = -3.088$, $z_5 = -3.087$, $z_6 = -3.087$. Wegen $|\omega(-3)| = \frac{7}{8} < 1$ ist die Bedingung erfüllt für $z \in [-3.1, 0]$.

Zusammengenommen erhalten wir für das Stabilitätsintervall $\mathrm{SI} = [-3.1, 0]$.

Lösung A.5.4 (Praktische Aufgabe): Nicht verfügbar.

A.6 Kapitel 6

Lösung A.6.1: Wir formen das System um in

$$\begin{aligned} Mu'(t) &= b(t) - Au(t) - N(u(t))u(t) - Bp(t), \\ 0 &= B^T u(t). \end{aligned}$$

Da M regulär ist, können wir mit M^{-1} multiplizieren und erhalten

$$\begin{aligned} u'(t) &= M^{-1}b(t) - M^{-1}Au(t) - M^{-1}N(u(t))u(t) - M^{-1}Bp(t), \\ 0 &= B^T u(t). \end{aligned}$$

Mit den Bezeichnungen $\tilde{b}(t) := M^{-1}b(t)$, $\tilde{A} := M^{-1}A$, $\tilde{N}(u(t)) := M^{-1}N(u(t))$ und $\tilde{B} := M^{-1}B$ erhalten wir nach Differenzieren der zweiten Gleichung

$$\begin{aligned} u'(t) &= \tilde{b}(t) - \tilde{A}u(t) - \tilde{N}(u(t))u(t) - \tilde{B}p(t), \\ 0 &= B^T u'(t) = B^T \left(\tilde{b}(t) - \tilde{A}u(t) - \tilde{N}(u(t))u(t) - \tilde{B}p(t)\right). \end{aligned}$$

Bezeichnen wir die Spalten von $\tilde{N}(u(t))$ mit $\tilde{N}_i(u(t))$ und die Zeilen von $u(t)$ mit $u_i(t)$, so können wir die dies umformen zu

$$\begin{aligned} u'(t) &= \tilde{b}(t) - \tilde{A}u(t) - \tilde{N}(u(t))u(t) - \tilde{B}p(t), \\ 0 &= B^T\Big(\tilde{b}(t) - \tilde{A}u(t) - \sum_{i=1}^{n} \tilde{N}_i(u(t)) \cdot u_i(t) - \tilde{B}p(t)\Big). \end{aligned}$$

Durch nochmaliges Differenzieren der zweiten Gleichung erhalten wir

$$\begin{aligned} u'(t) &= \tilde{b}(t) - \tilde{A}u(t) - \tilde{N}(u(t))u(t) - \tilde{B}p(t), \\ 0 &= B^T\tilde{b}'(t) - B^T\tilde{A}u'(t) - B^T\tilde{B}p'(t) \\ &\quad - B^T\sum_{i=1}^{n}\Big\{\Big(\sum_{j=1}^{n}\frac{\partial\tilde{N}_i(u(t))}{\partial u_j}\cdot u_j'(t)\Big)\cdot u_i(t) + \tilde{N}_i(u(t))\cdot u_i'(t)\Big\}. \end{aligned}$$

Nach erneutem Ersetzen von $u'(t)$ in der zweiten Gleichung durch die erste erhält man, falls $B^T\tilde{B} = B^TM^{-1}B$ regulär ist, eine Gleichung zur Bestimmung von $p'(t)$ in Abhängigkeit von $u(t)$ und $p(t)$. Die DAE hat also den Index 2 und ist lösbar, wenn $B^TM^{-1}B$ regulär ist, was bedeutet, dass B Rang m hat.

Lösung A.6.2 (Praktische Aufgabe): Nicht verfügbar.

Lösung A.6.3:

a) (Lokale) L-Stetigkeit von $f(t,x)$ bzgl. des Arguments x;

b) d-dimensionaler Vektorraum;

c) Eine stetige Funktion $w(t) \geq 0$, die durch ihr Zeitintegral beschränkt ist, hat höchsten exponentielles Wachstum;

d) Ja, nach Fortsetzungssatz, da $f(t,x)$ bzgl. x gleichmäßig beschränkt ist;

e) $y_n = y_{n-1} + h_nF(h_n;t_n,y_n,y_{n-1}),\ n \geq 1,\ y_0 = u^0$;
$\tau_n = h_n^{-1}(u_n - u_{n-1}) - F(h_n;t_n,u_n,u_{n-1}),\ u_n := u(t_n)$;

f) $y_n = y_{n-1} + \frac{1}{2}h_n\{f(t_n,y_n) + f(t_{n-1},y_{n-1}\}$, Ordnung $m = 2$;

g) $\sum_{r=0}^{R}\alpha_{R-r}y_{n-r} = h\sum_{r=0}^{R}\beta R - rf_{n-r}$, $f_m := f(t_m,y_m)$, $\pi(z;\bar{h}) = \sum_{r=0}^{R}\{\alpha_r - \bar{h}\beta_r\}z^r$;

h) Wenn der Quotient von kleinstem und größtem (negativen) Realteil der Eigenwerte der Jacobi-Matrix $f_x'(t,u(t))$ entlang der Lösungstrajektorie sehr groß ist;

i) „Null-stabil“: Alle Nullstellen des 1. charakteristischen Polynoms $\rho(z) = \sum_{r=0}^{R} \alpha_r z^r$ erfüllen $|\lambda| \leq 1$, sowie $|\lambda| < 1$, wenn sie mehrfach sind.
„A-stabil“: das Stabilitätsgebiet enthält die „negative“ komplexe Halbebene.
„A(0)-stabil“: Das Stabilitätsgebiet enthält die „negative“ reelle Halbachse..

j) $SG_{\text{expl.Euler}} = \{z \in \mathbb{C} \,|\, |z+1| \leq 1\}$, $SG_{\text{impl.Euler}} = \{z \in \mathbb{C} \,|\, |z-1| \geq 1\}$, $SG_{\text{Trapez}} = \{z \in \mathbb{C} \,|\, \operatorname{Re} z \leq 0\}$;

k) Minimalzahl der zeitlichen Ableitungen die zur Überführung der DAE in eine „normal“ AWA erforderlich sind.

A.7 Kapitel 7

Lösung A.7.1: i) Beim dG(1)-Verfahren besitzt U auf dem Intervall $I_n = (t_{n-1}, t_n]$ die Darstellung

$$U(t) = U_{n-1}^{+} + \frac{t - t_{n-1}}{h_n}\left(U_n^{-} - U_{n-1}^{+}\right).$$

Einsetzen in die 2. Gleichung liefert mit $f(t,x) = Ax + b$ und $y_n = U_n^{-}$:

$$\begin{aligned} U_n^{-} - U_{n-1}^{+} &= \frac{2}{h_n}\int_{t_{n-1}}^{t_n} AU(t)\cdot(t - t_{n-1}) + b\cdot(t - t_{n-1})\,\mathrm{d}t \\ \iff \quad y_n - U_{n-1}^{+} &= \frac{2}{h_n}\left(AU_{n-1}^{+}\cdot\frac{1}{2}h_n^2 + \frac{1}{3}\frac{1}{h_n}h_n^3 A(U_n^{-} - U_{n-1}^{+})\right) + h_n b \\ \iff \quad \left(I - \tfrac{2}{3}h_n A\right) y_n &= \left(I + \tfrac{1}{3}h_n A\right) U_{n-1}^{+} + h_n b. \end{aligned}$$

Und für die 1. Gleichung:

$$\begin{aligned} U_n^{-} &= U_{n-1}^{-} + \int_{t_{n-1}}^{t_n} AU(t) + b\,\mathrm{d}t \\ \iff \quad y_n &= y_{n-1} + h_n AU_{n-1}^{+} + \tfrac{1}{2}h_n A(y_n - U_{n-1}^{+}) + h_n b \\ \iff \quad \left(I - \tfrac{1}{2}h_n A\right) y_n &= y_{n-1} + \tfrac{1}{2}h_n AU_{n-1}^{+} + h_n b. \end{aligned}$$

Einsetzen der 2. in die 1. Gleichung liefert schließlich:

$$\left(I - \tfrac{2}{3}h_n A + \tfrac{1}{6}h_n^2 A^2\right) y_n = \left(I + \tfrac{1}{3}h_n A\right) y_{n-1} + \left(I - \tfrac{1}{6}h_n A\right) h_n b.$$

ii) Der Abschneidefehler ist definiert durch

$$h_n \tau_n = u(t_n) - u(t_{n-1}) - h_n F(h_n; t_{n-1}, u(t_{n-1})).$$

Man entwickelt in diesem Fall:

$$\begin{aligned} u(t_n) &= u(t_{n-1}) + h_n u'(t_{n-1}) + \tfrac{1}{2}h_n^2 u''(t_{n-1}) + \mathcal{O}(h_n^3) \\ &= u(t_{n-1}) + h_n f\big|_{t_{n-1}} + \tfrac{1}{2}h_n^2\left(f_t + f_x f\right)\big|_{t_{n-1}} + \mathcal{O}(h_n^3) \\ &= u(t_{n-1}) + h_n\big(Au(t_{n-1}) + b\big) + \tfrac{1}{2}h_n^2 A\big(Au(t_{n-1}) + b\big) + \mathcal{O}(h_n^3). \end{aligned}$$

Weiterhin:

$$u(t_{n-1} + h_n F(h_n; t_{n-1}, u(t_{n-1})) \\ = \left(I - \tfrac{2}{3}h_n A + \tfrac{1}{6}h_n^2 A^2\right)^{-1} \left[\left(I + \tfrac{1}{3}h_n A\right)u(t_{n-1}) + \left(I - \tfrac{1}{6}h_n A\right)h_n b\right].$$

Mit

$$\left(I - \tfrac{2}{3}h_n A + \tfrac{1}{6}h_n^2 A^2\right)^{-1} = I + \tfrac{2}{3}h_n A + \tfrac{5}{18}h_n^2 A^2 + \mathcal{O}(h_n^3)$$

ergibt sich:

$$u(t_{n-1} + h_n F(h_n; t_{n-1}, u(t_{n-1})) \\ = \left(I + \tfrac{2}{3}h_n A + \tfrac{5}{18}h_n^2 A^2 + \mathcal{O}(h_n^3)\right) \left[\left(I + \tfrac{1}{3}h_n A\right)u(t_{n-1}) + \left(I - \tfrac{1}{6}h_n A\right)h_n b\right] \\ = \left(I + h_n A + \tfrac{1}{2}h_n^2 A^2 + \mathcal{O}(h_n^3)\right)u(t_{n-1} + \left(I + \tfrac{1}{2}h_n A\right)h_n b + \mathcal{O}(h_n^3).$$

Man sieht durch Subraktion:

$$h_n \tau_n = O(h_n^3),$$

d. h. das Verfahren ist von 2. Ordnung.

Bemerkung:

$$\left(I - \tfrac{2}{3}h_n A + \tfrac{1}{6}h_n^2 A^2\right)y_n = \left(I + \tfrac{1}{3}h_n A\right)y_{n-1}$$

ist ein sogenanntes „subdiagonales Padé-Schema 2. Ordnung“: Unter einer entsprechenden Begriffsbildung kann man zeigen, dass ein *Lösungsoperator* $e^{(t-t_0)A}$ existiert, der angewendet auf den Startwert u_0,

$$u(t) = e^{(t-t_0)A}u_0,$$

eine Lösung der AWA

$$u'(t) = Au(t), \quad t \geq t_u, \quad u(t_0) = u_0$$

liefert (Der Einfachheit halber sei $b = 0$ gesetzt). Das Padé-Schema entsteht nun durch eine stückweise rationale Approximation des Lösungsoperators:

$$e^{(t_n - t_0)A} = e^{h_n A} \cdot \ldots \cdot e^{h_n A} \approx \frac{P(h_n A)}{Q(h_n A)} \cdot \ldots \cdot \frac{P(h_n A)}{Q(h_n A)},$$

mit gewissen Polynomen P und Q.

iii) Angewendet auf das skalare Testproblem ergibt sich:

$$\left(1 - \tfrac{2}{3}h_n\lambda + \tfrac{1}{6}h_n^2\lambda^2\right) y_n = \left(1 + \tfrac{1}{3}h_n\lambda\right) y_{n-1}.$$

Der Verstärkungsfaktor lautet:

$$w(z) = \frac{1 + \frac{1}{3}z}{1 - \frac{2}{3}z + \frac{1}{6}z^2}.$$

Bestimmung des Stabilitätsintervalls: Es soll sein:

$$\left|1+\tfrac{1}{3}z\right| \le \left|1-\tfrac{2}{3}z+\tfrac{1}{6}z^2\right| = \left|\tfrac{1}{6}(z-2)^2+\tfrac{1}{3}\right|,$$

also

$$\iff \qquad \left|1+\tfrac{1}{3}z\right| \le 1-\tfrac{2}{3}z+\tfrac{1}{6}z^2.$$

Fallunterscheidung:

1. Fall: $z \ge -3$:

$$\begin{aligned} & 1+\tfrac{1}{3}z \le 1-\tfrac{2}{3}z+\tfrac{1}{6}z^2 \\ \iff\quad & 0 \le z\cdot(z-6) \\ \iff\quad & z\ge 6 \quad \text{oder} \quad z\le 0 \\ \iff\quad & z\in[-3,0]\cup[6,\infty)\,. \end{aligned}$$

2. Fall: $z \le -3$:

$$\begin{aligned} & -1-\tfrac{1}{3}z \le 1-\tfrac{2}{3}z+\tfrac{1}{6}z^2 \\ \iff\quad & 0\le 11+(z-1)^2 \\ \iff\quad & z\in(-\infty,3) \end{aligned}$$

Damit ergibt sich $\mathrm{SI}=\mathbb{R}\setminus(0,6)$.

Lösung A.7.2: i) Es gibt eine Konstante $\kappa\in\mathbb{R}^+$, so dass die Ungleichung

$$\sup_{t\in I}|v(t)| \le \kappa\left(\int_I |v'(t)|\,dt + \left|\int_I v(t)\,dt\right|\right) \qquad \forall v\in P_r(I)$$

auf dem Einheitsintervall $I=(0,1)]$ gilt.
Hierzu zeigen wir, dass die rechte Seite eine Norm auf dem endlichdimensionalen Polynomraum $P_r(I)$ darstellt. Die Existenz von κ folgt dann aus der Normäquivalenz. Homogenität und Dreiecksungleichung sind klar aufgrund selbiger Eigenschaft des Absolutbetrags und die Definitheit folgt aus:

$$\begin{aligned} & \int_I |v'(t)|\,dt + \left|\int_I v(t)\,dt\right| = 0 \\ \Longrightarrow\quad & v=\text{const.} \qquad \left|\int_I v(t)\,dt\right| = 0 \\ \Longrightarrow\quad & v\equiv 0. \end{aligned}$$

Sei nun $I_n=(t_{n-1},t_n]$ ein beliebiges Intervall. Definiere

$$\chi:\ (0,1]\to(t_{n-1},t_n], \quad t=\chi(\hat{t})=t_{n-1}+h_n\,\hat{t}.$$

Dies induziert einen „Pullback“: $P_r(I_n) \to P_r(I)$ durch

$$\hat{\varphi}(\hat{t}) = \varphi\big(\chi(\hat{t})\big) \quad \text{für } \varphi \in P_r(I_n).$$

Weiterhin ist

$$\hat{\varphi}'(\hat{t}) = \varphi'(t)\chi'(\hat{t}) = \varphi'(t)h_n.$$

Hiermit können die einzelnen Terme der Ungleichung entsprechend transformiert werden:

$$\sup_{t\in I_n} |\varphi(t)| = \sup_{\hat{t}\in I} |\varphi(\chi(\hat{t}))| = \sup_{\hat{t}\in I} |\hat{\varphi}(\hat{t})|,$$

$$\int_{I_n} \varphi(t)\,dt = \int_I \varphi(\chi(\hat{t}) \cdot |\det J\chi^{-1}(\hat{t})|\,d\hat{t} = \int_I \hat{\varphi}(\hat{t})\,d\hat{t} \cdot \frac{1}{h_n}$$

$$\int_{I_n} |\varphi'(t)|\,dt = \int_I |\varphi'(\chi(\hat{t})| \cdot |\det J\chi^{-1}(\hat{t})|\,d\hat{t} = \int_I |\hat{\varphi}(\hat{t})\,h_n|\,d\hat{t} \cdot \frac{1}{h_n}$$

Einsetzen der Identitäten in die Ungleichung auf I ergibt also zusammenfassend die Behauptung:

$$\sup_{t\in I_n} |v(t)| \leq \kappa \left(\int_{I_n} |v'(t)|\,dt + \left| \int_{I_n} v(t)\,dt \right| \right) \qquad v \in P_r(I_n).$$

ii) Diese Ungleichung gilt auch gleichmäßig für Funktionen $v \in C^1\big(\bar{I}_n\big)$. Wir argumentieren, dass sich das obige Skalierungsargument direkt überträgt. Man zeigt zunächst wieder die Gültigkeit der Ungleichung

$$\sup_{t\in I} |v(t)| \leq \kappa \left(\int_I |v'(t)|\,dt + \left| \int_I v(t)\,dt \right| \right) \qquad v \in C^1\big(\bar{I}\big).$$

Dies muss allerdings aufgrund der unendlichen Dimesion von $C^1\big(\bar{I}\big)$ über ein etwas anderes Argument erfolgen: Sei $v \in C^1\big(\bar{I}\big)$ beliebig. Dann gibt es nach dem Mittelwertsatz ein $\xi \in I$, so dass

$$v(\xi) = \int_I v(t)\,dt.$$

Es gilt dann:

$$\begin{aligned}
v(t) &= v(\xi) + \int_\xi^t v'(\tilde{t})\,d\tilde{t} \\
\Longrightarrow \quad |v(t)| &= |v(\xi)| + \int_I |v'(\tilde{t})|\,d\tilde{t} \\
\Longrightarrow \quad \sup_{t\in I} |v(t)| &= \left| \int_I v(t)\,dt \right| + \int_I |v'(t)|\,dt
\end{aligned}$$

Das Skalierungsargument überträgt sich ohne Modifikation: Definiere analog zu oben den „Pullback": $C^1(\hat{I}_n) \to C^1(\hat{I})$ durch

$$\hat{\varphi}(\hat{t}) = \varphi(\chi(\hat{t})) \quad \text{für } \varphi \in C^1(\hat{I}_n).$$

Dieser ist offensichtlich wohldefiniert und es gilt wieder

$$\hat{\varphi}'(\hat{t}) = \varphi'(t)\chi'(\hat{t}) = \varphi'(t)h_n,$$

so dass die restliche Argumentation aus (i) ohne weitere Modifikation anwendbar ist.

Lösung A.7.3: Beim $\mathrm{dG_{exp}}(\mathrm{r})$-Verfahren werden nach *rechts* halboffene Teilintervalle $I_n = [t_{n-1}, t_n)$ verwendet anstelle der nach links halboffenen Intervalle des dG(r)-Verfahrens. Dies führt zu einem modifizierten Ansatz der Form:

$$\sum_{n=1}^{N} \left\{ \int_{I_n} (U' - f(t,U), \varphi)\, dt + \big([U]_n, \varphi_n^-\big) \right\} = 0, \tag{*}$$

bzw. bei Wahl einer Testfunktion φ mit $\varphi \equiv 0$ auf $I_m \neq I_n$:

a) Die Wahl stückweiser konstanter Ansatz- und Testfunktionen im Fall $r = 0$,

$$y_n := U_{n+1}(t) = U_n^+ = U_{n+1}^-,$$

$$\varphi \equiv 1 \text{ auf } I_n,$$

mit dem Startwert $y_0 := u_0$ reduziert diese Gleichung auf:

$$y_n = \int_{I_n} f(t, y_{n-1})\, dt + y_{n-1}.$$

Durch Approximation des Integrals mit der Boxregel,

$$\int_{I_n} f(t, y_{n-1})\, dt \approx h_n f(t_{n-1}, y_{n-1})$$

erhält man die explizite Polygonzugmethode:

$$y_{n+1} = y_n + h_n f(t_n, y_n).$$

b) Es gilt

$$U_n^+ = U_{n-1}^+ + \int_{I_n} f(t, U(t))\, dt,$$

$$u(t_n) = u(t_{n-1}) + \int_{I_n} f(t, u(t))\, dt.$$

Subtraktion liefert:

$$U_n^+ - u(t_n) = U_{n-1}^+ - u(t_{n-1}) + \int_{I_n} \big(f(t, U_{n-1}^+) - f(t, u(t))\big)\, dt$$

Unter Ausnutzung der L-Stetigkeit von f:

$$\left|U_n^+ - u(t_n)\right| \le \left|U_{n-1}^+ - u(t_{n-1})\right| + \int_{I_n} L_f \left|U_{n-1}^+ - u(t)\right| dt\,. \qquad (**)$$

Der Integrand des Integrals auf der rechten Seite erlaubt die Darstellung

$$\begin{aligned} U_{n-1}^+ - u(t) &= U_{n-1}^+ - u(t_{n-1}) - \int_{t_{n-1}}^{t} u'(\tilde t)\, d\tilde t \\ \Longrightarrow \quad \left|U_{n-1}^+ - u(t)\right| &\le \left|U_{n-1}^+ - u(t_{n-1})\right| + \int_{t_{n-1}}^{t_n} \left|u'(\tilde t)\right| d\tilde t \\ &\le \left|U_{n-1}^+ - u(t_{n-1})\right| + h_n \sup_{I_n} |u'|. \end{aligned}$$

Einsetzen in (**):

$$\begin{aligned} \left|U_n^+ - u(t_n)\right| &\le \left|U_{n-1}^+ - u(t_{n-1})\right| + \int_{I_n} L_f \left(\left|U_{n-1}^+ - u(t_{n-1})\right| + h_n \sup_{I_n} |u'|\right) dt \\ &\le \left|U_{n-1}^+ - u(t_{n-1})\right| + h_n L_f \left|U_{n-1}^+ - u(t_{n-1})\right| + h_n^2 L_f \sup_{I_n} |u'|. \end{aligned}$$

Rekursives Einsetzen liefert (man beachte $|U_0^+ - u(t_0)| = 0$):

$$\left|U_n^+ - u(t_n)\right| \le \sum_{\nu=0}^{n-1} h_{\nu+1} L_f \left|U_\nu^+ - u(t_\nu)\right| + \sum_{\nu=1}^{n} h_\nu^2 L_f \sup_{I_\nu} |u'|.$$

Nach dem Gronwallschen Lemman gilt folglich:

$$\left|U_n^+ - u(t_n)\right| \le \exp\left(L_f(t_n - t_0)\right) \sum_{\nu=1}^{n} h_\nu^2 L_f \sup_{I_\nu} |u'|,$$

und damit

$$\left|U_n^+ - u(t_n)\right| \le \exp\left(L_f(t_n - t_0)\right) L_f(t_n - t_0) \max_{1 \le \nu \le n} \left\{h_\nu \sup_{I_\nu} |u'|\right\},$$

Sei nun $t \in I_{n+1}$:

$$\begin{aligned} \left|U_n^+ - u(t)\right| &\le \left|u(t) - u(t_n)\right| + \left|U_n^+ - u(t_n)\right| \\ &\le \left|\int_{t_n}^{t} u'(\tilde t)\, d\tilde t\right| + \left|U_n^+ - u(t_n)\right| \\ &\le h_{n+1} \sup_{I_{n+1}} |u'| + \left|U_n^+ - u(t_n)\right| \\ &\le \left\{1 + L_f(t_n - t_0) \exp\left(L_f(t_n - t_0)\right)\right\} \max_{1 \le \nu \le n+1} \left\{h_\nu \sup_{I_\nu} |u'|\right\}, \end{aligned}$$

Also letztendlich:

$$\sup_{t \in I} \left|U(t) - u(t)\right| \le \left\{1 + L_f T e^{L_f T}\right\} \max_{1 \le \nu \le N} \left\{h_\nu \sup_{I_\nu} |u'|\right\},$$

c) Im Fall stückweiser linearer Ansatz- und Testfunktionen ($r = 1$) hat $U(t)$ die Gestalt:

$$U(t) = h_n^{-1}(t - t_{n-1})U_n^- - h_n^{-1}(t - t_n)U_{n-1}^+$$

Testen von (*) mit $\varphi \equiv 1$ und $\varphi \equiv h_n^{-1}(t_n - t)$ liefert:

$$U_n^+ - U_{n-1}^+ = \int_{I_n} f(t, U)\,dt,$$

$$U_n^- - U_{n-1}^+ = \frac{2}{h_n}\int_{I_n} f(t, U)(t_n - t)\,dt.$$

Approximiere die Integrale mit der Trapezregel:

$$\int_{I_n} f(t, U)\,dt \approx \tfrac{1}{2}h_n\left(f(t_{n-1}, U_{n-1}^+) + f(t_n, U_n^-)\right),$$

$$\frac{2}{h_n}\int_{I_n} f(t, U)(t_n - t)\,dt \approx h_n f(t_{n-1}, U_{n-1}^+).$$

Einsetzen liefert:

$$U_n^+ = U_{n-1}^+ + \frac{1}{2}h_n\{k_1 + k_2\}, \quad k_1 = f(t_{n-1}, U_{n-1}^+), \quad k_2 = f(t_n, U_{n-1}^+ + h_n k_1).$$

Dies ist gerade das *Heunsche Verfahren 2. Ordnung.*

Lösung A.7.4: i) Die Spezialfälle $r = 0, 1$ folgen direkt aus dem allgemeinen Beweis in (ii). Alternativ kann man die Behauptungen auch durch direktes Nachrechnen verifizieren. So z. B. erlaubt $r = 0$ die folgende Diskussion:

Nach dem Mittelwertsatz gibt es ein $\xi \in I$ mit $u(\xi) = \frac{1}{I_n}\int_{I_n} u(t)\,dt$. Weiterhin gilt

$$u(t) = \int_{\xi}^{t} u'(s)\,ds + u(\xi).$$

Damit ergibt sich:

$$|u(t) - u(\xi)| \le \int_{t_{n-1}}^{t_n} |u'(s)|\,ds \le h_n \sup_{t\in I_n}|u'(t)|.$$

Durch Testen der Bestimmungsgleichung von $\pi_r u$ mit $\varphi \equiv 1$ sieht man $\pi_r u = u(\xi)$, so dass sich unmittelbar ergibt:

$$\sup_{t\in I_n}|u(t) - \pi_r u| \le h_n \sup_{t\in I_n}|u'(t)|.$$

ii) Sei $f \in C(\bar{I}_n)$ mit der Eigenschaft

$$\int_{I_n} f(t)\cdot\varphi(t)\,dt = 0 \quad \forall\varphi \in P_r(I_n),$$

Angenommen f hat höchstens r Nullstellen. Sei nun $\{\tau_i,\ i = 1, \cdots, m\}$ die (evtl. leere) Menge aller Nullstellen von f an der die Funktion f das Vorzeichen wechselt. (Aufgrund der höchstens r Nullstellen von f ist stets $f(t) \neq 0$ für alle $t \neq t_i$ in einer Umgebung einer Nullstelle t_i, und der Vorzeichenwechsel damit wohldefiniert.) Definiere

$$\psi(t) := \prod_{i=1}^{m} (t - \tau_i) \qquad \in P_r(I_n)$$

($\psi(t) :\equiv 1$, falls keine τ_i existieren). Die Funktion $f(t)\psi(t)$ besitzt damit nur noch Nullstellen an der sie das Vorzeichen nicht wechselt und es gilt:

$$f(t)\psi(t) \geq 0, \text{ oder } f(t)\psi(t) \leq 0$$

gänzlich auf I_n. Weiterhin ist $\psi \not\equiv 0$ und $f \not\equiv 0$ (f hat höchstens r reelle Nullstellen). Somit gilt:

$$\int_{I_n} f(t)\psi(t)\mathrm{d}t > 0, \text{ oder } \int_{I_n} f(t)\psi(t)\mathrm{d}t < 0.$$

Damit muss für den Polynomgrad m von ψ aufgrund der Orthogonalitätseigenschaft aber $m \geq r + 1$ gelten: *Widerspruch!*

Seien nun $u \in C^r(\bar{I}_n)$ und $\pi_r u$ die L^2-Interpolierende von u. Dann hat $u - \pi_r u$ nach obiger Darstellung mindestens $r + 1$ Nullstellen. Seien $\tau_0, \cdots, \tau_r$ $r + 1$ willkürlich ausgewählte, paarweise verschiedene Nullstellen von $u - \pi_r u$. Fasse nun das Nullpolynom $p \equiv 0$ als Lagrangeinterpolierende in diesen Punkten von $u - \pi_r u$ auf. Nach der *Fehlerdarstellung der Lagrange-Interpolation*,

$$\exists \xi_t : \quad (u - \pi_r u)(t) - p(t) = \frac{(u - \pi_r u)^{(r+1)}(\xi_t)}{(r + 1)!} \prod_{j=0}^{r} (t - \tau_j),$$

folgt damit sofort die Abschätzung:

$$\sup_{t \in I_n} |(u - \pi_r u)(t)| \leq \frac{1}{(r + 1)!} h_n^{(r+1)} \sup_{t \in I_n} |u^{(r+1)}|.$$

Lösung A.7.5 (Praktische Aufgabe): Nicht verfügbar.

Lösung A.7.6: Die a priori-Fehlerabschätzung für das dG(0)-Verfahren lautet

$$\sup_I \|e\| \leq K_{\mathrm{dG}} \max_{1 \leq n \leq N} \left\{ h_n \sup_{I_n} \|u'\| \right\},$$

die analoge Fehlerabschätzung für das implizite Eulerverfahren:

$$\sup_{t_n \in I} \|e_n\| \leq K_{\mathrm{iE}} \max_{1 \leq n \leq N} \left\{ h_n \sup_{I_n} \|u''\| \right\},$$

mit Konstanten K_{dG}, K_{iE}, die exponentiell von $L_f(t)$ abhängen.

Die L-Konstante von $f(x) = x^2$ verhält sich aufgrund

$$\|x^2 - y^2\| \le 2\max\{\|x\|, \|y\|\}\, \|x - y\|$$

entlang des Lösungsverlaufs $u(t)$ wie

$$L(t) = 2 \sup_{s\in[t_0,t]} |u(s)| = \frac{2}{1-t}$$

Dies ergibt für die Konstanten K_{dG}, bzw. K_{iE}:

$$K_{\mathrm{dG}} = C_{\mathrm{dG}} \exp\left(\int_{t_0}^{t_N} \frac{2}{1-s}\, dts\right) = C_{\mathrm{dG}} \exp\left(-2\log(1-t_N)\right) = C_{\mathrm{dG}} \frac{1}{(1-t_N)^2}.$$

i) Es ist

$$u'(t) = \frac{1}{(1-t)^2}, \qquad u''(t) = \frac{2}{(1-t)^3}$$

und damit

$$\sup_{t\in I_n} |u'(t)| = \frac{1}{(1-t_n)^2}, \qquad \sup_{t\in I_n} |u''(t)| = \frac{2}{(1-t_n)^3}.$$

Es ergibt sich also:

$$\text{dG(0):} \qquad \sup_I \|e\| \le C_{\mathrm{dG}} \frac{1}{(1-t_N)^2} \max_{1\le n\le N} \left\{ \frac{h_n}{(1-t_n)^2} \right\},$$

$$\text{Impl. Euler:} \qquad \sup_{t_n\in I} \|e_n\| \le C_{\mathrm{iE}} \frac{1}{(1-t_N)^2} \max_{1\le n\le N} \left\{ \frac{2\,h_n}{(1-t_n)^3} \right\}.$$

ii) Wir betrachten die Schrittweitenbedingung

$$\sup_I \|e\| \le K_{\mathrm{dG}} \max_{1\le n\le N} \left\{ \frac{h_n}{(1-t_n)^2} \right\} \overset{!}{\le} \mathrm{TOL}.$$

Hinreichend hierfür ist die stärkere Bedingung für $1 \le n \le N$:

$$K_{\mathrm{dG}} \frac{h_n}{(1-t_n)^2} \overset{!}{=} \mathrm{TOL}.$$

Approximiert man diese Beziehung nun kontinuierlich, so erhält man:

$$\tilde{h}(t) \overset{!}{=} \frac{\mathrm{TOL}}{K_{\mathrm{dG}}} (1-t)^2.$$

Die kontinuierliche Approximation der Schrittanzahl N verläuft nach folgender Motivation:

$$N = \sum_{1\le n\le N} 1 = \sum_{1\le n\le N} h_n^{-1} h_n = \sum_{1\le n\le N} h(t_n)^{-1} h(t_n) \approx \int_0^{t_N} \tilde{h}(t)^{-1}\, dt.$$

Dies ergibt

$$\tilde{N}_{\mathrm{dG}} = \frac{C_{\mathrm{dG}}}{\mathrm{TOL}}(1 - t_N)^{-3},$$

und analog

$$\tilde{N}_{\mathrm{iE}} = \frac{C_{\mathrm{iE}}}{\mathrm{TOL}}(1 - t_N)^{-4}.$$

Während der Aufwand des dG(0)-Verfahrens also kubisch in $(1 - t_N)^{-1}$ ist, ergibt sich für die Abschätzung des impliziten Eulerverfahrens eine Abhängigkeit in vierter Potenz.

Lösung A.7.7: Nicht verfügbar.

Lösung A.7.8: Beim cG(1)-Verfahren macht man den Ansatz

$$U \in C(I) \cap S_h(1) = \left\{ v \in C(I) : v\big|_{I_n} \in P_1(I_n) \right\}$$

mit Testfunktionen

$$\varphi \in S_h^{(0)}(I) := \left\{ v : I \to \mathbb{R} \, : \, v\big|_{I_n} \in P_0(I_n) \right\}.$$

Wir suchen also $U \in C(I) \cap S_h(1)$ mit

$$(u_0, \varphi_0^+) = A(U, \varphi) := \sum_{n=1}^{N} \int_{I_n} (U' - AU(t) - b, \varphi) \, dt + (U_0, \varphi_0^+) \quad \forall \varphi \in S_h^{(0)}(I).$$

Bemerkung: Hieraus folgt intervallweise:

$$U_n - U_{n-1} = \int_{I_n} AU(t) + b \, dt,$$

bzw. mit $U = h_n^{-1}(t - t_{n-1})U_n + h_n^{-1}(t_n - t)U_{n-1}$:

$$U_n - U_{n-1} = \tfrac{1}{2} h_n (AU_n + AU_{n-1} + 2b).$$

Das primale Problem lautet in obiger Notation: Gesucht ist $u \in C^1(I)$ mit

$$A(u, \varphi) = (u_0, \varphi) \qquad \forall \varphi \in \left\{ v : I \to \mathbb{R} \, : \, v\big|_{I_n} \in C_c(I_n) \right\}.$$

Man überlegt sich analog zum Text, dass das duale Problem die Gestalt hat: Gesucht ist $z \in C^1(I)$ mit

$$L^*(z, \varphi) = (e_N / \|e_N\|, \varphi_N^-) \quad \forall \varphi \in \left\{ v : I \to \mathbb{R} \, : \, v\big|_{I_n} \in C_c(I_n) \right\},$$

mit der adjungierten Linearisierung:

$$L^*(z, \varphi) = \sum_{n=1}^{N} \int_{I_n} (-z' - A^* z, \varphi) \, dt + (z_N, \varphi_N^-)$$

und dem Fehler $e(t) = u(t) - U(t)$.

Man definiert weiterhin das Residuum $\rho(U, V)$ als

$$\rho(U, V) = (u_0, V_0^+) - A(U, V).$$

Bemerkung: $\rho(U, V) = 0$ für alle $V \in S_h^{(0)}(I)$ nach Definition der diskreten Lösung U.

Der Schlüssel zur a posteriori-Fehlerschätzung ist die Feststellung, dass mit $\varphi = e$ gilt:

$$L^*(z, e) = (e_N/\|e_N\|, e_N^-) = \|e_N\|,$$

sowie

$$\begin{aligned}
L^*(z, e) &= \sum_{n=1}^{N} \int_{I_n} (-z' - A^*z, e)\, dt + (z_N, e_N^-) \\
&= \sum_{n=1}^{N} \int_{I_n} (z, e' - Ae - b + b)\, dt - (z_0, e_0^+) \\
&= \sum_{n=1}^{N} \int_{I_n} (z, u' - Au - b)\, dt - (z_0, u_0^+) - \sum_{n=1}^{N} \int_{I_n} (z, U' - AU - b)\, dt + (z_0, U_0^+) \\
&= 0 + \rho(U, z).
\end{aligned}$$

Also

$$\rho(U, z) = \|e_N\|.$$

Analog zum Vorgehen im Text setzt man wieder $Z := \tilde{P}_0 z \in S_h^{(0)}$ mit:

$$(\tilde{P}_0 z)_0^+ = z(t_0).$$

Damit ist dann $\rho(U, z) = \rho(U, z - Z)$. Ausgeschrieben:

$$\begin{aligned}
\|e_N\| &= \rho(U, z) \\
&= \rho(U, z - Z) \\
&= -\sum_{n=1}^{N} \int_{I_n} (U' - AU - b, z - Z)\, dt.
\end{aligned}$$

Und letztendlich:

$$\|e_N\| = \rho(U, z) = -\sum_{n=1}^{N} \int_{I_n} (U' - AU - b, z - \tilde{P}_0 z)\, dt$$

$$\implies \quad \|e_N\| \le \sum_{n=1}^{N} \sup_{I_n} \|U' - AU - b\| \int_{I_n} \|z - \tilde{P}_0 z)\|\, dt.$$

Lösung A.7.9: a) In der vorliegenden Situation bestimmen wir

$$K(T) \approx (1-T)^{-2}, \qquad |\tau_n^0(U)| \approx \sup_{I_n} |u''| \approx (1-t_n)^{-3},$$

und folglich $h_n \approx (1-T)(1-t_n)^{3/2} N^{-1/2}\,\mathrm{TOL}^{1/2}$. Dies liefert

$$\begin{aligned} N = \sum_{n=1}^N h_n h_n^{-1} &\approx N^{1/2}(1-T)^{-1}\mathrm{TOL}^{-1/2} \sum_{n=1}^N h_n (1-t_n)^{-3/2} \\ &\approx N^{1/2}(1-T)^{-3/2}\mathrm{TOL}^{-1/2}, \end{aligned}$$

und schließlich $N \approx (1-T)^{-3}\mathrm{TOL}^{-1}$.

b) Wir gehen aus von der a posteriori Fehlerabschätzung

$$|e_N^-| \le \sum_{n=1}^N h_n^2 \rho_n(U)\omega_n(z), \quad \rho_n(U) := h_n^{-1}|[U]_n|, \quad \omega_n(z) := h_n^{-1} \int_{I_n} |z'|\, dt,$$

mit der zugehörigen dualen Lösung z, und die daraus resultierende (implizite) Schrittweitenformel

$$h_n := \left(\frac{\mathrm{TOL}}{N\rho_n(U)\omega_n(z)} \right)^{1/2}.$$

Weiter gilt (s. Text)

$$\rho_n(U) := h_n^{-1}|[U]_n| \approx h_n^{-1}|u_n - u_{n-1}| \le h_n^{-1} \int_{I_n} |u'|\, dt \le (1-t_n)^{-2},$$

sowie bei Beachtung von $z(t) = (1-t)^2(1-t_n)^{-2}$:

$$\omega_n(z) := h_n^{-1} \int_{I_n} |z'|\, dt = 2h_n^{-1}(1-t_n)^{-2} \int_{I_n} (1-t)\, dt \le 2(1-t_n)^{-1}.$$

Damit ergibt sich

$$h_n \approx \frac{\mathrm{TOL}^{1/2}}{N^{1/2}}(1-t_n)^{3/2}.$$

Für N folgt dann die Beziehung

$$\begin{aligned} N = \sum_{n=1}^N h_n h_n^{-1} &\approx \sum_{n=1}^N h_n \frac{N^{1/2}}{\mathrm{TOL}^{1/2}}(1-t_n)^{-3/2} \\ &\approx \frac{N^{1/2}}{\mathrm{TOL}^{1/2}} \int_0^T (1-t)^{-3/2}\, dt \approx \frac{N^{1/2}}{\mathrm{TOL}^{1/2}}(1-T)^{-1/2} \end{aligned}$$

bzw.

$$N \approx \frac{1}{\mathrm{TOL}} \frac{1}{1-T}.$$

Lösung A.7.10 (Praktische Aufgabe): s. [10], Chapter 2.

A.8 Kapitel 8

Lösung A.8.1: a) Zunächst erhalten wir durch Einsetzen in die allgemeine Lösung $u(t) = A\sin(t) + B\cos(t) + 1$

$$u(0) = B + 1, \quad u(\tfrac{\pi}{2}) = A + 1, \quad u(\pi) = 1 - B.$$

a) $u(0) = u(\frac{\pi}{2}) = 0$: Dies liefert die Bedingungen

$$B + 1 = 0 \quad \Leftrightarrow \quad B = -1 \qquad \text{sowie} \qquad A + 1 = 0 \quad \Leftrightarrow \quad A = -1.$$

Es existiert also genau eine Lösung zu diesen Randwerten.

b) $u(0) = u(\pi) = 0$: Dies liefert die Bedingungen

$$B + 1 = 0 \quad \Leftrightarrow \quad B = -1 \qquad \text{sowie} \qquad 1 - B = 0 \quad \Leftrightarrow \quad B = 1.$$

Es existiert also keine Lösung zu diesen Randwerten.

c) $u(0) = u(\pi) = 1$: Dies liefert die Bedingungen

$$B + 1 = 1 \quad \Leftrightarrow \quad B = 0 \qquad \text{sowie} \qquad 1 - B = 1 \quad \Leftrightarrow \quad B = 0.$$

Es existert also für jedes A eine Lösung, also unendlich viele.

b) Mit den Funktionen u und $v := u'$ lautet das umgeformte System erster Ordnung

$$u'(t) - v(t) = 0, \quad v'(t) + u(t) = 1,$$

bzw. in Matrixschreibweise

$$\begin{bmatrix} u'(t) \\ v'(t) \end{bmatrix} - \begin{bmatrix} 0 & 1 \\ -1 & 0 \end{bmatrix} \begin{bmatrix} u(t) \\ v(t) \end{bmatrix} = \begin{bmatrix} 0 \\ 1 \end{bmatrix}$$

Die Fundamentalmatrix dieses Systems ist

$$Y(t) = \begin{bmatrix} \cos(t) & \sin(t) \\ -\sin(t) & \cos(t) \end{bmatrix}$$

Die drei gegebenen Randbedingungen lauten

$$a) \quad \begin{bmatrix} 1 & 0 \\ 0 & 0 \end{bmatrix} \begin{bmatrix} u(0) \\ v(0) \end{bmatrix} + \begin{bmatrix} 0 & 0 \\ 1 & 0 \end{bmatrix} \begin{bmatrix} u(\frac{\pi}{2}) \\ v(\frac{\pi}{2}) \end{bmatrix} = \begin{bmatrix} 0 \\ 0 \end{bmatrix}$$

$$b) \quad \begin{bmatrix} 1 & 0 \\ 0 & 0 \end{bmatrix} \begin{bmatrix} u(0) \\ v(0) \end{bmatrix} + \begin{bmatrix} 0 & 0 \\ 1 & 0 \end{bmatrix} \begin{bmatrix} u(\pi) \\ v(\pi) \end{bmatrix} = \begin{bmatrix} 0 \\ 0 \end{bmatrix}$$

$$c) \quad \begin{bmatrix} 1 & 0 \\ 0 & 0 \end{bmatrix} \begin{bmatrix} u(0) \\ v(0) \end{bmatrix} + \begin{bmatrix} 0 & 0 \\ 1 & 0 \end{bmatrix} \begin{bmatrix} u(\pi) \\ v(\pi) \end{bmatrix} = \begin{bmatrix} 1 \\ 1 \end{bmatrix}$$

Damit ergibt sich in allen drei Fällen

$$B_a + B_bY(b) = \begin{bmatrix} 1 & 0 \\ \cos(b) & \sin(b) \end{bmatrix}, \qquad \det(B_a + B_bY(b)) = \sin(b).$$

Somit ist die Matrix $B_a + B_bY(b)$ im Falle a) regulär und in den Fällen b) und c) nicht regulär.

Lösung A.8.2: Analog zum Vorgehen im Text bei der Betrachtung des Sturm-Liouville-Problems mit Dirichlet-Randbedingungen lässt sich auch das Neumann-Problem in der Standardform schreiben als

$$\begin{bmatrix} u_0'(t) \\ u_1'(t) \end{bmatrix} - \begin{bmatrix} 0 & 1 \\ r(t) & q(t) \end{bmatrix} \begin{bmatrix} u_0(t) \\ u_1(t) \end{bmatrix} = \begin{bmatrix} 0 \\ f(t) \end{bmatrix},$$
$$\begin{bmatrix} 0 & 1 \\ 0 & 0 \end{bmatrix} \begin{bmatrix} u_0(a) \\ u_1(a) \end{bmatrix} + \begin{bmatrix} 0 & 0 \\ 0 & 1 \end{bmatrix} \begin{bmatrix} u_0(b) \\ u_1(b) \end{bmatrix} = \begin{bmatrix} g_a \\ g_b \end{bmatrix}.$$

Es reicht deshalb wieder zu zeigen, dass das homogene Problem

$$-u''(t) + q(t)u'(t) + r(t)u(t) = 0, \quad t \in I = [a, b], \quad u'(a) = u'(b) = 0$$

nur die triviale Lösung besitzt. Dazu multiplizieren wir die Gleichung mit u und integrieren über I:

$$\int_I -u''(t)u(t)\,dt + \tfrac{1}{2}\int_I q(t)\left(u(t)^2\right)'\,dt + \int_I r(t)u(t)^2\,dt = 0.$$

Durch partielle Integration erhalten wir daraus unter Beachtung der Randbedingungen

$$\int_I \left(u'(t)\right)^2\,dt + \int_I \left(r(t) - \tfrac{1}{2}q'(t)\right)u(t)^2\,dt + \tfrac{1}{2}q(t)u(t)^2\Big|_a^b = 0.$$

Unter den Voraussetzungen

$$\min_{t\in I}\left(r(t) - \tfrac{1}{2}q'(t)\right) \geq 0, \quad q(a) \leq 0, \quad q(b) \geq 0,$$

wobei eine der Ungleichungen strikt gelten muss, folgt damit $u \equiv 0$.

Lösung A.8.3: (a) Nach dem Hauptsatz der Differential- und Integralrechnung gilt für $t \in [a, b]$

$$v(t) = \int_a^t v'(s)\,ds + v(a).$$

Damit folgt

$$|v(t)| \leq \int_a^t |v'(s)|\,ds + |v(a)| \leq \int_a^b |v'(s)|\,ds + |v(a)|.$$

Da die rechte Seite der Ungleichung unabhängig von t ist, ergibt sich durch Maximumsbildung über t direkt die Behauptung.

(b) Da v insbesondere stetig ist, folgt aus dem Mittelwertsatz der Integralrechnung die Existenz einer Stelle $t_0 \in [a,b]$, so dass

$$(b-a)v(t_0) = \int_a^b v(s)\, ds.$$

Nach dem Hauptsatz der Differential- und Integralrechnung gilt

$$v(t) = \int_{t_0}^t v'(s)\, ds + v(t_0).$$

Insgesamt ergibt sich also

$$|v(t)| \leq \int_a^b |v'(s)|\, ds + |v(t_0)| = \int_a^b |v'(s)|\, ds + \frac{1}{b-a}\left|\int_a^b v(s)\, ds\right|.$$

A.9 Kapitel 9

Lösung A.9.1: i) Wir betrachten zunächst den Spezialfall $A = I$. Für alle $x \in \mathbb{K}^n$ gilt

$$\|(I+B)x\| \geq \|x\| - \|Bx\| \geq (1 - \|B\|)\|x\|.$$

Wegen $1 - \|B\| > 0$ ist also $I + B$ injektiv und folglich regulär. Mit der Abschätzung

$$\begin{aligned} 1 &= \|I\| = \|(I+B)(I+B)^{-1}\| = \|(I+B)^{-1} + B(I+B)^{-1}\| \\ &\geq \|(I+B)^{-1}\| - \|B\|\,\|(I+B)^{-1}\| = \|(I+B)^{-1}\|\,(1 - \|B\|) > 0 \end{aligned}$$

erhält man die behauptete Ungleichung für den Fall $A = I$.

ii) Nun zum Fall einer allgemeinen Matrix A: Wegen $\|B\| \leq \|A^{-1}\|^{-1}$ ist $\|A^{-1}B\| \leq \|A^{-1}\|\|B\| < 1$. Nach dem o. a. Resultat ist also $I + A^{-1}B$ regulär, und es gilt

$$\|(I + A^{-1}B)^{-1}\| \leq \frac{1}{1 - \|A^{-1}B\|} \leq \frac{1}{1 - \|A^{-1}\|\|B\|}.$$

Dann ist auch $A + B = A(I + A^{-1}B)$ regulär, und es gilt

$$\|(A+B)^{-1}\| \leq \|A^{-1}(I + A^{-1}B)^{-1}\|\|\| \leq \|\|A^{-1}\|\|(I + A^{-1}B)^{-1}\| \leq \frac{\|A^{-1}\|}{1 - \|A^{-1}\|\|B\|}.$$

Lösung A.9.2: Wir betrachten die zweidimensionale lineare RWA

$$u'(t) - Au(t) = f(t), \quad t \in [a,b], \quad u_1(a) = \alpha, \quad u_2(b) = \beta.$$

Diese lautet in Standardform

$$\begin{bmatrix} u_1'(t) \\ u_2'(t) \end{bmatrix} - \begin{bmatrix} a_{11} & a_{12} \\ a_{21} & a_{22} \end{bmatrix} \begin{bmatrix} u_1(t) \\ u_2(t) \end{bmatrix} = \begin{bmatrix} f_1(t) \\ f_2(t) \end{bmatrix},$$
$$\begin{bmatrix} 1 & 0 \\ 0 & 0 \end{bmatrix} \begin{bmatrix} u_1(a) \\ u_2(a) \end{bmatrix} + \begin{bmatrix} 0 & 0 \\ 0 & 1 \end{bmatrix} \begin{bmatrix} u_1(b) \\ u_2(b) \end{bmatrix} = \begin{bmatrix} \alpha \\ \beta \end{bmatrix}.$$

Beim Gegenschießen machen wir für die diskrete Lösung $y(t)$ den folgenden Ansatz:

$$y(t) = y_i(t) + Y_i(t)s_i, \quad t \in I_i = [t_{i-1}, t_i],$$

wobei $y_i(t)$ bzw. $Y_i(t)$ als Lösungen der folgenden AWA gegeben sind:

$$\begin{aligned} y_1'(t) - Ay_1(t) &= f(t), & t &\in [t_0, t_1], & y_1(t_0) &= 0, \\ Y_1'(t) - AY_1(t) &= 0, & t &\in [t_0, t_1], & Y_1(t_0) &= I, \\ y_2'(t) - Ay_2(t) &= f(t), & t &\in [t_1, t_2], & y_2(t_\mathbf{2}) &= 0, \\ Y_2'(t) - AY_2(t) &= 0, & t &\in [t_1, t_2], & Y_2(t_\mathbf{2}) &= I. \end{aligned}$$

Ziel ist es nun, die Parametervektoren s_1 und s_2 so bestimmen, dass $y(t)$ die Randbedingungen erfüllt und auf dem gesamten Intervall $[a, b]$ stetig ist, d. h. dass gilt

$$\begin{bmatrix} 1 & 0 \\ 0 & 0 \end{bmatrix} (y_1(a) + Y_1(a)s_1) + \begin{bmatrix} 0 & 0 \\ 0 & 1 \end{bmatrix} (y_2(b) + Y_2(b)s_2) = \begin{bmatrix} \alpha \\ \beta \end{bmatrix}$$

sowie

$$y_1(t_1) + Y_1(t_1)s_1 = y_2(t_1) + Y_2(t_1)s_2.$$

Da wir in diesem Fall separierte Randbedingungen haben, können wir s_{11} und s_{22} direkt aus der Gleichung für die Randbedingungen ablesen. Unter Beachtung von $y_1(a) = y_2(b) = 0$ und $Y_1(a) = Y_1(b) = I$ erhalten wir nämlich

$$s_{11} = \alpha \quad \text{und} \quad s_{22} = \beta.$$

Somit sind nur noch s_{12} und s_{21} mithilfe der Schließbedingungen zu bestimmen. Aus

$$Y_1(t_1)s_1 - Y_2(t_1)s_2 = y_2(t_1) - y_1(t_1)$$

erhalten wir mit $s_{11} = \alpha$ und $s_{22} = \beta$

$$\begin{bmatrix} Y_1(t_1) & -Y_2(t_1) \end{bmatrix} \begin{bmatrix} \alpha \\ s_{12} \\ s_{21} \\ \beta \end{bmatrix} = \begin{bmatrix} y_2(t_1) - y_1(t_1) \end{bmatrix}.$$

Diese Bedingung kann man in ein 2×2 Gleichungssystem für die gesuchten Werte s_{12} und s_{21} umschreiben. Ist dieses eindeutig lösbar, so erhalten wir

$$s_1 = \begin{bmatrix} \alpha \\ \tilde{\alpha} \end{bmatrix}, \quad s_2 = \begin{bmatrix} \tilde{\beta} \\ \beta \end{bmatrix}.$$

Bemerkung: Bei Verwendung der üblichen Mehrzielmethode (d. h. kein Gegenschießen) hätten wir ein 3×3-Gleichungssystem erhalten, da wir zusätzlich zu s_{12} und s_{21} noch s_{22} mithilfe der Randbedingungen bestimmen müssten.

Lösung A.9.3: Wir formen das Anfangswertproblem um in ein System 1. Ordnung:

$$\begin{bmatrix} u_0'(t) \\ u_1'(t) \end{bmatrix} = \begin{bmatrix} 0 & 1 \\ 100 & 0 \end{bmatrix} \begin{bmatrix} u_0(t) \\ u_1(t) \end{bmatrix}, \quad \begin{bmatrix} u_0(0) \\ u_1(0) \end{bmatrix} = \begin{bmatrix} 1 \\ s \end{bmatrix}.$$

Wir bestimmen die Eigenwerte von A:

$$\det(\lambda I - A) = \det \begin{bmatrix} \lambda & -1 \\ -100 & \lambda \end{bmatrix} = \lambda^2 - 100 = (\lambda + 10)(\lambda - 10).$$

A hat also die Eigenwerte 10 und -10. Die allgemeine Lösung des Anfangswertproblems lautet daher

$$\begin{bmatrix} u_0(t;s) \\ u_1(t;s) \end{bmatrix} = c_1 e^{10t} \begin{bmatrix} 1 \\ 10 \end{bmatrix} + c_2 e^{-10t} \begin{bmatrix} 1 \\ -10 \end{bmatrix}.$$

Damit erhält man für die Koeffizienten c_1 und c_2 aufgrund der Anfangswerte die Bedingungen

$$\begin{bmatrix} 1 \\ s \end{bmatrix} = \begin{bmatrix} u_0(0;s) \\ u_1(0;s) \end{bmatrix} = \begin{bmatrix} c_1 + c_2 \\ 10c_1 - 10c_2 \end{bmatrix}$$

und somit

$$c_1 = \frac{10+s}{20}, \quad c_2 = \frac{10-s}{20}.$$

Die Lösung der Anfangswertaufgabe lautet also

$$u(t;s) = \frac{10+s}{20} e^{10t} + \frac{10-s}{20} e^{-10t}.$$

Damit wird $e^{-30} = u(3;s^*) = \frac{10+s^*}{20} e^{30} + \frac{10-s^*}{20} e^{-30}$ und durch Auflösen nach s^* erhalten wir $s^* = -10$ und damit als Lösung der Randwertaufgabe

$$u(t) = u(t;s^*) = e^{-10t}.$$

Hat man statt $s^* = -10$ ein $\tilde{s}$ mit $|\frac{\tilde{s} - s^*}{s^*}| \leq \epsilon$, d. h. $|\tilde{s} + 10| \leq 10\epsilon$, so folgt

$$\begin{aligned} |u(3;\tilde{s}) - u(3;s^*)| &= \left| \frac{10+\tilde{s}}{20} e^{30} + \frac{10-\tilde{s}}{20} e^{-30} - \frac{10+s^*}{20} e^{30} - \frac{10-s^*}{20} e^{-30} \right| \\ &= \left| \frac{\tilde{s} - s^*}{20} \right| \left(e^{30} - e^{-30} \right) = \left| \frac{\tilde{s} + 10}{20} \right| \left(e^{30} - e^{-30} \right) \leq \frac{e^{30} - e^{-30}}{2} \epsilon. \end{aligned}$$

Mit $u(3;s^*) = e^{-30}$ ergibt sich für den relativen Fehler in $u(3;\tilde{s})$:

$$\left|\frac{u(3;\tilde{s}) - u(3;s^*)}{u(3;s^*)}\right| \leq \frac{e^{60}-1}{2}\epsilon.$$

Lösung A.9.4 (Praktische Aufgabe): Nicht verfügbar.

A.10 Kapitel 10

Lösung A.10.1: Wir betrachten die RWA

$$\begin{aligned} u'(t) - A(t)u(t) &= f(t), \quad t \in [a,b], \\ B_a u(a) + B_b u(b) &= g. \end{aligned}$$

1. Für die Polygonzugmethode gilt

$$L_h y_n := h^{-1}(y_n - y_{n-1}) - A(t_{n-1})y_{n-1} = f(t_{n-1})$$

bzw.

$$(-I - hA(t_{n-1}))y_{n-1} + y_n = hf(t_{n-1}).$$

Unter Hinzunahme der Randbedingung

$$B_a y_0 + B_b y_N = g$$

erhalten wir damit das System ($A_n := A(t_n)$, $f_n := f(t_n)$)

$$\begin{bmatrix} B_a & 0 & \dots & 0 & B_b \\ -I - hA_0 & I & & & \\ & -I - hA_1 & I & & \\ & & \ddots & \ddots & \\ & & & -I - hA_{N-1} & I \end{bmatrix} \begin{bmatrix} y_0 \\ y_1 \\ \vdots \\ y_{N-1} \\ y_N \end{bmatrix} = \begin{bmatrix} g \\ hf_0 \\ \vdots \\ \vdots \\ hf_{N-1} \end{bmatrix}.$$

Um dieses System aufzustellen, benötigt man jeweils N Auswertungen von $A(t)$ und $f(t)$. Das entstehende LGS hat eine Blockstrucktur, so dass wir das LGS mit Aufwand $O(d^3 N)$ lösen können.

2. Im Falle des Schießverfahrens bestimmen wir zunächst die diskreten Fundamentalmatrizen Y_n^h aus den Lösungen der AWA

$$Y'(t) - A(t)Y(t) = 0, \quad Y(a) = I$$

sowie die Lösung y_0 der AWA

$$y_0'(t) - A(t)y_0(t) = f(t), \quad y_0(a) = 0.$$

Hierzu werden ebenfalls nur N Auswertungen von A und f benötigt, da die Gitterweite für alle AWA gleich ist. Die Anzahl der Matrix-Vektor Multiplikationen ist aber $(d+1)\,N$ anstatt N.

Anschließend bestimmen wir mit $Q^h = B_a + B_b Y_N^h$:

$$Q^h s^h = g - B_b y_{0,N}^h$$

Die Lösung dieses LGS erfordert einen Aufwand $O\,(d^3)$. Anschließend erhalten wir unsere Näherungslösung u_n^h mittels:

$$u_n^h = y_{0,n}^h + Y_n^h s^h,$$

also durch weitere N Matrix-Vektor Multiplikationen ($O\,(Nd^2)$). Ferner benötigen wir für dieses vorgehen die Lösungen der $d+1$ AWA. Also einen Speicherplatz $O\,(Nd^2)$ anstatt $O\,(Nd)$ wie im Fall (a).

Lösung A.10.2: (i) Zunächst schreiben wir die RWA als System erster Ordnung (in Standardform):

$$\begin{bmatrix} u_0'(t) \\ u_1'(t) \end{bmatrix} - \begin{bmatrix} 0 & 1 \\ 1 & 0 \end{bmatrix} \begin{bmatrix} u_0(t) \\ u_1(t) \end{bmatrix} = \begin{bmatrix} 0 \\ -1 \end{bmatrix},$$
$$\begin{bmatrix} 1 & 0 \\ 0 & 0 \end{bmatrix} \begin{bmatrix} u_0(0) \\ u_1(0) \end{bmatrix} + \begin{bmatrix} 0 & 0 \\ 1 & 0 \end{bmatrix} \begin{bmatrix} u_0(1) \\ u_1(1) \end{bmatrix} = \begin{bmatrix} 0 \\ 0 \end{bmatrix}.$$

Für die Trapezregel gilt

$$L_h y_n := \frac{1}{h}(y_n - y_{n-1}) - \frac{1}{2}\begin{bmatrix} 0 & 1 \\ 1 & 0 \end{bmatrix}(y_{n-1} + y_n) = \begin{bmatrix} 0 \\ -1 \end{bmatrix}$$

bzw.

$$\begin{bmatrix} -1 & -\frac{h}{2} \\ -\frac{h}{2} & -1 \end{bmatrix} y_{n-1} + \begin{bmatrix} 1 & -\frac{h}{2} \\ -\frac{h}{2} & 1 \end{bmatrix} y_n = \begin{bmatrix} 0 \\ -h \end{bmatrix}.$$

Zusammen mit den Randbedingungen ergibt sich also folgendes Gleichungssystem:

$$\begin{bmatrix} \begin{bmatrix} 1 & 0 \\ 0 & 0 \end{bmatrix} & \cdots & \cdots & \begin{bmatrix} 0 & 0 \\ 1 & 0 \end{bmatrix} \\ \begin{bmatrix} -1 & -\frac{h}{2} \\ -\frac{h}{2} & -1 \end{bmatrix} & \begin{bmatrix} 1 & -\frac{h}{2} \\ -\frac{h}{2} & 1 \end{bmatrix} & & \\ & \ddots & \ddots & \\ & & \begin{bmatrix} -1 & -\frac{h}{2} \\ -\frac{h}{2} & -1 \end{bmatrix} & \begin{bmatrix} 1 & -\frac{h}{2} \\ -\frac{h}{2} & 1 \end{bmatrix} \end{bmatrix} \begin{bmatrix} y_0 \\ \vdots \\ \vdots \\ y_N \end{bmatrix} = \begin{bmatrix} \begin{bmatrix} 0 \\ 0 \end{bmatrix} \\ \begin{bmatrix} 0 \\ -h \end{bmatrix} \\ \vdots \\ \begin{bmatrix} 0 \\ -h \end{bmatrix} \end{bmatrix}$$

Die Randwertaufgabe ist als Spezialfall eines Sturm-Liouville-Problems ($p = 1$, $q = 0$, $r = 1$) wegen

$$1 + (1-0)^2 \min_{t\in[0,1]} \{1 - 0\} = 2 > 0$$

eindeutig lösbar.

(ii) Zunächst schreiben wir die RWA als System erster Ordnung (in Standardform):

$$\begin{bmatrix} u_0'(t) \\ u_1'(t) \end{bmatrix} - \begin{bmatrix} 0 & 1 \\ 0 & 1 \end{bmatrix} \begin{bmatrix} u_0(t) \\ u_1(t) \end{bmatrix} = \begin{bmatrix} 0 \\ -1 \end{bmatrix},$$

$$\begin{bmatrix} 1 & 0 \\ 0 & 0 \end{bmatrix} \begin{bmatrix} u_0(0) \\ u_1(0) \end{bmatrix} + \begin{bmatrix} 0 & 0 \\ 1 & 0 \end{bmatrix} \begin{bmatrix} u_0(1) \\ u_1(1) \end{bmatrix} = \begin{bmatrix} 0 \\ 0 \end{bmatrix}.$$

Für die Trapezregel gilt

$$L_h y_n := \frac{1}{h}(y_n - y_{n-1}) - \frac{1}{2} \begin{bmatrix} 0 & 1 \\ 0 & 1 \end{bmatrix} (y_{n-1} + y_n) = \begin{bmatrix} 0 \\ -1 \end{bmatrix}$$

bzw.

$$\begin{bmatrix} -1 & -\frac{h}{2} \\ 0 & -1-\frac{h}{2} \end{bmatrix} y_{n-1} + \begin{bmatrix} 1 & -\frac{h}{2} \\ 0 & 1-\frac{h}{2} \end{bmatrix} y_n = \begin{bmatrix} 0 \\ -h \end{bmatrix}.$$

Zusammen mit den Randbedingungen ergibt sich also folgendes Gleichungssystem:

$$\begin{bmatrix} \begin{bmatrix} 1 & 0 \\ 0 & 0 \end{bmatrix} & \cdots & \cdots & \begin{bmatrix} 0 & 0 \\ 1 & 0 \end{bmatrix} \\ \begin{bmatrix} -1 & -\frac{h}{2} \\ 0 & -1-\frac{h}{2} \end{bmatrix} & \begin{bmatrix} 1 & -\frac{h}{2} \\ 0 & 1-\frac{h}{2} \end{bmatrix} & & \\ & \ddots & \ddots & \\ & & \begin{bmatrix} -1 & -\frac{h}{2} \\ 0 & -1-\frac{h}{2} \end{bmatrix} & \begin{bmatrix} 1 & -\frac{h}{2} \\ 0 & 1-\frac{h}{2} \end{bmatrix} \end{bmatrix} \begin{bmatrix} y_0 \\ \vdots \\ \vdots \\ y_N \end{bmatrix} = \begin{bmatrix} \begin{bmatrix} 0 \\ 0 \end{bmatrix} \\ \begin{bmatrix} 0 \\ -h \end{bmatrix} \\ \vdots \\ \begin{bmatrix} 0 \\ -h \end{bmatrix} \end{bmatrix}$$

Die Randwertaufgabe ist als Spezialfall eines Sturm-Liouville-Problems ($p = 1$, $q = 1$, $r = 0$) wegen

$$1 + (1-0)^2 \min_{t\in\ [0,1]} \{0 - 0\} = 1 > 0$$

eindeutig lösbar. Da die Trapezregel für AWAn von zweiter Ordnung ist, ist sie dies nach dem Äquivalenzsatz aus der Vorlesung ebenfalls für RWA.

Lösung A.10.3: a) Die RWA besitzt eine eindeutige Lösung, denn das entsprechende homogene Problem besitzt nur die triviale Lösung $u \equiv 0$, wie man wie folgt sieht: Sei u eine Lösung von

$$-u''(t) + 100u'(t) = 0, \quad t \in [0,1], \quad u(0) = u(1) = 0.$$

Multiplikation mit u und Integration über $I = [0,1]$ liefert

$$-\int_0^1 u''(t)u(t)\,dt + 100\int_0^1 u'(t)u(t)\,dt = 0$$

bzw. nach partieller Integration

$$-u'(t)u(t)\Big|_0^1 + \int_0^1 \big(u'(t)\big)^2\,dt + 50\int_0^1 \big(u(t)^2\big)'\,dt = 0.$$

Einsetzen der Randwerte liefert

$$\int_0^1 \big(u'(t)\big)^2\,dt = 0$$

und damit $u' \equiv 0$. Wegen $u(0) = u(1) = 0$ folgt also $u \equiv 0$.

b) Für die Gitterfunktion $(y_n^h)_n$ ergibt sich durch Anwendung der zentralen Differenzenquotienten

$$-h^{-2}\{y_{i+1}^h - 2y_i^h + y_{i-1}^h\} + 50h^{-1}\{y_{i+1} - y_{i-1}\} = 1, \quad i = 1,\dots,N.$$

Die Randbedingungen liefern $y_0^h = y_{N+1}^h = 0$. Durch Elimination der Randwerte y_0^h und y_N^h erhält man so das folgende Gleichungssystem:

$$h^{-2}\begin{bmatrix} 2 & 50h-1 & & & \\ -50h-1 & 2 & 50h-1 & & \\ & \ddots & \ddots & \ddots & \\ & & -50h-1 & 2 & 50h-1 \\ & & & -50h-1 & 2 \end{bmatrix}\begin{bmatrix} y_1 \\ y_2 \\ \vdots \\ y_{N-1} \\ y_N \end{bmatrix} = \begin{bmatrix} 1 \\ 1 \\ \vdots \\ 1 \\ 1 \end{bmatrix}$$

Die Matrix ist offenbar diagonal-dominant, falls gilt

$$2 \geq |-50h-1| + |50h-1| = 50h + 1 + |50h-1|.$$

Fall 1: $50h - 1 \geq 0 \Leftrightarrow h \geq \frac{1}{50}$:

$$2 \geq 50h + 1 + 50h - 1 = 100h \Leftrightarrow h \leq \frac{1}{50}.$$

Fall 2: $50h - 1 < 0 \Leftrightarrow h < \frac{1}{50}$:

$$2 \geq 50h + 1 + 1 - 50h = 2.$$

Die Matrix ist also diagonal-dominant, falls $h \leq \frac{1}{50}$. Strikte Diagonaldominanz liegt nie vor.

c) Für die Gitterfunktion $(y_n^h)_n$ ergibt sich in diesem Fall

$$-h^{-2}\{y_{i+1}^h - 2y_i^h + y_{i-1}^h\} + 100h^{-1}\{y_i - y_{i-1}\} = 1, \quad i = 1,\dots,N.$$

Elimination der Randwerte y_0^h und y_{N+1}^h führt dann auf das Gleichungssystem

$$h^{-2}\begin{bmatrix} 2+100h & -1 & & & \\ -100h-1 & 2+100h & -1 & & \\ & \ddots & \ddots & \ddots & \\ & & -100h-1 & 2+100h & -1 \\ & & & -100h-1 & 2+100h \end{bmatrix}\begin{bmatrix} y_1 \\ y_2 \\ \vdots \\ y_{N-1} \\ y_N \end{bmatrix} = \begin{bmatrix} 1 \\ 1 \\ \vdots \\ 1 \\ 1 \end{bmatrix}.$$

Diese Matrix ist also wegen

$$2+100h \geq |-100h-1| + |-1| = 100h+2$$

für jede Schrittweite h diagonal-dominant. Strikte Diagonaldominanz liegt auch hier nie vor.

Lösung A.10.4: Für die Lösung der Differenzengleichungen (2. Ordnung)

$$-(\hat\epsilon + \tfrac{1}{2})y_{n-1} + 2\hat\epsilon - (\hat\epsilon - \tfrac{1}{2}h)y_{n+1} = 0, \quad y_0 = 1, \quad y_{N+1} = 0$$

machen wir einen Ansatz der Form $y_n = \lambda^n$. Mögliche Werte für λ sind dann gerade die Lösungen $\lambda_\pm$ der Gleichung

$$-\epsilon\lambda^2 + (2\epsilon + h)\lambda - (\epsilon + h) = 0,$$

wobei wir $\hat\epsilon = \epsilon + \frac{1}{2}h$ verwendet haben. Berücksichtigung der Randbedingungen $y_0 = 1$ und $y_{N+1} = 0$ in dem Ansatz

$$y_n = c_+\lambda_+^n + c_-\lambda_-^n$$

ergibt die Bedingungen $c_+ + c_- = 1$ sowie $c_+\lambda_+^{N+1} + c_-\lambda_-^{N+1} = 0$ und damit

$$c_- = \frac{\lambda_+^{N+1}}{\lambda_+^{N+1} - \lambda_-^{N+1}}, \quad c_+ = -\frac{\lambda_-^{N+1}}{\lambda_+^{N+1} - \lambda_-^{N+1}}.$$

Die Lösung hat also die Gestalt

$$y_n = \frac{\lambda_+^{N+1}\lambda_-^n - \lambda_-^{N+1}\lambda_+^n}{\lambda_+^{N+1} - \lambda_-^{N+1}}.$$

Im konkreten Fall sind die Lösungen $\lambda_\pm$ gegeben als

$$\lambda_\pm = \frac{-2\epsilon - h \pm \sqrt{(2\epsilon+h)^2 - 4\epsilon(\epsilon+h)}}{-2\epsilon} = \frac{-2\epsilon - h \pm h}{-2\epsilon}, \text{ d. h. } \lambda_+ = 1, \quad \lambda_- = \frac{\epsilon+h}{\epsilon}.$$

Die Lösung besitzt also die konkrete Darstellung

$$y_n = \frac{\lambda_-^{N+1} - \lambda_-^n}{\lambda_-^{N+1} - 1} \quad \text{mit } \lambda_- = \frac{\epsilon+h}{\epsilon} > 1 > 0.$$

Insbesondere ist damit $y_n \geq 0$ (oszillationsfrei) monoton fallend.

A.11 Kapitel 11

Lösung A.11.1:

1. Der Satz von Picard-Lindelöf fordert die L-Stetigkeit der AWA und ergibt neben der lokalen Existenz einer Lösung auch deren Eindeutigkeit.

2. $u(t) = (1-t)^{-1}$.

3. Die lokale Lösung einer (stetigen) AWA ist in der Zeit fortsetzbar, bis ihr Graph an den Rand des Definitionsbereich der rechten Seite $f(t,x)$ stößt.

4. Ja.

5. Der Abschneidefehler entsteht durch Einsetzen der exakten Lösung in die Differenzenformel:

$$h_n t_n^h := u_n - u_{n-1} - h_n F(h_n; t_n, u_n, u_{n-1}).$$

6. Wenn für die Eigenwerte $\lambda(t)$ der Jacobi-Matrix $f'_x(t, u(t))$ entlang der Lösungstrajektorie gilt:

$$\frac{\max_{\mathrm{Re}\lambda(t)<0} |\mathrm{Re}\lambda(t)|}{\min_{\mathrm{Re}\lambda(t)<0} |\mathrm{Re}\lambda(t)|} \gg 1.$$

7. Wenn sie konsistent und null-stabil ist.

8. Die LMM

$$\sum_{r=0}^{R} \alpha_{R-r} y_{n-r} = h \sum_{r=0}^{R} \beta_{R-r} f_{n-r}$$

hat das Stabilitätspolynom

$$\pi(\lambda, qh) = \sum_{r=0}^{R} \{\alpha_r - qh\lambda\beta_r\}\lambda^r.$$

9. Die Ordnung ist $m = 2$.

10. Die Simpson- und die Mittelpunkts-Methode haben ein triviales Stabilitätsgebiet.

11. Die Mittelpunkts-Methode ist explizit und erlaubt eine asymptotische Fehlerentwicklung nach geraden Potenzen von h.

12. Eine Funktion $a(h)$ wird für eine Folge von Werten $h_0 > h_1 > \cdots > h_m > 0$ ausgewertet. Der Grenzwert $a(0)$ wird durch den Wert $p_m(0)$ des Interpolationspolynoms m-ten Grades zu den Stützwerten $\{h_0, a(h_0)\}, \ldots, \{h_m, a(h_m)\}$ approximiert.

13. Für die Schrittweiten $h_i = h/i$ gilt $\limsup_{i\to\infty} h_{i+1}/h_1 = 1$, so dass in der Fehlerabschätzung für das Extrapolationsverfahren die Konstante im Restglied nicht beschränkt bleibt.

14. A-Stabilität bedeutet, dass das Stabilitätsgebiet der Diffenzenformal die ganze „negative“ komplexe Halbenene enthält. $A(\alpha)$-Stabilität verlangt dies nur für einen Sektor mit Halbwinkel $\alpha > 0$.

15. Bessere Stabilität beim Lösen der AWAn wegen kürzerer Integrationsintervallen.

16. Die algebraische Nebenbedingung enthält explizit die „algebraische“ Variable und ihre Jacobi-Matrix bzgl. dieser ist regulär.

17. Die Fundamentalmatrix $Y(t)$ ist die Lösung der linearen Matrix-AWA $Y'(t) = A(t)Y(t),\ t \in [a,b],\ Y(a) = I$.

18. Ein „reguläres Sturm-Liouville-Problem“ ist eine lineare RWA 2-ter Ordnung

$$-[pu']'(t) + q(t)u'(t) + r(t)u(t) = f(t), \quad t \in [a,b], \quad \text{Randbedingungen.}$$

19. Es wird $u(a) = g_a$ und $u(b) = g_b$ gefordert.

20. Die Trapezregel angewendet auf eine lineare RWA hat die Gestalt:

$$y_n - y_{n-1} = \tfrac{1}{2}h\big\{A(t_n)y_n + A(t_{n-1})y_{n-1} + f(t_n) + f(t_{n-1})\big\}, \quad n = 1,\dots,N,$$
$$B_a y_0 + B_b y_N = g.$$

Lösung A.11.2: Das Graggsche Extrapolationsverfahren basiert auf der asymptotischen Entwicklung

$$y_n = u(t_n) + \sum_{k=1}^{m} h^{2k}\,\{a_k(t_n) + (-1)^n b_k(t_n)\} + \mathcal{O}(h^{2m+2})$$

der Mittelpunktsregel gestartet mit der Polygonzugmethode. Diese erlaubt somit bei Wahl gerader Koeffizienten $n_i = 2,4,6,8,12,16,\cdots$ in $h_i = \frac{H}{n_i}$ eine Extrapolation zum Limes in 2. Ordnung.

Man berechnet also konkret:

1. Zu einer Grundschrittweite H mit ganzen Zahlen $n_i = 2,4,6,8,\cdots$ werden

$$\eta(t_n + \nu h_i; h_i),\ h_i = H/n_i,\ \nu = 1,\cdots,n_i+1$$

berechnet mit

$$\eta(t_n + h_i; h_i) = y_n + h_i f(t_n, y_n),$$
$$\eta(t_n + (\nu+1)h_i; h_i) = \eta(t_n + (\nu-1)h_i; h_i) + 2h_i f(t_n + \nu h_i, \eta(t_n + \nu h_i; h_i)$$

.

2. Mittelungsprozedur:

$$a(h_i) = \tfrac{1}{4}\,(\eta(t_{n+1} = h_i; h_i) + \eta(t_{n+1}; h_i) + \eta(t_{n+1} + h_i; h_i)\,.$$

3. Extrapolation:

$$T_{i0} = a(h_i),$$
$$T_{ik} = T_{i,k-1} + \frac{T_{i,k-1} - T_{i-1,k-1}}{(h_{i-k}/h_i)^2 - 1},$$

sowie dem finalen Setzen von

$$y_{n+1} = T_{mm}.$$

Lösung A.11.3: Die adaptive Schrittweitenwahl beruht auf einer Entwicklung des Abschneidefehlers,

$$\tau_n = h_n^m \tau^m(t_n) + O(h_n^{m+1}),$$

und einer Schätzung des *Hauptabschneidefehlers* τ^m durch

$$\tau^m(t_n) \approx \frac{y_n^{H/2} - y_n^H}{H^{m+1}(1 - 2^{-m})} \qquad (*)$$

mit Hilfe der Näherungen y_n^H (mit Schrittweite H) und $y_n^{H/2}$ (mit halber Schrittweite $H/2$) von $u(t_{n-1} + H)$.

Aus der a priori-Fehlerabschätzung

$$\max_{t_n \in I} \|e_n\| \leq KT \max_{t_n \in I} \|t_n\|$$

gewinnt man die Schrittweitenbedingung

$$h_n \approx \left(\frac{\text{TOL}}{KT\|t^m(t_n)\|} \right)^{1/m}, \qquad (**)$$

so dass $\max_{t_n \in I} \|e_n\| \leq \text{TOL}$.

Dies motiviert z. B. den folgenden Algorithmus:

1. Sei y_n berechnet, Setze $H := 2h_n$.
2. Berechne y_{n+1}^H, $y_{n+1}^{H/2}$ und schätze mit (*) und (**) die notwendige Schrittweite $\tilde{h}_n$ ab.
3. $h_n \ll \frac{1}{2}H$? Falls ja und $\tilde{h}_n > h_{\min}$, setze $H = 2h_{n+1}$ und mache bei (2.) weiter.
4. Ansonsten: Setze $h_{n+1} = H$, $t_{n+1} = t_n + H$,
$$y_{n+1} = \frac{2^m y_{n+1}^{H/2} - y_{n+1}^H}{2^m - 1}.$$
5. Falls $t_{n+1} < T$ Weiter bei (1.)

Lösung A.11.4: a) Die AWA heißt steif, wenn mit den Eigenwerten $\lambda(t)$ der Jacobi-Matrix $f_x'(t,u(t))$ entlang der Lösungstrajektorie gilt:

$$\kappa(t) = \frac{\max_{\mathrm{Re}\lambda(t)<0} |\mathrm{Re}\lambda(t)|}{\min_{\mathrm{Re}\lambda(t)<0} |\mathrm{Re}\lambda(t)|} \gg 1.$$

b) Eine LMM ist „A-stabil“, falls die linke komplexe Halbebene ganz im Stabilitätsgebiet liegt. Eine LMM ist „A(0)-stabil“, falls die negative reelle Achse ganz im Stabilitätsgebiet liegt. Sind die Eigenwerte $\lambda(t)$ der Jacobi-Matrix $f_x'(t,u(t))$ stets reellwertig, so ist keine Schrittweitenrestriktion nötig um numerisch stabil zu integrieren.

c) Die Eigenwerte von A sind $\lambda_1 = -1$ und $\lambda_2 = -399$, so dass

$$\kappa(t) = 399 \gg 1,$$

d. h. die AWA ist steif. Das Stabilitätsintervall der Polygonzugmethode ist $\mathrm{SI} = [-2,0]$. Um mit der Polygonzugmethode numerisch stabil zu integrieren fordern wir:

$$\lambda_i \cdot h \in [-2,0] \quad \Longrightarrow \quad h \leq \frac{2}{399}.$$

Die Trapezregel ist A-stabil, d. h. nach (b) ist keine Schrittweitenbedingung notwendig.

Lösung A.11.5: Zur Lösung der nichtlinearen RWA

$$\begin{aligned} u'(t) &= f(t,u(t)), \quad t \in I, \\ r(u(a),u(b)) &= 0 \end{aligned}$$

definiert beim beim Schießverfahren $y(t;s)$ als (eindeutige) Lösung der AWA

$$\begin{aligned} y'(t) &= f(t,y(t)), \quad t \in I, \\ y(a) &= s. \end{aligned}$$

Das Lösen der RWA ist dann äquivalent zum Finden einer Nullstelle von

$$F(s) := r(s, y(b;s)) = 0.$$

Die Nullstelle sucht man dabei mit Hilfe des Newtonverfahrens. Hierbei ist in der Jacobi-Matrix

$$F'(s) = r_x'(s,y(b;s)) + r_y'(s,y(b;s)) \cdot y_s'(b;s)$$

der unbekannte Term $G(t;s) := y_s'(t;s)$ nach dem Satz von der differentiellen Stabilität bestimmt durch die Matrix-AWA

$$\begin{aligned} G(t;s)'(t) &= f_x'(t,y(t;s))G(t;s)(t), \quad t \in I, \\ G(a;s) &= I. \end{aligned}$$

Dies motiviert das folgende Vorgehen:

Sei $s^{(0)}$ ein geeigneter Startwert. Berechne $s^{(i+1)}$ aus der vorangegangenen Schätzung $s^{(i)}$ durch

1. Löse AWA

$$y'(t) = f(t, y(t)), \quad t \in I,$$
$$y(a) = s^{(i)}.$$

Setze damit

$$F(s^{(i)}) := r(s^{(i)}, y(b; s^{(i)})).$$

2. Löse die lineare Matrix-AWA

$$G(t; s^{(i)})'(t) = f'_x(t, y(t; s^{(i)}))G(t; s^{(i)})(t), \quad t \in I,$$
$$G(a; s^{(i)}) = I$$

und setze

$$F'(s^{(i)}) := r'_x(ss^{(i)}, y(b; ss^{(i)})) + r'_y(ss^{(i)}, y(b; ss^{(i)})) \cdot G(b; s^{(i)}).$$

3. Löse abschließend

$$F'(s^{(i)})s^{(i+1)} = F'(s^{(i)})s^{(i)} - F(s^{(i)}).$$

Lösung A.11.6 (Praktische Aufgabe): Zur Approximation des (nicht-steifen) Lorenz-Systems verwenden wir das dG(1)-Verfahren mit adaptiver Schrittweitenwahl gemäß der im Text beschriebenen Strategie (für Kontrolle des „Endzeitfehlers“ $e(T)$ mit Fehlertoleranz $\text{TOL} = 0.2$),

$$\|e_N^-\| \le C_i^{(2)} C_s^{(2)}(t_N) \max_{1\le n\le N} \Big\{ h_n \|[U]_{n-1}\| + h_n^3 \|\ddot{f}(t, U)\|_n \Big\}. \tag{1.11.3}$$

Die dabei auftretende Stabilitätskonstante wächst exponentiell mit der Zeit wie

$$C_S^{(1)}(T) \approx \exp(\tfrac{2}{3}T).$$

Für $T = 25$ ist dies $C_s^{(2)}(25) \approx 10^8$ und für $T = 35$ bereits $C_s^{(2)}(35) \approx 10^{13}$. Dies bedeutet, dass verlässliche Rechnungen mit dem dG(1)-Verfahren mit einer akzeptable Schrittweite $h_n \ge 10^{-7}$ bis zum Zeitpunkt $T = 35$ möglich sind; s. Abb. A.11.6. Weit darüberhinaus kommt man mit dem (impliziten) dG(1)-Verfahren wegen seiner niedrigen Ordnung und der weiter wachsenden Stabilitätskonstante $C_s^{(2)}(40) \approx 10^{16}$ nicht mehr, da dann wegen des enorm kleinen lokalen Zeitschritts der Rundungsfehler dominiert (bei Rechnung in REAL*8-Arithmetik). Abb. A.11.6 zeigt, dass die Leistungsgrenze scheint bei etwa $T_{crit} \approx 37$ liegt. Zum Vergleich wurde eine genaue Referenzlösung auf dem Intervall $I = [0, 40]$ erzeugt mit Hilfe eines „Hochleistungs-ODE-Lösers“ (entwickelt von Reinhold v.Schwerin, HS Ulm) auf Basis von Adams-Formeln variabler Ordnung (maximale Ordnung 12) mit adaptiver Schrittweitenkontrolle (Fehlertoleranz 10^{-29}) und Rechnung mit REAL*16-Arithmetik.

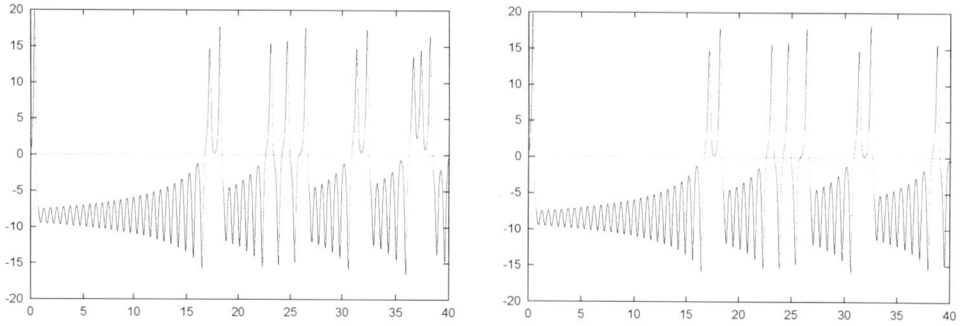

Abbildung A.1: Referenzlösung (x-Komponente) (links) und „falsche" Lösung (x-Komponente) (rechts) auf dem Intervall $I = [0, 40]$ berechnet mit dem adaptiven dG(1)-Verfahren mit $\mathrm{TOL} = 10^{-4}$.

Index

Kolibri 360 GmbH
Ferdinand-Jühlke-Straße 7
99095 Erfurt, Deutschland
produktsicherheit@kolibri360.de